U0299804

2023年版全国二级建造师执业资格考试用书

机电工程管理与实务

全国二级建造师执业资格考试用书编写委员会　编写

中国建筑工业出版社

图书在版编目（CIP）数据

机电工程管理与实务 / 全国二级建造师执业资格考
试用书编写委员会编写. —北京：中国建筑工业出版社，
2022.11

2023 年版全国二级建造师执业资格考试用书

ISBN 978-7-112-27933-3

Ⅰ.① 机⋯　Ⅱ.① 全⋯　Ⅲ.① 机电工程−工程管理−
资格考试−自学参考资料　Ⅳ.① TH

中国版本图书馆 CIP 数据核字（2022）第 174332 号

责任编辑：李笑然
责任校对：党　蕾

2023 年版全国二级建造师执业资格考试用书

机电工程管理与实务

全国二级建造师执业资格考试用书编写委员会　编写

*

中国建筑工业出版社出版、发行（北京海淀三里河路 9 号）

各地新华书店、建筑书店经销

北京市密东印刷有限公司印刷

*

开本：787 毫米 ×1092 毫米　1/16　印张：25　字数：619 千字
2022 年 12 月第一版　　2022 年 12 月第一次印刷
定价：**75.00** 元（含增值服务）
ISBN 978-7-112-27933-3

（39978）

如有印装质量问题，可寄本社图书出版中心退换
（质量联系电话：010-58337318，QQ：1193032487）
（邮政编码 100037）

版权所有　翻印必究

请读者识别、监督：

本书封面有网上增值服务码，环衬用含有中国建筑工业
出版社水印的专用防伪纸印制，否则为盗版书，欢迎举报监
督！举报电话：（010）58337026；举报 QQ：3050159269

本社法律顾问：上海博和律师事务所许爱东律师

全国二级建造师执业资格考试用书

审 定 委 员 会
（按姓氏笔画排序）

丁士昭　　毛志兵　　任　虹　　李　强　　杨存成
张　锋　　张祥彤　　徐永田　　陶汉祥

编 写 委 员 会

主　　编：丁士昭
委　　员：王清训　毛志兵　刘志强　吴进良
　　　　　张鲁风　唐　涛　潘名先

序

为了加强建设工程项目管理，提高工程项目总承包及施工管理专业技术人员素质，规范施工管理行为，保证工程质量和施工安全，根据《中华人民共和国建筑法》《建设工程质量管理条例》《建设工程安全生产管理条例》和国家有关执业资格考试制度的规定，2002 年原人事部和建设部联合颁发了《建造师执业资格制度暂行规定》（人发〔2002〕111 号），对从事建设工程项目总承包及施工管理的专业技术人员实行建造师执业资格制度。

注册建造师是以专业技术为依托、以工程项目管理为主业的注册执业人士。注册建造师可以担任建设工程总承包或施工管理的项目负责人，从事法律、行政法规或标准规范规定的相关业务。实行建造师执业资格制度后，我国大中型工程施工项目负责人由取得注册建造师资格的人士担任，以提高工程施工管理水平，保证工程质量和安全。建造师执业资格制度的建立，将为我国拓展国际建筑市场开辟广阔的道路。

按照原人事部和建设部印发的《建造师执业资格制度暂行规定》（人发〔2002〕111 号）、《建造师执业资格考试实施办法》（国人部发〔2004〕16 号）和《关于建造师资格考试相关科目专业类别调整有关问题的通知》（国人厅发〔2006〕213 号）的规定，本编委会组织全国具有较高理论水平和丰富实践经验的专家、学者，编写了"2023 年版全国二级建造师执业资格考试用书"（以下简称"考试用书"）。在编撰过程中，编写人员按照"二级建造师执业资格考试大纲"（2019 年版）要求，遵循"以素质测试为基础、以工程实践内容为主导"的指导思想，坚持"与工程实践相结合，与考试命题工作相结合，与考生反馈意见相结合"的修订原则，力求在素质测试的基础上，进一步加强对考生实践能力的考核，切实选拔出具有较好理论水平和施工现场实际管理能力的人才。

本套考试用书共 9 册，书名分别为《建设工程施工管理》《建设工程法规及相关知识》《建筑工程管理与实务》《公路工程管理与实务》《水利水电工程管理与实务》《矿业工程管理与实务》《机电工程管理与实务》《市政公用工程管理与实务》《建设工程法律法规选编》。本套考试用书既可作为全国二级建造师执业资格考试学习用书，也可供其他从事工程管理的人员使用和高等学校相关专业师生教学参考。

考试用书编撰者为高等学校、行政管理、行业协会和施工企业等方面的专家和学者。在此，谨向他们表示衷心感谢。

在考试用书编写过程中，虽经反复推敲核证，仍难免有不妥甚至疏漏之处，恳请广大读者提出宝贵意见。

全国二级建造师执业资格考试用书编写委员会

2022 年 12 月

《机电工程管理与实务》

审 定 委 员 会

主　　任：杨存成

副 主 任：王清训　陆文华

审定成员：顾心建　胡富申　李慧民　张青年

张俭平　蒋　北　刘建伟　陈大友

付慈英

编 写 委 员 会

主　　任：王清训

副 主 任：陆文华　周武强　郭育宏　谢鸿钢

编写成员：（按姓氏笔画排序）

丁志升　毛文祥　杜世民　李丽红

余　雷　张彦旺　陈　骞　陈友明

范进科　罗　宾　屈振伟　孟凡龙

荆永强　袁春燕　徐贡全　高惠润

黄　莺　曹丹桂　曹冬冬　曾宪友

谢国越　裴以军　颜　勇　潘　景

前　　言

本书由中国安装协会牵头，会同中国石油工程建设协会、中国冶金建设协会、中国电力建设协会，依据修订的《二级建造师执业资格考试大纲（机电工程）》，组织有关行业富有技术和管理实践经验的专家以及大专院校教授编写。在编写过程中，遵照编委会的要求和考试大纲的精神，突出以素质测试为基础，实践内容为主导，体现共性与特点，与二级大纲的内容、结构和体例相结合，与大型工程建设需要相结合，与施工现场相结合，与现行的大学学历教育相结合。

机电工程包括机械、汽车、电子、电力、冶金、矿业、建筑、建材、石油、化工、石化、轻纺、环保、农林、军工等各类工业和民用、公用建筑的机电工程，其活动包含了设计、采购、安装、调试、运行、竣工验收各个阶段。

本书章、节、目、条的编排与编码和《二级建造师执业资格考试大纲（机电工程）》完全一致。经几次考试后，通过调整结构、增删内容、充实案例，内容更加新颖丰富，知识点更加突出，体现了运用《建设工程施工管理》《建设工程法规及相关知识》的基本原理和方法，突出机电工程项目的施工技术、施工管理、相关法规与标准要求和解决现场问题的实践和实操能力。

编写组在编委会和中国安装协会的领导下，得到了中国安装协会秘书长杨存成，副秘书长顾心建和中国石油工程建设协会、中国冶金建设协会、中国电力建设协会的支持。编写过程中还得到了中国机械工业建设集团有限公司、上海市安装工程集团有限公司教育培训中心、中国化学第二建设集团有限公司、中冶建工安装公司、中国能源建设集团天津电力建设有限公司、山西安装集团有限公司、中材建设有限公司、中国石油天然气第六建设公司、陕西化建有限责任公司、国家电投上海能源科技发展有限公司、湖南省工业设备安装有限公司、中国机械工业第一建设有限公司、中国机械工业机械工程有限公司、中建安装集团有限公司、中建一局发展有限公司、中建三局安装工程有限公司、浙江省工业设备安装集团有限公司、广东省工业设备安装公司、北京市建工集团、四川省工业设备安装工程公司、成都建工工业设备安装有限公司、北京住总建设安装工程有限责任公司、西安建筑科技大学、长安大学等单位的大力支持和协助。在文稿的审查和修改中，得到了中国化学第二建设集团有限公司、山西安装集团有限公司领导和中国安装协会行业发展部的大力支持和帮助。荆永强工程师协助主编编排制图和校对打印，在此一并表示衷心的感谢。

本书虽然经过几次征求意见、审查和修改，但仍难免存在不足之处，殷切希望广大读者提出宝贵意见，以便进一步修改完善。

网上免费增值服务说明

为了给二级建造师考试人员提供更优质、持续的服务，我社为购买正版考试图书的读者免费提供网上增值服务，增值服务分为文档增值服务和全程精讲课程，具体内容如下：

☞ **文档增值服务**：主要包括各科目的备考指导、学习规划、考试复习方法、重点难点内容解析、应试技巧、在线答疑，每本图书都会提供相应内容的增值服务。

☞ **全程精讲课程**：由权威老师进行网络在线授课，对考试用书重点难点内容进行全面讲解，旨在帮助考生掌握重点内容，提高应试水平。2023 年涵盖**全部考试科目**。

更多免费增值服务内容敬请关注"建工社微课程"微信服务号，网上免费增值服务使用方法如下：

1. 计算机用户

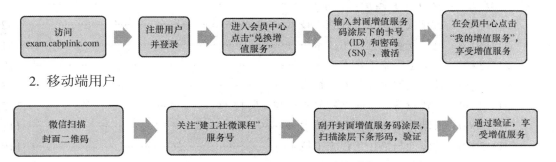

2. 移动端用户

注：增值服务从本书发行之日起开始提供，至次年新版图书上市时结束，提供形式为在线阅读、观看。如果输入卡号和密码或扫码后无法通过验证，请及时与我社联系。

客服电话：4008-188-688（周一至周五 9：00—17：00）

Email：jzs@cabp.com.cn

防盗版举报电话：010-58337026，举报查实重奖。

网上增值服务如有不完善之处，敬请广大读者谅解。欢迎提出宝贵意见和建议，谢谢！

读者如果对图书中的内容有疑问或问题，可关注微信公众号【建造师应试与执业】，与图书编辑团队直接交流。

建造师应试与执业

目　　录

2H310000　机电工程施工技术

2H311000　机电工程常用材料及工程设备

2H311010　机电工程常用材料

2H311011　金属材料的类型及应用

一、金属材料

金属材料一般是指纯金属和合金。合金通常是两种或两种以上的金属或金属与非金属结合而成，且具有金属特性的材料。金属材料具有光泽、延展性、容易导电、传热等性质。

（一）金属材料的分类

金属材料通常分为黑色金属、有色金属和特种金属材料。

1. 黑色金属又称钢铁材料，包括杂质含量小于 0.2% 及碳含量不超过 0.0218% 的纯铁、含碳量 0.0218%～2.11% 的钢、含碳量大于 2.11% 的铸铁，以及各种用途的结构钢、不锈钢、耐热钢、高温合金、精密合金等。广义的黑色金属还包括铬、锰及其合金。

2. 有色金属是指除铁、铬、锰以外的所有金属及其合金，通常分为轻金属、重金属、贵金属、半金属、稀有金属和稀土金属等，有色合金的强度和硬度一般比纯金属高，并且电阻大、电阻温度系数小。

3. 特种金属材料包括不同用途的结构金属材料和功能金属材料。其中有通过快速冷凝工艺获得的非晶态金属材料，以及准晶、微晶、纳米晶金属材料等；还有隐身、抗氢、超导、形状记忆、耐磨、减震阻尼等特殊功能合金以及金属基复合材料等。

（二）金属材料的性能

金属材料的性能一般分为工艺性能和使用性能两类。

1. 工艺性能：是指机械零件在加工制造过程中，即在冷、热加工条件下表现出来的性能。金属材料工艺性能的好坏，决定了它在制造过程中加工成型的适应能力，如铸造性能、可焊性、可锻性、热处理性能、切削加工性等。

2. 使用性能：是指机械零件在使用条件下，金属材料表现出来的性能。它包括机械性能、物理性能、化学性能等。金属材料使用性能的好坏，决定了它的使用范围与使用寿命。

（1）机械性能：金属在一定温度条件下承受外力（载荷）作用时，抵抗变形和断裂的能力称为金属材料的机械性能（也称为力学性能）。

金属材料的机械性能是零件设计和选材时的主要依据。外加载荷性质不同（例如拉伸、压缩、扭转、冲击、循环载荷等），对金属材料要求的机械性能也将不同。常用的机械性能包括：强度、塑性、硬度、冲击韧性、多次冲击抗力和疲劳极限等。

（2）物理性能主要包括密度、熔点、热膨胀性、磁性、电学性能等。

密度（比重）：在实际应用中，除了根据密度计算金属零件的重量外，很重要的一点是考虑金属的比强度（强度 σ_b 与密度 ρ 之比）来帮助选材，以及与无损检测相关的声学检测中的声阻抗（密度 ρ 与声速 c 的乘积）和射线检测中密度不同的物质对射线能量有不同的吸收能力等。

熔点：金属由固态转变成液态时的温度，对金属材料的熔炼、热加工有直接影响，并与材料的高温性能有很大关系。

热膨胀性：随着温度变化，材料的体积也发生变化（膨胀或收缩）的现象称为热膨胀，多用线膨胀系数衡量，亦即温度变化 1℃时，材料长度的增减量与其 0℃时的长度之比。热膨胀性与材料的比热有关。在实际应用中还要考虑比容（材料受温度等外界影响时，单位重量的材料其容积的增减，即容积与质量之比），特别是对于在高温环境下工作，或者在冷、热交替环境中工作的金属零件，必须考虑其膨胀性能的影响。

磁性：能吸引铁磁性物质的性质即为磁性，它反映在导磁率、磁滞损耗、剩余磁感应强度、矫顽磁力等参数上，从而可以把金属材料分成顺磁与逆磁、软磁与硬磁材料。

电学性能：主要考虑其电导率，在电磁无损检测中对其电阻率和涡流损耗等都有影响。

（3）化学性能：金属与其他物质进行化学反应的特性称为金属的化学性能。在实际应用中主要考虑金属的耐腐蚀性、抗氧化性（又称作氧化抗力，特别指金属在高温时对氧化作用的抵抗能力或者说稳定性），以及不同金属之间、金属与非金属之间形成的化合物对机械性能的影响等。在金属的化学性能中，特别是抗蚀性对金属的腐蚀疲劳损伤有着重大的意义。

二、黑色金属

（一）分类

1. 钢的分类

钢是指以铁为主要元素，含碳量一般在 2% 以下，并含有其他元素的材料。2% 通常是钢和铸铁的分界线。

钢按化学成分可分为非合金钢、低合金钢、合金钢三类。

2. 非合金钢的分类

非合金钢是指钢中各元素含量低于规定值的铁碳合金。非合金钢（碳钢）不仅价格低廉、容易加工，而且能满足一般工程结构和机械零件的使用性能要求，是最广泛应用的材料。

（1）按钢的含碳量（W_c）分类

可分为低碳钢（$W_c < 0.25\%$）、中碳钢（$0.25 \leqslant W_c \leqslant 0.60\%$）、高碳钢（$W_c > 0.60\%$）。

（2）按钢的用途分类

碳素结构钢：主要用于制作机械零件、工程结构件，一般属于低、中碳钢。

碳素工具钢：主要用于制作刀具、量具和模具，一般属于高碳钢。

（3）按钢的主要质量等级分类

非合金钢按钢的主要质量等级分类见表 2H311011-1。

此外，非合金钢按冶炼方法不同，可分为转炉钢和电炉钢；按冶炼时脱氧程度的不同，可分为沸腾钢、镇静钢、半镇静钢和特殊镇静钢等。

非合金钢按钢的主要质量等级分类　　表 2H311011-1

分类	特性
普通质量 非合金钢	$W_s \geqslant 0.045\%$、$W_p \geqslant 0.045\%$，在生产过程中不需要特别控制质量要求的钢种。 主要包括：一般用途碳素结构钢、碳素钢筋钢、铁道用一般碳钢等
优质 非合金钢	硫、磷含量比普通质量碳钢少，除普通质量非合金钢和特殊质量非合金钢以外的碳钢，在生产过程中需要特别控制质量（例如控制晶粒度，降低硫、磷含量，改善表面质量等），以达到特殊的质量要求（与普通质量非合金钢相比，有良好的抗脆断性能和冷成型性等）。 主要包括：机械结构用优质碳钢、工程结构用碳钢、冲压薄板的低碳结构钢、焊条用碳钢、非合金易切削结构钢、优质铸造碳钢等
特殊质量 非合金钢	$W_s \leqslant 0.02\%$、$W_p < 0.02\%$，在生产过程中需要特别严格控制质量和性能（例如控制淬透性和纯洁度）的碳钢。 主要包括：保证淬透性碳钢，铁道用特殊碳钢，航空、兵器等专用碳钢，核能用碳钢，特殊焊条用钢，碳素弹簧钢，碳素工具钢和特殊易切削钢等

注：W_s——含硫量；

　　W_p——含磷量。

（二）机电工程常用的钢产品

1. 碳素结构钢

（1）牌号表示方法：由屈服强度字母 Q、屈服强度数值（单位为 MPa）、质量等级符号（A、B、C、D，质量依次提高）、脱氧方法符号（F—沸腾钢，Z—镇静钢，TZ—特殊镇静钢）四部分按顺序组成。

例如 Q235AF，表示 $\sigma_s \geqslant 235MPa$，质量等级为 A 级，脱氧方法为沸腾钢的碳素结构钢。

（2）特性：价格低廉，工艺性能（如焊接性和冷成型性）优良。

（3）应用：主要用于一般工程结构和普通机械零件。碳素结构钢通常热轧成各种型材（如圆钢、方钢、工字钢等），一般不经热处理而直接使用。碳素结构钢的应用见表 2H311011-2。

碳素结构钢的应用　　表 2H311011-2

牌号	应用
Q195、Q215	通常轧制成薄板、钢筋供应市场。也可用于制作铆钉、螺钉、轻负荷的冲压零件和焊接结构件等
Q235	强度稍高，可制作螺栓、螺母、销子、吊钩和不太重要的机械零件以及建筑结构中的螺纹钢、型钢、钢筋等；质量较好的 Q235C、D 级可作为重要焊接结构用材
Q275	可部分代替优质碳素结构钢 25、30、35 钢使用

2. 优质碳素结构钢

（1）牌号表示方法：用钢中平均含碳量的万分数表示钢号。例如 45 钢，表示平均含碳量（W_c）= 0.45% 的优质碳素结构钢。当钢中含锰量较高（$W_{Mn} = 0.7\% \sim 1.2\%$）时，在两位数字后面加上符号"Mn"，如 65Mn 钢，表示平均含碳量（W_c）= 0.65%，并含有较多锰的优质碳素结构钢（$W_{Mn} = 0.9\% \sim 1.2\%$）。如果是高级优质钢，在数字后面加上符号"A";特级优质钢在数字后面加上符号"E"。例如:08 钢,表示平均含碳量(W_c)＝0.08% 的钢。

(2)特性:与碳素结构钢相比,夹杂物较少,质量较好。力学性能根据碳质量分数不同有较大差异。

(3)应用:主要用于机械零件,一般都要经过热处理后使用。典型优质碳素结构钢的应用见表 2H311011-3。

典型优质碳素结构钢的应用　　　　　　　　　　　表 2H311011-3

牌号	应用
08 钢	碳质量分数低、塑性好、强度低,轧成薄板主要用于冷冲压件,如家电、汽车和仪表外壳
20 钢	冷塑性变形和焊接性好,可用于强度要求不高的零件及渗碳零件,例如机罩、焊接容器、小轴、螺母、垫圈及渗碳齿轮等
45 钢	经调质后可获得良好的综合力学性能,中碳钢主要用于受力较大的机械零件,如齿轮、连杆、轴等
65(65Mn)钢	钢具有较高的强度,可用于制造各种弹簧、机车轮缘、低速车轮等

3. 锅炉钢

锅炉钢主要指用来制造锅炉过热器、主蒸气管和锅炉受热面的材料。对锅炉钢的性能要求主要是有良好的焊接性能、一定的高温强度和耐碱性腐蚀、耐氧化等。常用的锅炉钢有平炉冶炼的低碳镇静钢或电炉冶炼的低碳钢,含碳量 W_c 在 0.16%～0.26% 范围内。制造高压锅炉时则应用珠光体耐热钢或奥氏体耐热钢。近年来也采用普通低合金钢建造锅炉,如 12 锰、15 锰钒、18 锰钼铌等。

4. 不锈钢

(1)不锈耐酸钢简称不锈钢,它是由不锈钢和耐酸钢两大部分组成的。简言之,能抵抗大气腐蚀的钢叫不锈钢,而能抵抗化学介质(如酸类)腐蚀的钢叫耐酸钢。一般来说,含铬量 W_{Cr} 大于 12% 的钢就具有了不锈钢的特点。

(2)不锈钢按热处理后的显微组织又可分为五大类:即铁素体不锈钢、马氏体不锈钢、奥氏体不锈钢、奥氏体-铁素体不锈钢及沉淀硬化不锈钢。

5. 耐热钢

(1)在高温下具有较高的强度和良好的化学稳定性的合金钢。它包括抗氧化钢(或称高温不起皮钢)和热强钢两类。抗氧化钢一般要求具有较好的化学稳定性,但承受的载荷较低。热强钢则要求具有较高的高温强度和相应的抗氧化性。

(2)耐热钢按其正火组织可分为奥氏体耐热钢、马氏体耐热钢、铁素体耐热钢及珠光体耐热钢等。耐热钢和不锈耐酸钢在使用范围上互有交叉,一些不锈钢兼具耐热钢特性,既可作为不锈耐酸钢,也可作为耐热钢使用。

(3)奥氏体耐热钢:含有较多的镍、锰、氮等奥氏体形成元素,在 600℃ 以上时,有较好的高温强度和组织稳定性,焊接性能良好。通常用作在 600℃ 以上工作的热强材料。典型钢种有 1Cr18Ni9Ti(321)、1Cr23Ni13(309)、0Cr25Ni20(310S)、1Cr25Ni20Si2(314)、

2Cr20Mn9Ni2Si2N、4Cr14Ni14W2Mo 等。

（4）马氏体耐热钢：含铬量一般为 7%～13%，在 650℃以下有较高的高温强度、抗氧化性和耐水汽腐蚀的能力，但焊接性较差。含铬 12% 左右的 1Cr13、2Cr13，以及在此基础上发展出来的钢号如 1Cr11MoV、1Cr12WMoV、2Cr12 WMoNbVB 等，通常用来制作汽轮机叶片、轮盘、轴、紧固件等。此外，作为制造内燃机排气阀用的 4Cr9Si2、4Cr10Si2Mo 等也属于马氏体耐热钢。

（5）铁素体耐热钢：含有较多的铬、铝、硅等元素，形成单相铁素体组织，有良好的抗氧化性和耐高温气体腐蚀的能力，但高温强度较低、室温脆性较大、焊接性较差。如 1Cr13SiAl、1Cr25Si2 等，一般用于制作承受载荷较低而要求有高温抗氧化性的部件。

（6）珠光体耐热钢：这类钢在 500～600℃有良好的高温强度及工艺性能，价格较低，广泛用于制作 600℃以下的耐热部件。如锅炉钢管、汽轮机叶轮、转子、紧固件及高压容器、管道等。典型钢种有 16Mo、15CrMo、12Cr1MoV、12Cr2MoWVTiB、10Cr2Mol、25Cr2MolV、20Cr3MoV 等。

三、有色金属

有色金属是指铁、锰、铬以外的所有金属及其合金，通常分为轻金属、重金属、贵金属、半金属、稀有金属和稀土金属等。有色合金的强度和硬度一般比纯金属高，并且电阻大，电阻温度系数小。

（一）铝及铝合金

1. 重熔用铝锭

（1）重熔用铝锭（以下简称铝锭）是采用氧化铝 – 冰晶石熔盐电解法生产的纯铝。

（2）铝锭产品按化学成分分为 8 个牌号：Al99.85、Al99.80、Al99.70、Al99.60、Al99.50、Al99.00、Al99.7E、Al99.6E，其中数字代表化学成分（质量分数）Al 不小于该数值。

2. 铸造铝合金

（1）以铝锭为主要原料，依照国家标准或特殊要求添加其他元素，如硅（Si）、铜（Cu）、镁（Mg）、铁（Fe）等，改善纯铝在铸造性、化学性及物理性的不足，而调配出来的合金。

（2）根据主要合金元素差异，现有四类铸造铝合金产品：铝硅系合金、铝铜合金、铝镁合金、铝锌系合金，可用于铝合金铸件（不含压铸件）的生产。

3. 变形铝及铝合金

以压力加工方法生产的铝及铝合金加工产品（板、带、箔、管、棒、型、线和锻件）及其所用的铸锭和坯料。

4. 铝及铝合金管材

（1）无缝圆管是对坯料采用穿孔针穿孔挤压，或将坯料镗孔后采用固定针穿孔挤压，所得内孔边界之间无分界线或焊缝的管材。

（2）有缝管材对坯料不采用穿孔挤压，而是采用分流组合模或桥式组合模挤压，所得内孔边界之间有一条或多条分界线或焊缝的管材（包括圆管、矩形管及正多边形管）。

（3）焊接管材用轧制的板材或带材焊接而成的管材，在焊接边界之间有一条明显的分界线或焊缝的管材。

5. 铝及铝合金建材型材

（1）铝合金建筑型材可分为：基材、阳极氧化型材、电泳涂漆型材、喷粉型材、隔热型材。

（2）隔热型材常被称为断桥铝合金，它是以低热导率的非金属材料连接铝合金建筑型材制成的具有隔热、隔冷功能的复合材料。

6. 铝和铝合金母线

电工用铝和铝合金母线（亦称铝和铝合金排），按材料种类分为铝母线和铝合金母线。

（二）其他有色金属

机电安装工程涉及的有色金属材料还包括：铜、钛、镁、镍、锆金属及其合金。

（三）贵金属

贵金属主要指金、银和铂族金属。按照生产过程，并兼顾到某种产品的特定用途，贵金属及其合金牌号分为冶炼产品、加工产品、复合材料、粉末产品、钎焊料五类。

2H311012　非金属材料的类型及应用

一、非金属材料的类型

（一）高分子材料

高分子材料也称为聚合物材料，它是一类以高分子化合物为基体，再配以其他添加剂所构成的材料。高分子材料按特性可分为橡胶、纤维、塑料、高分子胶粘剂、高分子涂料和高分子基复合材料等。

1. 塑料

塑料是以合成树脂或化学改性的天然高分子为主要成分，再加入填料、增塑剂和其他添加剂制得。按用途可分为通用塑料、工程塑料和特种塑料三种类型。

（1）通用塑料

通用塑料一般指产量大、用途广、成型性好、价格便宜的塑料。通用塑料有四大品种，即聚乙烯（PE）、聚丙烯（PP）、聚氯乙烯（PVC）、聚苯乙烯（PS）。

通常按合成树脂的特性分为热固性塑料和热塑性塑料。通常情况下，热塑性塑料的产品可再回收利用，而热固性塑料则不能。

1）聚乙烯（PE）

聚乙烯是典型的热塑性塑料，可分为低密度聚乙烯（LDPE）、高密度聚乙烯（HDPE）和线性低密度聚乙烯（LLDPE）。三者当中，HDPE 有较好的热性能、电性能和机械性能，而 LDPE 和 LLDPE 有较好的柔韧性、冲击性能、成膜性等。LDPE 和 LLDPE 主要用于包装用薄膜、农用薄膜、塑料改性等，而 HDPE 的用途比较广泛，可用于薄膜、管材、注射件、日用品等多个领域。

2）聚丙烯（PP）

聚丙烯易燃，能在高温和氧化作用下分解。聚丙烯的品种更多，用途也比较复杂，领域繁多。品种主要有均聚聚丙烯（HOMOPP）、嵌段共聚聚丙烯（COPP）和无规共聚聚丙烯（RAPP）；根据用途的不同，均聚聚丙烯主要用在拉丝、纤维、注射件、BOPP 膜等领域，嵌段共聚聚丙烯主要应用于家用电器、注射件、改性原料、日用注射产品、管材等，无规共聚聚丙烯主要用于透明制品、高性能产品、高性能管材等。我国使用聚丙烯最大的领域是编织袋、包装袋、捆扎绳等产品，占总消费的 30%。

改性的聚丙烯可模塑成保险杠、防擦条、汽车方向盘、仪表盘及车内装饰件等，大大减轻了车身自重，达到节约能源的目的。

3）聚氯乙烯（PVC）

聚氯乙烯由于具有成本低廉和自阻燃的特性，故在建筑领域里用途广泛，尤其是在下水道管材、塑钢门窗、板材、人造皮革、PVC 膜、包装材料、各种口径的硬管、异型管、波纹管、电线套管、涂层制品、泡沫制品、PVC 透明片材等方面用途最为广泛。由于聚氯乙烯的最大特点是阻燃，因此被广泛用于防火。但是聚氯乙烯在燃烧过程中会释放出氯化氢和其他有毒气体。

4）聚苯乙烯（PS）

聚苯乙烯易加工成型，并具有透明、廉价、刚硬、绝缘、印刷性好等优点，可广泛用于轻工市场、日用装潢、照明指示和包装等方面。在电气方面更是良好的绝缘材料和隔热保温材料，可以制作各种仪表外壳、灯罩、光学化学仪器零件、透明薄膜、电容器介质层等。

（2）工程塑料

1）工程塑料可分为通用工程塑料和特种工程塑料两大类。通用工程塑料通常是指已大规模工业化生产的、应用范围较广的 5 种塑料，即聚酰胺（尼龙，PA）、聚碳酸酯（聚碳，PC）、聚甲醛（POM）、聚酯（主要是 PBT）及聚苯醚（PPO）。主要应用在机械、汽车、电子、电气、建材、农业上。

2）由于聚酰胺（PA）具有无毒、质轻、优良的机械强度、耐磨性及较好的耐腐蚀性，因此广泛应用于代替铜等金属在机械、化工、仪表、汽车等工业中制造轴承、齿轮、泵叶及其他零件。

3）聚碳酸酯（PC）层压板广泛用于银行、使馆、拘留所和公共场所的防护窗，飞机舱罩，照明设备、工业安全挡板和防弹玻璃。

4）聚甲醛（POM）是一种性能优良的工程塑料，在国外有"夺钢""超钢"之称。POM 具有类似金属的硬度、强度和刚性，在很宽的温度和湿度范围内都具有很好的自润滑性、良好的耐疲劳性，并富于弹性，此外它还有较好的耐化学品性。POM 以低于其他许多工程塑料的成本，正在替代一些传统上被金属所占领的市场，如替代锌、黄铜、铝和钢制作许多部件，自问世以来，POM 已经广泛应用于电子、电气、机械、仪表、日用轻工、汽车、建材、农业等领域。

5）聚酯（PBT）在开发初期主要用于汽车制造中代替金属部件，后由于阻燃型玻璃纤维增强 PBT 等品种的问世，大量用于制作电器制品，如电视机用变压器部件等。

6）聚苯醚〔PPO 和 MPPO（PPO 的共聚物）〕主要用于做汽车仪表板、散热器格子、扬声器格栅、控制台、保险盒、继电器箱、连接器、轮罩。电子电器工业上广泛用于制造连接器、线圈绕线轴、开关继电器、调谐设备、大型电子显示器、可变电容器、蓄电池配件、话筒等零部件。可做复印机、计算机系统，打印机、传真机等外装件和组件。另外可做照相机、计时器、水泵、鼓风机的外壳和零部件、无声齿轮、管道、阀体、外科手术器具、消毒器等医疗器具零部件。

（3）特种塑料

特种塑料则是指性能更加优异独特，但目前大部分尚未大规模工业化生产或生产规模较小、用途相对较窄的一些塑料，如聚苯硫醚（PPS）、聚酰亚胺（PI）、聚砜（PSF）、聚醚酮（PEK）、液晶聚合物（LCP）等。

2. 橡胶

橡胶按来源可分为天然橡胶和合成橡胶，按性能和用途可分为通用橡胶和特种橡胶。

（1）通用橡胶。指性能与天然橡胶相同或接近，物理性能和加工性能较好，用于制造软管、密封件、传送带等一般制品的橡胶，如天然橡胶、丁苯橡胶、顺丁橡胶、氯丁橡胶等。

（2）特种橡胶。指具有特殊性能，专供耐热、耐寒、耐化学腐蚀、耐油、耐溶剂、耐辐射等特殊性能要求使用的橡胶。如硅橡胶、氟橡胶、聚氨酯橡胶、丁腈橡胶等。

3. 高分子涂料

高分子涂料是以聚合物为主要成膜物质，添加溶剂和各种添加剂制得。根据成膜物质不同，分为油脂涂料、天然树脂涂料和合成树脂涂料。

4. 高分子粘结剂

高分子粘结剂是以合成天然高分子化合物为主体制成的胶粘材料，分为天然和合成两种。粘结剂应用较多的是合成粘结剂。

5. 高分子基复合材料

高分子基复合材料是以高分子化合物为基体，添加各种增强材料制得的一种复合材料。它综合了原有材料的性能特点，并可根据需要进行材料设计。高分子基复合材料也称为高分子改性材料，改性分为分子改性和共混改性。

6. 功能高分子材料

功能高分子材料除具有聚合物的一般力学性能、绝缘性能和热性能外，还具有物质、能量和信息转换、磁性、传递和储存等特殊功能。包括高分子信息转换材料、高分子透明材料、高分子模拟酶、生物降解高分子材料、高分子形状记忆材料和医用、药用高分子材料等。

7. 纤维

纤维分为天然纤维和化学纤维。前者指蚕丝、棉、麻、毛等，后者是以天然高分子或合成高分子为原料，经过纺丝和后处理制得。

（二）无机非金属材料

1. 无机非金属材料（inorganic nonmetallic materials）是以某些元素的氧化物、碳化物、氮化物、卤素化合物、硼化物以及硅酸盐、铝酸盐、磷酸盐、硼酸盐等物质组成的材料，是除有机高分子材料和金属材料以外的所有材料的统称。无机非金属材料是与有机高分子材料和金属材料并列的三大材料之一。

2. 无机非金属材料具有高熔点、高硬度、耐腐蚀、耐磨损、高强度和良好的抗氧化性等基本属性，以及宽广的导电性、隔热性、透光性及良好的铁电性、铁磁性和压电性。

3. 传统无机非金属材料和新型无机非金属材料的比较：传统无机非金属材料具有性质稳定、抗腐蚀耐高温等优点，但质脆，经不起热冲击。新型无机非金属材料除具有传统无机非金属材料的优点外，还有某些特征，如：强度高，具有电学、光学特性和生物功能等。

（1）普通（传统）的非金属材料

传统无机非金属材料主要是指硅酸盐材料，硅酸盐材料是以含硅的物质为原料经加热而制成的，如水泥、玻璃、陶瓷和耐火材料等，是工业和基本建设所必需的基础材料。

（2）特种（新型）的无机非金属材料

新型无机非金属材料是在 20 世纪中期以后发展起来的，具有特殊性能和用途的材料。它们是现代新技术、新产业、传统工业技术改造、现代国防和生物医学所不可缺少的物质基础。主要有先进陶瓷（advanced ceramics）、非晶态材料（noncrystal material）、人工晶体（artificial crystal）、无机涂层（inorganic coating）、无机纤维（inorganic fibre）等。

二、机电工程中常用的非金属材料及使用范围

（一）砌筑材料

在机电工程中，常用的砌筑材料包括耐火黏土砖、普通高铝砖、轻质耐火砖、耐火水泥、硅藻土质隔热材料、轻质黏土砖、石棉绒（优质）、石棉水泥板、矿渣棉、蛭石和浮石等，一般用于各类型炉窑砌筑工程等，如各种类型的锅炉炉墙砌筑、各种类型的冶炼炉砌筑、各种类型的窑炉砌筑等。

（二）绝热材料

在机电工程中，常用的绝热材料种类很多，有膨胀珍珠岩类、离心玻璃棉类、超细玻璃棉类、微孔硅酸壳、矿棉类、岩棉类、泡沫塑料类等，常用于保温、保冷的各类容器、管道、通风空调管道等绝热工程。

（三）防腐材料

防腐材料大致可分为高分子材料、无机非金属材料、复合材料和涂料等，广泛用于机电工程中。常用防腐材料有：

1. 陶瓷制品：管件、阀门、管材、泵用零件、轴承等。

2. 油漆及涂料：无机富锌漆、防锈底漆广泛用于设备管道工程中。例如，清漆、冷固环氧树脂漆、环氧呋喃树脂漆、酚醛树脂漆等。

3. 塑料制品：聚氯乙烯、聚乙烯、聚四氟乙烯等，用于建筑管道、电线导管、化工耐腐蚀零件及热交换器等。

4. 橡胶制品：天然橡胶、氯化橡胶、氯丁橡胶、氯磺化聚乙烯橡胶、丁苯橡胶、丁酯橡胶等，用于密封件、衬板、衬里等。

5. 玻璃钢及其制品：以玻璃纤维为增强剂，以合成树脂为粘结剂制成的复合材料，主要用于石油化工耐腐蚀耐压容器及管道等。

（四）非金属风管

1. 非金属风管材料有酚醛复合板材、聚氨酯复合板材、玻璃纤维复合板材、无机玻璃钢板材、硬聚氯乙烯板材。

2. 酚醛复合风管适用于低、中压空调系统及潮湿环境，但对高压及洁净空调、酸碱性环境和防排烟系统不适用；聚氨酯复合风管适用于低、中、高压洁净空调系统及潮湿环境，但对酸碱性环境和防排烟系统不适用；玻璃纤维复合风管适用于中压以下的空调系统，但对洁净空调、酸碱性环境和防排烟系统以及相对湿度 90% 以上的系统不适用；硬聚氯乙烯风管适用于洁净室含酸碱的排风系统。

（五）塑料及复合材料水管

1. 硬聚氯乙烯管：内壁光滑阻力小、不结垢，无毒、无污染，耐腐蚀。使用温度不大于40℃，故为冷水管。抗老化性能好、难燃，可采用橡胶圈柔性接口安装。主要用于给水管道（非饮用水）、排水管道、雨水管道。

2. 氯化聚氯乙烯管：高温机械强度高，适于受压的场合。主要应用于冷热水管、消防水管系统、工业管道系统。

3. 无规共聚聚丙烯管：无毒、无害、不生锈、不腐蚀，有高度的耐酸性和耐氯化物性。适合采用嵌墙和地坪面层内的直埋暗敷方式，水流阻力小。主要应用于饮用水管、冷热水管。

4. 丁烯管：有较高的强度、韧性好、无毒。应用于饮用水、冷热水管。特别适用于薄壁、小口径压力管道。

5. 交联聚乙烯管：无毒、卫生、透明。主要用于地板辐射供暖系统的盘管。

6. 铝塑复合管：安全无毒、耐腐蚀、不结垢、流量大、阻力小、寿命长、柔性好、弯曲后不反弹、安装简单。应用于饮用水，冷、热水管。

7. 塑复铜管：无毒、抗菌卫生、不腐蚀、不结垢、水质好、流量大、强度高、刚性大、耐热、抗冻、耐久，长期使用温度范围宽（−70～100℃），比铜管保温性能好。主要用作工业及生活饮用水，冷、热水输送管道。

（六）粘合剂

现代粘合剂通过其使用方式可分为聚合型，如环氧树脂；热熔型，如尼龙、聚乙烯；加压型，如天然橡胶；水溶型，如淀粉。

（七）新型高分子材料

新型高分子材料的主要分类为：光功能材料、高分子分离膜材料、高分子复合材料和高分子磁性材料。

1. 光功能材料即是指这种材料能够对光进行吸收和转换，或者透射和储存。

2. 高分子分离膜材料，其本身是一种薄膜性质的材料，即是利用高分子材料来制作成的一种具有半透性质的过滤膜，它的典型特征是选择透过性。这种材料对环保工作等做出了重要贡献，并且分离效率高，使用条件好。

3. 高分子复合材料是指有多种具有不同性质的物质所复合而成的多相材料。这种材料聚集了多种材料的特征，优势十分明显，例如，复合材料能够同时具备耐高温和高强度等多种优点。

4. 高分子磁性材料是指磁性材料与高分子材料的一种复合形式，也属于高分子复合材料的一种。这些新兴的高分子材料已经渗透进了人类生活的各个领域，在医疗行业以及工业行业中都得到了广泛的应用。

2H311013 电气材料的类型及应用

一、导线

导线是用来传送电能和信号的。导线的品种繁多，按其性能、结构和使用特点可分为裸导线、绝缘导线等。

1. 裸导线

裸导线没有绝缘层，散热好，可输送较大电流。常用的有圆单线、裸绞线和型线等。

（1）裸绞线

裸绞线有铜绞线、铝绞线和钢芯铝绞线等，主要用于架空线路，具有良好的导电性能和足够的机械强度。钢芯铝绞线用于各种电压等级的长距离输电线路，抗拉强度大。铝绞线一般用于短距离电力线路。常用裸绞线的型号、规格和用途见表2H311013-1。

常用裸绞线的型号、规格和用途　　　　　　表2H311013-1

名称	型号	截面（mm^2）	用途
铝绞线	LJ	10～600	用于档距较小的架空线路
钢芯铝绞线	LGJ	10～400	用于档距较大的架空线路
铜绞线	TJ	10～400	一般不采用

（2）型线

型线有铜母线、铝母线和扁钢等。矩形硬铜母线（TMY型）和硬铝母线（LMY型）用于变配电系统中的汇流排装置和车间低压架空母线等。扁钢用于接地线和接闪线，常用的扁钢规格有25×4、25×6、40×4等。

例如，TMY-100×10，表示为硬铜母线宽100mm、厚10mm。

2. 绝缘导线

低压供电线路及电气设备的连线，多采用绝缘导线。按绝缘层材料来分有聚氯乙烯绝缘导线、橡皮绝缘导线等。在建筑工程中多采用聚氯乙烯绝缘铜导线。

绝缘导线的线芯材料有铜芯和铝芯（铝芯基本不采用），机电工程常用的导线截面有1.5、2.5、4、6、10、16、25、35、50、70、95、120、150、185、240mm^2等。护套线有2芯、3芯、4芯和5芯之分。常用的绝缘导线型号、规格和用途见表2H311013-2。

常用绝缘导线的型号、规格和用途　　　　　　表2H311013-2

型号	名称	用途
BX（BLX）	橡胶铜（铝）芯线	适用于交流500V及以下，直流1000V及以下的电气设备和照明设备
BXR	橡胶铜芯软线	
BV（BLV）	聚氯乙烯铜（铝）芯线	适用于各种设备、动力、照明的线路固定敷设
BVR	聚氯乙烯铜芯软线	
BVV（BLVV）	聚氯乙烯绝缘及护套铜（铝）芯线	
RVB	聚氯乙烯平行铜芯软线	适用于各种交直流电器、电工仪器、小型电动工具、家用电器装置的连接
RVS	聚氯乙烯绞型铜芯软线	
RV	聚氯乙烯铜芯软线	
RVV	聚氯乙烯绝缘及护套铜芯软线	

例如，BV-0.5kV-1.5mm^2，表示塑料铜芯线，额定电压500V，截面1.5mm^2；

例如，BVV–0.5kV–2×1.5mm^2，表示塑料护套铜芯线，额定电压500V，2芯，截面1.5mm^2。

二、电缆

电缆按用途分有电力电缆、通信电缆、控制电缆和信号电缆等；按绝缘材料分有纸绝缘电缆、橡胶绝缘电缆、塑料绝缘电缆等；电缆还分为阻燃电缆和耐火电缆。电缆的结构主要有三个部分，即线芯、绝缘层和保护层，保护层又分为内保护层和外保护层。电气工程中应用最广泛的是电力电缆、控制电缆、仪表电缆。

1. 电力电缆

电力电缆是用以传输和分配电能的产品。主要用在输变电线路中，工作电流在几十安至几千安，额定电压在220V～500kV及以上。

常用的电力电缆，按其线芯材质分为铜芯和铝芯两大类。按其采用的绝缘材料分为聚氯乙烯绝缘电力电缆、交联聚乙烯绝缘电力电缆、橡胶绝缘电力电缆和纸绝缘电力电缆等。具有聚氯乙烯绝缘或聚氯乙烯护套的电缆，安装时的环境温度不宜低于0℃。常用电力电缆的型号及名称见表2H311013–3。

常用电力电缆的型号及名称   表 2H311013–3

型号	名称
VV/VLV	聚氯乙烯绝缘聚氯乙烯护套铜芯／铝芯电力电缆
YJV	交联聚乙烯绝缘聚氯乙烯护套铜芯电力电缆
YJV$_{22}$	交联聚乙烯绝缘聚氯乙烯护套内钢带铠装铜芯电力电缆
YJV$_{32}$	交联聚乙烯绝缘聚氯乙烯护套细钢丝铠装铜芯电力电缆
YJV$_{42}$	交联聚乙烯绝缘聚氯乙烯护套粗钢丝铠装铜芯电力电缆
YJY	交联聚乙烯绝缘聚乙烯护套铜芯电力电缆
YJFE	辐照交联聚乙烯绝缘聚烯烃护套铜芯电力电缆

例如，YJV$_{22}$–0.6/1–3×95 ＋ 1×50，表示交联聚乙烯绝缘聚氯乙烯护套内钢带铠装铜芯电力电缆，额定电压0.6/1kV，3 芯95mm^2 ＋ 1 芯50mm^2。

例如，YJY–26/35–3×240，表示交联聚乙烯绝缘聚乙烯护套铜芯电力电缆，额定电压26/35kV，3 芯240mm^2。

（1）阻燃电缆

阻燃电缆是指残焰或残灼在限定时间内能自行熄灭的电缆。阻燃电缆被燃烧时能将火焰的蔓延控制在一定范围内，因此可以避免因电缆着火延燃而造成的重大灾害，从而提高电缆线路的防火水平。电气工程中常用的阻燃电力电缆型号、名称及用途见表2H311013–4。

根据电缆阻燃材料的不同，阻燃电缆分为含卤阻燃电缆及无卤低烟阻燃电缆。无卤低烟电缆是指由不含卤素（F、Cl、Br、I、At）、不含铅、镉、铬、汞等物质的胶料制成，燃烧时产生的烟尘较少，且不会发出有毒烟雾，燃烧时的腐蚀性较低，因此对环境产生危害很小。阻燃电缆分A、B、C三个类别，A类最高。

阻燃电力电缆型号、名称及用途　　　　　　表 2H311013-4

型号	名称	用途
ZA（B、C）-YJV	交联聚乙烯绝缘聚氯乙烯护套A（B、C）类阻燃铜芯电力电缆	可敷设在对阻燃有要求的室内、隧道中等
WDZA（B、C）-YJY	无卤低烟A（B、C）类阻燃交联聚乙烯绝缘聚乙烯护套铜芯电力电缆	可敷设在对阻燃且无卤低烟有要求的室内、隧道中等
WDZA（B、C）-YJFE	无卤低烟A（B、C）类阻燃辐照交联聚乙烯绝缘聚烯烃护套铜芯电力电缆	可敷设在要求是无卤低烟阻燃，且温度较高的场所等

无卤低烟的聚烯烃材料主要采用氢氧化物作为阻燃剂，氢氧化物又称为碱，其特性是容易吸收空气中的水分（潮解）。潮解的结果是绝缘层的体积电阻系数大幅下降，由原来的 17MΩ/km 可降至 0.1MΩ/km。

（2）耐火电缆

耐火电缆是指在火焰燃烧情况下能够保持一定时间安全运行的电缆。分 A、B 两种类别，A 类是在火焰温度 950～1000℃时，能持续供电时间 90min；B 类是在火焰温度 750～800℃时，能持续供电时间 90min。耐火电缆广泛应用于高层建筑、地铁、地下商场、大型电站及重要的工矿企业等与防火安全和消防救生有关的场所。

耐火电缆在建筑物燃烧时，伴随着水喷淋的情况，电缆仍可保持线路完整运行。常用的耐火电力电缆型号、名称及用途见表 2H311013-5。

耐火电力电缆型号、名称及用途　　　　　　表 2H311013-5

型号	名称	用途
WDN（A、B）-YJY	无卤低烟（A、B）类耐火交联聚乙烯绝缘聚乙烯护套铜芯电力电缆	可敷设在对无卤低烟且耐火有要求的室内、隧道及管道中
WDN（A、B）-YJFE	无卤低烟（A、B）类耐火辐照交联聚乙烯绝缘聚烯烃护套铜芯电力电缆	可敷设在对无卤低烟且耐火有要求且温度较高的室内、隧道及管道中

当耐火电缆用于电缆密集的电缆隧道、电缆夹层中，或位于油管、油库附近等易燃场所时，应首先选用 A 类耐火电缆。除上述情况外且电缆配置数量少时，可采用 B 类耐火电缆。

耐火电缆大多用作应急电源的供电回路，要求火灾时正常工作。由于火灾时环境温度急剧上升，为保证线路的输送容量，降低压降，对于供电线路较长且严格限定允许电压降的回路，应将耐火电缆截面至少放大一档。

耐火电缆不能当作耐高温电缆使用。为降低电缆接头在火灾事故中的故障概率，在安装中应尽量减少接头数量，以保证线路在火灾中能正常工作。如果需要做分支接线，应对接头做好防火处理。

（3）氧化镁电缆

氧化镁电缆是由铜芯、铜护套、氧化镁绝缘材料加工而成的。氧化镁电缆的材料是无机物，铜和氧化镁的熔点分别为 1038℃和 2800℃，防火性能特佳；耐高温（电缆允许长期工作温度达 250℃，短时间或非常时期允许接近铜熔点温度）、防爆（无缝铜管套及其密封的电缆终端可阻止可燃气体和火焰通过电缆进入电器设备）、载流量大、防水性能好、机械强度高、寿命长、具有良好的接地性能等优点，但价格贵、工艺复杂、施工难度大。在油灌区、重要木结构公共建筑、高温场所等耐火要求高且经济性可以接受的场合，可采用氧化镁电缆。由于氧化镁电缆原材料及工艺的特殊性，截面为 $25mm^2$ 以上的多芯电缆均由单芯电缆组成。氧化镁电缆的型号、名称见表 2H311013-6。

氧化镁电缆型号、名称　　　　　　　　表 2H311013-6

型号	名称
BTTQ	轻型铜护套氧化镁绝缘铜芯电力电缆
BTTZ	重型铜护套氧化镁绝缘铜芯电力电缆

例如，BTTQ-3×4，表示轻型铜护套氧化镁绝缘铜芯电力电缆，3 芯，$4mm^2$。

例如，BTTZ-5×1×25，表示重型铜护套氧化镁绝缘铜芯电力电缆，5 根单芯 $25mm^2$。

（4）分支电缆

分支电缆是按设计要求，由工厂预先将分支线制造在主干电缆上，分支线截面和长度是根据设计要求决定，极大缩短了施工周期，大幅度减少材料费用和施工费用，保证了配电的安全性和可靠性。

分支电缆可以广泛应用在住宅楼、办公楼、商务楼、教学楼、科研楼等各种中高层建筑中，作为供配电的主、干线电缆使用。

分支电缆常用的有交联聚乙烯绝缘聚氯乙烯护套铜芯电力电缆（YJV 型）、交联聚乙烯绝缘聚乙烯护套铜芯电力电缆（YJY 型）和无卤低烟阻燃耐火型辐照交联聚乙烯绝缘聚烯烃护套铜芯电力电缆（WDZN-YJFE 型）等类型电缆，可根据分支电缆的使用场合对阻燃、耐火的要求程度，选择相应的电缆类型。

订购分支电缆时，应根据建筑电气设计图确定各配电柜位置，提供主电缆的型号、规格及总有效长度；各分支电缆的型号、规格及各段有效长度；各分支接头在主电缆上的位置（尺寸）；安装方式（垂直沿墙敷设、水平架空敷设等）；所需分支电缆吊头、横梁吊挂等附件型号、规格和数量。

（5）铝合金电缆

铝合金电缆不同于传统的铝芯电缆，它是国内一种新颖的电缆，电缆的结构形式主要有非铠装和铠装两大类，带 PVC 护套和不带 PVC 护套的，其芯线则采用高强度、抗蠕变、高导电率的铝合金材料。

铝合金表面与空气接触自然形成的氧化层能耐受多种腐蚀。在满足相同导电性能的前提下，合金线缆的重量是同样载流量的铜缆的一半，使用合金铝线缆以取代铜缆，可以减少电缆重量，合金铝导体比铜柔韧得多，弯曲性能好，安装时有更小的弯曲半径及更容易进行端子连接，使安装工作更为轻松。

非嵌装铝合金电力电缆可替代 YJV 型电力电缆，适用于室内、隧道、电缆沟等场所的敷设，不能承受机械外力；嵌装铝合金电力电缆可替代 YJV_{22} 型电力电缆，适用于隧道、电缆沟、竖井或埋地敷设，能承受较大的机械外力和拉力。

2. 控制电缆

　　控制电缆用于电气控制系统和配电装置的二次系统。二次电路的电流较小，因此芯线截面通常在 $10mm^2$ 以下，控制电缆的线芯多采用铜导体，其芯线组合有同心式和对绞式。

　　控制电缆按其绝缘层材质，分为聚氯乙烯、聚乙烯和橡胶。其中以聚乙烯电性能最好，可应用于高频线路。

　　塑料绝缘控制电缆：如 KVV、KVVP 等。主要用于交流 500V、直流 1000V 及以下的控制、信号、保护及测量线路。

　　如 KVVP 用于敷设室内、电缆沟等要求屏蔽的场所；如 KVV$_{22}$ 等用于敷设在电缆沟、直埋地等能承受较大机械外力的场所；如 KVVR、KVVRP 等敷设于室内要求移动的场所。

　　3. 仪表电缆

　　（1）仪表用电缆：如 YVV、YVVP 等，适用于仪器仪表及其他电气设备中的信号传输及控制线路。

　　（2）阻燃型仪表电缆：如 ZRC-YVVP、ZRC-YYJVP、ZRC-YEVP 等，阻燃仪表电缆具有防干扰性能高、电气性能稳定，能可靠地传送数字信号和模拟信号，兼有阻燃等特点，所以广泛应用于电站、矿山和石油化工等部门的检测和控制系统上，常固定敷设于室内、隧道内、管道中或户外托架中。

　　三、母线槽

　　母线槽是由金属外壳（钢板或铝板）、导电排、绝缘材料及有关附件组成的。具有系列配套、体积小、容量大、电流易于分配到各个支路、设计施工周期短、装拆方便、安全可靠、使用寿命长等优点，特别适用于高层建筑、标准厂房、机床密集的车间等场所，作为电力馈电及配电之用，是一种比较理想的输配电系列产品。

　　1. 母线槽的分类

　　母线槽按绝缘方式可分为空气型母线槽、紧密型母线槽和高强度母线槽三种；按导电材料分为铜母线槽和铝母线槽；按防火能力可分为普通型母线槽和耐火型母线槽。

　　（1）空气型母线槽

　　母线之间接头用铜片软接过渡，接头之间体积过大，占用了一定空间，应用较少。空气型母线槽不能用于垂直安装，因存在烟囱效应。

　　（2）紧密型母线槽

　　紧密型母线槽采用插接式连接，具有体积小、结构紧凑、运行可靠、传输电流大、便于分接馈电、维护方便等优点，可用于树干式供电系统，在高层建筑中得到广泛应用。

　　紧密型母线槽的散热主要靠外壳，母线槽温升偏高，散热效果较差。母线的相间气隙小，母线通过大电流时，产生较大的电动力，使磁振荡频率形成叠加状态，可能产生较大的噪声。紧密型母线槽防潮性能较差，在施工时容易受潮及渗水，造成相间绝缘电阻下降。

　　（3）高强度母线槽

　　高强度母线槽外壳做成瓦沟形式，使母线槽机械强度增加，解决了大跨度安装无法支撑吊装的问题。母线之间有一定的间距，线间通风良好，相对紧密式母线槽而言，其防潮和散热功能有明显的提高；由于线间有一定的空隙，使导线的温升下降，这样就提高了过载能力，并减少了磁振荡噪声。但它产生的杂散电流及感抗要比紧密式母线槽大得多，因此在同规格比较时，它的导电排截面必须比紧密式母线槽大。

（4）耐火型母线槽

耐火型母线槽是专供消防设备电源的使用，其外壳采用耐高温不低于1100℃的防火材料，隔热层采用耐高温不低于300℃的绝缘材料，耐火时间有60min、90min、120min、180min，满负荷运行可达8h以上。耐火型母线槽除应通过CCC认证外，还应有国家认可的检测机构出具的型式检验报告。

2. 母线槽选用

（1）高层建筑的垂直输配电应选用紧密型母线槽，可防止烟囱效应，其导体应选用长期工作温度不低于130℃的阻燃材料包覆。楼层之间应设阻火隔断，阻火隔断应采用防火堵料。应急电源应选用耐火型母线槽，且不准释放出危及人身安全的有毒气体。

（2）大容量母线槽可选用散热好的紧密型母线槽，若选用空气型母线槽，应采用只有在专用工作场所才能使用的IP30的外壳防护等级。

（3）母线槽接口相对较容易受潮，选用母线槽时应注意其防护等级。对于不同的安装场所，应选用不同外壳防护等级母线槽。一般室内正常环境可选用防护等级为IP40的母线槽，消防喷淋区域应选用防护等级为IP54或IP66的母线槽。

（4）母线槽不能直接和有显著摇动和冲击振动的设备连接，应采用软接头加以连接。

四、绝缘材料

在机电工程中，常用的绝缘材料种类繁多。

1. 按其物理状态分类

可分为气体绝缘材料、液体绝缘材料和固体绝缘材料。

（1）气体绝缘材料：有空气、氮气、二氧化硫和六氟化硫（SF_6）等。

（2）液体绝缘材料：有变压器油、断路器油、电容器油、电缆油等。

（3）固体绝缘材料：有绝缘漆、胶和熔敷粉末；纸、纸板等绝缘纤维制品；漆布、漆管和绑扎带等绝缘浸渍纤维制品；绝缘云母制品；电工用薄膜、复合制品和粘带；电工用层压制品；电工用塑料和橡胶等。

2. 按其化学性质不同分类

可分为无机绝缘材料、有机绝缘材料和混合绝缘材料。

（1）无机绝缘材料：有云母、石棉、大理石、瓷器、玻璃和硫黄等，主要用作电机和电器绝缘、开关的底板和绝缘子等。

（2）有机绝缘材料：有矿物油、虫胶、树脂、橡胶、棉纱、纸、麻、蚕丝和人造丝等，大多用于制造绝缘漆、绕组和导线的被覆绝缘物等。

（3）混合绝缘材料：由无机绝缘材料和有机绝缘材料经加工后制成的各种成型绝缘材料，主要用作电器的底座、外壳等。

2H311020 机电工程常用工程设备

2H311021 通用工程设备的分类和性能

机电工程的通用工程设备是指通用性强、用途较广泛的机械设备。按现行国家标准《建设工程分类标准》GB/T 50841—2013的划分，机电工程常用的通用工程设备，主要有风机设备、泵设备、压缩机设备、输送设备等。

一、泵的分类和性能

（一）泵的分类

1. 机电工程中常用的泵有：离心式泵、旋涡泵、电动往复泵、柱塞泵、蒸汽往复泵、计量泵、螺杆泵、齿轮油泵、真空泵等。其中离心式泵效率高、结构简单、适用范围最广。

2. 按照泵的工作原理和结构形式可分为：容积式泵、叶轮式泵。

（1）容积式泵。根据运动部件运动方式的不同分为往复泵和回转泵两类。往复泵有活塞泵、柱塞泵等；回转泵有齿轮泵、螺杆泵和叶片泵等。

（2）叶轮式泵。根据泵的叶轮和流道结构特点的不同，叶轮式泵分为离心泵、轴流泵和旋涡泵等。

3. 按照输送介质分为清水泵、杂质泵、耐腐蚀泵等。

4. 按照吸入方式分为单吸泵和双吸泵。

5. 按照叶轮数目分为单级泵和多级泵。

（二）泵的性能

泵的性能参数主要有：流量、扬程、功率、效率、转速等。

例如，一幢 30 层（98m 高）的高层建筑，其消防水泵的扬程应在 130m 以上。

二、风机的分类和性能

（一）风机的分类

1. 机电工程中常用的风机有：离心式通风机、离心式引风机、轴流通风机、回转式鼓风机、离心式鼓风机、罗茨式鼓风机。

2. 按照气体在旋转叶轮内部流动方向可分为：离心式风机、轴流式风机、混流式风机。

3. 按照工作原理可分为：速度式（包括轴流风机、离心风机、混流式风机）和容积式（包括回转式鼓风机、罗茨式鼓风机）。

4. 按照结构形式可分为：单级风机、多级风机。

5. 按照排气压强的不同可分为：通风机、鼓风机、压气机。

（二）风机的性能

风机的性能是指风机在标准进气状态下的性能，标准进气状态即风机进口处空气压力为一个标准大气压，温度为 20℃，相对湿度为 50% 的气体状态，其主要性能参数有：流量（又称为风量）、全风压、动压、静压、功率、效率、转速、比转速等。

三、压缩机的分类和性能

（一）压缩机的分类

1. 机电工程中常用的压缩机有：活塞式压缩机、回转式螺杆压缩机、离心式压缩机等。

2. 按照所压缩的气体不同，压缩机可分为：空气压缩机、氧气压缩机、氨压缩机、天然气压缩机。

3. 按照压缩气体方式可分为：容积式压缩机和动力式压缩机两大类。按结构形式和工作原理，容积式压缩机可分为往复式压缩机、回转式压缩机；动力式压缩机可分为轴流式压缩机、离心式压缩机和混流式压缩机。

4. 按照压缩次数可分为：单级压缩机、两级压缩机、多级压缩机。

5. 按照汽缸的布置方式可分为：立式压缩机、卧式压缩机、L形压缩机、V形压缩机、W形压缩机、扇形压缩机、M形压缩机、H形压缩机。

6. 按照压缩机的最终排气压力划分，可分为：低压压缩机、中压压缩机、高压压缩机和超高压压缩机。

7. 压缩机还可以按照压缩机排气量的大小、润滑方式、冷却方式、传动方式划分。

（二）压缩机的性能

压缩机的性能参数主要包括容积、流量、吸气压力、排气压力、工作效率、噪声等。

四、连续输送设备的分类和性能

（一）连续输送设备的分类

1. 机电工程中常用的连续输送设备有：斗式提升机、刮板输送机、板（裙）式输送机、悬挂输送机、固定式胶带输送机、气力输送设备、螺旋输送机、卸矿车和皮带秤。

2. 按照有无牵引件（链、绳、带）可分为：具有挠性牵引件的输送设备，如带式输送机、板式输送机、刮板式输送机、提升机、架空索道等；无挠性牵引件的输送设备，如螺旋输送机、辊子输送机、振动输送机、气力输送机等。

（二）连续输送设备的性能

连续输送设备只能沿着一定路线向一个方向连续输送物料，可进行水平、倾斜和垂直输送，也可组成空间输送线路。输送设备输送能力大、运距长、设备简单、操作简便、生产率高，除可以进行物料输送外，还可与生产流程中的工艺过程相配合，形成流水作业线，在输送过程中同时完成若干工艺操作。

该设备广泛用于机械、电子、电力、冶金、矿山、化工、医药、轻工、食品等行业。

2H311022   专用工程设备的分类和性能

专用设备是指专门针对某一种或一类对象或产品，实现一项或几项功能的设备。

例如，电力设备、石油化工设备、冶金设备、建材设备、矿业设备等。

一、专用工程设备的分类

1. 电力设备

电力设备包括：火力发电设备、核电设备、风力发电设备、光伏发电设备等。

（1）火力发电系统主要由燃烧系统（以承压蒸汽锅炉为核心）、汽水系统（主要由各类泵、给水加热器、凝汽器、管道、水冷壁等组成）、电气系统（以汽轮发电机组、主变压器等为主）、控制系统等组成。

（2）核电设备包括：核岛设备、常规岛设备、辅助系统设备。常规岛设备包括：汽轮机、发电机、凝汽器、汽水分离再热器、给水加热器、除氧器、阀门、水泵、输变电设备、起吊设备、高压电动机。

（3）风力发电设备按照安装场地分为：陆上风电机组和海上风电机组；按照驱动方式分为：直驱风电机组和双馈式风电机组。

（4）光伏发电系统分为：独立光伏发电系统、并网光伏发电系统和分布式光伏发电系统。

（5）塔式太阳能光热发电设备分为：镜场设备（包括反射镜和跟踪设备）、集热塔

（吸热塔）、热储存设备、热交换设备和发电常规岛设备。

2. 石油化工设备

石油化工设备分为静设备、动设备等。静设备包括：容器、反应设备、塔设备、换热设备、储罐等；动设备包括：压缩机、粉碎设备、混合设备、分离过滤设备、制冷设备、干燥设备、包装设备、输送设备、储存设备、成型设备等。

（1）反应设备（代号 R）。主要用来完成介质化学反应的压力容器称为反应设备，如反应器、反应釜、分解锅、聚合釜等。

（2）换热设备（代号 E）。主要用于完成介质间热量交换的压力容器称为换热设备，如管壳式余热锅炉、热交换器、冷却器、冷凝器、蒸发器等。

（3）分离设备（代号 S）。主要用于完成介质的流体压力平衡和气体净化分离等的压力容器称为分离设备，如分离器、过滤器、集油器、缓冲器、洗涤器等。

（4）储存设备（代号 C，其中球罐代号 B）。主要用于盛装生产用的原料气体、流体、液化气体等的压力容器称为储存设备，如各种形式的储槽、储罐等。

3. 冶金设备

冶金设备包括：选矿机械设备、焦化机械设备、烧结机械设备、炼铁机械设备、炼钢机械设备、轧制机械设备、冶金机械液压（润滑、气动）设备、冶金电气设备、环保设备等。

（1）轧制设备包括：拉坯机、结晶器、中间包设备、板材轧机、轧管机、无缝钢管自动轧管机、型材轧机和矫直机等。

（2）炼钢设备包括：转炉、电弧炉、钢包精炼炉、钢包真空精炼炉、真空吹氧脱碳炉、连续铸钢机械设备等。

（3）选矿设备包括：破碎设备、筛分设备、磨矿设备、选别设备等。

4. 建材设备

建材设备包括：水泥生产设备、玻璃生产设备、陶瓷生产设备、耐火材料设备、新型建筑材料设备、无机非金属材料及制品设备等。

水泥设备主要是"一窑三磨"，包括：回转窑、生料磨、煤磨、水泥磨。

浮法玻璃生产线主要工艺设备包括：玻璃熔窑、锡槽、退火窑及冷端的切装系统。

5. 其他专用设备

其他专用设备包括加工中心、电子设备、环保设备、节能设备、可再生能源设备等。

二、专用工程设备的性能

专用设备的性能针对性强，是专门针对某一种或一类对象或产品实现一项或几项功能的设备。它往往只完成某一种或有限的几种零件或产品的特定工序或几个工序的加工或生产，效率特别高，适合于单品种大批量加工或连续生产。

2H311023　电气工程设备的分类和性能

机电工程常用的电气设备有电动机、变压器、高压电器及成套装置、低压电器及成套装置、电工测量仪器仪表等。主要的性能是受电、变电、配电和电能转换。

一、电动机的分类和性能

1. 电动机的分类

（1）电动机的种类可按防护形式、安装方式、绝缘等级、电源电压、结构等来分类。

（2）按工作电源分有直流电动机、交流电动机。其中，交流电动机又可分为单相电动机和三相电动机。

（3）按结构及工作原理分有同步电动机、异步电动机、直流电动机。交流同步电动机可分为电磁同步电动机、永磁同步电动机、磁阻同步电动机和磁滞同步电动机。直流电动机可分为无刷直流电动机和有刷直流电动机。

（4）按用途分有驱动用电动机、控制用电动机。

（5）按转子的结构分有鼠笼式感应电动机、绕线式感应电动机。

2. 电动机的性能

（1）同步电动机常用于拖动恒速运转的大、中型低速机械，具有转速恒定及功率因数可调的特点；其缺点是：结构较复杂、价格较贵。

（2）异步电动机是现代生产和生活中使用最广泛的一种电动机。其转子绕组不需要与其他电源相连接，而定子绕组的电流则直接取自交流电网，具有结构简单、制造容易、价格低廉、运行可靠、维护方便、坚固耐用等一系列优点。其缺点是：与直流电动机相比，其启动性和调速性能较差；与同步电动机相比，其功率因数不高，在运行时必须向电网吸收滞后的无功功率，对电网运行不利。

（3）直流电动机常用于拖动对调速要求较高的生产机械。它具有较大的启动转矩和良好的启动、制动性能，在较宽范围内实现平滑调速的特点；其缺点是：结构复杂，价格高。

二、变压器的分类和性能

1. 变压器的分类

变压器是输送交流电时所使用的一种变换电压和变换电流的设备。

（1）按变换电压的不同分为升压变压器和降压变压器。

（2）按冷却方式分为自然风冷却、强迫油循环风冷却、强迫油循环水冷却、强迫导向油循环冷却。

（3）按变压器的冷却介质分类分为油浸式变压器、干式变压器、充气式变压器等。

（4）按相数的不同分为单相变压器、三相变压器。

（5）按每相绕组数的不同分为双绕组变压器、三绕组变压器和自耦变压器等。

（6）按变压器的用途不同分为电力变压器、电炉变压器、整流变压器、电焊变压器、船用变压器、量测变压器等。

2. 变压器的参数

变压器的主要技术参数有：额定容量、额定电压、额定电流、空载电流、短路损耗、空载损耗、短路阻抗、连接组别等。

三、高压电器及成套装置的分类和性能

1. 高压电器及成套装置的分类

（1）高压电器是指交流电压1000V、直流电压1500V以上的电器。高压成套装置是指由一个或多个高压开关设备和相关的控制、测量、信号、保护等设备通过内部的电气、机械连接和外部的结构部件组合形成的一种组合体。

（2）常用高压电器包括：高压断路器、高压接触器、高压隔离开关、高压负荷开关、高压熔断器、高压互感器、高压电容器、高压绝缘子及套管、高压成套设备等。

2. 高压电器及成套装置的性能

高压电器及成套装置的性能主要有：通断、保护、控制和调节四大性能。

四、低压电器及成套装置的分类和性能

1. 低压电器及成套装置的分类

（1）低压电器是指在交流电压 1000V、直流电压 1500V 及以下的电路中起通断、保护、控制或调节作用的电器产品。低压成套装置是指由一个或多个低压开关设备和相关的控制、测量、信号、保护等设备通过内部的电气、机械连接和外部的结构部件组合形成的一种组合体。

（2）常用低压电器包括：刀开关及熔断器、低压断路器、低压负荷开关、低压隔离开关、接触器、继电器、控制器与主令电器、电阻器与变阻器、低压互感器、防爆电器、漏电保护器、低压成套设备等。

2. 低压电器及成套装置的性能

低压电器及成套装置的性能主要有：通断、保护、控制和调节四大性能。

五、电工测量仪器仪表的分类和性能

1. 电工测量仪器仪表的分类

（1）指示仪表：能够直读被测量的大小和单位的仪表。指示仪表的分类很多，有按准确等级分、按使用环境分、按外壳防护性能分、按仪表防御外界磁场或电场影响的性能分、按读数装置分、按工作原理分、按使用方法分。常见的分类方法有：按工作原理分为磁电系、电磁系、电动系、感应系、静电系等；按使用方式分为安装式、便携式。

（2）比较仪器：把被测量与度量器进行比较后确定被测量的仪器。

2. 电工测量仪器仪表的性能

电工测量仪器仪表的性能由被测量对象来决定，测量对象包括电流、电压、功率、频率、相位、电能、电阻、电容、电感等参数，以及磁场强度、磁通、磁感应强度、磁滞、涡流损耗、磁导率等参数。随着技术的进步，以集成电路为核心的数字式仪表、以微处理器为核心的智能测量仪表已经获得了高速的发展和应用，这些仪表不仅具有常规仪表的测量和显示功能，而且通常都带有参数设置、界面切换、数据通信等性能。

2H312000　机电工程专业技术

2H312010　机电工程测量技术

2H312000
看本章精讲课
配套章节自测

2H312011　测量的要求和方法

工程测量包括对建（构）筑物施工放样、建（构）筑物变形监测、工程竣工测量等。

一、工程测量的原则及要求

1. 工程测量的原则

工程测量应遵循"由整体到局部，先控制后细部"的原则，即先依据建设单位提供的永久基准点、线为基准，然后测设出各个部位设备的准确位置。

工程测量责任重大，稍有差错，就会酿成工程事故，造成重大损失。

2. 工程测量的要求

（1）以工程为对象，做好控制点布测，保证将设计的建（构）筑物位置正确地测设到地面上，作为施工的依据。

（2）保证测设精度，减少误差累积，满足设计要求，免除因建筑物众多而引起测设工作的紊乱。

（3）检核是测量工作的灵魂，必须加强外业和内业的检核工作，保证实测数据与工程测量竣工图绘制的正确性。

检核分为：仪器检核、资料检核、计算检核、放样检核和验收检核。

二、工程测量的原理

（一）水准测量

水准测量原理是利用水准仪提供的水平视线，并借助水准尺来测定地面上两点间的高差，然后推算高程的一种测量方法。测定待测点高程的方法有高差法和仪高法两种。

1. 高差法

采用水准仪和水准尺测定待测点与已知点之间的高差，通过计算得到待定点高程的方法。

2. 仪高法

采用水准仪和水准尺，只需计算一次水准仪高程，就可以简便地测算几个前视点高程。

例如，当安置一次仪器，同时需要测出数个前视点的高程时，使用仪高法是比较方便的。所以，在工程测量中仪高法被广泛地应用。

（二）基准线测量

基准线测量原理是利用经纬仪和检定钢尺，根据两点成一直线原理测定基准线。测定待定位点的方法有水平角测量和竖直角测量，这是确定地面点位的基本方法。每两个点位都可连成一条直线（或基准线）。

1. 安装基准线的设置

安装基准线一般都是直线，只要定出两个基准中心点，就构成一条基准线。平面安装基准线不少于纵、横两条。

2. 安装标高基准点的设置

根据设备基础附近水准点，用水准仪测出标高具体数值。相邻安装基准点高差应在0.5mm以内。

3. 沉降观测点的设置

沉降观测采用二等水准测量方法。每隔适当距离选定一个基准点与起算基准点组成水准环线。

例如，对于埋设在基础上的基准点，在埋设后就开始第一次观测，随后的观测在设备安装期间连续进行。

三、工程测量的程序和方法

（一）工程测量的程序

无论是建筑安装还是工业安装的测量，其基本程序都是：设置纵横中心线→设置标高基准点→设置沉降观测点→安装过程测量控制→实测记录等。

（二）高程控制测量

1. 高程控制点布设的原则

（1）测区的高程系统，宜采用国家高程基准。在已有高程控制网的地区进行测量时，可沿用原高程系统。当小测区联测有困难时，亦可采用假定高程系统。

（2）高程测量的方法有水准测量法、电磁波测距三角高程测量法。常用水准测量法。

（3）高程控制测量等级划分：依次为二、三、四、五等。各等级视需要，均可作为测区的首级高程控制。

2. 高程控制点布设的方法

（1）水准测量法的主要技术要求：

1）各等级的水准点，应埋设水准标石。水准点应选在土质坚硬、便于长期保存和使用方便的地点。墙水准点应选设于稳定的建筑物上，点位应便于寻找、保存和引测。

2）一个测区及其周围至少应有 3 个水准点。水准点之间的距离，应符合规定。

3）水准观测应在标石埋设稳定后进行。两次观测高差较大且超限时应重测。当重测结果与原测结果分别比较，其较差均不超过限值时，应取三次结果的平均数。

（2）设备安装过程中，测量时应注意：最好使用一个水准点作为高程起算点。当厂房较大时，可以增设水准点，但其观测精度应提高。

（3）水准测量所使用的仪器，水准仪视准轴与水准管轴的夹角，应符合规定。水准尺上的米间隔平均长与名义长之差应符合规定。

四、机电工程中常见的工程测量

（一）单体设备基础的测量

1. 基础划线及高程测量

（1）单体设备基础划线

如图 2H312011-1 所示，单机设备要根据建筑结构的主要柱基中心线，按设计提供的坐标位置，测量出设备基础中心线，并将纵横中心线固定在中心标板上或用墨线画在基础上，作为安装基准中心线。

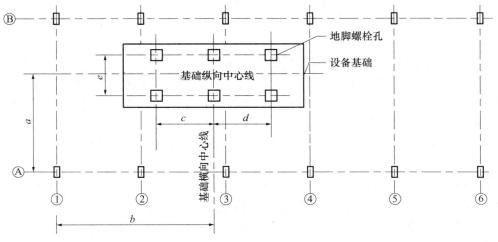

图 2H312011-1　单体设备基础划线图

1）首先以建筑的轴线Ⓐ为基准，在设备基础上量出距离轴线为 a 的两个点，两点之间的连线，就是基础纵向中心线；再以建筑物轴线①为基准，在设备基础上量出距离轴线为 b 的两个点，两点之间的连线，即为基础横向中心线。

2）以基础的纵向中心线为基准按尺寸 e 确定地脚螺栓孔中心纵向轴线；再以基础横向中心线为基准以尺寸 c、d 划出地脚螺栓孔的横向轴线。这样地脚螺栓孔的位置就确定了。

（2）单体设备的高程测量

安装单位接受由土建移交的标高基准点，将标高基准点引测到设备基础附近方便测量的地方，作为下一步设备安装时标高测量的基准点并埋设标高基准点。

（3）精度控制

1）放线测量用计量设备必须经检定或校准合格且在有效期内。在使用前要校准设备。测量放线尽量使用同一台设备、同一人进行测量。

2）机械设备定位基准的面、线或点与安装基准线的平面位置和标高的允许偏差，对于单体设备来讲，平面位置允许偏差为 ±10mm，标高偏差为 + 20~-10mm。

3）设备基础中心线必须进行复测，两次测量的误差不应大于 5mm。

4）对于埋设有中心标板的重要设备基础，其中心线应由中心标板引测，同一中心标点的偏差不应超过 ±1mm。纵横中心线应进行正交度的检查，并调整横向中心线。同一设备基准中心线的平行偏差或同一生产系统的中心线的直线度应在 ±1mm 以内。

5）每组设备基础，均应设立临时标高控制点。标高控制点的精度，对于一般的设备基础，其标高偏差应在 ±2mm 以内；对于与传动装置有联系的设备基础，其相邻两标高控制点的标高偏差应在 ±1mm 以内。

2. 中心标板和基准点的埋设

（1）中心标板

中心标板是在设备两端的基础表面中心线上埋设的两块一定长度的型钢，并标上中心线点，作为安装放线时找正设备位置用的一种标定点。

1）埋设中心标板的方法

① 中心标板应埋设在中心线的两端，并且标板的中心要大约在中心线上。

② 中心标板露出基础表面的高度为 4~6mm。

③ 在用混凝土浇灌中心标板之前，要先用水冲洗基础，以使新浇灌的混凝土能与原基础结合。

④ 埋设中心标板时，应使用高标号灰浆浇灌固定。如果可能，应焊在基础的钢筋上。

⑤ 埋设中心标板的灰浆全部凝固后，由测量人员测出中心线点并投在中心标板上，投点（冲眼）的直径为 1~2mm，并在投点的周围用红铅油画一圆圈，作为明显的标记。

2）中心标板的埋设形式

① 在基础表面埋设（图 2H312011-2）。一般用小段钢轨，也可用工字钢、角钢、槽钢，长度为 150~200mm。

② 在跨越沟道的凹下处埋设（图 2H312011-3）。若主要设备中心线通过基础凹形部分或地沟时，则埋设 50mm×50mm 的角钢或 100mm×50mm 的槽钢。

③ 在基础边缘埋设（图 2H312011-4）。中心标板长度 150~200mm，至基础的边缘为 50~80mm。

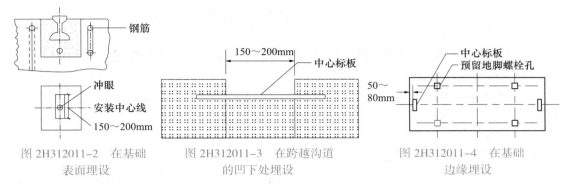

图 2H312011-2　在基础　　　图 2H312011-3　在跨越沟道　　　图 2H312011-4　在基础
　　表面埋设　　　　　　　　的凹下处埋设　　　　　　　　　边缘埋设

（2）基准点

在设备的基础上埋设坚固的金属件（通常用 50～60m 长的铆钉），并根据厂房的标准零点测出它的标高作为安装设备时测量标高的依据，称为基准点。

由于厂房内原有的基准点往往会被先行安装的设备挡住，在后续安装设备进行标高测量时，再用厂房内原有的基准点就不如新埋设的基准点准确、方便。

常用的基准点如图 2H312011-5 所示。它是在直径 $\phi 19\sim 25mm$、长约 $50\sim 60mm$ 铆钉的杆端焊上一块约 50mm 见方的钢板，或在铆钉钉杆上焊接一根 U 形钢筋。埋设时，先在预定的位置上挖出一个小坑，再用水泥砂浆浇灌固定。埋设基准点的小坑要上口小、下口大（图 2H312011-6），基准点露出基础顶面部分不能太高（约 $10\sim 14mm$）。

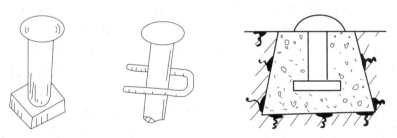

图 2H312011-5　基准点　　　　图 2H312011-6　基准点的埋设方法

中心标板和基准点可在浇筑基础混凝土时配合土建埋设，也可在基础上预留埋设中心标板和基准点的孔洞，待基础养护期满后再埋设，但预留孔的大小要合适，并且要下大上小、位置适当。

（二）连续生产设备安装的测量

1. 安装基准线的测设。中心标板应在浇灌基础时，配合土建埋设，也可待基础养护期满后再埋设。放线就是根据施工图，按建筑物的定位轴线来测定机械设备的纵、横中心线并标注在中心标板上，作为设备安装的基准线。设备安装平面线不少于纵、横两条。

2. 安装标高基准点的测设。标高基准点一般埋设在基础边缘且便于观测的位置。标高基准点一般有两种：一种是简单的标高基准点；另一种是预埋标高基准点。采用钢制标高基准点，应是靠近设备基础边缘便于测量处，不允许埋设在设备底板下面的基础面。

例如，简单的标高基准点一般作为独立设备安装的基准点；预埋标高基准点主要用于连续生产线上的设备在安装时使用。

3. 连续生产设备只能共用一条纵向基准线和一个预埋标高基准点。

（三）管道工程的测量

管道工程测量的主要内容包括中线测量，纵、横断面测量及施工测量。

1. 管道中线测量

管道中线测量的任务是将设计的管道中线位置测设于实地并标记出来。其主要工作内容是测设管道的主点（起点、终点和转折点）、标定里程桩和加桩等。

（1）管线主点的测设

1）根据控制点测设管线主点

当管道规划设计图上已给出管线起点、转折点和终点的设计坐标与附近控制的坐标时，可计算出测设数据，然后用极坐标法或交会法进行测设。

2）根据地面上已有建筑物测设管线主点

在城市中，管线一般与道路中心线或永久建筑物的轴线平行或垂直。主点测设数据可由设计时给定坐标计算，然后用直角坐标法进行测设。当管道规划设计图的比例尺较大，管线是直接在大比例尺地形图上设计时，往往不给出坐标值。可根据与现场已有的地面物（如道路、建筑物）之间的关系采用图解法来求得测设数据。

主点测设好以后，应丈量主点间距离和测量管线的转折角，并与附近的测量控制点连测，以检查中线测量的成果。为了便于施工时查找主点位置，一般还要做好点的记号。

（2）里程桩和加桩

为了测定管线长度和测绘纵、横断面图，沿管道中心线自起点每50m钉一里程桩。在50m之间地势变化处要钉加桩，在新建管线与旧管线、道路、桥梁、房屋等交叉处也要钉加桩。里程桩和加桩的里程桩号以该桩到管线起点的中线距离来确定。管线的起点，给水管道以水源作为起点；排水管道以下游出水口为起点；煤气、热力管道以供气方向作为起点。

为了给设计和施工提供资料，中线定好后应将中线展绘到现状地形图上。图上应反映出点的位置和桩号，管线与主要地面物、地下管线交叉的位置和桩号，各主点的坐标、转折角等。如果敷设管道的地区没有大比例尺地形图，或在沿线地形变化较大的情况下，还需测出管道两侧各20m的带状地形图。如通过建筑物密集地区，需测绘至两侧建筑物处，并用统一的图式表示。

2. 管道纵、横断面测量

管道纵断面测量的内容是根据管道中心线所测的桩点高程和桩号绘制成纵断面图。纵断面图反映了沿管道中心线的地面高低起伏和坡度陡缓情况，是设计管道埋深、坡度和土方量计算的依据。

横断面测量是测量中线两侧一定范围内的地形变化点至管道中线的水平距离和高差，以中线上的里程桩或加桩为坐标原点，以水平距离为横坐标，高差为纵坐标，按1:100比例尺绘制横断面图。

3. 管道工程施工测量

管道工程施工测量的主要任务是根据设计图纸的要求，为施工测设各种标志，使施工技术人员便于随时掌握中线方向和高程位置。

管道施工一般在地面以下进行，并且管道种类繁多，例如给水管道、排水管道、天然气管道、输油管道等。在城市建设中，尤其城镇工业区管道更是上下穿插、纵横交错组成管道网，如果管道施工测量稍有误差，将会导致管道互相干扰，给施工造成困难，因此施工测量在管道施工中的作用尤为突出。

（1）管道工程施工测量的准备工作

1）熟悉设计图纸资料：包括管道平面图、纵横断面图、标准横断面和附属构筑物图，弄清管线布置及工艺设计和施工安装要求。

2）勘察施工现场：了解设计管线走向，以及管线沿途已有平面和高程控制点分布情况。

3）绘制施测草图：根据管道平面图和已有控制点，并结合实际地形，找出有关的施测数据及其相互关系，并绘制施测草图。

4）确定施测精度：根据管道在生产上的不同要求、工程性质、所在位置和管道种类等因素，以确定施测精度。如厂区内部管道比外部要求精度高，不开槽施工比开槽施工测量精度要求高，有压力的管道比无压力管道要求精度高。

（2）地下管道放线测设

1）恢复中线

管道中线测量中所钉的中线桩、交点桩等，到施工时难免有部分碰动或丢失。为了保证中线位置准确可靠，施工前应根据设计的定线条件进行复核，并将丢失和碰动的桩重新恢复。在恢复中线同时，一般均将管道附属构筑物、涵洞、检查井的位置同时测出。

2）测设施工控制桩

在施工时中线上各桩要被挖掉，为了便于恢复中线和附属构筑物的位置，应在不受施工干扰、引测方便、易于保存桩位的地方测设施工控制桩。施工控制桩分为中线控制桩和附属构筑物控制桩两种。

① 测设中线方向控制桩

施测时，一般以管道中心线桩为准。在各段中线的延长线上钉设控制桩。若管道直线段较长，也可在中线一侧的管槽边线外测设一条与中线平行的轴线桩，各桩间距以 20m 为宜，作为恢复中线和控制中线的依据。

② 测设附属构筑物控制桩

以定位时标定的附属构筑物位置为准，在垂直于中线的方向上钉两个控制桩。

3）槽口放线

槽口放线是根据管径大小、埋设深度和土质情况决定管槽开挖宽度，并在地面上钉设边桩，沿边桩拉线撒出灰线，作为开挖的边界线。

（3）地下管道施工测量

管道施工中的测量工作，主要是控制管道的中线和高程位置。因此，在开槽前后应设置控制管道中线和高程位置的施工标志，用来按设计要求进行施工。

1）龙门板法：龙门板由坡度板和高程板组成

管道施工中的测量任务主要是控制管道中线设计位置和管底设计高程。因此，需要设置坡度板。如图 2H312011-7 所示，坡度板跨槽设置，间隔一般为 10~20m，编写板号。当槽深在 2.5m 以上时，应待开挖至距槽底 2m 左右时再埋设在槽内。如图 2H312011-8 所示，坡度板应埋设牢固，板面要保持水平。

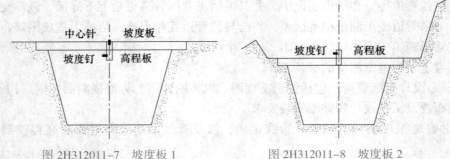

图 2H312011-7　坡度板 1　　　　　图 2H312011-8　坡度板 2

坡度板设好后，根据中线控制桩，用经纬仪把管道中心线投测至坡度板上，钉上中心钉，并标上里程桩号。施工时，用中心钉的连线可方便地检查和控制管道的中心线。再用水准仪测出坡度板顶面高程，板顶高程与该处管道设计高程之差即为板顶往下开挖的深度。由于地面有起伏，因此，由各坡度板顶向下开挖的深度都不一致，对施工中掌握管底的高程和坡度都不方便。为此，需在坡度板上中线一侧设置坡度立板，称为高程板。在高程板侧面测设一坡度钉，使各坡度板上坡度钉的连线平行于管道设计坡度线，并距离槽底设计高程为一整分米数，称为下返数。施工时，利用这条线可方便地检查和控制管道的高程和坡度。

2）平行轴腰桩法

当现场条件不便采用坡度板时，对精度要求较低的管道，可采用平行轴腰桩法来测设坡度控制桩。方法如下：

① 测设平行轴线桩

开工前首先在中线一侧或两侧，测设一排平行轴线桩（管槽边线之外），平行轴线桩与管道中心线相距 a，各桩间距约在 20m。检查井位置也相应地在平行轴线上设桩。

② 钉腰桩

为了比较精确地控制管道中心和高程，在槽坡上（距槽底约 1m）再钉一排与平行轴线相应的平行轴线桩，使其与管道中心的间距为 b，这样的桩称为腰桩，如图 2H312011-9 所示。

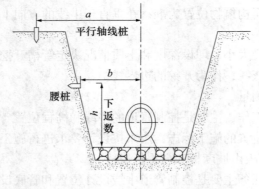

图 2H312011-9　钉腰桩

③ 引测腰桩高程

腰桩钉好后，用水准仪测出各腰桩的高程，腰桩高程与该处对应的管道设计高程之

差 h，即是下返数。施工时，由各腰桩的 b、h 来控制埋设管道的中线和高程。

（四）长距离输电线路钢塔架（铁塔）基础施工的测量

1. 长距离输电线路定位并经检查后，可根据起、止点和转折点及沿途障碍物的实际情况，测设钢塔架基础中心桩，其直线投点允许偏差和基础之间的距离丈量允许偏差应符合规定。中心桩测定后，一般采用十字线法或平行基线法进行控制，控制桩应根据中心桩测定，其允许偏差应符合规定。

2. 当采用钢尺量距时，其丈量长度不宜大于80m，同时，不宜小于20m。

3. 考虑架空送电线路钢塔之间的弧垂综合误差不应超过确定的裕度值，一段架空送电线路，其测量视距长度，不宜超过400m。

4. 大跨越档距测量。在大跨越档距之间，通常采用电磁波测距法或解析法测量。

2H312012　测量仪器的功能与使用

一、水准仪

（一）水准仪组成及用途

1. 水准仪的组成。由望远镜、水准器（或补偿器）和基座等部件组成。按构造分为：定镜水准仪、转镜水准仪、微倾水准仪、自动安平水准仪。在水准仪上附有专用配件时，可组成激光水准仪。

2. 水准仪的用途。水准仪是测量两点间高差的仪器，广泛用于控制、地形和施工放样等测量工作。

（二）水准仪的应用

1. 水准仪的应用范围

（1）用于建筑工程测量控制网标高基准点的测设及厂房、大型设备基础沉降观察的测量。

（2）在设备安装工程项目施工中用于连续生产线设备测量控制网标高基准点的测设及安装过程中对设备安装标高的控制测量。通常，标高测量主要分为两种：绝对标高测量和相对标高测量。绝对标高是指所测标高基准点、建（构）筑物及设备的标高相对于国家规定的 ±0.000 标高基准点的高程。相对标高是指建（构）筑物之间及设备之间的相对高程或相对于该区域设定的 ±0.000 标高基准点的高程。

2. S3 光学水准仪主要应用于建筑工程测量控制网标高基准点的测设及厂房、大型设备基础沉降观察的测量。在设备安装工程项目施工中用于连续生产线设备测量控制网标高基准点的测设及安装过程中对设备安装标高的控制测量。

二、经纬仪

（一）经纬仪的组成及用途

1. 经纬仪的组成。由望远镜、水平度盘与垂直度盘和基座等部件组成。按读数设备分为游标经纬仪、光学经纬仪和电子（自动显示）经纬仪。

2. 经纬仪的用途。广泛用于控制、地形和施工放样等测量。在经纬仪上附有专用配件时，可组成激光经纬仪、坡面经纬仪等。

例如，光学经纬仪（如苏光J2经纬仪等），它的主要功能是测量纵、横轴线（中心线）以及垂直度的控制测量等。光学经纬仪主要应用于机电工程建（构）筑物建立平面控制网的测量以及厂房（车间）柱安装铅垂度的控制测量，用于测量纵向、横向中心线，建立安装测量控制网并在安装全过程进行测量控制。

（二）经纬仪的应用

经纬仪的主要功能是测量水平角和竖直角。

1. 光学经纬仪的应用范围。主要应用于机电工程建（构）筑物建立平面控制网的测量以及厂房（车间）柱安装垂直度的控制测量。

2. 在机电安装工程中，用于测量纵向、横向中心线，建立安装测量控制网并在安装全过程进行测量控制。

应用举例：用两台光学经纬仪对厂房钢柱进行垂直校正测量。将两台经纬仪安置在钢柱的纵、横轴线上，离柱子的距离约为柱高的 1.5 倍。三脚架应安放平稳，并使三脚架顶面近似水平，光学经纬仪安置在三脚架顶面上，校平两台经纬仪后，先分别照准纵向和横向柱底中线，再渐渐仰视到柱顶，如柱顶中线偏离视线，表示柱子不垂直，这时，可在统一指挥下，采取调节拉绳或支撑，敲打楔子或垫铁等方法使柱子垂直。经校正后，使柱子的垂直度在允许的偏差范围内。

三、全站仪

（一）全站仪及其用途

1. 全站仪是一种采用红外线自动数字显示距离的测量仪器。它与普通测量方法不同的是采用全站仪进行水平距离测量时省去了钢卷尺。

2. 全站仪的用途。全站仪具有角度测量、距离（斜距、平距、高差）测量、三维坐标测量、导线测量、交会定点测量和放样测量等多种用途。内置专用软件后，功能还可进一步拓展。

（二）全站仪的应用

1. 水平角测量

（1）按角度测量键，使全站仪处于角度测量模式，照准第一个目标 A。

（2）设置 A 方向的水平度盘读数为 0° 00′ 00″。

（3）照准第二个目标 B，此时显示的水平度盘读数即为两方向间的水平夹角。

2. 距离（斜距、平距、高差）测量

（1）设置棱镜常数。测距前将棱镜常数输入仪器中，仪器会自动对所测距离进行改正。

（2）设置大气改正值或气温、气压值。

（3）量仪器高、棱镜高并输入全站仪。

（4）距离测量。照准目标棱镜中心，按测距键，距离测量开始，测距完成时显示斜距、平距、高差。全站仪的测距模式有精测模式、跟踪模式、粗测模式三种。

3. 坐标测量

（1）设定测站点的三维坐标。

（2）设定后视点的坐标或设定后视方向的水平度盘读数为其方位角。

（3）设置棱镜常数。

（4）设置大气改正值或气温、气压值。

（5）量仪器高、棱镜高并输入全站仪。

（6）照准目标棱镜，按坐标测量键，全站仪开始测距并计算显示测点的三维坐标。

4. 水平距离测量

采用全站仪进行水平距离测量，主要应用于建筑工程平面控制网水平距离的测量及测设、安装控制网的测设、建筑安装过程中水平距离的测量等。

（三）全自动全站仪（测量机器人）的应用

测量机器人是一种能代替人进行自动搜索、跟踪、辨识和精确照准目标并获取角度、距离、三维坐标以及影像等信息的智能型全自动电子全站仪。它是在全站仪基础上集成步进马达、CCD 影像传感器构成的视频成像系统，并配置智能化的控制及应用软件发展而形成的。

1. 海底管道水下机器人检测技术

海底管道是海上油气田开发生产系统的主要组成部分，水下检测至关重要。水下检测机器人具有作业深度深、范围大、作业时间长等优点。

2. BIM 放样机器人

适用于机电系统众多、管线错综复杂、空间结构繁复多变等环境下施工。

3. 管道检测机器人

工业管道检测机器人广泛应用于供水管道、排水管道、工业管道、燃气管道和石油管道的施工监测、管网检查、新管验收、管道检修、养护检测、修复验收等，同时还广泛拓展应用于矿井检测勘探、隧道验收、地震搜救、消防救援、灾害援助、电力巡查等。

四、其他测量仪器

（一）电磁波测距仪

1. 电磁波测距仪的分类

按其所采用的载波可分为：用微波段的无线电波作为载波的微波测距仪；用激光作为载波的激光测距仪；用红外光作为载波的红外测距仪。后两者又统称为光电测距仪。

2. 电磁波测距仪的应用

电磁波运载测距信号测量两点间距离的仪器。测程在 $5\sim20km$ 的称为中程测距仪，测程在 5km 之内的称为短程测距仪。具有小型、轻便、精度高等特点。电磁波测距仪已广泛应用于控制、地形和施工放样等测量中，成倍地提高了外业工作效率和量距精度。

（二）激光测量仪器

激光测量仪器是指装有激光发射器的各种测量仪器。这类仪器较多，其共同点是将一个氦氖激光器与望远镜连接，把激光束导入望远镜筒，并使其与视准轴重合。利用激光束方向性好、发射角小、亮度高、红色可见等优点，形成一条鲜明的准直线，作为定向定位的依据。

1. 激光测量仪器的分类

常见的激光测量仪器有：激光准直仪和激光指向仪、激光准直（铅直）仪、激光经纬仪、激光水准仪、激光平面仪。

（1）激光准直仪和激光指向仪

两者构造相近，用于沟渠、隧道或管道施工、大型机械安装、建筑物变形观测。目前激光准直精度已达 $10^{-6}\sim10^{-5}$。

（2）激光准直（铅直）仪

1）将激光束置于铅直方向以进行竖向准直的仪器。激光准直（铅直）仪主要由发射、接收、附件三大部分组成。用于高层建筑、烟囱、电梯等施工过程中的垂直定位及以后的倾斜观测，精度可达 0.5×10^{-4}。

2）激光准直（铅直）仪主要应用于大直径、长距离、回转型设备同心度的找正测量以及高塔体、高塔架安装过程中同心度的测量控制。

（3）激光经纬仪

用于施工及设备安装中的定线、定位和测设已知角度。通常在 200m 内的偏差小于 1cm。

（4）激光水准仪

除具有普通水准仪的功能外，尚可作准直导向之用。如在水准尺上装自动跟踪光电接收靶，即可进行激光水准测量。

（5）激光平面仪

激光平面仪是一种建筑施工用的多功能激光测量仪器，其铅直光束通过五棱镜转为水平光束；微电机带动五棱镜旋转，水平光束扫描，给出激光水平面，可达 20° 的精度。适用于提升施工的滑模平台、网形屋架的水平控制和大面积混凝土楼板支模、灌注及抄平工作，精确方便、省力省工。

2. 激光测量仪器应用

在大型建筑施工，沟渠、隧道开挖，大型机器安装，以及变形观测等工程测量中应用甚广。用激光准直仪找正高层钢塔架采用的操作方法与光学经纬仪完全相同。

在机电工程项目施工中，常用的测量仪器有：水准仪、经纬仪、全站仪、激光准直仪等。测量仪器按规定必须经过检定且在检定合格周期内方可投入使用。

（三）全球定位系统（GPS）

GPS 具有全天候、高精度、自动化、高效率等显著特点，在大地测量、城市和矿山控制测量、建（构）筑物变形测量及水下地形测量等已得到广泛应用。

2H312020　机电工程起重技术

2H312021　起重机械与吊具的使用要求

一、起重机械与吊具的分类

（一）起重机械

1. 起重机械的分类

（1）轻小型起重设备

轻小型起重设备可分为：千斤顶、滑车、起重葫芦、卷扬机四大类。

1）千斤顶：可分为机械千斤顶（包括螺旋式、齿条式）、油压千斤顶（包括立式、立卧式）等。

2）滑车（或称起重滑车、起重滑轮组）：可分为吊钩型滑车、链环型滑车、吊环型滑车。

3）起重葫芦：可分为手拉葫芦、手扳葫芦、电动葫芦、气动葫芦、液动葫芦等。

4）卷扬机：可分为卷绕式卷扬机（包括单卷筒、双卷筒、多卷筒）、摩擦式卷扬机。

（2）起重机

起重机可分为：桥架型起重机、臂架型起重机、缆索型起重机三大类。

1）桥架型起重机主要有：梁式起重机、桥式起重机、门式起重机、半门式起重机等。

2）臂架型起重机共分11个类别，主要有：门座起重机和半门座起重机、塔式起重机、流动式起重机、铁路起重机、桅杆起重机、悬臂起重机等。

机电安装工程常用的有：塔式起重机、流动式起重机、桅杆起重机。流动式起重机主要有履带起重机、汽车起重机、轮胎起重机、全地面起重机、随车起重机。流动式起重机能在带载或不带载情况下沿无轨路面运行，且依靠自重保持稳定；桅杆起重机按构造形式分为6类，不包括单门架、双门架形式。

2. 其他类型起重机

（1）桅杆起重机

1）桅杆起重机（以下简称桅杆）由桅杆本体、动力-起升系统、稳定系统组成。

2）桅杆本体包括桅杆、基座及其附件。桅杆由多个节（或段）连接而成，是桅杆主体受力结构。大型桅杆多采用格构式截面，中小型桅杆也有采用钢管截面的。

3）动力-起升系统主要由卷扬机、钢丝绳（跑绳）、起重滑车组、导向滑车等组成。近年的吊装作业中也有采用液压提升系统的桅杆。

4）稳定系统主要包括缆风绳、地锚等。缆风绳与地面的夹角应在30°～45°，且应与供电线路、建筑物、树木保持安全距离。

（2）门架起重机

大型建筑结构的液压整体提升和大型设备门式起重机的液压整体提升。这两类工程也是目前大型设备和构件整体提升中所占比例最高的。高大设备或化工容器的提升、桥梁的提升、旋转等，它们既有基本共同点，也有特殊点。

（二）吊具的分类

在起重机械作业中，用于吊运物品的装置，用于连接吊钩或承载设施和设备与吊索的刚性元件。

1. 起重吊具按照与起重机械的连接方式分为可分吊具和固定吊具。

2. 起重吊具按照取物方式分为夹持类、吊挂类、托叉类、吸附类、抓斗类及上述种类的组合。

3. 梁式吊具。以梁为主体用于悬挂负载且满足负载吊运要求，并能与起重机吊钩连接的装置。按梁截面分为箱式截面吊具、单腹板截面吊具和圆环截面吊具。

（三）吊索、吊耳、卸扣

1. 吊索

（1）吊索是用于连接设备和吊钩、承载设施等起吊装置的柔性元件。例如：合成纤维吊带、钢丝绳吊索、吊链或其他连接件等。

（2）钢丝绳环索按结构形式可分为钢丝绳环索和缆式环索。

（3）编织吊索按结构形式可分为扁平吊装带和圆形吊装带。

2. 吊耳

（1）吊耳是安装在设备上用于提升设备的吊点结构。

（2）吊耳的结构形式应根据设备的特点及吊装工艺确定，常采用有吊盖式、管轴式和板式等。

3. 卸扣

卸扣是由扣体和销轴两个易拆零件装配组成的组合件，常用两种形式是 D 形卸扣和弓形卸扣。

二、起重机械的使用要求

（一）轻小型起重设备的使用要求

1. 千斤顶的使用要求

（1）千斤顶必须安放于稳固、平整、结实的基础上，通常应在座下垫以木板或钢板，以加大承压面积，防止千斤顶下陷或歪斜。

（2）千斤顶头部与被顶物之间可垫以薄木板、铝板等软性材料，使其头部与被顶物全面接触，以增加摩擦，防止千斤顶受力后滑脱。

（3）使用千斤顶时，应在其旁边设置保险垫块，随着工件的升降及时调整保险垫块的高度。

（4）当数台千斤顶同时并用时，操作中应保持同步，使每台千斤顶所承受的载荷均小于其额定荷载的 80%。

（5）千斤顶应在允许的顶升高度内工作，不得顶出红色警示线，否则应停止顶升操作。

（6）使用千斤顶作业时，应使作用力通过其承压中心。

2. 起重滑车的使用要求

（1）起重吊装中常用的是 HQ 系列起重滑车（通用滑车）。滑车应按出厂铭牌和产品使用说明书使用，不得超负荷使用。多轮滑车仅使用其部分滑轮时，滑车的起重能力应按使用的轮数与滑车全部轮数的比例进行折减。

（2）滑车组动、定（静）滑车的最小距离不得小于 1.5m；跑绳进入滑轮的偏角不宜大于 5°。

（3）滑车组穿绕跑绳的方法有顺穿、花穿、双抽头穿法。当滑车的轮数超过 5 个时，跑绳应采用双抽头方式。若采用花穿的方式，应适当加大上、下滑轮之间的净距。

3. 卷扬机的使用要求

（1）吊装作业中一般采用电动慢速卷扬机。卷扬机的主参数为额定载荷。主要技术性能参数有：额定载荷、额定速度、钢丝绳直径及容绳量等。严禁超负荷使用卷扬机，在重大的吊装作业中，在牵引绳上应装设测力计。

（2）卷扬机应安装在平坦、开阔、前方无障碍且离吊装中心稍远一些的地方，使操作人员能直视吊装过程，同时又能接受指挥信号。使用桅杆吊装时，卷扬机与桅杆之间的距离必须大于桅杆的长度。

（3）卷扬机的固定应牢靠，严防倾覆和移动。可用地锚、建筑物基础和重物施压等为锚固点。绑缚卷扬机底座的固定绳索应从两侧引出，以防底座受力后移动。卷扬机固定后，应按其使用负荷进行预拉。

（4）由卷筒到第一个导向滑车的水平直线距离应大于卷筒长度的 25 倍，且该导向滑车应设在卷筒的中垂线上，以保证卷筒的入绳角小于 2°。

（5）卷扬机上的钢丝绳应从卷筒底部放出，余留在卷筒上的钢丝绳不应少于 4 圈，以减少钢丝绳在固定处的受力。当在卷筒上缠绕多层钢丝绳时，应使钢丝绳始终顺序地逐层紧缠在卷筒上，最外一层钢丝绳应低于卷筒两端凸缘一个绳径的高度。

4. 手拉葫芦的使用要求

（1）使用前须检查起升结构的完好性、运转部分的灵活性及润滑是否良好，拉链应灵活自如，不许有跑链、掉链和卡滞现象。

（2）使用时应将链条摆顺，逐渐拉紧，两吊钩受力在一条轴线上，经检查确认无问题后，再进行起重作业。

（3）手拉葫芦吊挂点承载能力不得低于 1.05 倍的手拉葫芦额定载荷；当采用多台葫芦起重同一工件时，操作应同步，单台葫芦的最大载荷不应超过其额定载荷的 70%。

（4）手拉葫芦在垂直、水平或倾斜状态使用时，手拉葫芦的施力方向应与链轮方向一致，以防卡链或掉链。

（5）如承受负荷的手拉葫芦需停留较长时间，必须将手拉链绑在起重链上，以防自锁装置失灵。

（6）已经使用 3 个月以上或长期闲置未用的手拉葫芦，应进行拆卸、清洗、检查并加注润滑油，对于存在缺件、结构损坏或机件严重磨损等情况必须经修复或更换后，方可使用。

（二）流动式起重机的使用要求

1. 一般要求

（1）单台起重机吊装的载荷应小于其额定载荷。

（2）起重机应根据其性能选择合理的工况。

（3）起重机吊装站立位置的地基承载力应满足使用要求。

（4）使用超起工况作业时，应满足超起系统改变工作半径（伸缩、旋转）必备的场地和空间需要。

（5）吊臂与设备外部附件的安全距离不应小于 500mm。

（6）起重机、设备与周围设施的安全距离不应小于 500mm。

（7）起重机提升的最小高度应使设备底部与基础或地脚螺栓顶部至少保持 200mm 的安全距离。

（8）两台起重机作主吊吊装时，吊重应分配合理，单台起重机的载荷不宜超过相关起重规范规定的额定载荷比例。必要时应采取平衡措施。如：应限定起升速度及旋转速度。

（9）多台起重机械的操作应制定联合起升作业计划，还应包括仔细估算每台起重机按比例所搬运的载荷。基本要求是确保起升钢丝绳保持垂直状态。

2. 流动式起重机对地基的要求

（1）流动式起重机必须在水平坚硬地面上进行吊装作业。吊车的工作位置（包括吊装站位和行走路线）的地基应根据给定的地质情况或测定的地面耐压力为依据，采用合适的方法（一般施工场地的土质地面可采用开挖回填夯实的方法）进行处理。

（2）处理后的地面应做耐压力测试，地面耐压力应满足吊装时吊车对地基的要求。

3. 汽车起重机使用要求

（1）汽车起重机支腿应完全伸出。

（2）严禁超载作业。不准斜拉斜吊物品，不准抽吊交错挤压的物品，不准起吊埋在土里或冻粘在地上的物品。

（3）起重机作业时，转台上不得站人。汽车起重机行驶时，上车操纵室禁止坐人。

（4）起重作业时，起重臂下严禁站人，在重物上有人时不准起吊重物。

4. 履带起重机使用要求

（1）履带起重机负载行走，应按说明书的要求操作，必要时应编制负载行走方案。

（2）作业人员应按《特种设备作业人员考核规则》TSG Z6001—2019 考试合格，取得《特种设备安全管理和作业人员证》，含有作业项目包括起重机指挥 Q1 和起重机司机 Q2。

（三）桅杆起重机的使用要求

1. 桅杆使用应具备质量和安全合格的文件：产品质量证明书；制造图纸、使用说明书；载荷试验报告；安全检验合格证书。

2. 桅杆应严格按照使用说明书的规定使用。若不在使用说明书规定的性能范围内（包括桅杆使用长度、倾斜角度和主吊滑车张角角度三项指标中的任何一项）使用，则应根据使用条件对桅杆进行全面核算。

3. 桅杆的使用长度应根据被吊装设备、构件的高度来确定。桅杆的直线度偏差不应大于桅杆长度的 1/1000，总长偏差不应大于 20mm。

4. 桅杆组装应使用设计指定的螺栓。安装螺栓前应对螺纹部分涂抹抗咬合剂或润滑脂。拧紧力矩应符合要求。连接螺栓拧紧后，螺杆应露出螺母 3～5 个螺距。拧紧螺栓时应对称逐次交叉进行。

5. 桅杆组装后应履行验收程序，并应经相关人员签字确认。

（四）重型结构和设备整体提升起重机的使用要求

适用于提升重量不超过 8000t、提升高度不超过 100m 的大型建筑结构和提升重量不超过 6000t、提升高度不超过 120m 的大型设备，并采用计算机控制液压整体提升工程的设计和施工。

三、吊具的使用要求

（一）梁式吊具产品标志和出厂文件

1. 梁式吊具产品标志包括：制造厂名称、吊具名称、吊具型号、额定载荷、吊具自重、出厂编号、出厂日期。

2. 梁式吊具出厂文件应包括：产品合格证明书、产品使用说明书、产品主要材料检验单（需要时）、产品试验报告（需要时）、装箱单（需要时）。

（二）吊索、吊耳、卸扣使用要求

1. 吊索使用要求

（1）吊索选用钢丝绳的结构要求和基本参数应符合现行国家标准《重要用途钢丝绳》GB/T 8918—2006、《钢丝绳通用技术条件》GB/T 20118—2017、《粗直径钢丝绳》GB/T 20067—2017 的有关规定。

（2）吊索钢丝绳的安全系数与被吊设备、构件的精密（重要）程度及吊索捆绑方式有关，其数值应符合相关规范的要求。

（3）钢丝绳在绕过不同尺寸的销轴或滑轮时，其强度应根据不同的弯曲情况进行折减。

（4）钢丝绳环索（吊装带）在下列情况之一时，不得使用：

1）禁吊标志处绳端露出且无法修复。

2）绳股产生松弛或分离，且无法修复。

3）钢丝绳出现断丝、断股、钢丝挤出、单层股钢丝绳绳芯挤出、钢丝绳直径局部减小、绳股挤出或扭曲、扭结等缺陷。

4）无标牌。

2. 吊耳使用要求

（1）设备出厂前应按设计要求做吊耳检测，并出具检测报告，设备到场后应对吊耳外观质量进行检查，必要时进行无损检测。现场焊接的吊耳，其与设备连接的焊接部位应做表面渗透检测。

（2）设备到场后，技术人员要对吊耳焊接位置及尺寸进行复测。

3. 卸扣使用要求

（1）吊装施工中使用的卸扣应按额定负荷标记选用，不得超载使用，无标记的卸扣不得使用。

（2）卸扣表面应光滑，不得有毛刺、裂纹、尖角、夹层等缺陷，不得利用焊接的方法修补卸扣的缺陷。

（3）卸扣使用前应进行外观检查，发现有永久变形或裂纹应报废。

（4）使用卸扣时，只应承受纵向拉力。

四、地锚的结构形式、使用范围及使用要求

（一）地锚的结构形式、使用范围

1. 常用的地锚结构形式：全埋式地锚、半埋式地锚、压重式活动地锚。

2. 常用的地锚使用范围：

（1）全埋式地锚适用于有开挖条件的场地。全埋式地锚可以承受较大的拉力，多在大型吊装中使用。

（2）压重式活动地锚适用于地下水位较高或土质较软等不便深度开挖的场地。小型压重式活动地锚承受的力不大，多在中、小型工程的吊装作业中使用。

（二）地锚的使用要求

1. 根据受力条件和施工区域的土质情况选用合适的地锚结构。

2. 在施工中，利用已有建筑物作为地锚，如混凝土基础、混凝土构筑物等，应进行强度验算并采取可靠的防护措施，并获得建筑物设计单位的书面认可。

3. 无论采用何种地锚形式，都必须进行承载试验，并应有足够大的安全裕度，以确保地锚的稳定性和起重作业的安全。

2H312022 吊装方法和吊装方案的选用要求

一、常用的吊装方法

（一）吊装工艺方法及应用

1. 滑移法

主要针对自身高度较高、卧态位置待吊、竖立就位的高耸设备或结构。例如，石油化工建设工程中的塔类设备、火炬塔架等，以及包括电视发射塔、桅杆、钢结构烟囱塔架等。

2. 吊车抬送法

吊车抬送法应用广泛，适用于各种设备和构件。例如，石油化工厂中的塔类设备的吊装，目前大多采用本方法。

3. 旋转法

旋转法又称扳转法吊装。旋转法有单转和双转两种方式。人字（或 A 字）桅杆扳立旋转法主要针对特别高、重的设备和高耸塔架类结构的吊装，例如，石化厂吊装大型塔器类工艺设备、大型火炬塔架和构件等。

4. 无锚点推吊法

无锚点推吊法适用于施工现场障碍物较多，场地特别狭窄，周围环境复杂，设置缆风绳、锚点困难，难以采用大型桅杆进行吊装作业的基础在地面的高、重型设备或构件，特别是老厂扩建施工。应用的典型工程如氮肥厂的排气筒、毫秒炉初馏塔吊装等。

5. 集群液压千斤顶整体提升（滑移）吊装法

集群液压千斤顶整体提升（滑移）吊装法适用于大型设备与构件。如大型屋盖、网架、钢天桥（廊）、电视塔钢桅杆天线等的吊装，大型龙门起重机主梁和设备整体提升，大型电视塔钢桅杆天线整体提升，大型机场航站楼、体育场馆钢屋架整体滑移等。

6. 高空斜承索吊运法

适用于在超高空吊运中、小型设备、山区的上山索道，如上海东方明珠高空吊运设备。

7. 万能杆件吊装法

"万能杆件"由各种标准杆件、节点板、缀板、填板、支撑靴组成。可以组合、拼装成桁架、墩架、塔架或龙门架等形式，常用于桥梁施工中。

8. 液压顶升法

利用液压设备，向上顶升或提升设备的方法，通常采用多台液压设备均匀分布、同步作业。例如，油罐的倒装、电厂发电机组安装等。

（二）按吊装机具、设备分类

包括：塔式起重机吊装、桥式起重机吊装、流动式起重机（汽车起重机、履带起重机等）吊装、桅杆系统吊装、缆索起重机吊装、液压提升吊装、直升机吊装、坡道法提升吊装以及利用构筑物吊装方法等。

（三）大型设备整体安装技术（整体提升吊装技术）

1. 大型设备整体安装技术

大型设备整体安装技术是建筑业重点推广应用的十项新技术之一，其中：直立双桅杆滑移法吊装大型设备技术、龙门（A 字）桅杆扳立大型设备（构件）技术、无锚点推吊大型设备技术、集群液压千斤顶整体提升（滑移）大型设备与构件技术是其主要单项技术。

2. 计算机控制整体顶升与提升安装施工技术

从集群液压千斤顶整体提升（滑移）吊装技术提升发展的"钢结构与大型设备计算机控制整体顶升与提升安装施工技术"已成为建筑业优先应用的技术。

二、吊装方案

（一）设备吊装方案编制的基本原则

1. 以吊装安全为前提

（1）保证设备吊装安全应为编制方案的前提，吊装的安全性应贯穿于方案的始终。

（2）诸多的环节和变化着的条件都可能转化为危及吊装安全的因素。

设备吊装，特别是工艺复杂的大型设备吊装，从起吊开始到安全就位，要经历数个吊装步骤，闯过道道技术难关。

（3）必须以科学的态度对待设备吊装方案的编制。

在吊装工艺方法选择、起重设备的选型和能力的核算、吊装安全技术措施采用等几个关键问题上，必须满足吊装工艺方法安全可靠、科学合理并有效使用。

2. 以技术可靠、工艺成熟为基础

（1）在编制吊装方案时，选择吊装工艺方法是个核心的技术问题，而吊装方法的技术可靠性和工艺的成熟程度又是首先考虑的。

（2）一般的做法是：以设备的形状、尺寸、质量等参数为主要条件，结合吊装场地的作业环境和吊装机械的能力等初拟数种可采用的工艺方法，继而从多方面进行可行性比较，从中选优。

（3）选择时应以安全为前提，以技术可靠、工艺成熟为基础，再兼顾其他。

3. 以吊装效益为追求目标

（1）科学地组织施工，缩短工期。吊装工程的经济效益如何，是吊装成果的综合反映，会受一些因素直接或间接的影响。

（2）采用先进的吊装工艺方法。使用大型高效的吊装机械设备，提高机械化程度；利用已有的各种有利条件，减少吊装机械的使用量等，都可提高吊装的经济效益。

（3）进行技术经济比较。使用大型高效的吊装机械，必然会提高吊装效率而缩短工期，但要对可能缩短的工期和增加的机械使用费权衡对比。

（二）吊装方案管理

1. 部门规章，地方性法规条例

（1）《危险性较大的分部分项工程安全管理规定》（住房和城乡建设部令第 37 号）。

（2）《住房城乡建设部办公厅关于实施〈危险性较大的分部分项工程安全管理规定〉有关问题的通知》（建办质〔2018〕31 号）。

（3）各省市危险性较大的分部分项工程安全管理实施细则。

2. 管理要点

（1）"危大工程"是指房屋建筑和市政基础设施工程在施工过程中，容易导致人员群死群伤或者造成重大经济损失的分部分项工程。

（2）施工单位应当在危大工程施工前组织工程技术人员编制专项施工方案。实行施工总承包的，专项施工方案应当由施工总承包单位组织编制。危大工程实行分包的，专项施工方案可以由相关专业分包单位组织编制。

（3）"起重吊装及起重机械安装拆卸工程"属于危大工程，其划分范围详见表 2H312022。

（4）专项施工方案应当由施工单位技术负责人审核签字、加盖单位公章，并由总监理工程师审查签字、加盖执业印章后方可实施。

危大工程实行分包并由分包单位编制专项施工方案的，专项施工方案应当由总承包单位技术负责人及分包单位技术负责人共同审核签字并加盖单位公章。

（5）对于超过一定规模的危大工程，施工单位应当组织召开专家论证会对专项施工方案进行论证。实行施工总承包的，由施工总承包单位组织召开专家论证会。专家论证前专项施工方案应当通过施工单位审核和总监理工程师审查。

起重吊装及起重机械安装拆卸工程划分范围		表 2H312022
危大工程	（1）采用非常规起重设备、方法，且单件起吊重量在 10kN 及以上的起重吊装工程。 （2）采用起重机械进行安装的工程。 （3）起重机械安装和拆卸工程	
超过一定规模的危大工程	（1）采用非常规起重设备、方法，且单件起吊重量在 100kN 及以上的起重吊装工程。 （2）起重量 300kN 及以上，或搭设总高度 200m 及以上，或搭设基础标高在 200m 及以上的起重机械安装和拆卸工程	

注：非常规起重设备、方法包括：采用自制起重设备、设施进行起重作业；2台（或以上）起重设备联合作业；流动式起重机带载行走；采用滑轨、滑排、滚杠、地牛等措施进行设备水平位移；采用绞磨、卷扬机、葫芦、液压千斤顶等进行提升；人力起重工程。

专项施工方案经论证需修改的，施工单位应当根据论证报告修改完善后，重新履行审批手续。

专家应当从地方人民政府住房城乡建设主管部门建立的专家库中选取，符合专业要求且人数不得少于 5 名。与本工程有利害关系的人员不得以专家身份参加专家论证会。

（6）专项施工方案实施前，编制人员或者项目技术负责人应当向施工现场管理人员进行方案交底。

施工现场管理人员应当向作业人员进行安全技术交底，并由双方和项目专职安全生产管理人员共同签字确认。

（7）施工单位应当对危大工程施工作业人员进行登记，项目负责人应当在施工现场履职。

项目专职安全生产管理人员应当对专项施工方案实施情况进行现场监督。

三、流动式起重机的参数及应用

（一）流动式起重机基本参数

1. 流动式起重机的基本参数有很多，但作为选择吊车和制定吊装技术方案的重要依据的吊车性能数据，主要有最大额定起重量、最大工作半径（幅度）和最大起升高度。

2. 在特殊情况下，还需了解起重机的最大起重力矩、支腿最大压力、轮胎最大载荷、履带接地比压和抗风能力。

（二）流动式起重机的特性曲线

1. 起重机的特性曲线是反映流动式起重机的起重能力随臂长、工作半径的变化而变化的规律和反映流动式起重机的起升高度随臂长、工作半径变化而变化的规律的曲线称为起重机的特性曲线，即起重能力曲线和起升高度曲线。

2. 大型吊车特性曲线已图表化。吊车各种工况下的作业范围（或起升高度－工作范围）图和载荷（起重能力）表等，已在各制造厂商出厂时标明。

（三）流动式起重机的选用步骤

1. 收集吊装技术参数

根据设备或构件的重量、吊装高度和吊装幅度收集吊车的性能资料，收集可能租用的吊车信息。吊装载荷包括设备重量、起重索具重量、载荷系数。

计算载荷：$Q_j = k_1 \times k_2 \times Q$，其中 k_1 是动载荷系数，k_2 是不均衡载荷系数，Q 是吊装载荷。

2. 选择起重机

根据吊车的站位、吊装位置和吊装现场环境，确定吊车使用工况及吊装通道。

3. 制定吊装工艺

根据吊装的工艺重量、吊车的站位、安装位置和现场环境、进出场通道等综合条件，按照各类吊车的外形尺寸和额定起重量图表，确定吊车的类型和使用工况。保证在选定工况下，吊车的工作能力涵盖吊装的工艺需求。

4. 安全性验算

（1）验算在选定的工况下，吊车的支腿、配重、吊臂和吊具、被吊物等与周围建筑物的安全距离。

（2）多台吊车联合吊装时，决定其计算载荷的因素有：吊装载荷，不均衡载荷系数，动载荷系数。

（3）单台起重机吊装的计算载荷应小于其额定载荷。

（4）两台起重机作为主吊吊装时，吊重应分配合理，单台起重机的载荷不超过其额定载荷的80%，必要时应采取平衡措施。

（5）两台或两台以上流动式起重机做主吊抬吊同一工件，每台起重机的吊装载荷不得超过其额定起重能力的75%。

5. 确定起重机工况参数

按上述步骤进行优化，最终确定吊车工况参数。

2H312030　机电工程焊接技术

2H312031　焊接工艺的选择与评定

一、焊接工艺的选择

焊接工艺是指制造焊件所有关的加工方法和实施要求，包括焊接准备、材料选用、焊接方法选定、焊接参数、操作要求。

（一）焊接准备

1. 焊接性分析

（1）钢结构

钢结构工程焊接难度分为A级（易）、B级（一般）、C级（较难）、D级（难），其影响因素包括：板厚、钢材分类、受力状态、钢材碳当量。

（2）非合金钢

非合金钢焊接性很好，适用于焊条电弧焊、钨极惰性气体保护电弧焊、熔化极气体保护电弧焊、自保护药芯焊丝电弧焊、埋弧焊、气电立焊、螺柱焊和气焊方法。

（3）铝及铝合金

铝和氧的化学结合力很强，极易生成一层氧化铝薄膜包裹在熔滴表面和覆盖在熔池表面，这层氧化铝妨碍焊接过程的正常进行；易产生未熔合、未焊透缺陷；容易在焊接中造成夹渣；会促使焊缝生成气孔。

2. 焊接操作人员（焊工）

从事下列焊缝焊接工作的焊工，应当按照本细则考核合格，持有《特种设备安全管理和作业人员证》：

1）承压类设备的受压元件焊缝、与受压元件相焊的焊缝、受压元件母材表面堆焊；

2）机电类设备的主要受力结构（部）件焊缝、与主要受力结构（部）件相焊的焊缝；

3）熔入前两项焊缝内的定位焊缝。

3. 焊接工艺评定

焊接工艺评定报告（PQR）和焊接工艺指导书（WPS）控制，包括焊接工艺评定报告、相关检验检测报告、工艺评定施焊记录以及焊接工艺评定试样的保存等；焊接工艺评定的项目覆盖特种设备焊接所需要的焊接工艺。

（二）焊接方法

1. 常用的焊接方法

我国机电工程常用的焊接方法分类及代号见表 2H312031。《焊接及相关工艺方法代号》GB/T 5185—2005 中规定：用于计算机、图样、工作文件和焊接工艺规程等，一般采用位数代号表示。其中，一位数代号表示工艺方法大类，二位数代号表示工艺方法分类，而三位数代号表示某种工艺方法。《特种设备焊接操作人员考核细则》TSG Z6002—2010 和《承压设备焊接工艺评定》NB/T 47014—2011 中规定：用于焊接工艺评定和焊接操作人员考核，采用英文缩写代号表示。

常用焊接方法分类及代号　　　　　　　　　　表 2H312031

焊接方法	标准号	GB/T 5185—2005	TSG Z6002—2010 NB/T 47014—2011
电弧焊	焊条电弧焊	111	SMAW
	单丝埋弧焊	121	SAW
	钨极气体保护焊	141	GTAW
	熔化极气体保护焊	131（135）	GMAW（MAG）
	自保护药芯焊丝电弧焊	114	FCAW
其他	电渣焊	72	ESW
	气电立焊	73	EGW
	短路电弧螺柱焊	784	SW

2. 锅炉

（1）《锅炉安全技术规程》TSG 11—2020 中"4.3.3.2 氩弧焊打底"规定：A 级高压以上锅炉，锅筒和集箱、管道上管接头的组合焊缝，受热面管子的对接焊缝、管子和管件的对接焊缝，结构允许时应当采用氩弧焊打底。

（2）《水管锅炉 第 5 部分：制造》GB/T 16507.5—2013 中"8.1.2 锅炉受压元件不应采用电渣焊。"

3. 球罐

《球形储罐施工规范》GB 50094—2010 中"6.1.4 球形储罐的焊接方法宜采用焊条电弧焊、药芯焊丝自动焊和半自动焊。"

4. 公用管道

《燃气用聚乙烯管道焊接技术规则》TSG D2002—2006 中规定：GB1（PE）采用热熔焊、

电熔焊两种方法。

　　5. 铝及铝合金容器（管道）

　　（1）《铝制焊接容器》JB/T 4734—2002 中 "10.3.1 焊接方法应采用钨极氩弧焊、熔化极氩弧焊、等离子焊及通过试验可保证焊接质量的其他焊接方法。不用焊条电弧焊，一般也不采用气焊。"

　　（2）《压力容器焊接规程》NB/T 47015—2011 中 "5. 铝制压力容器焊接规程适用焊接方法范围：气焊、钨极气体保护焊、熔化极气体保护焊、等离子弧焊。"所述 "气体保护焊" 均是指氩弧焊。因铝及铝合金的导热系数大，比热是铁的 1 倍多，要求焊接时必须用大功率或能量集中的焊接电源。无论是焊接质量还是生产效率，惰性气体保护电弧焊方法都是最佳的，已被我国施工行业广泛应用。而氧乙炔焊和焊条电弧焊很难保证铝及铝合金的焊接质量，已被氩弧焊所取代。

　　（3）《现场设备、工业管道焊接工程施工规范》GB 50236—2011 中规定：钨极惰性气体保护电弧焊和熔化极惰性气体保护电弧焊适用于铝及铝合金的焊接。

　　（三）焊接参数

　　焊接参数是焊接时，为保证焊接质量而选定的各项参数（例如：焊接电流、焊接电压、焊接速度、焊接线能量等）的总称，是编制焊接作业指导书的重要内容，是焊工作业严格遵守的工艺参数。

　　1. 焊接接头

　　（1）焊件在热能的作用下熔化形成熔池，热源离开熔池后，熔化金属（熔池里的母材金属和填充金属）冷却并结晶，与母材连成一体，即形成焊接接头。焊接接头由焊缝、熔合区、热影响区和母材金属组成。

　　（2）焊接中，由于焊件的厚度、结构及使用条件的不同，其接头形式及坡口形式也不同。焊接接头形式有：对接接头、T 形接头、角接接头及搭接接头等。焊接接头形式主要是由两焊件相对位置所决定的。

　　例如：钢制储罐底板的幅板之间、幅板与边缘板之间、人孔（接管）或支腿补强板与容器壁板（顶板）之间等常用搭接接头连接，如图 2H312031-1 所示。

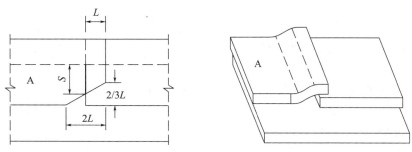

图 2H312031-1　立式储罐底板搭接接头三层钢板重叠部分的切角尺寸

　　2. 坡口形式

　　根据坡口的形状，坡口分成 I 形（不开坡口）、V 形、单边 V 形、U 形、双 U 形、J 形等各种坡口形式。坡口尺寸标注方法如图 2H312031-2 所示。钝边的作用是防止根部烧穿。例如：给水排水钢制管道对接接头采用焊条电弧焊方法，坡口尺寸应符合图 2H312031-2

示意图所示，其根部间隙为 2.0～4.0mm、钝边为 1.0～2.0mm、坡口角度为 60°±5°。

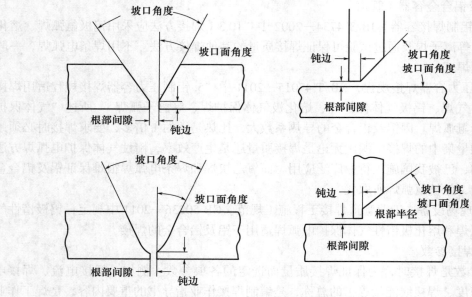

图 2H312031-2   坡口尺寸示意图

3. 焊缝形式

（1）按焊缝结合形式，分为对接焊缝、角焊缝、塞焊缝、槽焊缝、端接焊缝五种。

（2）按施焊时焊缝在空间所处位置，分为平焊缝、立焊缝、横焊缝、仰焊缝四种形式。

（3）按焊缝断续情况，分为连续焊缝和断续焊缝两种形式。

（4）焊缝的形状用一系列几何尺寸来表示时，不同形式的焊缝，其形状参数也不一样。

例如：对接接头、对接焊缝形状尺寸包括：焊缝长度、焊缝宽度、焊缝余高；T 接头对接焊缝或角焊缝形状尺寸包括：焊脚、焊脚尺寸、焊缝凸（凹）度。

4. 焊接材料

（1）焊接时所消耗的材料的通称，包括：焊条、焊丝、焊剂、气体等。

（2）焊条型号按熔敷金属力学性能、药皮类型、焊接位置、电流类型、熔化金属化学成分和焊后状态分类。

（3）《非合金钢及细晶粒钢焊条》GB/T 5117—2012 中型号 E4303 和 E4315 熔敷金属化学成分相同、使用前烘烤温度不同、焊接电源种类和极性不同、焊接形成熔渣酸碱性不同、力学性能除冲击试验有不同要求外均相同。

（4）用于承压设备焊接材料订货时，质量要求应符合其产品标准外，并应符合《承压设备用焊接材料订货技术条件 第 1 部分：采购通则》NB/T 47018.1—2017 及其他对应部分要求。

例如：承压设备用焊条型号 E4313 和 E4315 除符合《非合金钢及细晶粒钢焊条》GB/T 5117—2012 规定外，并应符合《承压设备用焊接材料订货技术条件 第 1 部分：采购通则》NB/T 47018.1—2017 和《承压设备用焊接材料订货技术条件 第 2 部分：钢焊条》

NB/T 47018.2—2017 的规定，其熔敷金属化学成分 S、P 含量更低，且 E4315 比 E4303 更低；对力学性能有所限制、扩散氢含量上限降低、增加了弯曲试验项目、增加了产品标识要求。

5. 焊接线能量

决定焊接线能量的主要参数就是焊接速度、焊接电流和电弧电压，见公式（2H312031）。

$$q = I \cdot U / v \qquad (2H312031)$$

式中　q——线能量（J/cm）；

　　　I——焊接电流（A）；

　　　U——焊接电压（V）；

　　　v——焊接速度（cm/s）。

6. 预热、后热及焊后热处理

（1）20HIC 任意壁厚均需要焊前预热和焊后热处理，以防止延迟裂纹的产生。若不能及时热处理，则应在焊后立即后热 200～350℃保温缓冷。后热即可减小焊缝中氢的影响，降低焊接残余应力，避免焊接接头中出现马氏体组织，从而防止氢致裂纹的产生。

（2）其他牌号非合金钢用于压力容器时，最低预热温度 15℃。

（3）其他牌号用于工业管道焊接接头母材厚度≥25mm 时，最低预热温度 80℃。母材厚度＜25mm，最低预热温度 10℃。

（4）为改善焊接接头的焊后组织和性能或消除残余应力而进行的热处理，称为焊后热处理。例如：非合金钢管道壁厚大于 19mm 时，应进行焊后消除应力热处理。

（5）焊后热处理应符合设计文件规定或相关施工标准、规范、焊接工艺评定报告。

（6）有焊后消除应力热处理要求的压力容器（压力管道），经挖补修理后，应当根据补焊深度确定是否需要进行消除应力处理。

7. 焊接位置

熔焊时，焊件接缝所处的空间位置，可用焊缝倾角和焊缝转角来表示。有平焊、立焊、横焊和仰焊位置。

8. 焊接层道

（1）焊道是每一次熔敷所形成的单道焊缝，如图 2H312031-3 所示；

（2）熔透焊道只从一面焊接而使接头完全熔透的焊道，一般指单面焊双面成形焊道；

（3）多层焊时的每一个分层。每个焊层可以由一条焊道或几条并排相搭的焊道所组成。

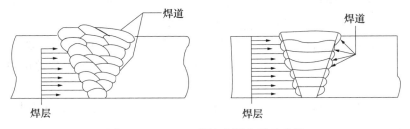

图 2H312031-3　焊缝多层多道示意图

（四）操作要求

1. 焊接设备及辅助装备

应能保证焊接工作的正常进行和安全可靠，仪表应定期校验。

2. 焊接坡口清理

（1）非合金钢压力容器焊接坡口及其附近（焊条电弧焊时，每侧约 10mm 处；埋弧焊、等离子弧焊、气体保护焊每侧各 20mm），应将水、锈、油污、积渣和其他有害杂质清理干净。

（2）铝及铝合金焊接坡口及其附近各 50mm 处用化学方法或机械方法去除表面氧化膜；应用丙酮等有机溶剂去除油污及对焊接质量有害的物质。

3. 预热及层间温度

对于需要预热的多层（道）焊焊件，其层间温度应不低于预热温度。焊接中断时，应控制冷却速度或采取其他措施防止其对管道产生有害影响。恢复焊接前，应按焊接工艺规程的规定重新进行预热。

4. 注意事项

（1）不得在焊件表面引弧或试验电流；

（2）在根部焊道和盖面焊道上不得锤击。

二、焊接工艺评定

（一）规范要求

1. 锅炉

锅炉受压元件安装前，应制定焊接工艺评定作业指导书，并进行焊接工艺评定。焊接工艺评定合格后，应编制用于施工的焊接作业指导书。

2. 容器

（1）压力容器：施焊前，受压元件焊缝、与受压元件相焊的焊缝、熔入永久焊缝内的定位焊缝、受压元件母材表面堆焊与补焊，以及上述焊缝的返修焊缝都应按《承压设备焊接工艺评定》NB/T 47014—2011 进行焊接工艺评定或者具有经过评定合格的焊接工艺支持。

（2）常压容器：钢制焊接储罐焊接前，施工单位必须有合格的焊接工艺评定报告。

3. 管道

（1）长输管道：在焊接生产开始之前，应制定详细的预焊接工艺规程，并对此焊接工艺进行评定。工艺评定的目的在于验证用此工艺能否得到具有合格力学性能，如强度、塑性和硬度等的完好焊接接头。

（2）公用管道：城镇供热管网工程和城市燃气输配工程焊接工艺应符合现行国家标准《现场设备、工业管道焊接工程施工规范》GB 50236—2011 的相关规定。

（3）工业管道：在掌握碳素钢、合金钢、铝及铝合金、铜及铜合金、铁及铁合金（低合金铁）、镍及镍合金、锆及锆合金的焊接性能后，必须在工程焊接前进行焊接工艺评定。

管道承压件与承压件焊接、承压件与非承压件焊接均应采用经评定合格的焊接工艺，并应由合格焊工施焊。

4. 钢结构

《钢结构工程施工规范》GB 50755—2012 中规定：施工单位首次采用的钢材、焊接材料、焊接方法、焊接接头、焊接位置、焊后热处理等各种参数及参数的组合，应在钢结构制作及安装前进行焊接工艺评定试验。

（二）焊接工艺评定标准的选用

1. 长输管道

长输管道（GA）焊接工艺评定应符合现行国家标准《钢质管道焊接及验收》GB/T 31032—2014 的相关规定。

2. 工业管道（公用管道、锅炉、压力容器、起重机械）

（1）锅炉和固定式压力容器制造安装改造修理、压力管道（GB 类、GC 类、GD 类）安装改造修理、起重机械结构件制造及钢制焊接常压容器安装进行焊接工艺评定时，应符合国家现行标准《承压设备焊接工艺评定》NB/T 47014—2011 的有关规定。

（2）火力发电厂锅炉、压力容器、压力管道、钢结构焊接工程应按国家现行标准《焊接工艺评定规程》DL/T 868—2014 进行焊接工艺评定，编制焊接工艺（作业）指导书，必要时编制焊接工艺措施文件。

（3）燃气用聚乙烯管道进行焊接工艺评定应符合国家现行标准《燃气用聚乙烯管道焊接技术规则》TSG D2002—2006。

（4）焊接工艺评定应在本单位进行。焊接工艺评定所用设备、仪表应处于正常状态，金属材料、焊接材料应符合相应标准，由本单位操作技能熟练的焊接人员使用本单位设备焊接试件。

3. 钢结构

钢结构构件制作及安装施工前进行焊接工艺评定应符合现行国家标准《钢结构焊接规范》GB 50661—2011 的相关规定。

（三）焊接工艺评定步骤流程

如图 2H312031-4 所示。

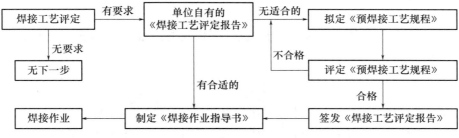

图 2H312031-4　焊接工艺评定流程图

（四）焊接工艺评定规则

1. 各种焊接方法的通用评定规则

（1）焊接方法的评定规则；

（2）母材的评定规则；

（3）填充金属的评定规则；

（4）焊后热处理的评定规则；

（5）试件厚度与焊件厚度的评定规则。

2. 各种焊接方法的专用评定规则

（1）按接头、填充金属、焊接位置、预热（后热）、气体、电特性、技术措施分别对各种焊接方法的影响程度，可分为重要因素、补加因素和次要因素。

（2）当改变任何一个重要因素时，都需重新进行焊接工艺评定。

（3）当增加或变更任何一个补加因素时，则可按照增加或变更的补加因素，增焊冲击韧性试件进行试验。

（4）当增加或变更次要因素时，不需要重新评定，但需重新编制预焊接工艺规程。

2H312032　焊接质量的检测

一、检查等级

1. 压力管道

（1）长输管道（GA 类）分为输油管道、输气管道、站内管道，均按《压力管道规范 长输管道》GB/T 34275—2017 中规定的检测比例、检测方法、合格级别划分检查等级。

（2）公用管道（GB 类）和工业管道（GC 类）焊缝检查规定为Ⅰ、Ⅱ、Ⅲ、Ⅳ、Ⅴ五个等级，其中Ⅰ级最高，Ⅴ级最低。

（3）火电厂锅炉焊接和动力管道（GD 类）、汽水管道对接接头按《压力管道规范 动力管道》GB/T 32270—2015 中规定，检查类别分为Ⅰ、Ⅱ、Ⅲ个等级。

2. 钢结构

焊缝质量等级分为：一级、二级、三级，其影响因素包括：钢结构的重要性、载荷特性、焊缝形式、工作环境及应力状态等。

二、检查方法

1. 锅炉

锅炉受压元件及其焊接接头质量检验，包括外观检验、通球试验、化学成分分析、无损检测、力学性能检验。

2. 容器

（1）压力容器焊接接头分为 A、B、C、D、E 五类，如图 2H312032 所示，都有不同的检测方法、检测比等。

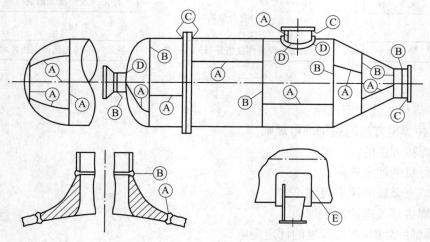

图 2H312032　压力容器焊接接头分类

（2）钢制焊接储罐焊接接头的外观检查、无损检测、严密性试验（罐底的所有焊缝）、煤油渗漏（浮顶）、充水试验。

　　3. 管道

　　（1）GA 类长输管道线路施工焊接接头检验包括：外观检查、无损检测、力学性能、压力试验和严密性试验；场站施工焊缝检验包括：外观检查、无损检测、压力试验和严密性试验。

　　（2）GB 类公用管道和 GC 类工业管道安装焊接接头检查方法包括：目视检查、无损检测、耐压试验和泄漏试验。

　　（3）GD 类动力管道对接接头检查方法包括：目视检查、无损检测、光谱分析、硬度检验、金相检验。

　　4. 钢结构

　　钢结构焊接接头检验包括外观检测和无损检验。

　　三、焊接接头缺陷

　　在焊接接头中因焊接产生的金属不连续、不致密或连接不良但未超出标准允许范围的现象即是焊接缺欠，超过允许范围的缺欠就是焊接缺陷。

　　1. 缺陷分类

　　（1）焊接缺欠

　　1）焊接缺欠可根据其性质、特征分为六个种类（大类），包括：裂纹、空穴、固体夹杂、未熔合（未焊透）、形状和尺寸不良、其他缺欠。

　　2）每一种焊接缺欠又可根据位置和状态进行分类。例如，空穴可分类为气孔、缩孔、微型缩孔；形状不良可分类为咬边、焊缝超高、凸度过大、下塌、焊缝形面不良、焊瘤、错边、角度偏差、下垂、烧穿、未焊满、焊脚不对称、焊缝宽度不齐、表面不规则、根部收缩、根部气孔、焊缝接头不良、变形过大、焊缝尺寸不正确。

　　（2）焊接缺陷

　　1）按缺陷的形态可分为：平面型缺陷（如裂纹、未熔合等）；体积型缺陷（如气孔、夹渣等）。

　　2）按缺陷出现位置不同可分为：表面缺陷（如焊缝尺寸不符合要求，咬边、表面气孔、表面夹渣、表面裂纹、焊瘤、弧坑等）；内部缺陷（如气孔、夹渣、裂纹、未熔合、偏析、显微组织不符合要求等）。

　　3）按缺陷的可见度分为：宏观缺陷、微观缺陷。

　　2. 焊接缺陷对焊接接头机械性能的影响

　　（1）气孔：削弱焊缝的有效工作面积，破坏了焊缝金属的致密性和结构的连续性，它使焊缝的塑性降低可达 40%～50%，并显著降低焊缝弯曲和冲击韧性以及疲劳强度，接头机械能明显不良。

　　（2）夹渣：呈棱角（夹渣的主要特征）的不规则夹渣，容易引起应力集中，是脆性断裂扩展的疲劳源，它同样也减小焊缝工作面积，破坏焊缝金属结构的连续性，明显降低接头的机械性能。焊缝中存在夹杂物（又称夹渣），是十分有害的，它不仅降低焊缝金属的塑性，增加低温脆性，同时也增加了产生裂纹的倾向和厚板结构层状撕裂。焊缝中的金属夹渣（夹钨等）如同气孔一样，也会降低焊缝机械性能。

　　（3）未焊透：在焊缝中，未焊透会导致焊缝机械强度大大降低，易延伸为裂纹缺陷，导致构件破坏，尤其连续未焊透更是一种危险缺陷。

（4）未熔合：是一种类似于裂纹的极其危险的缺陷。未熔合本身就是一种虚焊，在交变载荷工作状态下，应力集中，极易开裂，是最危险的缺陷之一。

（5）裂纹：是焊缝中最危险的缺陷，大部分焊接构件的破坏由此产生。

（6）形状缺陷：主要是造成焊缝表面的不连续性，有的会造成应力集中，产生裂纹（如咬边），有的致使焊缝截面积减小（如凹坑、内凹坑等），有的缺陷是不允许的（如烧穿），因为烧穿能致使焊缝接头完全破坏，机械强度下降。

四、焊接前检验

（一）基本要求

1. 焊工

应取得相应的资格，获得了焊接工艺（作业）指导书，并接受了技术交底。

2. 焊接设备及辅助装备

应能保证焊接工作的正常进行和安全可靠，仪表应定期检验。

3. 焊接环境

热熔焊机和电熔焊机正常的工作范围为 $-10 \sim 40\,^\circ\!\text{C}$。焊接作业区，当手工电弧焊风速超过 8m/s、气体保护焊及药芯焊丝电弧焊风速超过 2m/s 时，应采取挡风措施。焊接作业区的相对湿度不得大于 90%。

4. 焊前预热

加热方法、加热宽度、保温要求、测温要求应符合规范要求。

（二）钢结构焊缝检验方案

1. 编制检验和试验方案

焊接前，应根据施工图、施工方案、施工规范规定的焊缝质量检查等级编制检验和试验方案，经项目技术负责人批准并报监理工程师备案。

2. 焊缝检验方案

内容包括：检验批的划分、抽样检验的抽样方法、检验项目、检验方法、检验时机及相应的验收标准等。

（三）管道焊前检验

1. GA 类长输管道

（1）接头设计及对口间隙应符合所采用已评定合格的焊接工艺规程的要求。

（2）管口表面在焊接前应均匀光滑，无起鳞、裂纹、锈皮、夹渣、油脂、油漆和其他影响焊接质量的物质。

2. GB 类公用管道、GC 类工业管道

（1）焊件坡口内外表面一定范围内，无油漆、油污、锈斑、熔渣、氧化皮以及有害的其他物质。

（2）组对间隙应控制在焊接工艺规程允许的范围内；错边量应符合设计文件、焊接工艺规程或规范要求。

五、焊接过程检验

（一）焊接工艺和焊接技术措施检查

1. 焊接工艺

焊工操作焊条电弧焊时，检查其执行的焊接工艺参数包括：焊接方法、焊接材料、焊接电流、焊接电压、焊接速度、电流种类、极性、焊接层（道）数、焊接顺序。

2. 焊接过程目视检测

（1）每条焊道或焊层在下一道焊层覆盖前应清理干净，特别要注意焊缝金属和熔合面的结合处。

（2）焊道之间、焊缝与母材之间的过渡成型良好，便于完成下一道焊接。

（二）焊缝返修过程检验

压力容器修理挖除焊缝或母材部位缺陷时，经无损检测确认缺陷清除后，方可进行焊接，焊接完成后应当再次进行无损检测。

六、焊接后检验

（一）目视检测

1. 除设计文件和焊接工艺文件另有规定外，焊缝应在焊接完后立即清除渣皮、飞溅物，清理干净焊缝表面，并应进行外观检查（目视检测）。

2. 对于直接目视检测，在待检表面600mm之内，应提供人眼足够观察的空间，且检测视角不小于30°。当不能满足时，应采用镜子、内窥镜、光纤电缆、相机进行间接目视检测。

3. 可以采取辅助光源以提高缺欠和背景之间的对比度和锐度。

（二）无损检测

1. 焊接接头表面质量无损检测方法通常选用磁粉检测和渗透检测；内部质量无损检测方法通常选用射线检测和超声波检测。

2. 射线检测技术等级分为A、AB、B三个级别，其中A级最低、B级最高；超声波检测技术等级分为A、B、C三个级别，其中A级最低、C级最高。射线检测和超声波检测技术等级的选择应根据设备或管道的重要程度，由相关标准及设计文件规定。

3. 对设计没有规定进行射线检测或超声波检测的焊缝，焊接检查人员应对全部焊缝的可见部分进行外观检查，根据现场实际施工情况，对焊缝内部质量有怀疑时，应提出使用射线检测或超声波检测方法对焊缝做进一步检验。

（三）热处理

1. 对于局部加热热处理的焊缝，应检查和记录升温速度、降温速度、恒温温度和恒温时间、任意两测温点间的温差等参数和加热区域宽度。

2. 焊缝热处理效果应根据设计文件或国家现行标准有关规定的检查方法进行检查。局部加热热处理的焊缝应进行硬度检验。

3. 当热处理效果检查不合格或热处理记录曲线存在异常时，宜通过其他检测方法（金相分析或残余应力测试）进行复查或评估。

（四）理化和力学性能检验

当对焊缝进行化学成分分析、焊缝铁素体含量测定、焊接接头金相检验、产品力学性能等检验时，其检验结果应符合设计文件和国家现行有关标准的规定。

（五）强度试验

1. 焊缝的强度试验及严密性试验应在射线检测或超声波检测及热处理后进行。

2. 液体压力试验介质应使用工业用水。当生产工艺有要求时，可用其他液体。不锈钢设备或管道用水试验时，水中的氯离子含量不得超过 25ppm，试验结束应立即排放干净。

（六）其他

1. 焊缝焊完后应在焊缝附近做焊工标记或其他标记。标记方法不得对母材表面构成损害或污染。低温用钢、不锈钢及有色金属不得使用硬印标记。当不锈钢和有色金属采用色码标记时，印色不应含有对材料产生危害的物质。

2. 焊接施工检查记录至少应包括：焊工资格认可记录、焊接检查记录、焊缝返修检查记录。

3. 要求无损检测和焊缝热处理的焊缝，应在设备排版图或管道轴测图上标明焊缝位置、焊缝编号、焊工代号、无损检测方法、无损检测焊缝位置、焊缝补焊位置、热处理和硬度检验的焊缝位置。不要求无损检测的焊缝，可采用焊缝标识图对焊缝进行标识。

2H313000　工业机电工程安装技术

2H313010　机械设备安装工程施工技术

2H313000
看本章精讲课
配套章节自测

2H313011　机械设备安装程序和要求

一、机械设备安装的一般程序

机械设备安装的一般程序为：施工准备→设备开箱检查→基础测量放线→基础检查验收→垫铁设置→设备吊装就位→设备安装调整→设备固定与灌浆→设备零部件清洗与装配→润滑与设备加油→设备试运行→工程验收。

二、机械设备安装的一般要求

（一）施工准备

1. 编制施工组织设计或专项施工方案

对机械设备安装有关的设计文件、施工图纸进行自审和会审，编制施工方案并进行技术交底。大型、复杂的机械设备安装工程应编制施工组织设计或专项施工方案。

2. 编制设备进场计划，劳动力、材料、机具等资源使用计划，有序组织进场

（1）安装的机械设备、主要的或用于重要部位的材料，必须符合设计和产品标准的规定，并应有合格证明。

（2）对于拆迁设备、旧设备因精度达不到使用要求，其施工及验收要求，则由建设单位和施工单位另行商定。

（3）有的设备虽有出厂合格证，但实际进场时发现存在问题或缺陷，应视为不合格产品，不得进行安装。

（4）对工程中用量大的主要材料，或用于重要部位的材料，不允许有质量问题或错用。例如，高强度螺栓质量问题、风机叶片的材质问题、高压管因材质引起的爆裂、锅炉耐热合金钢管的错用引发质量事故等，一旦出现问题将给工程造成重大损失。

（5）设备安装中采用的各种计量和检测器具、仪器、仪表和设备，应符合国家现行计量法规的规定，必须经过检定、校准合格，其精度等级不应低于被检测对象，且应满足被检测项目的精度要求。

（6）参加机械设备安装工程施工的作业人员须经培训合格，特种设备作业人员和特殊工种人员应符合国家现行有关法律法规的规定，并持证上岗。

3. 现场设施应具备开工条件

现场设施应满足机械设备安装工程的需要。如临建设施、作业场所、运输道路、电源、水源、照明、通信、网络、消防等。

（二）设备开箱检查

机械设备开箱时，应由建设单位、监理单位、施工单位共同参加，按下列项目进行检查和记录：

（1）箱号、箱数以及包装情况；

（2）设备名称、规格和型号，重要零部件需按标准进行检查验收；

（3）随机技术文件（如使用说明书、合格证明书和装箱清单等）及专用工具；

（4）有无缺损件，表面有无损坏和锈蚀；

（5）其他需要记录的事项。

（三）基础测量放线

1. 设定基准线和基准点的原则

（1）设定基准线。基础测量放线是实现机械设备平面乃至空间位置定位要求的重要环节，设备安装的定位依据通常称为基准线（平面）和基准点（高程）。

承担土建工程的施工单位，在移交厂房和基础条件的同时，应移交测量网点及重要的主轴线。

（2）设定基准线和基准点，通常应遵循下列原则：

1）安装、检测、使用方便；

2）有利于保持而不被毁损；

3）刻划清晰，容易辨识。

2. 基准线和基准点的设置要求

（1）机械设备就位前，按工艺布置图并依据测量控制网或相关建筑物轴线、边缘线、标高线，划定安装的基准线和基准点。

（2）基准线和基准点用测量仪器按测量规程设定。当因辅助安装、设备检修检测需要时，可根据已有的基准线和基准点临时引出辅助基准线和基准点使用。

（3）对于与其他设备有机械联系的机械设备，应划定共同的安装基准线和基准点。

（4）平面位置安装基准线与基础实际轴线或与厂房墙、柱的实际轴线、边缘线的距离，允许偏差为 ±20mm。

（5）对于与其他设备无机械联系的机械设备，其定位基面、线或点与安装基准线的允许偏差为 ±20mm，与安装基准点的允许偏差为 $-10\sim+20$mm。

（6）对于与其他设备有机械联系的机械设备，其定位基面、线或点与安装基准线的允许偏差为 ±2mm，与安装基准点的允许偏差为 ±1mm。

3. 永久基准线和基准点的设置要求

（1）需要长期保留的基准线和基准点，则应设置永久中心标板和永久基准点，最好采用铜材或不锈钢材制作，用普通钢材制作需采取防腐措施，例如涂漆或镀锌。

（2）永久中心标板和基准点的设置通常是在主轴线和重要的中心线部位，应埋设在设备基础或现浇楼板框架梁的混凝土内。

例如：烧结机的主轴线（纵向中心线）和头部大星轮轴线（横向中心线）。

（3）永久中心标板和基准点的设置必须先绘出布置图，并对各中心标板和基准点加以编号，由测量人员测量和刻线，并提交测量成果。记录有实测结果的永久中心标板和基准点布置图，应作为交工资料移交给建设单位保存并存入档案。

（4）对于重要、重型、特殊设备需设置沉降观测点，用于监视、分析设备在安装、使用过程中基础的变化情况。如汽轮发电机组、透平压缩机组、大型储罐等。

（四）基础检查验收

1. 设备基础混凝土强度检查验收

（1）由基础施工单位或监理单位提供设备基础质量合格证明文件，包括基础养护时间及混凝土强度是否符合设计要求。

（2）若对设备基础的强度有怀疑时，可请有检测资质的工程检测单位，对基础的强度进行复测。

（3）设备基础有预压和沉降观测要求时，应经预压合格，并有预压和沉降观测详细记录。如汽轮发电机组、透平压缩机组、大型储罐等。

2. 设备基础位置、标高、几何尺寸检查验收

（1）基础的位置、标高、几何尺寸应符合设计图和现行国家标准的规定，并有验收资料或记录。

（2）设备安装前按照规范允许偏差对设备基础位置、标高和几何尺寸进行复检。

（3）基础的位置、标高、几何尺寸测量检查主要包括基础的坐标位置，不同平面的标高，平面外形尺寸，凸台上平面外形尺寸和凹穴尺寸，平面的水平度，基础立面的铅垂度，预留孔洞的中心位置、深度和孔壁铅垂度，预埋板或其他预埋件的位置、标高等。

（4）检查基础坐标、中心线位置时，应沿纵、横两个方向测量，并取其中的最大值。

3. 设备基础外观质量检查验收

（1）基础外表面应无裂纹、空洞、掉角、露筋。

（2）基础表面和预留孔应干净。

（3）预留孔洞内无露筋、凹凸等缺陷。

（4）放置垫铁的基础表面应平整，中心标板和基准点埋设牢固、标记清晰、编号准确。

4. 预埋地脚螺栓检查验收

（1）直埋地脚螺栓中心距、标高及露出基础长度符合设计或规范要求，中心距应在其根部和顶部沿纵、横两个方向测量，标高应在其顶部测量。

（2）直埋地脚螺栓的螺母和垫圈配套，螺纹和螺母保护完好。

（3）活动地脚螺栓锚板的中心位置、标高、带槽或带螺纹锚板的水平度符合设计或规范要求。

（4）T形头地脚螺栓与基础板按规格配套使用，埋设T形头地脚螺栓基础板牢固、平正，地脚螺栓光杆部分和基础板刷防锈漆。

（5）安装胀锚地脚螺栓的基础混凝土强度不得小于10MPa，基础混凝土或钢筋混凝土有裂缝的部位不得使用胀锚地脚螺栓。

5. 设备基础常见质量通病

（1）基础上平面标高超差。高于设计或规范要求会使二次灌浆层高度过低，低于要求会使二次灌浆层高度过高，影响二次灌浆层的强度和质量。

（2）预埋地脚螺栓的位置、标高超差。地脚螺栓中心线偏移过大会使设备无法正确安装，标高偏差过大会使设备无法正确固定。

（3）预留地脚螺栓孔深度超差。过浅会使地脚螺栓无法正确埋设。

（五）垫铁设置

通过调整垫铁高度来找正设备的标高和水平。通过垫铁组把设备的重量、工作载荷和固定设备的地脚螺栓预紧力，均匀传递给基础。

1. 垫铁的设置要求

（1）每组垫铁的面积应符合现行国家标准（《通用规范》）的规定。

（2）垫铁与设备基础之间应接触良好；每组垫铁应放置整齐平稳、接触良好。

（3）每个地脚螺栓旁边至少应有一组垫铁，并应设置在靠近地脚螺栓和底座主要受力部位下方。

（4）设备底座有接缝处的两侧，应各设置一组垫铁，每组垫铁的块数不宜超过5块。

（5）放置平垫铁时，厚的宜放在下面，薄的宜放在中间，垫铁的厚度不宜小于2mm。设备调平后，每组垫铁均应压紧。

（6）垫铁端面应露出设备底面外缘，平垫铁宜露出10～30mm，斜垫铁宜露出10～50mm，垫铁组伸入设备底座底面的长度应超过设备地脚螺栓的中心。

（7）除铸铁垫铁外，设备调整完毕后各垫铁相互间用定位焊焊牢。

2. 无垫铁设备安装施工要求

（1）根据设备重量、底座结构，确定临时支撑件或调整螺钉的位置和数量。

（2）设备底座上设有安装用调整螺钉时，其调整螺钉支承板上表面水平度允许偏差不大于1/1000。

（3）采用无收缩混凝土或自密实灌浆料，捣实灌浆层，达到设计强度75%以上时，撤出调整工具，再次紧固地脚螺栓，复查设备精度，将临时支撑件的空隙用灌浆料填实。

（六）设备吊装就位

1. 运输吊装

（1）设备运输吊装属于一般的起重运输作业，应按照有关的起重运输安全操作规程进行。

（2）特殊运输吊装作业场所、大型或超大型构件和设备运输吊装应编制专项施工方案。

（3）随着技术进步，计算机控制和无线遥控液压同步提升新技术在大型或超大型构件和设备安装工程中得到推广应用。例如，电视塔钢天线、大型轧机牌坊、超大型龙门吊、石化反应塔、大型汽轮发电机组等。

2. 设备就位

设备就位前，应经检查确认下列工作：

（1）设备运至安装现场经开箱检查验收合格；

（2）设备基础经检验合格，混凝土基础达到强度；

（3）除去设备底面的泥土、油污、与混凝土（含二次灌浆）接触部位油漆；

（4）二次灌浆部位的设备基础表面凿成麻面且不得有油污；

（5）清除混凝土基础表面浮浆、地脚螺栓预留孔内泥土杂物和积水；

（6）垫铁和地脚螺栓按技术要求放置。

（七）设备安装调整

1. 设备定位

将设备固定在正确的位置，设备中心、轴线、位置高度初步对准坐标和标高。

2. 设备调整

设备的水平度调整（找平）、坐标位置调整（找正）、高度调整（找标高）是一个综合调整的过程。一般借助于专用工机具，在纵、横、垂直三维方向移动设备来进行。

（1）设备找平

1）通常在设备精加工面上选择测点，用水平仪进行测量，通过调整垫铁高度将其调整到设计或规范规定的水平状态。

2）有立柱加工面或垂直加工面的设备，设备水平度要求是以垂直度来保证的。

3）有的设备或部件，需要按一定的斜度要求处于倾斜状态，是由度量水平的差值计算；或用专用斜度规、角度样板间接检测。例如，回转窑支承托轮、线材精轧机本体45°斜面底座等。

（2）设备找正

1）中心线调整。安装中通过移动设备的方法，使设备以其指定的基线对准设定的基准线，包含对基准线的平行度、垂直度和同轴度的要求，使设备的平面坐标位置沿水平纵横方向符合设计或规范要求。

2）常用设备找正检测方法：钢丝挂线法，检测精度为 1mm；放大镜观察接触法，检测精度为 0.05mm；导电接触讯号法，检测精度为 0.05mm；高精度经纬仪、精密全站仪测量法可达到更精确的检测精度。

（3）设备找标高

1）标高调整。通过调整垫铁高度，使设备的位置沿垂直方向符合设计或规范要求。

2）设备找标高的基本方法是利用精密水准仪，通过基准点来测量控制。

（4）设备找平、找正、找标高的测点

1）测点选择的部位：一般选择在设计或设备技术文件指定的部位；设备的主要工作面；部件上加工精度较高的表面；零部件间的主要结合面；支承滑动部件的导向面；轴承座剖分面、轴颈表面、滚动轴承外圈；设备上应为水平或铅垂的主要轮廓面。

2）先进的测量仪器、设备已广泛地应用于设备的安装检测，如电子水准仪、电子水平仪、激光经纬仪、传感器以及机器人测量仪等。

（八）设备固定与灌浆

1. 设备固定

（1）除少数可移动机械设备外，绝大部分机械设备需通过地脚螺栓固定在设备基础上。

（2）对于解体设备应先将底座就位固定后，再进行上部设备部件的组装。

2. 设备灌浆

（1）设备灌浆分为一次灌浆和二次灌浆。一次灌浆是设备粗找正后，对地脚螺栓预留孔进行的灌浆。二次灌浆是设备精找正、地脚螺栓紧固、检测项目合格后对设备底座和基础间进行的灌浆。

（2）设备灌浆可使用的灌浆料很多，例如：细石混凝土、无收缩混凝土、微膨胀混凝土和其他灌浆料（如 CGM 高效无收缩灌浆料、RG 早强微胀灌浆料）等，其配制、性能和养护应符合现行标准的有关规定。

（九）零部件清洗与装配

1. 设备零部件装配主要程序

（1）由小到大、从简单到复杂进行组合件装配。

（2）按照先零件、再组件、到部件的顺序进行装配。

（3）先主机后辅机，由部件进行总装配。

2. 常见的零部件装配

（1）常见的零部件装配

螺栓或螺钉连接紧固，键、销、胀套装配，联轴器、离合器、制动器装配，滑动轴承、滚动轴承装配，传动带、链条、齿轮装配，密封件装配等。

（2）螺纹连接件装配

1）螺纹连接按其紧固要求紧固。有规定预紧力的螺纹连接，在紧固时应按预紧力要求并作测量，如有密封要求的容器、设备上的重要螺纹连接件等。

2）有预紧力要求的螺纹连接常用紧固方法：定力矩法、测量伸长法、液压拉伸法、加热伸长法。

（3）过盈配合件装配

过盈配合件的装配方法，一般采用压入装配、低温冷装配和加热装配法，而在安装现场，主要采用加热装配法。

（4）对开式滑动轴承装配

对开式滑动轴承的安装过程，包括轴承的清洗、检查、刮研、装配、间隙调整和压紧力的调整。

1）轴瓦的刮研

一般先刮下瓦，后刮上瓦；刮研应在设备精平后进行，刮研时应将轴上所有零件装上，轴瓦与轴颈的接触点数不低于规范的要求。

2）轴承的安装

轴承的安装包括轴瓦与轴承座和轴承盖的安装。安装轴承座时，必须把轴瓦装在轴承座上，再按轴瓦的中心进行调整，在同一传动轴上的所有轴承的中心应在同一轴线上。

3）轴承间隙的检测及调整

顶间隙：轴颈与轴瓦的顶间隙可用压铅法检查，铅丝直径不宜大于顶间隙的 3 倍。

侧间隙：轴颈与轴瓦的侧间隙采用塞尺进行测量，单侧间隙应为顶间隙的 1/2～1/3。

轴向间隙：对受轴向负荷的轴承还应检查轴向间隙，检查时，将轴推至极端位置，然后用塞尺或千分表测量。

（十）润滑与设备加油

1. 按润滑剂加注方式，一般划分为分散润滑和集中润滑。

2. 分散润滑通常由人工方式加注润滑剂，设备试运行前对各润滑点进行仔细检查清洗，保证润滑部位洁净，润滑剂选用按设计和用户要求确定，加注量适当。

3. 集中润滑通常由润滑站、管路及附件组成润滑系统，通过管道输送定量的有压力的润滑剂到各润滑点。

（十一）设备试运行

设备试运行应按安装后的调试、单体试运行、无负荷联动试运行和负荷联动试运行四个步骤进行：

1. 安装后的调试。包括：润滑、液压、气动、冷却、加热和电气及操作控制等系统单独模拟调试合格；按生产工艺、操作程序和随机技术文件要求进行各动作单元、单机直至整机或成套生产线的工艺动作试验完成。

2. 单体试运行。按规定时间对单台设备进行全面考核，包括单体无负荷试运行和负荷试运行。单体负荷试运行只是对于无需联动的设备和负荷联动试运行规定需要做单体负荷试验的设备才进行。设备单体试运行的顺序是：先手动，后电动；先点动，后连续；先低速，后中、高速。

3. 无负荷联动试运行。主要是检查整条生产线或联动机组中各设备相互配合及按工艺流程的动作程序是否正确，同时也检查联锁装置是否灵敏可靠，信号装置是否准确无误。无负荷联动试运行应按设计规定的联动程序进行或模拟进行。

4. 负荷联动试运行。在投料的情况下，全面考核设备安装工程的质量，考核设备的性能、生产工艺和生产能力，检验设计是否符合和满足正常生产的要求。负荷联动试运行应按生产工艺流程进行，需要进行热负荷试运行的设备（如工业炉设备），则往往伴随着试生产进行。

（十二）工程验收

通常按照合同中约定的工作范围和责任来界定。

1. 机械设备安装工程的验收程序一般按单体试运行、无负荷联动试运行和负荷联动试运行三个步骤进行。

2. 无须联动试运行的工程，在单体试运行合格后即可办理工程验收手续；须经联动试运行的工程，则在负荷联动试运行合格后方可办理工程验收手续。

3. 无负荷单体和联动试运行规程由施工单位负责编制，并负责试运行的组织、指挥和操作，建设单位及相关方人员参加。负荷单体和联动试运行规程由建设单位负责编制，并负责试运行的组织、指挥和操作，施工单位及相关方可依据建设单位的委托派人参加，配合负荷试运行。

4. 无负荷单体和联动试运行符合要求后，施工单位与建设单位、监理单位、设计单位、质量监督部门办理工程及技术资料等相关交接手续。

5. 工程验收合格，符合合同约定、设计及验收规范要求，应即时办理工程验收。

2H313012　机械设备安装精度的控制

一、影响设备安装精度的因素

1. 设备基础

设备基础对安装精度的影响主要是强度和沉降。设备安装调整检验合格后，基础强度不够，或继续沉降，会引起安装偏差发生变化。

2. 垫铁埋设

垫铁埋设对安装精度的影响主要是承载面积和接触情况。垫铁承受载荷的有效面积不够，或垫铁与基础、垫铁与垫铁、垫铁与设备之间接触不好，会造成设备固定不牢，引起设备安装位置发生变化，也可能导致设备振动超标的现象发生。

3. 设备灌浆

设备灌浆对安装精度的影响主要是强度和密实度。地脚螺栓预留孔一次灌浆、基础与设备之间二次灌浆的强度不够、不密实，会造成地脚螺栓和垫铁出现松动，引起设备安装位置发生变化。

4. 地脚螺栓

地脚螺栓对安装精度的影响主要是紧固力和垂直度。地脚螺栓紧固力不够，安装或混凝土浇筑时产生偏移而不垂直，螺母（垫圈）与设备的接触会偏斜，局部还可能产生间隙，受力不均，会造成设备固定不牢引起设备安装位置发生变化。

5. 测量误差

测量误差对安装精度的影响主要是仪器精度、基准精度、技能水平和责任心。

（1）选用的测量仪器和检测工具精度等级过低，划定的基准线、基准点实际偏差过大，测点部位选择不当，会导致设备安装误差超过允许偏差范围。

（2）操作误差对安装精度的影响主要是技能水平和责任心。操作误差是不可避免的，应将操作误差控制在允许的范围内。

6. 设备制造与解体设备的装配

（1）设备制造对安装精度的影响主要是加工精度和装配精度。设备制造质量达不到设计要求，对安装精度将产生最直接的影响，因此设备出厂前的质量检验至关重要。

（2）解体设备的装配精度将直接影响设备的运行质量。

解体设备的装配精度包括：各运动部件之间的相对运动精度，配合面之间的配合精度和接触质量。

1）各运动部件之间的相对运动精度。现场组装大型设备各运动部件之间的相对运动精度包括直线运动精度、圆周运动精度、传动精度等。

主要影响：产生运行误差。如大型滚齿机安装时若传动链末端的涡轮副因安装精度超差，产生运行误差，影响加工齿轮的加工精度。

2）配合面之间的配合精度和接触质量。配合精度是指配合表面之间达到规定的配合间隙或过盈的接近程度；接触质量是指配合表面之间的接触面积的大小和分布情况。

主要影响：相配零件之间接触变形的大小，影响配合性质的稳定性和寿命，如齿轮啮合。

（3）设备基准件的安装精度。

设备基准件的安装精度包括：标高差、水平度、铅垂度、直线度、平行度等。

设备基准件的安装精度影响：设备各部件间的相互位置精度和相对运动精度。如龙门刨床的床身导轨的直线度和导轨之间的平行度将影响工作台的直线运动精度。

7. 环境因素

环境因素对安装精度的影响主要是设备基础温度变形、设备温度变形和恶劣环境场所。

（1）设备基础温度变形。例如大型设备（如机床）的基础尺寸长、大、深，当气温变化时，由于基础上下温度变化不一致，气温升高时，上部温度比下部高，设备基础中间上拱；气温下降时，上部温度比下部低，设备基础中间下陷。

（2）设备温度变形。设备运行时，由于工作状态可能产生大量的热量，各零部件受热而产生热变形，影响安装精度。例如，汽轮机转子几个支承因受热条件不同，零部件将处于不同的温度场，产生不同的热变形，导致转子中心位置改变。

（3）恶劣环境场所。主要是生产与安装工程同时进行，严重影响作业人员视线、听力、注意力等，可能造成的安装质量偏差。

二、设备安装精度的控制

1. 选派具有相应技能水平和责任心的人员，选择合理的施工工艺，配备必要的施工机械和满足精度等级的测量器具，在适宜的环境下操作，提高安装精度。

2. 必要时为抵消过大的装配或安装累积误差，在适当位置利用补偿件进行调节或修配。

3. 设备安装精度的偏差控制。

（1）偏差控制要求

有利于抵消设备附属件安装后重量的影响；有利于抵消设备运转时产生的作用力的影响；有利于抵消零部件磨损的影响；有利于抵消摩擦面间油膜的影响。

（2）引起偏差的主要原因

1）补偿温度变化所引起的偏差

机械设备安装通常是在同一环境温度下进行的，许多设备在生产运行时则处在不同温度的条件下。例如，汽轮机、干燥机在运行中通蒸汽，温度比与之连接的发电机、鼓风机、电动机高，在对这类机组的联轴器装配定心时，应考虑温差的影响，控制安装偏差的方向。调整两轴心径向位移时，运行中温度高的一端（汽轮机、干燥机）应低于温度低的一端（发电机、鼓风机、电动机），调整两轴线倾斜时，上部间隙小于下部间隙，调整两端面间隙时选择较大值，使运行中温度变化引起的偏差得到补偿。

2）补偿受力所引起的偏差

机械设备安装通常仅在自重状态下进行，设备投入运行承载后，安装精度的偏差有的会发生变化。例如，带悬臂转动机构的设备，受力后向下和向前倾斜，安装时就应控制悬臂轴水平度的偏差方向和轴线与机组中心线垂直度的方向，使其能补偿受力引起的偏差变化。

3）补偿使用过程中磨损所引起的偏差

装配中的许多配合间隙是可以在一个允许的范围内选择的，例如，齿轮的啮合间隙、可调轴承的间隙、轴封等密封装置的间隙、滑道与导轮的间隙、导向键与槽的间隙等。设备运行时，这些间隙都会因磨损而增大，引起设备在运行中振动或冲击，安装时间隙选择调整适当，能补偿磨损带来的不良后果。

4）相互补偿设备安装精度偏差

连续生产机组是由许多单体设备组成的，在安装中将各个单体设备安装的允许偏差从整个机组考虑，控制其偏差方向，合理排列和分布，不产生偏差积累，而是相互补偿的效果，对机组的运行是很有益的。例如，控制相邻辊道轴线与机组中心线垂直度偏差。

2H313020　电气安装工程施工技术

2H313021　电气设备安装程序和要求

一、电气安装程序

（一）电气安装工程的一般施工程序

埋管、埋件→设备安装→电线、电缆敷设→回路接通→检查、试验、调试→通电试运行→交付使用。

（二）电气设备的施工程序

1. 油浸式电力变压器的施工程序

开箱检查→二次搬运→设备就位→吊芯检查→附件安装→滤油、注油→交接试验→验收。

油浸式电力变压器是否需要吊芯检查，应根据变压器的大小、制造厂规定、存放时间、运输过程中有无异常和建设单位要求而确定。

2. 高压电器及成套配电设备的施工程序

（1）电抗器的安装程序：基础检查→开箱检查→交接试验→电抗器吊装→电抗器找平、找正→电抗器固定→安装接地线。

（2）电容器的安装程序：开箱检查→基础框架制作安装→二次搬运→电容器安装→接线→送电前检查→送电运行验收。

（3）真空断路器的安装程序：真空断路器检查→操作机构检查→真空断路器就位→机械及电气性能试验。

（4）六氟化硫断路器的安装程序：开箱检查→本体安装→充加六氟化硫→操作机构安装→检查、调整→绝缘测试→试验。

（5）隔离开关的安装工序：开箱检查→本体安装→操作机构安装→调整。

（6）成套配电设备的安装程序：开箱检查→二次搬运→安装固定→母线安装→二次回路连接→试验调整→送电运行验收。

二、电气设备的施工技术要求

（一）电气设备的安装要求

1. 电气设备安装前应对相关的建筑工程、导轨及基础进行检查和验收。

2. 电气设备和器材安装前的存放、保管期限应符合厂家要求。

（1）设备和器材安置稳妥，不得损坏。

（2）保管环境条件应具备防火、防潮、防尘等措施。

3. 电气设备在起吊和搬运中，受力点位置应符合产品技术文件的规定。

（1）吊装和搬运时，应保护好电气设备瓷部件不受损伤。

（2）油浸电力变压器安装搬运中，应防止变压器发生冲撞、超范围的倾斜或倾倒。

4. 电气设备安装用的紧固件应采用镀锌制品或不锈钢制品。

5. 绝缘油应经严格过滤处理，其电气强度及介质损失角正切值和色谱分析等试验合格后才能注入设备。

6. 接线端子的接触表面应平整、清洁、无氧化膜，并涂以电力复合脂。

7. 电气设备的保护接地和工作接地要可靠。

8. 单体设备的安装要求：

（1）互感器安装就位后，应该将各接地引出端子良好接地。暂时不使用的电流互感器二次线圈应短路后再接地。零序互感器安装时，要注意与周围的导磁体或带电导体的距离。

（2）断路器及其操作机构联动应无卡阻现象，分、合闸指示正确，开关动作正确可靠。

（3）电抗器安装要使线圈的绕向符合设计要求。

（4）电容器的放电回路应完整且接地刀闸操作灵活。

9. 成套配电设备的安装要求如下：

（1）基础型钢安装允许偏差应符合规范要求，环形布置的允许偏差应符合设计要求。基础型钢露出最终地面高度宜为 10mm，但手车式柜体的基础型钢露出地面的高度应按产品技术说明书执行。基础型钢的两端与接地干线应焊接牢固。

（2）柜体间及柜体与基础型钢的连接应牢固，不应焊接固定。

（3）成列安装柜体时，柜体安装允许偏差应符合规范要求。

（4）柜体内设备、器件、导线、端子等结构间的连接需全面检查，松动处必须紧固。

（5）固定式柜、手车式柜和抽屉式柜的机械闭锁、电气闭锁应动作准确可靠，触头接触应紧密；抽屉单元和手车单元应能轻便灵活拉出和推进，无卡阻碰撞现象；二次回路连接插件应接触良好并有锁紧措施。

（6）手车单元接地触头可靠接地：手车推进时接地触头比主触头先接触，手车拉出时接地触头比主触头后断开。

（7）同一功能单元、同一种型式的高压电器组件插头的接线应相同，能互换使用。

（二）交接试验内容及注意事项

1. 交接试验内容

通常交接试验内容：测量绝缘电阻、交流耐压试验、测量直流电阻、直流耐压试验、泄漏电流测量、绝缘油试验、线路相位检查等。

（1）油浸电力变压器的交接试验内容：绝缘油试验，测量绕组连同套管的直流电阻，测量变压器绕组的绝缘电阻和吸收比，测量铁芯及夹件的绝缘电阻，检查所有分接的变比，检查三相变压器组别，非纯瓷套管试验，测量绕组连同套管的介质损耗因数，绕组连同套管交流耐压试验等。

（2）真空断路器的交接试验内容：测量绝缘电阻，测量每相导电回路电阻，交流耐压试验，测量断路器的分合闸时间，测量断路器的分合闸同期性，测量断路器合闸时触头弹跳时间，测量断路器的分合闸线圈绝缘电阻及直流电阻，测量断路器操动机构试验。

（3）六氟化硫断路器交接试验内容：测量绝缘电阻，测量每相导电回路电阻，交流耐压试验，测量断路器的分合闸时间，测量断路器的分合闸速度，测量断路器的分合闸线圈绝缘电阻及直流电阻，测量断路器操动机构试验，测量断路器内六氟化硫气体含水量。

（4）电力电缆的交接试验内容：测量绝缘电阻、交流耐压试验、测量直流电阻、直流耐压试验及泄漏电流测量、线路相位检查等。

2. 交接试验注意事项

（1）在高压试验设备和高电压引出线周围，均应装设遮拦并悬挂警示牌。

（2）进行高电压试验时，操作人员与高电压回路间应具有足够的安全距离。例如，电压等级 6~10kV，不设防护栏时，最小安全距离为 0.7m。

（3）高压试验结束后，应对直流试验设备及大电容的被测试设备多次放电，放电时间至少 1min 以上。

（4）断路器的交流耐压试验应在分、合闸状态下分别进行。

（5）成套设备进行耐压试验时，宜将连接在一起的各种设备分离开来单独进行。

（6）做直流耐压试验时，试验电压按每级 0.5 倍额定电压分阶段升高，每阶段停留 1min，并记录泄漏电流。

（三）电气设备通电检查及调整试验

1. 电气设备通电条件

电气设备系统通电条件是确认配电设备和用电设备安装完成，其型号、规格、安装位置符合施工图纸要求并验收合格，电气交接试验合格，所有建筑装饰工作完成并清扫干净，电气设备通电环境整洁。

2. 通电检查及调整试验

（1）检查有关一、二次设备安装接线应全部完成，所有的标志应明显、正确和齐全。要先进行二次回路通电检查，然后再进行一次回路通电检查。

（2）一次回路经过绝缘电阻测定和耐压试验，绝缘电阻值均符合规定。二次回路中弱电回路的绝缘电阻测定和耐压试验按制造厂的规定进行。

（3）已具备可靠的操作（断路器等）、信号和合闸等二次各系统用的交、直流电源。

（4）电流、电压互感器已经过电气试验，电流互感器二次侧无开路现象，电压互感器二次侧无短路现象。

（5）检查回路中的继电器和仪表等均经校验合格。

（6）检验回路的断路器及隔离开关都已调整好，断路器经过手动、电动跳合闸试验。

3. 二次回路通电检查注意事项

（1）接通二次回路电源之前，应再次测定二次回路的绝缘电阻和直流电阻，确保无接地或短路存在，核对操作和合闸回路的熔断器和熔丝是否符合设计规定。

（2）应将需检验回路与已运行回路以及暂不检验的回路之间的连线断开，以免引起误动作。暂不检验的二次回路熔断器应全部取下。

（3）进行二次回路动作检查时，不应使其相应的一次回路（如母线、断路器、隔离开关等）带有运行电压。

（4）远距离监控、操作设备时，设备附近必须设有专人监视动作，并保持联系。

（5）通电检查发现异常时，应立即断开电源，及时检查处理。

（6）带有微机保护装置的开关柜，应按照产品技术说明书执行。

4. 受电步骤

（1）受电系统的二次回路试验合格，其保护整定值已按实际要求整定完毕。受电系统的设备和电缆绝缘合格。安全警示标志和消防设施已布置到位，消防设施能正常投用。

（2）按已批准的受电作业指导书，组织电气系统变压器高压侧接受电网侧供电，通过配电柜按先高压后低压、先干线后支线的原则逐级试通电。

（3）试通电后，系统工作正常，可进行试运行。

（四）供电系统试运行条件及安全要求

1. 供电系统试运行的条件

（1）电气设备安装完整齐全，连接回路接线正确、齐全、完好。

（2）供电回路应核对相序无误，电源和特殊电源应具备供电条件。

（3）电气设备应经通电检查，供电系统的保护整定值已按设计要求整定完毕。

（4）环境整洁，应有的封闭已做好。

2. 安全防范要求

（1）防止电气开关误动作的可靠措施。

例如，高压开关柜闭锁保护装置必须完好可靠，常规的"五防联锁"是防止误合、误分断路器；防止带负荷分、合隔离开关；防止带电挂地线；防止带电合接地开关；防止误入带电间隔。

（2）试运行开始前再次检查一次、二次回路是否正确，带电部分挂好安全标示牌。

（3）按工程整体试运行的要求做好与其他专业配合的试运行工作。及时准确地做好各回路供电和停电，保证供电系统试运行的安全进行。

（4）供电系统试运行期间，送电、停电程序实行工作票制度。电气操作要实行唱票制度。

（5）供电系统试运行期间的检修应按电气设备检修规程执行。

（6）电气操作人员应熟悉电气设备及其系统，必须经过专业培训，具备电工特种作业操作证资格，严格执行国家的安全作业规定，熟悉有关消防知识，能正确使用消防用具和设备，熟知人身触电紧急救护方法。

2H313022 输配电线路的施工要求

室外的输配电线路的主要形式是电力架空线路和电力电缆线路。室内的输配电线路主要形式是母线和电缆线路。

一、电力架空线路的施工要求

不同电压等级的架空线路，有不同的技术要求；电杆按材料分为木杆、钢筋混凝土杆（以下简称水泥杆）和金属杆，本条内容主要介绍35kV及以下的水泥杆架空线路。

（一）电杆线路施工工序

1. 熟悉工程图纸，明确设计要求；

2. 按施工图计算出工程量，准备材料和机具；

3. 现场勘察，测量定位，确定线路走向；

4. 按地理情况和施工机械开挖电杆基础坑；

5. 电杆、横担、瓷瓶和各类金具检查及组装；

6. 根据杆位土质情况进行基础施工和立杆；

7. 拉线制作与安装；

8. 放线、架线、紧线、绑线及连线；

9. 送电运行验收，竣工资料整理。

（二）电杆线路的组成及材料要求

电杆线路由基础、电杆、导线、绝缘子、金具、避雷线及接地装置等组成。

1. 电杆基础

预制底盘、卡盘用于木杆和水泥杆稳固；钢筋混凝土法兰和地脚螺栓基础适用于金属杆；拉线盘用于拉线锚固。

2. 电杆

（1）按水泥杆产品形式分：整根杆、分段杆。

（2）按组成形式分：单杆、双杆（A字形、Ⅱ型、门型）等。

（3）按电杆用途和受力情况分为6种杆：

1）耐张杆。用于线路换位处及线路分段，承受断线张力和控制事故范围。

2）转角杆。用于线路转角处，在正常情况下承受导线转角合力；事故断线情况下承受断线张力。

3）终端杆。用于线路起止两端，承受线路一侧张力。

4）分支杆。用于线路中间需要分支的地方。

5）跨越杆。用于线路上有河流、山谷、特高交叉物等地方。

6）直线杆。用在线路直线段上，支持线路垂直和水平荷载并具有一定的顺线路方向的支持力。

（4）水泥杆材料要求：

1）表面光洁平整，内外壁厚度均匀，不应有露筋、跑浆现象。

2）水泥杆按规定检查时，不应出现纵向裂纹，横向裂纹的宽度不应超过0.1mm，长度不应超过电杆的1/3周长。

3）杆长弯曲值不应超过杆长的1/1000。

3. 架空导线

高压架空线的导线大都采用铝、钢或复合金属组成的钢芯铝绞线或铝包钢芯铝绞线，避雷线则采用钢绞线或铝包钢绞线。低压架空线的导线一般采用塑料铜芯线。

4. 架空线路的横担、金具及材料要求

（1）横担

横担是装在电杆上端，用来固定绝缘子架设导线的，有时也用来固定开关设备或避雷器等。横担主要是角钢横担、瓷横担等。

（2）金具

电杆、横担、绝缘子、拉线等的固定连接需用的一些金属附件称为金具，常用的有M字形抱铁、U字形抱箍、拉线抱箍、挂板、线夹、心形环等。

（3）材料要求

1）表面应光洁，无裂纹、毛刺、飞边、砂眼、气泡等缺陷；

2）应热镀锌，遇有局部锌皮剥落者，除锈后应涂刷防锈漆。

5. 架空线路绝缘子及材料要求

（1）绝缘子

绝缘子用来支持固定导线，使导线对地绝缘，并还承受导线的垂直荷重和水平拉力，绝缘子应有良好的电气绝缘性能和足够的机械强度，常用的绝缘子有针式绝缘子、蝶式绝缘子和悬式绝缘子。

（2）材料要求

1）瓷件与铁件应结合紧密，铁件镀锌良好；

2）瓷釉光滑无裂纹。

6. 拉线

拉线在架空线路中是用来平衡电杆各方向的拉力，防止电杆弯曲或倾倒，所以在承力杆（转角杆、终端杆）上均须装设拉线。常用的拉线有：

（1）普通拉线（尽头拉线），主要用于终端杆上，起拉力平衡作用；

（2）转角拉线，用于转角杆上，起拉力平衡作用；

（3）人字拉线（两侧拉线），用于基础不牢固和交叉跨越高杆或较长的耐张杆中间的直线杆，保持电杆平衡，以免倒杆、断杆；

（4）高桩拉线（水平拉线）用于跨越道路、河道和交通要道处，高桩拉线要保持一定高度，以免妨碍交通。

（三）电杆基坑施工及电杆组立

1. 基坑施工

（1）基坑定位

一般地形的电杆测量定位用经纬仪、测距仪、水准仪实施，坐标和复杂地形的参数测量宜由全站仪、GPS 测量仪实施。直线杆的顺线路方向位移，35kV 架空电力线路不应超过设计档距的 1%；10kV 及以下架空电力线路不应超过设计档距的 3%。

（2）卡盘安装

安装位置、方向、深度应符合设计要求，深度允许偏差为 ±50mm。当设计无要求时，上平面距地面不应小于 500mm。

（3）基坑回填土

杆塔基础坑及拉线基础坑回填应符合设计要求，应分层夯实，每回填 300mm 厚度应夯实一次。坑口的地面上应筑防沉层，防沉层的边宽不得小于坑口边宽，其高度应根据土质夯实程度确定，基础验收时宜为 300～500mm。经过沉降后及时填补夯实。工程移交时，坑口回填土不应低于地面。沥青地面、砌有水泥花砖的路面或城市绿地内可不留防沉土台。

2. 电杆组立

（1）分段电杆对接

分段金属杆对接通常采用法兰和插接，法兰连接的螺栓紧固力矩符合产品技术说明书的要求，并加装防松或防卸装置；分段水泥杆对接采用焊接，焊接后的整杆弯曲度不应超过电杆全长的 2/1000。

（2）水泥杆立杆方法

1）电杆立杆方法有汽车起重机立杆、三脚架立杆、人字抱杆立杆、架杆（顶、叉）立杆等。

2）单电杆直立后，倾斜度允许偏差：10kV 以上的电杆不应大于杆长的 3/1000；10kV 及以下的电杆不应大于杆顶直径的 1/2。

3）为了施工安全，抱杆和架杆方法立杆时，顶部应设临时拉线控制，临时接线应均匀调节；架杆方法只能用于竖立木杆和长度 8m 以下的水泥杆。

（四）横担安装

1. 横担制作

一般横担用角钢制作，并进行镀锌处理；根据架空导线相数的不同，可做成二、三、四、五线横担。

2. 横担安装

（1）直线金属横担可用 U 形螺栓固定到电杆上；耐张杆和转角杆横担可用两条直线横担组成，用四根穿心螺栓固定到电杆上。横担安装应平正，安装偏差应符合规范规定。

（2）瓷横担（全瓷式、胶装式）安装

1）直立安装时，顶端顺线路歪斜不应大于 10mm；

2）水平安装时，顶端宜向上翘起 5°～15°；

3）全瓷式瓷横担的固定处应加软垫。

3. 横担安装位置要求

（1）10kV 及以下直线杆的单横担应安装在负荷侧，90° 转角杆（上、下）、分支杆和终端杆采用单横担，应安装在拉线侧。

（2）边相的瓷横担不宜垂直安装，中相瓷横担应垂直地面。

（五）绝缘子安装要求

安装时应清除表面灰垢、附着物。安装应牢固，连接可靠，防止积水。

（六）拉线制作安装

1. 拉线制作

（1）镀锌钢丝拉线。采用镀锌钢丝合股组成的拉线，其股数不应少于 3 股。镀锌钢丝的单股直径不应小于 4mm，绞合应均匀、受力相等，不应出现抽筋现象。

（2）钢绞线拉线。可采用截面不小于 25mm^2 的钢绞线制作。

2. 拉线安装要求

（1）拉线盘的埋设深度和方向，应符合设计要求；

（2）当同一电杆上装设多条拉线时，各拉线的受力应一致；

（3）上把拉线绝缘子距地面不应小于 2.5m。

（七）导线架设

1. 放线

（1）拖放法。它是将导线盘架设在放线架上，采用人力或机械力牵行，进行拖放导线。

（2）展放法。它是将线盘架设在汽车上，一边行驶一边展放导线。

2. 导线连接要求

（1）导线连接应接触良好，其接触电阻不应超过同长度导线电阻的 1.2 倍。

（2）导线连接处应有足够的机械强度，其强度不应低于导线强度的 95%。

（3）在任一档距内的每条导线，只能有一个接头；当跨越铁路、高速公路、通行河流等区域时不得有接头。

（4）不同金属、不同截面的导线，只能在杆上跳线处连接。

（5）导线压接前，要选择合适的连接管，其型号应与导线相符。

3. 紧线要求

（1）根据导线的线径大小，选择与其相应规格的紧线器；

（2）紧线应分段进行，将导线固定在耐张杆悬式绝缘子上或蝶式绝缘子上；

（3）紧线时，对横担两侧的导线应同时收紧，避免横担受力不均匀而歪斜；

（4）注意导线的弧垂度，按照规定的垂度来松紧导线。

4. 弧垂的观测与调整

（1）按当地环境温度、档距，从弧垂表或曲线表查找对应的弧垂度；

（2）通过目测或垂弧测量尺测量，检查弧垂是否达到要求，并调整紧线器。

5. 导线在绝缘子上的固定方法

导线在绝缘子上的固定方法有顶绑法、侧绑法、终端绑扎法、耐张线夹固定导线法等。

（八）电力架空线路试验

1. 测量线路的绝缘电阻应不小于验收规范规定；

2. 检查架空线各相的两侧相位应一致；

3. 在额定电压下对空载线路的冲击合闸试验应进行 3 次；

4. 杆塔防雷接地线与接地装置焊接，测量杆塔的接地电阻值应符合设计的规定；

5. 用红外线测温仪，测量导线接头的温度，来检验接头的连接质量。

（九）架空线路与 10/0.4kV 变电所的连接

变电所按建筑结构分为室内型、半室外型和室外型，室外型变电所又分为双杆式露天型、地台式露天型和地台箱式变电所。

1. 室内型和半室外型变电所

（1）室内型变电所包括高压电气设备、变压器和低压电气设备，架空线路高压侧电缆或母线与室内高压进线柜连接，适用于工业机电工程和建筑机电工程。

（2）半室外型变电所室内仅有低压电气设备，架空线路高压侧电缆或母线与地台式变压器高压端子连接，变压器低压端子的电缆或母线与室内低压进线柜连接。

2. 室外型变电所

（1）室外双杆式露天型变电所由高压架空线路、低压架空线路、杆上变压器和电气设备组成。高压侧包括高压线、自动跌落式熔断器、避雷器及防雷引下线安装；低压侧包括低压线、配电箱及电度表箱安装；变压器安装在电杆上，与高压线、低压线和工作接地线连接。

（2）室外地台式露天型变电所的变压器安装在地台上，其他与双杆式露天型变电所相同。

（3）室外地台箱式变电所由高压架空线路、封闭箱内干式变压器和成套电气设备组成，架空线路高压侧电缆与箱内高压进线柜连接。

（十）现场临时用电架空线路的施工要求

工程施工现场变电所一般采用 10/0.4kV 半室外型和室外型变电所方式。本条适用于 220/380V 低压配电架空线路。

1. 电杆

电杆宜采用钢筋混凝土杆或专用木杆；木杆不得腐朽，其梢径不应小于 150mm。

2. 横担和绝缘子

（1）直线杆和15°以下的转角杆，采用单横担、单绝缘子；跨越机动车道，采用单横担、双绝缘子；耐张杆和15°～45°转角杆采用双横担、双绝缘子；分支杆和45°以上转角杆采用十字横担。

（2）绝缘子选用：直线杆采用针式绝缘子；耐张杆、转角杆采用蝶式绝缘子。

（3）横担选用：角钢横担和木方横担；角钢横担常用∠50×5和∠63×5；木方横担应用80mm×80mm。

（4）横担间的最小垂直距离应符合表2H313022-1的规定。

横担间的最小垂直距离（单位：m）　　　　表2H313022-1

排列方式	直线杆	分支或转角
高压与低压	1.2	1.0
低压与低压	0.6	0.3

3. 导线选择及连接

（1）导线必须采用绝缘导线。导线截面选择如下：

1）三相四线制线路的N线和PE线截面不小于相线截面的50%，单相线路截面相同。

2）铜线截面不小于10mm^2，铝线截面不小于16mm^2。

（2）相序排列如下：

1）动力、照明同一层横担架设时，导线面向负荷从左侧起算依次为L1、N、L2、L3、PE。

2）动力、照明在二层横担分别架设时，上层导线面向负荷从左侧起算依次为L1、L2、L3；下层导线面向负荷从左侧起算依次为L1（L2、L3）、N、PE。

4. 其他要求

（1）架空线路与邻近设施安全距离规定

架空线路与邻近设施安全距离应符合表2H313022-2的规定。

架空线路与邻近设施安全距离（单位：m）　　　　表2H313022-2

	与摆动最大的树梢	与建筑物凸出部分	最大弧垂与施工现场				与邻近电力线路交叉	
			道路地面	一般地面	进户	墙壁明敷	低压	高压
最小净空距离	0.5	—	—	—	—	—	—	—
最小水平距离	—	1.0	—	—	—	—	—	—
最小垂直距离	—	—	6.0	4.0	2.5	2.0	1.2	2.5

（2）线路短路和过载保护

采用熔断器或断路器做线路的短路保护（单相对地、相间、多相对地）和过载保护。

（3）线路保护接零和防雷接地

1）架空线路杆塔上的开关、电容器等金属外壳及支架应做保护接零（PE）。

2）架空线路在配电室进、出线处的绝缘子铁脚的接地线与接地装置焊接，做好防雷接地。

二、电力电缆线路的施工要求

（一）电缆导管敷设的施工要求

1. 电缆导管材料及连接

（1）电缆导管有钢管（镀锌钢管）、塑料管（UPVC 硬塑料管）和波纹管；组合排管可用钢管（镀锌钢管）、塑料管（UPVC 硬塑料管）及塑料复合管（波纹管、CPVC 管、RMDP 管、MPP 管、CO 管等）、玻璃钢管、陶瓷管、石棉水泥管等。

（2）电缆导管间连接方式：钢管采用套管电焊连接，硬塑料管采用承插或套管胶水连接，波纹管采用对接胶带、承插连接，塑料复合管采用承插、管箍、热熔或电熔连接，石棉水泥管采用管箍或套管连接，玻璃钢管和混凝土管采用承插连接，陶瓷管采用法兰连接。

2. 电缆保护管施工

（1）电缆保护管的设置及要求

1）无设计要求时，下列情况应设置电缆保护管：电缆引入和引出建筑物、隧道、沟道、电缆井等穿过楼板及墙壁处；电缆与各种管道、沟道交叉处；电缆引出地面，距地面2m 以下时；电缆通过道路、铁路时。

2）电缆保护管内径大于电缆外径的 1.5 倍。

3）电缆引入和引出建筑物、隧道、沟道、电缆井等处，一般应采取防水套管；硬塑料管与热力管交叉时应穿钢套管；金属管埋地时应刷沥青防腐。

4）电缆保护管宜敷设于热力管的下方；与地下管道、沟道和道路、铁路交叉处的相互距离符合设计或规范要求。

（2）电缆保护管加工

1）保护管切断应采用切割机，切口处的卷边、毛刺去除。

2）钢管弯制采用弯管机，硬塑料管弯制采用热煨法；弯头不应超过 3 个，直角弯头不应超过 2 个。加工后的弯扁度不宜超过管子外径 10%，弯曲半径大于电缆的最小弯曲半径，明配管和埋入混凝土管的弯曲半径不宜小于管子外径的 6 倍，埋地管的弯曲半径不宜小于管子外径的 10 倍。

（3）电缆保护管明配

1）钢结构上不得焊接支架和热熔开孔。

2）在无设计要求时，电缆管支持点间距，不宜超过 3m；在管子弯头中点处、距管子终端或箱盘柜边缘 150～500mm 内应设置固定管卡。

3）硬塑料管直线长度超过 30m 时，宜加装伸缩节。

（4）电缆保护管施工方法

一是开挖埋管法；二是非开挖埋管法，即采取顶管（适合于钢管）、定向钻管（适合于钢管和热熔／电熔连接的塑料复合管）技术实现。

3. 电缆排管施工

（1）电缆排管一般分为 2、4、6、8、10、12、14、16 孔等形式。按需要的孔数将电缆导管或混凝土管排成一定形式，除混凝土管外，电缆导管宜采用排架固定。在排管埋地敷设时，按设计要求进行沟底基层处理、管端口处理、包封（钢筋混凝土或混凝土灌注）、夯土回填。

（2）敷设电力电缆的排管孔径一般为150mm。

（3）埋入地下的排管顶部至地面的距离应不小于以下数值：人行道为500mm；一般地区为700mm。

（4）在电缆排管直线距离超过50m处、排管转弯处、分支处都要设置排管电缆井。排管通向电缆井应有不小于0.1%的坡度，以便管内的水流入电缆井内。

4. 电缆穿排管和保护管敷设

（1）敷设在排管内的电缆，应采用铠装电缆。

（2）电缆排管在敷设电缆前，应进行疏通，清除杂物及积水。

（3）排管内穿电缆时，不得损坏电缆保护层，可采用无腐蚀性的润滑剂（粉）。

（4）穿入管中的电缆数量应符合设计要求，交流单芯电缆不得单独穿入钢管内。

（二）电缆支架制作安装和桥架安装的要求

1. 电缆支架制作安装

（1）金属支架应采用型钢制作，其形制、规格按照设计或标准图集执行；非金属支架应随管道配套或采购成品。

（2）支架应安装牢固、横平竖直，各支架的同层横担应在同一水平上。支架应安装在结构体上，不应将支架设置在轻质墙体上。

（3）在无设计要求时，金属支架最上层至电缆沟顶、电缆隧道顶和金属支架、吊架至夹层楼板的距离应符合规范要求，但电缆接至上方配电箱盘柜时，其净距应满足电缆最小弯曲半径的要求。

（4）在无设计要求时，金属支架最下层至电缆沟底、电缆隧道底和公共廊道、电缆夹层、室内、室外、屋顶等地面的距离应符合规范要求；其中，电缆夹层的非通道处，支架最下层距地面不小于200mm，电缆夹层的通道处，支架最下层距地面不小于1400mm；室外非车辆通行处，支架最下层距地面不小于2500mm，室外车辆通行处，支架最下层距地面不小于4500mm；无围栏的公共廊道最下层距地面不小于1500mm；室内机房和活动区域最下层距地面不小于2000mm。

（5）金属支架全长均应良好接地。全长与接地线不少于2点焊接。

2. 电缆桥架安装

桥架制作分为现场加工和委托工厂加工。应根据施工图（分支、弯曲、直线）、结合现场实际路径（穿孔洞及高度调差、与其他管线交叉调整、伸缩节）和利于电缆敷设等因素，绘制详细的施工草图或深化设计图，作为桥架制作必需的技术措施。

（1）金属桥架要进行防腐处理，一般采用镀锌、镀塑和刷漆等。在腐蚀性强的环境中，可采用铝合金、塑料、不锈钢等耐腐蚀材料制作桥架。

（2）金属桥架安装，在水平段时每1.5～3m设置一个支、吊架；垂直段时每1～1.5m设置一个支架；距三通、四通、弯头1m处应设置支、吊架。

（3）电缆桥架和支架应接地可靠。桥架经过建筑物的伸缩缝时，应断开100～150mm间距，间距两端应进行接地跨接。

（4）金属桥架直线段超过30m、铝制桥架直线段超过15m时，应留有伸缩缝并用伸缩片连接。

（三）电缆直埋敷设的要求

1. 电缆沟开挖及土方回填要求

（1）明确定位桩，按土沟开口尺寸和长度划线或绷线；一般情况下，沟深为0.9m。

（2）采用机械开挖方式确保沟槽尺寸、转弯处的弯曲度符合设计和规范要求，并及时清底修边。

（3）电缆敷设后，上面要铺100mm厚的软土或细沙，再盖上混凝土保护板、红砖或警示带，覆盖宽度应超过电缆两侧以外各50mm，覆土分层夯实。

2. 电缆敷设及接头防护的要求

（1）直埋电缆应使用铠装电缆，铠装电缆的两端金属外皮要可靠接地，接地电阻不得大于10Ω。直埋电缆和水底电缆在敷设前应进行交接试验，有铝包或铅包护套的电缆，必须进行外护套绝缘电阻测试。

（2）开挖的沟底是松软土层时，可直接敷设电缆，一般电缆埋深应不小于0.7m，穿越农田时应不小于1m，在引入建筑物、与地下建筑物交叉及绕过地下建筑物处可浅埋，但应采取保护措施；如果有石块或硬质杂物要铺设100mm厚的软土或细沙。

（3）直埋电缆同沟时，相互距离应符合设计要求，平行距离不小于100mm，交叉距离不小于500mm。

（4）直埋电缆的中间接头外面应有防止机械损伤的保护盒（环氧树脂接头盒除外），盒下面应垫以混凝土基础板，长度要伸出接头保护盒两端600～700mm，进入建筑物前留有足够的电缆余量。

（5）直埋电缆自电缆沟引进隧道、工作井和建筑物时，要穿在管中，并将管口堵塞。

（6）电缆沟与其他设施的相互距离应符合表2H313022-3的规定。

电缆沟与其他设施的相互距离（单位：m）　　　表2H313022-3

设施种类	最小净距	
	平行	垂直
非热力、排水和可燃管道或管沟	0.5	0.5
建筑物基础边线	0.6	—
杆基础	1.0	—
排水沟、燃油及燃气管道或管沟	1.0	0.5
城市街道道面边	1.0	0.7
公路边	1.5	1.0
热力管道或管沟、设备	2.0	0.5
铁路	3.0	1.0

3. 电缆标桩埋设要求

直埋电缆在直线段每隔50～100m处、电缆接头处、转弯处、进入建筑物等处应设置明显的方位标志或标桩。

（四）电缆桥架、沟、夹层或隧道内电缆敷设的要求

1. 高压与低压电力电缆、强电与弱电控制电缆应按顺序分层配置，一般情况宜由上而下配置；电力电缆和控制电缆不宜配置在同一层支架上；交流三芯电力电缆，在普通支吊架上不宜超过 1 层，桥架上不宜超过 2 层。

2. 交流单芯电力电缆，应布置在同侧支架上。

3. 并列敷设的电缆，其相互间的净距应符合设计要求。

4. 电缆沟电缆与热力管道、热力设备之间的净距，平行敷设时不应小于 1m，交叉时不应小于 0.5m；当受条件限制时，应采取隔热保护措施。电缆敷设完毕后，应及时清除杂物，盖好盖板。当盖板上方需回填土时，宜将盖板缝隙密封。

（五）电缆（本体）敷设的要求

1. 施工技术准备

（1）电缆型号、规格应符合设计要求。电缆外观应无损伤、绝缘良好。

（2）电缆的放线架放置应稳妥，钢轴的强度和长度应与电缆盘重量和宽度相匹配。

（3）敷设前应按设计和实际路径计算每根电缆的长度，合理安排每盘电缆，减少电缆接头。

（4）电缆封端应严密，并根据要求做电气试验。6kV 以上的橡塑电缆，应做交流耐压试验或直流耐压试验及泄漏电流测试；1kV 及以下的橡塑电缆用 2500V 兆欧表测试绝缘电阻代替耐压试验，电缆绝缘电阻在试验前后无明显变化，并做好记录。

（5）机械牵引电缆前，应按电缆线路实际路径、电缆最小弯曲半径、电缆最大牵引强度、限速等因素配置适宜的牵引机和滑动及导向装置，并调试好运行状态（同沟、同槽敷设的电缆，按最大直径、最大弯曲半径设置滑轮或滑轮组）。

2. 电缆施放要求

（1）电缆应从电缆盘上端拉出施放。

（2）人工施放时必须每隔 1.5～2m 放置滑轮一个，电缆从电缆盘上端拉出后放在滑轮上，再用绳子扣住向前拖拉，不得把电缆放在地上拖拉。

（3）用机械牵引敷设电缆时，应缓慢前进，一般速度不超过 15m/min，牵引头必须加装钢丝套。长度在 300m 以内的大截面电缆，可直接绑住电缆芯牵引。用机械牵引敷设电缆时的最大牵引强度应符合表 2H313022-4 的规定。

最大牵引强度（单位：N/mm²）　　　　表 2H313022-4

牵引方式	牵引头		钢丝网套		
受力部位	铜芯	铝芯	铅套	铝套	塑料护套
允许牵引强度	70	40	10	40	7

（4）电缆敷设时的最小允许弯曲半径，是电缆转弯敷设的关键数据，也是电缆沟支架布置、导向滑轮布置、桥架弯头部件制作和电缆保护管煨弯制作的决定性因素。氧化镁绝缘、刚性矿物绝缘电缆的弯曲半径随电缆外径变化，其他种类电缆的弯曲半径随电缆形式的不同发生变化。目前，除刚性护套氧化镁矿物绝缘电缆、铝合金导体电力电缆和非铠装控制电缆、屏蔽软型控制电缆的最小弯曲半径为 $2D$～$7D$ 外，其他电缆的最小弯曲半径为

10D 以上。最小允许弯曲半径应符合表 2H313022-5 的规定。

最小允许弯曲半径（电缆外径 D 单位为 mm）　　表 2H313022-5

电缆种类	电缆形式	多芯	单芯
塑料绝缘电缆	无铠装	15D	20D
	有铠装	12D	15D
橡皮绝缘电缆	无铅包、钢铠护套	10D	
	铅包护套	15D	
	钢铠护套	20D	
铠装、铜屏蔽型控制电缆		10D	—
柔性、铝护套隔离型矿物绝缘电缆		15D	

3. 标志牌的装设

（1）应在下列位置挂电缆标志牌：

1）电缆终端头处、接头处、分支处；电缆隧道转弯处、直线段每隔 50～100m 处。

2）电缆竖井及隧道的两端；电缆夹层内、井内。

（2）标志牌上应注明线路编号；当无编号时，应写明电缆型号、规格及起讫地点；并联使用的电缆应有顺序号。

4. 电缆的固定

（1）垂直敷设或超过 30° 倾角敷设的电缆，应在每个支架上固定。

（2）水平敷设的电缆，在电缆首末两端及转弯、电缆接头的两端处固定；当对电缆间距有要求时，每隔 5～10m 处固定。

（3）电缆在支架上采取刚性固定、挠性固定，刚性材料有夹具、卡子，挠性材料有夹具、绑带、捆绳等。蛇形敷设的电缆应采用挠性固定；单芯电缆按紧贴的正三角形排列时，应每隔 1m 用绑带扎牢。

（六）电缆终端头和电缆接头制作的一般要求

1. 电缆绝缘状况良好，无受潮，电气性能试验符合标准。

2. 附件规格应与电缆一致，零部件应齐全无损伤，绝缘材料不得受潮，密封材料不得失效。

3. 室外制作时应在气候良好的条件下进行，并应有防止尘土和污物的措施。

4. 电缆终端头和电缆接头制作必须连续进行，应绝缘良好、密封防潮、有机械保护等措施。

5. 电缆头的外壳与该处的电缆金属护套及铠装层均应良好接地，接地线应采用铜绞线或铜编织线。

6. 三芯电力电缆终端处的金属护层必须接地良好，电缆的屏蔽层和铠装层应锡焊接地线。电缆通过零序电流互感器时，接地点在互感器以下时，接地线应直接接地；接地点在互感器以上时，接地线应穿过互感器接地。

（七）电缆的防火和阻燃措施

1. 控制电缆和重要的电力电缆应采用防火或阻燃电缆，以保证在火灾紧急情况下，主设备能安全运转一段时间。

2. 电缆进入电缆沟、电缆隧道、电缆夹层、柜和箱的孔洞要进行防火封堵，防止电缆着火而引燃其他电缆及设备。

3. 电缆隧道内每 60~100m 要设一道防火墙和防火门。重要的电缆通道应安装自动报警和自动灭火装置。

4. 电力电缆与控制电缆之间应设防火隔板。防火封堵层要有足够的机械强度，保证防火封堵层的严密性和厚度。

（八）电力电缆敷设线路施工要求

1. 电缆敷设顺序要求

（1）应从电缆布置集中点（配电室、控制室）向电缆布置分散点（车间、设备）敷设。

（2）到同一终点的电缆最好是一次敷设。

（3）先敷设线路长、截面大的电缆，后敷设线路短、截面小的电缆；先敷设电力、动力电缆，后敷设控制、通信电缆。

2. 电缆断口防护要求

（1）电缆应在切断后 4h 之内进行封头。

（2）塑料绝缘电力电缆应有防潮的封端。

（3）油浸纸质绝缘电力电缆必须铅封；充油电缆切断处必须高于邻近两侧电缆。

3. 电缆中间接头要求

（1）并列敷设电缆，有中间接头时宜将接头位置错开。

（2）明敷电缆的中间接头应用托板托置固定。

（3）电力电缆在终端与接头附近宜留有备用长度。

（4）架空敷设的电缆不宜设置中间接头；电缆敷设在水底、导管内、路口、门口、通道狭窄处和与其他管线交叉处不应有接头。

4. 电缆敷设时的电缆转弯处应设专人保护，保证电缆的弯曲半径符合规定和避免电缆绝缘损伤。电缆在敷设拖动中，不宜与刚性、尖锐物体直接摩擦。

5. 三相四线制的系统中应采用四芯电力电缆，不应采用三芯电缆另加一根单芯电缆或导线，电缆金属护套可作 PE 线、不能作中性线。五芯低压电力电缆，不应采用四芯电缆另加一根单芯电缆或导线。

6. 并联使用的电力电缆其长度、型号、规格应相同。

三、母线和封闭母线安装

室内的变配电设备连接、配电干线都可能采用母线，所以母线安装，也是电气输配电施工中的基本内容。

（一）母线安装的要求

1. 母线安装的条件

（1）建筑屋顶、楼板已施工完毕，且不得渗漏水，室内地面施工完毕。

（2）基础、构架符合电气设计的要求，且达到允许安装的强度。

（3）母线安装所需的预留孔、预埋件符合电气设计的要求。

2. 母线安装前检查

（1）检查母线的型号、规格是否与设计图纸一致，检查出厂试验报告和合格证。

（2）检查母线材质的表面应光洁平整，不应有裂缝、折皱、变形及扭曲。

3. 母线制作

（1）母线平正。对母线进行矫正、平直。例如，将母线平放在平整的槽钢上，用木槌捶打以使其平直。

（2）母线切断。根据设计图纸的要求与现场具体安装路径将母线进行锯截，其切断面必须平整。

（3）母线弯曲。根据安装需要将母线进行弯曲。矩形母线的弯曲应进行冷弯，不得进行热弯。母线弯曲有立弯、平弯及扭弯三种。矩形母线应减少直角弯曲，弯曲处不得有裂缝及显著的折皱。多片母线组成时，使其弯曲程度应一致，以便整齐美观。

（4）母线钻孔。母线连接处进行钻孔，孔的位置及孔径的大小和数量都必须符合规范规定。螺孔间中心距离的误差，允许为 ±0.5mm，螺孔的直径不应大于螺栓直径 1mm。

（5）母线锉磨与加工。母线连接处进行锉磨与加工，使接触面平整，去除氧化膜。加工后母线的截面积的减少值规定为：铜母线不可超过原截面的 3%，铝母线不可超过原截面的 5%。

4. 母线连接固定

（1）母线在加工后并保持清洁的接触面上涂以电力复合脂。

（2）母线连接时，必须采用规定的螺栓规格。当母线平置时，螺栓应由下向上穿，在其余情况下，螺母应置于维护侧。

（3）螺栓连接的母线两外侧均应有平垫圈，相邻螺栓垫圈间应有 3mm 以上的净距，螺母侧应装有弹簧垫圈或锁紧螺母。

（4）母线的螺栓连接必须采用力矩扳手紧固，紧固力矩值达到表 2H313022-6 所列数值。

钢制螺栓的紧固力矩值　　　　　　　　表 2H313022-6

螺栓规格	力矩值（N・m）	螺栓规格	力矩值（N・m）
M8	8.8～10.8	M16	78.5～98.1
M10	17.7～22.6	M18	98.0～127.4
M12	31.4～39.2	M20	156.9～196.2
M14	51.0～60.8	M24	274.6～343.2

（5）母线采用焊接连接时，母线应在找正及固定后，方可进行母线导体的焊接。

（6）母线与设备连接前，应进行母线绝缘电阻的测试，并进行耐压试验。

（7）金属母线超过 20m 长的直线段、不同基础连接段及设备连接处等部位，应设置热胀冷缩或基础沉降的补偿装置，其导体采用编织铜线或薄铜叠片伸缩节或其他连接方式。

（8）母线在支柱绝缘子上的固定方法有：螺栓固定、夹板固定和卡板固定。

（9）母线与设备端子间的搭接面应接触良好。设备铜接线端子与铝母线连接应通过铜铝过渡段。

（10）母线搭接面处理的要求：

1）铜与铜的连接，在室外、高温且潮湿或对母线有腐蚀性气体的室内必须搪锡，在干燥的室内可直接连接。

2）铝与铝直接连接。

3）铜与铝在干燥的室内，铜端应搪锡；室外或空气相对湿度接近 100% 的室内应采用铜铝过渡板，铜端应搪锡。

5. 母线的相序排列

（1）上下布置时，交流母线应由上到下排列为 A、B、C 相，直流母线应正极在上、负极在下。

（2）水平布置时，交流母线应由盘后向盘面排列为 A、B、C 相。直流母线应由盘后向盘面排列为正极、负极。

（3）由盘后向盘面看，交流母线的引下线应从左至右排列为 A、B、C 相。直流母线应正极在左、负极在右。

6. 支持绝缘子与穿墙套管要求

（1）安装前应检查支持绝缘子与穿墙套管，表面应光洁、无裂纹、胶合处填料完整，结合应牢固，试验合格。

（2）安装在同一平面或垂直面上的支持绝缘子或穿墙套管，其中心线位置应在同一直线上。

（3）支持绝缘子和穿墙套管安装时，其底座或法兰盘不得埋入混凝土或抹灰层内。

7. 母线的相色规定

（1）三相交流母线的相色：A 相为黄色，B 相为绿色，C 相为红色。

（2）直流母线，正极应为棕色，负极应为蓝色。

（3）三相电路的零线或中性线及直流电路的接地中线均应为淡蓝色。

（4）金属封闭母线，母线外表面及外壳内表面应为无光泽黑色，外壳外表面应为浅色。

（二）封闭母线安装的要求

封闭母线按输配电线路分为高压、低压母线，按作用分为动力、照明母线；一般情况下，离相封闭母线和封闭共箱母线用于高压配电线路，密集型母线槽（三相四母线或五母线）用于低压配电线路。

1. 安装前要求

（1）开箱清点，外观检查无损伤、变形；母线搭接面或静触头应平整、镀层（镀银或镀锌）干净完整；端头封罩、螺栓、插接单元等部件齐全、分类清晰、标识明确。

（2）CCC 认证及其型式试验报告中的导体规格、温升值、额定电流、防护等级和外壳保护接地等技术说明应符合设计要求；耐火类型母线槽还需国家认可检验机构出具的型式试验报告，除上述技术参数外，耐火时间也应符合设计要求。

（3）封闭母线进场、安装前应做电气试验，绝缘电阻测试不小于 20MΩ；高压封闭母线必须做交流耐压试验，测试结果符合封闭母线产品技术说明书要求。

（4）电气设备安装后，检查并核对封闭母线敷设路径及其连接设备、支吊架、孔洞等的位置；封闭母线订制前，应绘制详细的施工草图或深化设计图。高压封闭母线应随高压设备厂家配套供应，可避免母线现场切割加工，优化现场安装工序，提高工效。

2. 安装与调整

（1）支吊架制作安装

1）固定架、吊架、支架的垂直和水平螺栓孔位移可微调，应满足封闭母线静态质量和运行稳固的载重要求；支吊架锚固螺栓采用金属胀管固定在结构承重墙上或顶板上。

2）封闭母线直线段，室内支吊架间距不大于 2m，垂直安装时每 4m 设置弹簧支架。

3）支吊架应防腐，位于室外及潮湿、污染环境时的防腐应符合设计要求。

（2）吊装与调整

1）封闭母线吊装宜使用足够强度的软索绑扎起吊或机械举升。

2）封闭母线水平度和垂直度偏差不宜大于 0.15%；动力母线全长最大偏差不宜大于 20mm；照明母线全长水平最大偏差不应大于 5mm，全长垂直最大偏差不应大于 10mm。

3. 连接

（1）封闭母线间连接，可采用搭接或插接器；应按产品技术说明书要求的位置，使用木榔头或橡胶榔头轻击就位，螺栓紧固力矩符合产品技术说明书的要求。

（2）封闭母线在通过建筑变形缝（亦称结构缝，是伸缩缝、沉降缝、防震缝的总称，不同于施工缝、分格缝、后浇带）时，应设置伸缩节；直线段超过 80m 时，应在 50～60m 处设置伸缩节。

（3）封闭母线与设备连接，可采用搭接或伸缩节连接。

（4）封闭母线需经电气试验合格后，再与设备端子连接；低压母线绝缘电阻测试不得低于 0.5MΩ；高压母线绝缘电阻测试不得低于 20MΩ，交流耐压试验按交接试验标准的支柱绝缘子执行。

（5）垂直安装距地 1.8m 以下应采取保护措施（但电气竖井、配电室、电机室、技术夹层等除外）。

4. 接地

（1）封闭母线金属外壳之间和支撑构架采用短路板或接地螺栓跨接应按照产品技术说明书进行可靠连接。

（2）封闭母线槽全长保护接地不少于 2 处，分支段母线槽的末端需保护接地，与接地干线连接采用焊接。

（3）封闭母线可靠接地前，不得进行交接试验和通电试运行。

2H313030　管道工程施工技术

2H313031　管道工程的施工程序和要求

一、工业管道的分类

（一）按材料性质分类

工业管道可分为金属管道和非金属管道。

1. 金属管道

工业金属管道按材质分类，可分为碳素钢管道、低合金钢管道、合金钢管道、铝及铝合金管道、铜及铜合金管道、钛及钛合金管道、镍及镍合金管道、锆及锆合金管道。

2. 非金属管道

工业非金属管道按材质分类，可分为无机非金属材料管道和有机非金属材料管道。其中，无机非金属材料管道包括混凝土管、石棉水泥管、陶瓷管等；有机非金属材料管道包括塑料管、玻璃钢管、橡胶管等。

（二）按设计压力分类

工业管道输送介质的压力范围很广，以设计压力为主要参数进行分类，可分为真空管道、低压管道、中压管道、高压管道和超高压管道，详见表2H313031-1。

工业管道按设计压力分类　　　　　　　　　　表 2H313031-1

类别名称	设计压力 P（MPa）	类别名称	设计压力 P（MPa）
真空管道	$P < 0$	高压管道	$10 < P \leqslant 100$
低压管道	$0 \leqslant P \leqslant 1.6$	超高压管道	$P > 100$
中压管道	$1.6 < P \leqslant 10$		

（三）按输送介质温度分类

工业管道输送介质的温度差异很大，按输送介质温度可分为低温管道、常温管道、中温和高温管道，详见表2H313031-2。

工业管道按介质温度分类　　　　　　　　　　表 2H313031-2

类别名称	介质工作温度 t（℃）	类别名称	介质工作温度 t（℃）
低温管道	$t \leqslant -40$	中温管道	$120 < t \leqslant 450$
常温管道	$-40 < t \leqslant 120$	高温管道	$t > 450$

（四）按管道输送介质的性质分类

工业管道按管道输送介质的性质可分为：给水排水管道、压缩空气管道、氢气管道、氧气管道、乙炔管道、热力管道、燃气管道、燃油管道、剧毒流体管道、有毒流体管道、酸碱管道、锅炉管道、制冷管道、净化纯气管道、纯水管道等。

（五）按政府监管分类

1. 压力管道

列入《特种设备目录》的压力管道生产（包括设计、制造、安装、改造、修理）实行许可制度。详见本书2H331031内容。

2. 非压力管道

未列入《特种设备目录》和其他特殊要求的管道。例如：消防水管道、生产循环水管道、雨水管道、排污管道等。

（六）按施工顺序分类

施工组织设计原则要求，管道施工按照先地下后地上、先低后高、先大径后小径等策划施工顺序。可分为全厂地下管网、公共管廊、装置区管道等。

二、工业管道的组成

工业管道由管道组成件和管道支承件组成。

（一）管道组成件

管道组成件是用于连接或装配管道的元件。包括管子、管件、法兰、密封件、紧固件、阀门、安全附件以及膨胀节、挠性接头、耐压软管、疏水器、过滤器、管路中的节流装置、仪表和分离器等。

（二）管道支承件

将管道的自重、输送流体的重量、由于操作压力和温差所造成的荷载以及振动、风力、地震、雪载、冲击和位移应变引起的荷载等传递到管架结构上去的管道元件。包括吊杆、弹簧支吊架、恒力支吊架、斜拉杆、平衡锤、松紧螺栓、支撑杆、链条、导轨、锚固件、鞍座、垫板、滚柱、托座、滑动支架、管吊、吊耳、卡环、管夹、U 形夹和夹板等。管道支承件分为固定件和结构附件两类。

三、工业管道工程的施工程序

施工准备→配合土建预留、预埋、测量→管道、支架预制→附件、法兰加工、检验→管段预制→管道安装→管道系统检验→管道系统试验→防腐绝热→系统清洗→资料汇总、绘制竣工图→竣工验收。

四、工业管道施工的技术要求

（一）管道施工前应具备的条件

1. 施工图纸和相关技术文件应齐全，并已按规定程序进行设计交底和图纸会审。

2. 施工组织设计或施工方案已经批准，已有适宜齐全的焊接工艺评定报告，编制批准了焊接作业指导书，并已进行技术和安全交底。

3. 施工人员已按有关规定考核合格。

4. 已办理工程开工文件。

5. 用于管道施工的机械、工器具应安全可靠；计量器具应检定合格并在有效期内。

6. 针对可能发生的生产安全事故，编制批准了应急处置方案。

7. 压力管道施工前，应向工程所在地的市场监督管理部门办理书面告知，并应接受监督单位及检验机构的监督检验。

（二）管道元件和材料的检验

1. 管道元件和材料应具有制造厂的产品质量证明文件，并符合现行国家标准和设计文件的规定。

2. 管道元件和材料使用前应核对其材质、规格、型号、数量和标识，进行外观质量和几何尺寸的检查验收，标识应清晰完整，能够追溯到产品的质量证明文件。

3. 当对管道元件或材料的性能数据或检验结果有异议时，在异议未解决之前，该批管道元件或材料不得使用。

4. 管道组成件的产品质量证明文件包括产品合格证和质量证明书。质量证明文件应盖有制造单位质量检验章。实行监督检验的管道元件，还应提供特种设备检验检测机构出具的监督检验证书。

（1）产品合格证包括：产品名称、编号、规格型号、执行标准等。

（2）质量证明书包括：材料化学成分、材料以及焊接接头力学性能、热处理状态、无损检测结果、耐压试验结果、型式试验结果、产品标准或合同规定的其他检验项目、外协半成品或成品的质量证明等。

5. 铬钼合金钢、含镍合金钢、镍及镍合金、不锈钢、钛及钛合金材料的管道组成件，应采用光谱分析或其他方法对材质进行复查，并做好标识。材质为不锈钢、有色金属的管道元件和材料，在运输和储存期间不得与碳素钢、低合金钢直接接触。

6. 设计文件规定进行低温冲击韧性试验的管道元件或材料，进行晶间腐蚀试验的不锈钢、镍及镍合金的管道元件和材料，供货方应提供低温冲击韧性、晶间腐蚀性试验结果的文件，且试验结果不得低于设计文件的规定。

7. 阀门检验应符合下列规定：

（1）阀门安装前应进行外观质量检查，阀体应完好，开启机构应灵活，阀杆应无歪斜、变形、卡涩现象，标牌应齐全。

（2）阀门应进行壳体压力试验和密封试验，壳体压力试验和密封试验应以洁净水为介质。不锈钢阀门试验时，水中的氯离子含量不得超过 25ppm。

（3）阀门的壳体试验压力应为阀门在 20℃时最大允许工作压力的 1.5 倍，密封试验压力应为阀门在 20℃时最大允许工作压力的 1.1 倍，试验持续时间不得少于 5min。无特殊规定时，试验介质温度应为 5～40℃，当低于 5℃时，应采取升温措施。

（4）安全阀的校验，应按《安全阀安全技术监察规程》TSG ZF001—2006 和设计文件的规定进行整定压力调整和密封试验。

1）整定压力调整是指安全阀在运行条件下开始开启的预定压力，是在阀门进口处测量的表压力。整定压力调整方法为缓慢升高安全阀的进口压力，升压到整定压力的 90% 后，升压速度不高于 0.01MPa/s。当测到阀瓣有开启或者见到、听到试验介质的连续排出时，则进口压力被视为安全阀的整定压力。

2）密封试验是指在整定压力调整合格后，在进行试验的进口压力下，测量通过阀瓣与阀座密封面间的泄漏率。

3）安全阀校验应做好记录、铅封，出具校验报告。

（三）管道加工

1. 卷管制作技术要求

（1）卷管同一筒节两纵焊缝间距不应小于 200mm。

（2）卷管组对时，相邻筒节两纵焊缝间距应大于 100mm。

（3）有加固环、板的卷管，加固环、板的对接焊缝应与管子纵向焊缝错开，其间距不应小于 100mm，加固环、板距卷管的环焊缝不应小于 50mm。

（4）卷管对接环焊缝和纵焊缝的错边量应符合《现场设备、工业管道焊接工程施工规范》GB 50236—2011 的规定。

（5）卷管的周长及圆度允许偏差应符合表 2H313031-3 的规定：

卷管的周长及圆度允许偏差 表 2H313031-3

公称尺寸（mm）	周长允许偏差（mm）	圆度允许偏差（mm）
≤ 800	±5	外径的 1%，且不应大于 4
800～1200	±7	4
1200～1600	±9	6
1600～2400	±11	8
2400～3000	±13	9
＞ 3000	±15	10

（6）卷管校圆样板的弧长应为管子周长的1/6～1/4；样板与管内壁的不贴合间隙应符合下列规定：

1）对接纵缝处不得大于壁厚的10%加2mm，且不得大于3mm；

2）离管端200mm的对接纵缝处不得大于2mm；

3）其他部位不得大于1mm。

（7）卷管端面与中心线的垂直允许偏差不得大于管子外径的1%，且不得大于3mm，每米直管的平直度偏差不得大于1mm。

（8）在卷管制作过程中，应防止板材表面损伤。对有严重伤痕的部位应进行补焊修磨，修磨处的壁厚不得小于设计壁厚。

2. 弯管制作技术要求

（1）弯管弯曲半径无设计文件规定时，高压钢管的弯曲半径宜大于管子外径的5倍，其他管子的弯曲半径宜大于管子外径的3.5倍。

（2）弯管制作质量应符合下列规定：

1）不得有裂纹、过烧、分层等缺陷。

2）弯管内侧褶皱高度不大于管子外径的3%，波浪间距不小于褶皱高度的12倍。

3）承受内压的弯管，其圆度偏差不大于8%；承受外压的弯管，其圆度偏差不大于3%。

4）弯管制作后的最小厚度不得小于直管的设计壁厚。

3. 斜接弯头制作技术要求

（1）斜接弯头的组成形式应符合图2H313031的规定。公称尺寸大于400mm的斜接弯头可增加中节数量，其内侧的最小宽度不得小于50mm。

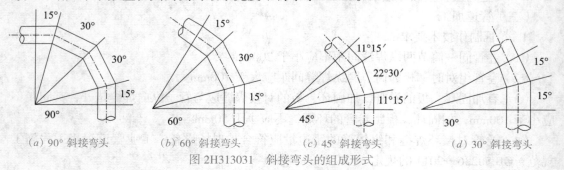

（a）90°斜接弯头　（b）60°斜接弯头　（c）45°斜接弯头　（d）30°斜接弯头

图2H313031　斜接弯头的组成形式

（2）斜接弯头的焊接接头应采用全焊透焊缝。当公称尺寸大于或等于600mm时，宜在管内进行封底焊。

（3）斜接弯头的周长允许偏差应符合下列规定：

1）当公称尺寸大于1000mm时，允许偏差为±6mm；

2）当公称尺寸小于或等于1000mm时，允许偏差为±4mm。

（四）管道安装

1. 管道安装前应具备的条件

（1）与管道有关的土建工程已检验合格，满足安装要求，并已办理交接手续；

（2）与管道连接的设备已找正合格，固定完毕；

（3）管道组成件和支承件等已检验合格；

（4）管子、管件、阀门等内部已清理干净，有特殊要求的管道内部质量已符合设计文件的规定；

（5）管道安装前应进行的脱脂、内部防腐或衬里等有关工序已完毕。

2. 管道穿越道路、墙体、楼板或构筑物时，应加设套管或砌筑涵洞进行保护，并符合下列规定：

（1）管道焊缝不应设置在套管内；

（2）穿过墙体的套管长度不得小于墙体厚度；

（3）穿过楼板的套管应高出楼面50mm；

（4）穿过屋面的管道应设置防水肩和防雨帽；

（5）管道与套管之间应填塞对管道无害的不燃材料。

3. 钢制管道安装

（1）管道对口时应在距接口中心200mm处测量平直度，管道公称尺寸小于100mm时，允许偏差为1mm；管道公称尺寸大于或等于100mm时，允许偏差为2mm，且全长允许偏差均为10mm。

（2）法兰连接应与钢制管道同心，螺栓应能自由穿入。法兰螺栓孔应跨中布置。法兰平面之间应保持平行，其偏差不得大于法兰外径的0.15%，且不得大于2mm。法兰接头的歪斜不得用强紧螺栓的方法消除。

（3）法兰连接应使用同一规格螺栓，安装方向应一致。螺栓应对称紧固。螺栓紧固后应与法兰紧贴，不得有楔缝。当需要添加垫圈时，每个螺栓不应超过一个。所有螺母应全部拧入螺栓，且紧固后的螺栓与螺母宜齐平。

（4）当大直径密封垫片需要拼接时，应采用斜口搭接或迷宫式拼接，不得采用平口对接。

4. 连接设备的管道安装

（1）管道与设备的连接应在设备安装定位并紧固地脚螺栓后进行，管道与动设备（如空压机、制氧机、汽轮机等）连接时，不得采用强力对口，使动设备承受附加外力。

（2）管道与动设备连接前，应在自由状态下检验法兰的平行度和同心度，允许偏差应符合规定。

（3）管道系统与动设备最终连接时，应在联轴器上架设百分表监视动设备的位移。当动设备额定转速大于6000r/min时，其位移值应小于0.02mm；当额定转速小于或等于6000r/min时，其位移值应小于0.05mm。

（4）大型储罐的管道与泵或其他有独立基础的设备连接，或储罐底部管道沿地面敷设在支架上时，应在储罐液压（充水）试验合格后安装，或在液压（充水）试验及基础初阶段沉降后，再进行储罐接口处法兰的连接；或者采用加装金属软管的方法来消除不同设备间不均匀沉降给管道造成的压力。

（5）管道安装合格后，不得承受设计以外的附加荷载。

（6）管道试压、吹扫与清洗合格后，应对该管道与动设备的接口进行复位检查。

5. 伴热管安装

（1）伴热管应与主管平行安装，并应能自行排液。当一根主管需多根伴热管伴热时，伴热管之间的相对位置应固定。

（2）水平伴热管宜安装在主管的下方一侧或两侧，或靠近支架的侧面。铅垂伴热管应均匀分布在主管周围。

（3）伴热管不得直接点焊在主管上。弯头部位的伴热管绑扎带不得少于3道，直管段伴热管绑扎点间距应符合规定。对不允许与主管直接接触的伴热管，伴热管与主管之间应设置隔离垫。伴热管经过主管法兰、阀门时，应设置可拆卸的连接件。

6. 夹套管安装

（1）夹套管外管经剖切后安装时，纵向焊缝应设置于易检修的部位。

（2）夹套管的定位板安装宜均匀布置，且不影响环隙介质的流动和管道的热位移。

7. 防腐蚀衬里管道安装

（1）对有衬里的管道组成件，应保证一定的存放环境。例如，采用橡胶、塑料、纤维增强塑料、涂料等衬里的管道组成件，应存放在温度为5～40℃的室内，并应避免阳光和热源的辐射。

（2）衬里管道安装应采用软质或半硬质垫片，当需要调整安装长度误差时，宜采用更换同材质垫片厚度的方法进行。

（3）衬里管道安装时，不应进行施焊、加热、碰撞或敲打。

8. 阀门安装

（1）阀门安装前，应按设计文件核对其型号，并应按介质流向确定其安装方向。

（2）当阀门与管道以法兰或螺纹方式连接时，阀门应在关闭状态下安装。以焊接方式连接时，阀门应在开启状态下安装。对接焊缝底层宜采用氩弧焊，且应对阀门采取防变形措施。

（3）安全阀应垂直安装，安全阀的出口管道应接向安全地点，进出管道上设置截止阀时，安全阀应加铅封，且应锁定在全开启状态。

9. 支、吊架安装

（1）支、吊架安装位置应准确，安装应平整牢固，与管子接触应紧密。管道安装时，应及时固定和调整支、吊架。

（2）无热位移的管道，其吊杆应垂直安装。有热位移的管道，其吊杆应偏置安装，吊点应设在位移的相反方向，并按位移值的1/2偏位安装。两根有热位移的管道不得使用同一吊杆。

（3）固定支架应按设计文件的规定安装，并应在补偿装置预拉伸或预压缩之前固定。没有补偿装置的冷、热管道直管段上，不得同时安置2个及2个以上的固定支架。

（4）导向支架或滑动支架的滑动面应洁净平整，不得有歪斜和卡涩现象。有热位移的管道，支架安装位置应从支承面中心向位移反方向偏移，偏移量应为位移值的1/2，绝热层不得妨碍其位移。

（5）弹簧支、吊架的弹簧高度，应按设计文件规定安装，弹簧应调整至冷态值，并做记录。弹簧的临时固定件，如定位销（块），应待系统安装、试压、绝热完毕后方可拆除。

（6）有热位移的管道，在热负荷运行时，应及时对支、吊架进行检查与调整。

10. 管道静电接地安装

（1）有静电接地要求的管道，当每对法兰或其他接头间电阻值超过 0.03Ω 时，应设导线跨接。

（2）管道系统的接地电阻值、接地位置及连接方式按设计文件的规定，静电接地引线宜采用焊接形式。

（3）有静电接地要求的不锈钢和有色金属管道，导线跨接或接地引线不得与管道直接连接，应采用同材质连接板过渡。

（4）静电接地安装完毕后，必须进行测试，电阻值超过规定时，应进行检查与调整。

2H313032　管道系统试验和吹洗要求

一、管道系统试验

根据管道系统不同的使用要求，主要有压力试验、泄漏性试验、真空度试验。

（一）压力试验

1. 压力试验的规定

压力试验是以液体或气体为介质，对管道逐步加压，达到规定的压力，以检验管道强度和严密性的试验，应符合下列规定：

（1）管道安装完毕，热处理和无损检测合格后，进行压力试验。

（2）压力试验应以液体为试验介质，当管道的设计压力小于或等于 0.6MPa 时，可采用气体为试验介质，但应采取有效的安全措施。

（3）脆性材料严禁使用气体进行试验，压力试验温度严禁接近金属材料的脆性转变温度。

（4）进行压力试验时，划定禁区，无关人员不得进入。

（5）试验过程发现泄漏时，不得带压处理。消除缺陷后应重新进行试验。

（6）试验结束后及时拆除盲板、膨胀节临时约束装置。

（7）压力试验完毕，不得在管道上进行修补或增添物件。当在管道上进行修补或增添物件时，应重新进行压力试验。经设计或建设单位同意，对采取了预防措施并能保证结构完好的小修和增添物件，可不重新进行压力试验。

（8）压力试验合格后，应填写管道系统压力试验记录。

2. 压力试验前应具备的条件

（1）试验范围内的管道安装工程除防腐、绝热外，已按设计图纸全部完成，安装质量符合有关规定。

（2）焊缝及其他待检部位尚未防腐和绝热。

（3）管道上的膨胀节已设置临时约束装置。

（4）试验用压力表已校验，并在有效期内，其精度不得低于 1.6 级，表的满刻度值应为被测最大压力的 1.5～2 倍，压力表不得少于 2 块。

（5）符合压力试验要求的液体或气体已备齐。

（6）管道已按试验的要求进行了加固。

（7）待试管道与无关系统已用盲板或其他措施隔离。

（8）待试管道上的安全阀、爆破片及仪表元件等已拆下或已隔离。

（9）试验方案已批准，并已进行技术安全交底。

（10）在压力试验前，相关资料已经建设单位和有关部门复查。例如，管道元件的质量证明文件、管道组成件的检验或试验记录、管道加工和安装记录、焊接检查记录、检验报告和热处理记录、管道轴测图、设计变更及材料代用文件。

3. 压力试验替代的规定

（1）对非压力管道，经设计和建设单位同意，可在试车时用管道输送的流体进行压力试验。输送的流体是气体或蒸汽时，压力试验前按照气体试验的规定进行预试验。

（2）当管道的设计压力大于 0.6MPa 时，设计和建设单位认为液压试验不切实际时，可按规定的气压试验代替液压试验。

（3）用气压试验代替液压试验时，应经过设计和建设单位同意并符合规定。

（4）现场条件不允许进行液压和气压试验时，经过设计和建设单位同意，可同时采用下列方法代替压力试验：

1）所有环向、纵向对接焊缝和螺旋缝焊缝应进行 100% 射线检测或 100% 超声检测。

2）除环向、纵向对接焊缝和螺旋缝焊缝以外的所有焊缝（包括管道支承件与管道组成件连接的焊缝）应进行 100% 渗透检测或 100% 磁粉检测。

3）由设计单位进行管道系统的柔性分析。

4）管道系统采用敏感气体或浸入液体的方法进行泄漏试验，试验要求应在设计文件中明确规定。

4. 液压试验实施要点

（1）液压试验应使用洁净水，对不锈钢、镍及镍合金钢管道，或对连有不锈钢、镍及镍合金钢管道或设备的管道，水中氯离子含量不得超过 25ppm。

（2）试验前，注入液体时应排尽空气。

（3）试验时环境温度不宜低于 5℃，并且高于相应金属材料的脆性转变温度，当环境温度低于 5℃时应采取防冻措施。

（4）承受内压的地上钢管道及有色金属管道试验压力应为设计压力的 1.5 倍。承受外压的管道，其试验压力应当为设计内、外压差的 1.5 倍，并且不得低于 0.2MPa。埋地钢管道的试验压力应为设计压力的 1.5 倍，并不得低于 0.4MPa。

（5）当管道与设备作为一个系统进行试验，管道的试验压力等于或小于设备的试验压力时，应按管道的试验压力进行试验；管道试验压力大于设备的试验压力，并无法将管道与设备隔开，以及设备的试验压力大于按《工业金属管道工程施工规范》GB 50235—2010 计算的管道试验压力的 77% 时，经设计或建设单位同意，可按设备的试验压力进行试验。

（6）试验应缓慢升压，待达到试验压力后，稳压 10min，再将试验压力降至设计压力，稳压 30min，检查压力表有无压降、管道所有部位有无渗漏，以压力不降、无渗漏为合格。

5. 气压试验实施要点

气压试验是根据管道输送介质的要求，选用气体作为介质进行的压力试验。实施要点如下：

（1）承受内压钢管及有色金属管试验压力应为设计压力的 1.15 倍，真空管道的试验压力应为 0.2MPa。

（2）试验介质应采用干燥洁净的空气、氮气或其他不易燃和无毒的气体。

（3）试验时应装有压力泄放装置，其设定压力不得高于试验压力的 1.1 倍。

（4）试验前，应用空气进行预试验，试验压力宜为 0.2MPa。

（5）试验时，应缓慢升压，当压力升至试验压力的 50% 时，如未发现异状或泄漏，继续按试验压力的 10% 逐级升压，每级稳压 3min，直至试验压力。应在试验压力下稳压 10min，再将压力降至设计压力，采用发泡剂检验无泄漏为合格。

（二）泄漏性试验

泄漏性试验是以气体为试验介质，在设计压力下，采用发泡剂、显色剂、气体分子感测仪或其他手段检查管道系统中泄漏点的试验，应符合下列规定：

1. 输送极度和高度危害介质以及可燃介质的管道，必须进行泄漏性试验。

2. 泄漏性试验应在压力试验合格后进行，试验介质宜采用空气。

3. 泄漏性试验压力为设计压力。

4. 泄漏性试验可结合试车一并进行。

5. 泄漏性试验应逐级缓慢升压，当达到试验压力，并且停压 10min 后，采用涂刷中性发泡剂等方法，巡回检查阀门填料函、法兰或螺纹连接处、放空阀、排气阀、排净阀等所有密封点应无泄漏。

（三）真空度试验

1. 真空系统在压力试验合格后，还应按设计文件规定进行 24h 的真空度试验。

2. 真空度试验按设计文件要求，对管道系统抽真空，达到设计规定的真空度后，关闭系统，24h 后系统增压率不应大于 5%。

二、管道吹扫与清洗

（一）一般规定

1. 管道系统压力试验合格后，应进行吹扫与清洗，并应编制吹扫与清洗方案。方案内容包括：吹扫与清洗程序、方法、介质、设备；吹扫与清洗介质的压力、流量、流速的操作控制方法；检查方法、合格标准；安全技术措施及其他注意事项。

2. 管道吹扫与清洗方法应根据对管道的使用要求、工作介质、系统回路、现场条件及管道内表面的脏污程度确定，并应符合下列规定：

（1）公称直径大于或等于 600mm 的液体或气体管道，宜采用人工清理；

（2）公称直径小于 600mm 的液体管道宜采用水冲洗；

（3）公称直径小于 600mm 的气体管道宜采用压缩空气吹扫；

（4）蒸汽管道应采用蒸汽吹扫；

（5）非热力管道不得采用蒸汽吹扫。

3. 管道吹扫与清洗前，应仔细检验管道支、吊架的牢固程度，对有异议的部位应进行加固，对不允许吹洗的设备及管道应进行隔离。

4. 管道吹扫与清洗前，应将管道系统内的仪表、孔板、喷嘴、滤网、节流阀、调节阀、电磁阀、安全阀、止回阀等管道组成件暂时拆除以模拟体或临时短管替代，对以焊接形式连接的上述阀门和仪表，应采取流经旁路或卸掉阀头及阀座加保护套等保护措施。

5. 吹扫与清洗的顺序应按主管、支管、疏排管依次进行。

6. 清洗排放的脏液不得污染环境，严禁随地排放。吹扫与清洗出的脏物，不得进入已吹扫与清洗合格的管道。管道吹扫与清洗合格并复位后，不得再进行影响管内清洁的其他作业。

7. 吹扫时应设置安全警戒区域，吹扫口处严禁站人。蒸汽吹扫时，管道上及其附近不得放置易燃物。

8. 管道吹扫与清洗合格后，应由施工单位会同建设单位或监理单位共同检查确认，并应填写管道系统吹扫与清洗检查记录及管道隐蔽工程（封闭）记录。

（二）水冲洗实施要点

1. 水冲洗应使用洁净水。冲洗不锈钢、镍及镍合金钢管道，水中氯离子含量不得超过 25ppm。

2. 水冲洗流速不得低于 1.5m/s，冲洗压力不得超过管道的设计压力。

3. 水冲洗排放管的截面积不应小于被冲洗管截面积的 60%，排水时不得形成负压。

4. 应连续进行冲洗，当设计无规定时，以排出口的水色和透明度与入口水目测一致为合格。管道水冲洗合格后，应及时将管内积水排净，并应及时吹干。

（三）空气吹扫实施要点

1. 宜利用生产装置的大型空压机或大型储气罐进行间断性吹扫。吹扫压力不得大于系统容器和管道的设计压力，吹扫流速不宜小于 20m/s。

2. 吹扫忌油管道时，气体中不得含油。吹扫过程中，当目测排气无烟尘时，应在排气口设置贴有白布或涂刷白色涂料的木制靶板检验，吹扫 5min 后靶板上无铁锈、尘土、水分及其他杂物为合格。

（四）蒸汽吹扫实施要点

1. 蒸汽管道吹扫前，管道系统的绝热工程应已完成。

2. 蒸汽管道应以大流量蒸汽进行吹扫，流速不小于 30m/s，吹扫前先行暖管、及时疏水，检查管道热位移。

3. 蒸汽吹扫应按加热→冷却→再加热的顺序循环进行，并采取每次吹扫一根，轮流吹扫的方法。

（五）油清洗实施要点

1. 润滑、密封、控制系统的油管道，应在机械设备及管道酸洗合格后，系统试运行前进行油冲洗。不锈钢油系统管道宜采用蒸汽吹净后进行油清洗。

2. 油清洗应采用循环的方式进行。每 8h 应在 40～70℃内反复升降油温 2～3 次，并及时更换或清洗滤芯。

3. 当设计文件或产品技术文件无规定时，管道油清洗后采用滤网检验。

4. 油清洗合格后的管道，采取封闭或充氮保护措施。

2H313040 动力和发电设备安装技术

2H313041 汽轮发电机设备的安装技术要求

一、汽轮发电机系统主要设备

汽轮机是以蒸汽为工质的将热能转化为机械能的旋转式原动机，其主要用来驱动发电机生产电能。汽轮发电机系统设备主要包括：汽轮机、发电机、励磁机、凝汽器、除氧器、加热器、给水泵、凝结水泵和真空泵等。

（一）汽轮机的分类和组成

1. 汽轮机的分类

（1）按工作原理划分为：冲动式汽轮机、反动式汽轮机和速度级汽轮机。

（2）按热力特性划分为：凝汽式汽轮机、背压式汽轮机、抽气式汽轮机、抽气背压式汽轮机和多压式汽轮机。

（3）按主蒸汽压力划分为：低压汽轮机、中压汽轮机、高压汽轮机、超高压汽轮机、亚临界压力汽轮机、超临界压力汽轮机和超超临界压力汽轮机。

（4）按结构形式划分为：单级汽轮机和多级汽轮机。

（5）按气流方向划分为：轴流式、辐流式和周流（回流）式汽轮机。

（6）按用途划分为：工业驱动用汽轮机和电站汽轮机。

1）工业驱动的汽轮机。主要用于驱动工业大型机械设备，如大型风机、水泵、压缩机等，多以小型汽轮机为主。

2）电站汽轮机。主要用来带动发电机发电，或既带动发电机发电又对外供热，又称为热电联产汽轮机，这类汽轮机特性有大功率、多级、高初参数等特点，多采用轴流式、凝汽式（或抽气式）机组。

2. 汽轮机的组成

（1）汽轮机主要由汽轮机本体设备、蒸汽系统设备、凝结水系统设备、给水系统设备和其他辅助设备组成。

（2）汽轮机本体主要由静止部分和转动部分组成。静止部分包括汽缸、喷嘴组、隔板、隔板套、汽封、轴承及紧固件等；转动部分包括动叶栅、叶轮、主轴、联轴器、盘车器、止推盘、机械危急保安器等。

（二）发电机类型和组成

1. 发电机的类型

（1）按原动机划分为：汽轮发电机、水轮发电机、柴油发电机、风力发电机和燃气轮发电机。

（2）按冷却方式划分为：外冷式发电机和内冷式发电机。

（3）按冷却介质划分为：气冷、气液冷和液冷。

（4）按结构形式划分为：旋转磁极式和旋转电枢式，电厂的发电机属于旋转磁极式。

2. 发电机的组成

汽轮发电机主要由定子和转子两部分组成。发电机定子主要由机座、定子铁芯、定子绕组、端盖等部分组成；发电机转子主要由转子锻件、励磁绕组、护环、中心环和风扇等组成。

二、汽轮机的安装技术要求

（一）汽轮机安装程序

汽轮机安装的主要程序由基础和设备的验收、汽轮机本体的安装和其他系统安装三部分组成。

1. 基础和设备的验收

（1）基础验收。应包括标高检查、各基础相对位置检查、沉降观测点的检查及基础预压记录。

（2）设备验收。出厂合格证明书、外观、规格型号以及数量等复检，对汽缸、隔板、转子、轴承、主汽阀，以及其他零部件进行检查。

2. 汽轮机本体的安装

包括汽轮机本体的汽缸、台板和轴承座的就位，汽缸的就位和找中，隔板的就位和找中，轴承找中，转子就位，联轴器找中心，滑销系统检查及安装，通流间隙调整，上下汽缸闭合安装，对汽缸几何尺寸、轴系中心、通流间隙、轴封间隙有影响的热力管道安装等。

3. 其他系统安装

包括本体附件安装、油系统冲洗、蒸汽管道吹扫、液压油系统冲洗等。

（二）工业小型汽轮机的安装技术要求

1. 安装一般程序

（1）工业小型汽轮机的安装包括整装和散装两种方式。

（2）对于整装到货的汽轮机由于汽轮机本体出厂前已组装并调试完毕，所以安装工作主要是进行汽轮机吊装、找正、找平及附属设备安装。整装汽轮机安装的施工重点及难点在于汽轮机与被驱动机械联轴器的对中找正及调整安装。

（3）对于散装到货的汽轮机安装时要进行汽轮机本体的安装。其设备安装一般程序：基础和设备的验收→底座安装→汽缸和轴承座安装→轴承和轴封安装→转子安装→导叶持环或隔板的安装→汽封及通流间隙的检查与调整→上、下汽缸闭合→联轴器安装→灌浆→汽缸保温→变速齿轮箱和盘车装置安装→调节系统安装→调节系统和保安系统的整定与调试→附属机械设备安装。

2. 安装质量控制点

（1）基础检验，划线垫铁安装：复查基础的标高、平面尺寸、孔洞尺寸，保证基础表面平整，无缺陷及垫铁位置合理。

（2）台板、汽缸、轴承座安装：汽缸纵横中心线，设备安装标高等；二次灌浆的强度、密实情况，确保上下部件联结和受热膨胀不致受阻；设备精找正、找平和联轴器对中后，设备底部与基础之间的灌浆强度。

（3）调节油、润滑油系统：保证油系统无泄漏，油管敞口应采用封闭措施，确保内部管道清洁、畅通，并无振动现象。油质经过化验检查合格。

3. 主要设备的安装技术要点

（1）凝汽器安装技术要点

1）凝汽器壳体的就位和连接。鉴于凝汽器结构尺寸相当庞大，其支承方式多采取直接坐落在凝汽器基础上的支承形式。凝汽器与低压缸排汽口之间的连接，采用具有伸缩性能的中间连接段，凝汽器与汽缸连接的全过程中，不得改变汽轮机的定位尺寸，并不得给汽缸附加额外应力。

2）凝汽器内部设备、部件的安装。包括管板、回热系统最后一级低压加热器、管束的安装、连接。凝汽器壳体内的管板、低压加热器的安装，在低压缸就位前就应当完成；管束则可以在低压缸就位之后进行穿管和连接。凝汽器组装完成后，汽侧应进行灌水试验，灌水高度宜在汽封洼窝以下 100mm，维持 24h 应无渗漏。

例如，某厂 12.5MW 机组配用的凝汽器外形尺寸为 6.128m×2.700m×4.025m，壳体重量 24.3t（不含冷却管重量）；施工中首先应将凝汽器的外壳在组合场地的平台上进行拼装，然后将壳体吊装就位后与接颈及集水箱连接，用千斤顶将组合好的凝汽器外壳顶起就位后固定，再进行穿冷却管等工作，在穿冷却管时，自行搭设了一个 6m×10m 的活动升降平台，使穿冷却管的工作达到了既快又好、又安全的效果。

（2）下汽缸安装技术要点

在平垫铁安装好后，将斜垫铁放在平垫铁上，并错开一定距离以便调整。将前后座架与前后轴承座连在一起，把紧螺栓，将下汽缸平稳吊起缓慢放在垫铁上，调整垫铁使下缸水平度达到规定要求，其中纵向水平以转子根据洼窝找好中心后的轴颈扬度为准，调整好后穿上地脚螺栓完成安装。

（3）轴封安装技术要点

前后轴封的轴封环安装在轴封体槽内，隔板轴封的轴封环直接安装在隔板的轴封槽内，用楔形塞尺在下轴封两侧进行轴向间隙检测。各间隙符合要求后，与汽缸组装，各结合面涂以黑铅粉，用专用起吊工具吊装隔板及导叶环。

（4）转子安装技术要点

1）转子安装可以分为：转子吊装、转子测量和转子、汽缸找中心。

2）转子吊装应使用由制造厂提供并具备出厂试验证书的专用横梁和吊索，否则应进行 200% 的工作负荷试验（时间为 1h）。

3）转子测量应包括：轴颈椭圆度和不柱度的测量、转子跳动测量（径向、端面和推力盘瓢偏）、转子弯曲度测量。

例如，某厂 12.5MW 汽轮机转子净重 4.3t，外形尺寸为 5.548m×4.370m×2.840m，安装时将转子缓慢平稳吊起，并在两轴颈处测水平度，合格后，平稳就位，当距轴瓦 150mm 时，在轴瓦上浇上干净的透平油，然后将转子落放在轴瓦上，盘动转子，检查无卡涩、碰磨现象后合格。转子就位后，测出转子各部晃度及各端面瓢偏度、轴颈锥度及转子弯曲度，并检查轴承间隙、汽封间隙、动静叶轴向间隙等通流部分间隙。

（5）汽缸扣盖安装技术要点

1）扣盖工作从下汽缸吊入第一个部件开始至上汽缸就位且紧固连接螺栓为止，全程工作应连续进行，不得中断。

2）汽轮机正式扣盖之前，应将内部零部件全部装齐后进行试扣，以便对汽缸内零部件的配合情况全面检查。

3）试扣前应用压缩空气吹扫汽缸内各部件及其空隙，确保汽缸内部清洁无杂物、结合面光洁，并保证各孔洞通道部分畅通，需堵塞隔绝部分应堵死。

4）试扣空缸要求在自由状态下间隙符合制造厂技术要求；按冷紧要求紧固 1/3 螺栓后，从内外检查 0.05mm 塞尺不入。

5）试扣检验无问题后，在汽缸中分面均匀抹一层涂料，方可正式扣盖。汽缸紧固一般采用冷紧，对于高压高温部位大直径汽缸螺栓，使用冷紧方法不能达到设计要求的扭矩，而应采用热紧进行紧固。紧固之后再盘动转子，听其内部应无摩擦和异常声音。

例如，汽轮机安装中、低压缸螺栓大都采用冷紧。汽缸螺栓冷紧时，应先采用 50%～60% 的规定力矩对汽缸螺栓左右对称进行预紧，然后再用 100% 的规定力矩进行紧固。

6）汽轮机安装完毕，辅机部分试运合格，调速保护系统静止位置调整好后，即可进行汽轮机的试启动，汽轮机第一次启动需要按照制造厂的启动要求进行，合格后完成安装。

（三）电站汽轮机的安装技术要求

1. 电站汽轮机安装程序

安装程序与工业汽轮机相似。但是，由于其容量大，结构更加庞大和复杂。

2. 安装的技术要点

安装技术要点主要体现在本体安装和轴系对轮中心的找正等方面。

（1）低压缸组合安装技术要点

1）低压外下缸组合包括：低压外下缸后段（电机侧）与低压外下缸前段（汽侧）先分别就位，调整水平、标高、找中心后试组合，符合要求后，将前、后段分开一段距离，再次清理检查垂直结合面，确认清洁无异物后再进行正式组合。

组合时汽缸找中心的基准可以用激光、拉钢丝、假轴、转子等。目前多采用拉钢丝法。即在低压外下缸后段（电机侧）与低压外下缸前段（汽侧）分别就位，以及调整水平、标高后，可拉纵向钢丝调整汽封洼窝或轴承油挡洼窝，测量洼窝与钢丝左、右、下三方向尺寸，应符合要求。

2）低压外上缸组合包括：先试组合，以检查水平、垂直结合面间隙，符合要求后正式组合。

3）低压内缸组合包括：当低压内缸就位找正、隔板调整完成后，低压转子吊入汽缸中并定位后，再进行通流间隙调整。

（2）高、中压缸安装技术要点

1）汽轮机高、中压缸是整体到货，现场不需要组合装配。汽轮机轴通过辅装在缸体端部的运输环对转子和汽缸的轴向、径向定位，在汽缸就位前要测量汽缸前后轴封处的径向间隙、汽缸前后缸体基准面与转子凸肩之间的定位尺寸，并以制造厂家的装配记录校核，以检查缸内的转子在运输过程中是否有移动，确保通流间隙不变。

2）高压缸或中压缸，目前多数采用上猫爪搁置在轴承支承面上的支承形式。但在高压外缸或中压外缸进行就位、找中时，不可能用上外汽缸及其猫爪来就位、找中，只能用下半汽缸来就位、找中。因此，这种形式的下半汽缸下部设置有就位、找中时用的支承面。在轴承已初步完成找中之后，下半汽缸即可利用这些支承面将汽缸支承起来，进行就位、找中。

（3）轴系对轮中心的找正

1）轴系对轮中心找正主要是对高中压对轮中心、中低压对轮中心、低压对轮中心和低压转子—电转子对轮中心的找正。

2）在轴系对轮中心找正时，首先，要以低压转子为基准；其次，对轮找中心通常都以全实缸状态进行调整；再次，各对轮找中时的开口和高低差符合制造厂技术要求；最后，一般在各不同阶段要进行多次对轮中心的复查和找正。

例如，某工程 300MW 超临界机组轴系中心找正内容，及其各对轮找中时的开口和高低差预留值分别为：轴系中心找正要进行多次，即：轴系初找，凝汽器灌水至运行重量后的复找，汽缸扣盖前的复找，基础二次灌浆前的复找，基础二次灌浆后的复找，轴系联结时的复找。

三、发电机的安装技术要求

（一）发电机安装程序

发电机设备安装的程序：定子就位→定子及转子水压试验→发电机穿转子→氢冷器安装→端盖、轴承、密封瓦调整安装→励磁机安装→对轮复找中心并连接→整体气密试验等。

（二）安装技术要点

1. 发电机定子吊装技术要点

（1）定子的吊装

发电机定子吊装通常采用液压提升装置吊装、专用吊架吊装和行车改装系统吊装三种方案。一般是采用主厂房中的两台行车并在行车大跑上加装 2 台临时小跑，再配制吊梁同时抬吊，起吊定子离地 1m 左右，要试刹车 2~3 次，确认刹车良好后开始正式起吊。

（2）定子的就位

提升至发电机定子最低点超过既定标高后，开动行车大车机构行至定子中心线与就位中心线重合，缓缓将定子落于基础上。

例如，某 300MW 机组发电机定子质量为 188t，外形尺寸为 7290mm×3988mm×3800mm，采用两台行车直接抬吊。定子由距 A 柱约 6m 处起吊，当起吊高度超过运转层时，两台行车由一台行车驱动，当定子吊至就位上方时，停止大车行走，同时驱动两台小跑车至安装位置正上方将定子降下就位。

例如，某 330MW 机组发电机定子质量为 252t，外形尺寸为 9400mm×5930mm×4100mm，采用随机供应的 4 台 100t 液压提升装置提升，当提升到 12m 时，利用汽机房行车把两根临时横梁放置在悬空的定子下，铺上拖板及滚杠，拖到位置，再次利用提升装置吊起，抽去拖板，定子就位。

2. 发电机转子穿装技术要点

（1）发电机转子穿装前进行单独气密性试验。待消除泄漏后，应再经漏气量试验，试验压力和允许漏气量应符合制造厂规定。

（2）发电机转子穿装：

1）发电机转子穿装工作必须在完成机务（如支架、千斤顶、吊索等服务准备工作）、电气与热工仪表的各项工作后，会同有关人员对定子和转子进行最后清扫检查，确信其内部清洁，无任何杂物并经签证后方可进行。

2）发电机转子穿装，不同的机组有不同的穿转子方法，常用的方法有滑道式方法、接轴的方法、用后轴承座作平衡重量的方法、用两台跑车的方法等。具体机组采用何种方法一般由制造厂在产品说明书上明确说明，并提供专用的工具。滑道式方法即在定子就位后，将大定子铁芯内敷设一块与铁芯弧度相吻合的弧形滑板，在转子前部安装一套滑移装置（滑靴），利用行车吊起转子，从励磁机侧将转子前部（低压缸侧）穿入定子内，落下转子使前部滑靴的重心落在定子内滑板上，后部（励磁侧）用已准备好的支架架好，将行车吊索移动到转子尾部，用千斤顶配合行车推装就位，或采用倒链将转子拉入到位。

例如，某 15MW 发电机转子重 38.2t，转子外径 7.1m，本体有效长度 2.1m，转子运输长度 6.2m，起吊转子时，护环、轴颈、风扇、集电环等处，不得作为支点，并在拴钢丝绳处用软性材料缠裹。根据联轴器找好汽机转子与发电机转子同心度。找正中心后，应用塞尺或手锤轻敲办法，检查底板下垫铁接触情况，最后把紧地脚螺栓。

例如，某175MW发电机转子重55.2t，几何尺寸为12117mm×1200mm×1200mm，在转子汽端接长轴，励端安装一个滑车，滑车上面加好配重，并在地面上铺好滑道。定子汽、励端下半端盖吊挂于定子端面上部，用倒链调整到一定高度。定子铁芯内部装设护板，由80/20t行车用专用索具将转子吊平，自励端向定子内缓缓穿入。当转子接长轴伸出定子汽端端面时，用另一台行车吊住接长轴，励端转子放置滑道上，用倒链配合行车将转子拉至安装位置，然后拉起端盖，转子就位。

2H313042　锅炉设备的安装技术要求

一、锅炉系统主要设备

（一）锅炉

1. 锅炉的分类

（1）按用途分：供热锅炉、工业锅炉、电站锅炉、船用及机车锅炉等。

（2）按锅炉出口工质压力分：

低压锅炉：$P < 3.8\text{MPa}$

中压锅炉：$3.8\text{MPa} \leqslant P < 5.4\text{MPa}$

高压锅炉：$5.4\text{MPa} \leqslant P < 16.7\text{MPa}$

亚临界锅炉：$16.7\text{MPa} \leqslant P < 22.1\text{MPa}$

超临界锅炉：$22.1\text{MPa} \leqslant P < 27.0\text{MPa}$

超超临界锅炉：$P \geqslant 27.0\text{MPa}$ 或额定出口温度 $\geqslant 590℃$ 的锅炉

（3）按燃烧方式分：火床、火室、旋风、直流、流化床燃烧锅炉。

（4）按出厂形式分：整装锅炉、散装锅炉。

2. 锅炉系统的组成

（1）锅炉系统主要设备一般包括本体设备、燃烧设备和辅助设备。

（2）锅炉本体设备主要由锅和炉两大部分组成。

1）锅。由汽包（汽水分离器及储水箱）、下降管、集箱（联箱）、水冷壁、过热器、再热器、气温调节装置、排污装置、省煤器及其连接管路的汽水系统组成。

2）炉。由炉膛（钢架）、炉前煤斗、炉排（炉算）、分配送风装置、燃烧器、烟道、空气预热器、除渣机等组成。

3）锅炉辅助设备。主要有燃料供应系统设备、送引风设备、汽水系统设备、除渣设备、烟气净化设备、仪表和自动控制系统设备等组成。

（二）汽包、汽水分离器及储水箱的结构及其作用

1. 汽包的结构

汽包是用钢板焊制成的圆筒形容器，它由筒体和封头两部分组成，其直径、长度、重量随锅炉蒸发量的不同而不同。

2. 汽包的作用

汽包既是自然循环锅炉的一个主要部件，同时又是将锅炉各部分受热面，如下降管、水冷壁、省煤器和过热器等连接在一起的构件；它的储热能力可以提高锅炉运行的安全

性；在负荷变化时，可以减缓气压变化的速度，保证蒸汽品质。

3. 汽水分离器及储水箱的结构和作用

近年国内大型电站的锅炉通常选用超临界或超超临界的直流锅炉，汽水分离器及储水箱是直流锅炉的重要设备，汽水分离器为筒身结构，内设消旋器和阻水装置，储水箱结构为筒身结构，内设阻水装置，汽水分离器作用是进行汽水分离，分离出的水进入储水箱，分离出的蒸汽进入低温过热器。

（三）水冷壁的结构及其作用

1. 水冷壁的结构

（1）水冷壁是锅炉主要的辐射蒸发受热面，一般分为管式水冷壁和膜式水冷壁两种。小容量中、低压锅炉多采用光管式水冷壁，大容量高温高压锅炉一般均采用膜式水冷壁。

（2）光管式水冷壁，是连接锅筒与集箱、布置在炉墙内侧的一排光管。由普通无缝钢管弯制加工而成，一般是贴近燃烧室炉墙内壁、相互平行地垂直均匀布置，上端与锅筒或上集箱连接，下端与下集箱连接。常用的水冷壁管外径有 60mm、76mm、83mm 等，壁厚为 3.5～6mm。管径越小，遮盖同样面积的炉墙所消耗的金属材料越少。

（3）膜式水冷壁主要由管子加焊扁钢和由扎制的肋管拼焊两种形式，膜式水冷壁从布置形式上分为垂直水冷壁和螺旋水冷壁，制造商一般根据建设单位要求和运输能力，在出厂时已经组合成膜式管排形式，通常为 10～20m 不等。大容量锅炉其单侧水冷壁重量都很重，例如 DG1025/18.2 型锅炉的一侧水冷壁重量约 200t。

2. 水冷壁的主要作用

（1）吸收炉膛内的高温辐射热量以加热工质，并使烟气得到冷却，以便进入对流烟道的烟气温度降低到不结渣的温度，可以保护炉墙，从而炉墙结构可以做得轻一些、薄一些。

（2）在蒸发同样多水的情况下，采用水冷壁比采用对流管束节省钢材。

二、锅炉系统主要设备的安装技术要求

（一）锅炉系统安装施工程序

基础和材料验收→钢架组装及安装→汽包（汽水分离器及储水箱）安装→集箱安装→水冷壁安装→空气预热器安装→省煤器安装→低温过热器及低温再热器安装→高温过热器及高温再热器安装→刚性梁安装→本体管道安装→阀门安装→水压试验→吹灰设备安装→燃烧器、油枪、点火枪的安装→烟道、风道的安装→风压试验→炉墙施工→烘炉、煮炉（化学清洗）→蒸汽吹扫→试运行。

（二）工业锅炉安装技术要点

工业锅炉是主要用于工业生产、供暖通风、空气调节工程和生活热水供应的锅炉。大多为低参数的小容量锅炉，蒸汽锅炉额定蒸发量在 0.1～65t/h 的范围内，热水锅炉额定热功率在 0.1～174.0MW 的范围内，常压锅炉额定热功率在 0.05～2.8MW 的范围内。工业锅炉安装形式主要分为整装和散装两种。

1. 整装锅炉安装

（1）整装锅炉安装的特点

整装锅炉主要是一些容量较小的锅炉，其一般工作压力小于 1.3MPa，蒸发量小于 4t/h。整装锅炉在出厂时锅炉本体已经制造安装好，设备到厂后整体吊装到基础上就位找正。

（2）整装锅炉安装的主要程序

锅炉基础复查→锅炉设备与技术资料的核对检查→锅炉设备就位找正→附件安装→工艺管路的安装→水压试验→单机试运转→报警及联锁试验→锅炉热态调试与试运转。

（3）整装锅炉技术安装要点

1）锅炉设备与技术资料的核对检查。对锅炉设备与技术资料的核对检查，首先应仔细核对锅炉结构、参数。对锅炉厂家焊缝质量进行直观抽检，必要时用 X 射线探伤抽检。测量锅壳焊缝错开量。检查前、后管板与管束的连接形式（胀接或焊接）是否符合要求，并查阅分汽包及主要管道材质、受压元件强度计算等技术资料是否符合要求。

2）锅炉基础放线与就位找正。首先应根据土建单位提供的建筑物相对位置进行锅炉基础纵向对称中心线及横向基准线的放线工作。然后依据建筑物已确定的水准线复测标高线，并检查基础螺栓孔位置正确与否及混凝土面预埋铁板的平整度。放线复检锅炉基础时应注意快装锅炉条形基础平面倾斜度为 1：25。锅炉由起重设备吊装就位后进行找正，首先将锅炉对称中心线与条形基础放出的对称中心线重合，再依据炉排主动轴两端中心，用水平仪或"U"形水平管进行锅炉整体水平度找正。为了便于锅炉排污，在找正锅炉水平度的同时，保证锅炉由前向后整体倾斜 25～30mm。在整个找正结束后应将锅炉条形底拖板与混凝土基础预埋板进行焊接固定工作。

3）附件安装。锅炉附件安装主要包括省煤器、鼓风机及风管除尘器、引风机、烟囱以及管道、阀门、仪表、水泵等安全附件的安装。

其中整装锅炉的省煤器为整体组件出厂，安装前应进行水压试验，无渗漏方为合格，并要认真检查省煤器管周围嵌填的保温材料是否严密牢固，外壳箱板是否平整，有无损坏，无问题后可进行安装。

管道、阀门、仪表、水泵安装时，管道、阀门、仪表的安装要严格按图纸进行。阀门应经强度和严密性试验合格才可安装；压力表应垂直安装，压力表与表管之间应装设三通旋塞阀，以便吹洗管路和更换压力表，温度计的标尺应朝便于观察的方向安装；给水泵安放到基础上，对准中心线，找平，按图接好给水管。如有水处理设备要与锅炉同步安装，没有水处理设备须安装电子除垢仪。

2. 散装锅炉安装

（1）散装锅炉安装的特点

散装锅炉安装是锅炉制造的继续，从散装锅炉产品的属性来说，散装锅炉只是完成了锅炉本体零部件的制造过程，还没有形成完整的产品，还需要现场安装的环节。散装锅炉安装相对于整装锅炉比较复杂，其锅炉本体要在现场组合安装的，包括锅炉汽包、本体受热面、尾部受热面、燃烧设备及其本体附属设备的安装及部分制作。

（2）散装锅炉本体的安装程序

设备的清点检查和验收→基础验收→基础放线→设备搬运及起重吊装→钢架及梯子平台的安装→汽包安装→锅炉本体受热面的安装→尾部受热面的安装→本体管道安装→水压试验→燃烧设备的安装→附属设备安装→热工仪表保护装置安装。

（3）汽包安装的技术要点

1）汽包安装施工程序：汽包的划线→汽包支座的安装（汽包吊环的安装）→汽包的吊装→汽包的找正。

2）汽包的安装技术要点：汽包运至其吊装位置后进行卸车（注意安装方向），并检验合格；汽包下方放置有马鞍座，依靠吊车的配合将汽包翻身转正。使用吊装机械吊装汽包到位，再将汽包吊杆就位，安装其垫板、螺母等附件，调整找正位置将其固定。

（4）受热面安装的技术要点

1）受热面管子应进行通球试验，合金材质应进行光谱复查。

2）使用胀接工艺的受热面管，安装前要对管子进行 1:1 的放样校管，管口进行退火处理，退火温度一般控制在 $600\sim650℃$，退火长度为 $100\sim150mm$，管子胀接使用胀管器进行，胀管率一般控制在 $1.3\%\sim1.5\%$。

3）使用焊接工艺的受热面，应严格执行焊接工艺评定，受热面组件吊装选择好中心和吊装方法，确定好绑扎位置，不得将绳子捆在管束上，防止吊装时管子变形和损伤。

（三）电站锅炉主要设备的安装技术要点

1. 锅炉钢架安装

锅炉钢架是炉体的支撑构架，全钢结构，承载着受热面、炉墙及炉体其他附件的重量，并决定着炉体的外形。其主要由立柱、横梁、水平支撑、垂直支撑和斜支撑、平台、扶梯、顶板梁等组成。其钢结构的连接方式有两种：焊接和高强度螺栓连接。焊接钢架在组合安装时应注意采取防变形措施。

（1）锅炉钢架施工程序

基础检查划线→柱底板安装、找正→立柱、垂直支撑、水平梁、水平支撑安装→整体找正→高强度螺栓终紧→平台、扶梯、栏杆安装→顶板梁安装等。

（2）锅炉钢架安装技术要点

1）根据土建移交的中心线进行基础划线，钢架按从下到上，分层、分区域进行吊装。每层安装先组成一个刚度单元再进行扩展安装，每层钢架安装时除必须保证立柱的垂直度和柱间间距外，立柱上、下段接头之间间隙也必须符合规范要求。吊装时，各层平台、扶梯、栏杆安排同步进行，以保证主通道的畅通、安全行走。为了便于钢架大板梁、受热面大件及空气预热器等安装，可采取部分构件缓装或部分构件交叉安装方式，这样既保证了锅炉大件设备的顺利安装，又将炉架构件缓装区域降低到最低限度，从而保证了锅炉安装的整体稳定性。

2）钢架安装找正的方法。主要是用拉钢卷尺检查立柱中心距离和大梁间的对角线长度；用经纬仪检查立柱垂直度；用水准仪检查大板梁水平度和挠度，板梁挠度在板梁承重前、锅炉水压前、锅炉水压试验上水后及放水后、锅炉机组整套启动试运前进行测量。

例如，某 150MW 机组锅炉钢架的立柱间距偏差小于间距的 1/1000，最大不超过10mm；立柱全高的垂直度允许偏差为柱长度的 1/1000，最大不大于 15mm；各柱顶纵横中心距偏差不大于 5mm；对角线差不大于对角线长度的 1.5/1000 且不大于 15mm。

2. 锅炉本体受热面安装

（1）锅炉本体受热面安装一般程序：设备清点检查→光谱检查→通球试验→联箱找正划线→管子就位对口和焊接。

例如，某 200MW 机组锅炉的低温过热器、省煤器安装时先找正低温过热器出口集箱、省煤器出口集箱并加固，再找正焊接低温过热器垂直段和省煤器悬吊管，在吊装低温过热器管排时将省煤器悬吊管先进行对接焊接，待低温过热器管排全部吊装完成后，即可进行省煤器中间集箱组件找正安装，并加固。省煤器中间集箱组件与省煤器悬吊管对接结束后，吊装省煤器管排并进行低温过热器水平段、低温过热器垂直段对口焊接。为便于低温过热器水平段和省煤器单片吊装，包墙过热器下段暂缓找正，并事先向外接移适当距离。

（2）锅炉本体受热面安装技术要点：

1）锅炉受热面组合场地。锅炉受热面施工场地是根据设备组合后体积、重量以及现场施工条件来决定的。一般而言，设备组装后除体积偏大、重量超过现场起吊能力、炉内空间受限等必须在锅炉现场安装外，其余受热面设备要求首先在给定的组合场内组合，然后运往现场吊装。

例如，某 200MW 机组的锅炉受热面的组合在组合场进行，受热面组合件的吊装主吊机具为 FZQ1250/50t 型起重机，由于受热面进档空间限制和主吊机具性能和运输车辆承载能力限制，锅炉受热面的组合件外形尺寸一般控制在 18m×7m 范围之内，重量一般不超过 30t。

2）锅炉受热面组合形式。锅炉受热面组合形式是根据设备的结构特征及现场的施工条件来决定的。组件的组合形式包括直立式和横卧式。

直立式组合就是按设备的安装状态来组合支架，将联箱放置（或悬吊）在支架上部，管屏在联箱下面组装。其优点在于组合场占用面积少，便于组件的吊装；缺点在于钢材耗用量大，安全状况较差。

横卧式组合就是将管排横卧摆放在组合支架上与联箱进行组合，然后将组合件竖立后进行吊装。其优点就是克服了直立式组合的缺点；其不足在于占用组合场面积多，且在设备竖立时，若操作处理不当则可能造成设备变形或损伤。

3）螺旋水冷壁设备采取地面整体预拼装，拼缝留有适当的预收缩量；螺旋水冷壁安装时分层吊装定位，吊带（垂直搭接板）的基准线定位准确。螺旋水冷壁安装螺旋角偏差控制在 0.5° 之内。

例如，某 17.5MW 发电机组锅炉水冷壁，包墙过热器根据机具吊装能力和进档情况分片进行地面组合。末级再热器根据其本身支承装置情况组成 9 组，后屏过热器、末级过热器的支承装置进行地面组合，低温过热器与省煤器悬吊管组合成两片一组，省煤器根据吊板情况进行组合（两组）。

4）锅炉受热面组件吊装顺序。水冷壁上部组件及管排吊装→水冷壁中部组件及管排吊装→炉膛上部过热器组件及管排吊装→炉膛出口水平段过热器或再热器组件及管排吊装→尾部包墙过热器组件及管排吊装→尾部低温再热器、低温过热器、省煤器吊装等。

（四）电站锅炉安装质量控制要点

1. 钢结构安装质量控制

安装前应确认高强度螺栓连接点安装方法，临时螺栓、定位销数量符合规程要求。每层构架安装结束后检查柱垂直度、柱子之间间距并做记录，对高强度螺栓连接质量按规程全面检查确认合格。钢结构安装后按规程复测柱垂直度和柱间距、大板梁水平度和挠度等是否合格并做好验收记录，检查所有高强度螺栓连接点终紧质量。确认除制造厂代表同意而缓装的构架之外所有钢结构已安装完毕，并经必要的加强后才允许进行大件吊装。

2. 锅炉受热面安装质量控制

受热面安装偏差应符合《电力建设施工质量验收规程 第 2 部分：锅炉机组》DL/T

5210.2—2018 的要求，并有安装偏差的完整记录，管屏吊装时应有加固结构并使用专用起吊工具吊装，并保证安装尺寸符合图纸要求，保证各受热面之间热膨胀间隙符合图纸要求并做出记录，水冷壁拼接焊成整体，必须对炉膛尺寸、对角线进行测量并符合图纸要求，水冷壁燃烧器喷口及吹灰孔应符合设计要求。水冷壁、包墙过热器与刚性梁间必须固定牢固，刚性梁校平装置安装时必须将刚性梁腹板找正呈水平。锅炉受热面系统应整体水压试验合格。汽包锅炉一次汽试验压力为汽包设计压力的 1.25 倍；直流锅炉水压试验压力为高温过热器出口设计压力的 1.25 倍，且不小于省煤器进口设计压力的 1.1 倍；再热器试验压力为再热器进口设计压力的 1.5 倍。试验水质应使用除盐水，pH 值在 10.5 以上，氯离子含量小于 0.2mg/L。

三、锅炉热态调试与试运转

（一）烘炉

1. 烘炉目的

锅炉炉墙砌筑完成后要进行烘炉，如循环流化床锅炉、生活垃圾焚烧锅炉等。其目的是使锅炉砖墙能够缓慢地干燥，在使用时不致损裂。

2. 烘炉的种类

根据现场的条件和锅炉炉墙的结构形式，可分别采用火焰烘炉、蒸汽烘炉、蒸汽和火焰混合烘炉。不同形式炉墙烘炉时间要求不一样，一般重型炉墙为 12~14d，轻型炉墙为 4~6d，耐热墙为 2~3d。

3. 烘炉注意事项

（1）烘炉时应注意温度要保证稳定。锅炉保持正常水位，进水温度尽可能接近炉水温度。

（2）举例事项。例如，某小型链条锅炉采用火焰烘炉，烘炉时间为 4~6d。烟气升温第一天不超过 80℃，以后每天温升不超过 20℃，后期在锅炉尾部烟温控制不超过 160℃。到烘炉结束后，砖缝灰浆含水率应不高于 2.5%。

（二）煮炉及化学清洗

1. 煮炉及化学清洗的目的

利用化学药剂在运行前清除锅内的铁锈、油脂和污垢、水垢等，以防止蒸汽品质恶化，并避免受热面因结垢而影响传热和烧坏。

2. 煮炉的要求

（1）煮炉最好在烘炉的后期，与烘炉同时进行，以缩短时间和节约燃料。

（2）煮炉时间一般为 2~3d，如在较低的压力下煮炉，则应适当延长煮炉时间。

3. 锅炉化学清洗的范围

（1）过热蒸汽出口压力为 9.8MPa 及以上的锅炉本体应进行化学清洗。

（2）锅炉化学清洗的设备包括省煤器、汽包（汽水分离器）、水冷壁、省煤器至汽包（汽水分离器）连接管道、下降管等水系统管道及设备。

4. 化学清洗的要求

（1）化学清洗的金属表面应清洁，无残留氧化物及焊渣，无二次锈蚀和点蚀，无镀铜现象。

（2）锅炉的残余垢量应小于 $30g/m^2$。

（3）清洗后设备表面形成良好的钝化保护膜。

（4）锅炉化学清洗后至锅炉点火应不超过 20 天，超过 20 天，应采取保养保护措施。

（三）蒸汽管路的冲洗与吹洗

锅炉吹管的临时管道系统应由具有设计资质的单位进行设计；在排汽口处加装消声器，锅炉吹管范围应包括减温水管系统和锅炉过热器、再热器及过热蒸汽管道吹洗。吹洗过程中，至少有一次停炉冷却（时间 12h 以上），以提高吹洗效果。

（四）锅炉试运行

1. 锅炉试运行必须是在烘炉煮炉合格的前提下进行。

2. 在试运行时使锅炉升压：在锅炉启动时升压应缓慢，升压速度应控制，尽量减小壁温差以保证锅筒的安全工作。

3. 认真检查人孔、焊口、法兰等部件，如发现有泄漏时应及时处理。

4. 仔细观察各联箱、汽包、钢架、支架等的热膨胀及其位移是否正常。

5. 试运行完毕后，按规定办理移交签证手续。

2H313043　光伏与风力发电设备的安装技术要求

一、太阳能与风力发电设备的组成

（一）太阳能发电设备的分类和组成

1. 太阳能发电设备的分类

太阳能发电设备包括光伏发电、光热发电。光热发电又分为槽式光热发电、塔式光热发电两种。

2. 太阳能发电设备的组成

（1）光伏发电设备组成

光伏发电设备主要由光伏支架、光伏组件、汇流箱、逆变器、电气设备等组成。光伏支架包括跟踪式支架、固定支架和手动可调支架等。

（2）光热发电设备组成

光热发电设备包括集热器设备、热交换器、汽轮发电机等设备，其中槽式光热发电的集热器由集热器支架（驱动塔架、支架）、集热器（驱动轴、悬臂、反射镜、集热管、集热管支架、管道支架等）及集热器附件等组成；塔式光热发电的集热设备由定日镜、吸热器钢架和吸热器设备等组成。

（二）风力发电设备的分类与组成

1. 风力发电设备的分类

风力发电设备按照安装的区域可分为陆地风力发电和海上风力发电，陆地风力发电设备多安装在山地、草原等风力集中的地区，最大单机容量 5MW，海上风力发电设备多安装在滩头和浅海等地区，最大单机容量 6MW，施工环境和施工条件普遍比较差。

2. 风力发电设备的构成

风力发电厂一般由多台风机组成，每台风机构成一个独立的发电单元，风力发电设备主要包括塔筒、机舱、发电机、轮毂、叶片、电气设备等。

二、太阳能、光热与风力发电设备的安装程序

1. 太阳能发电设备的安装程序

施工准备→基础检查验收→设备检查→光伏支架安装→光伏组件安装→汇流箱安装→逆变器→电气设备安装→调试→验收。

2. 光热发电设备的安装程序

（1）槽式光热发电设备安装程序

施工准备→基础检查验收→设备检查→集热器支架安装→集热器及附件安装→换热器及管道系统安装→汽轮发电机设备安装→电气设备安装→调试→验收。

（2）塔式光热发电设备安装程序

施工准备→基础检查验收→设备检查→定日镜安装→吸热器钢结构安装→吸热器及系统管道安装→换热器及系统管道安装→汽轮发电机设备安装→电气设备安装→调试→验收。

3. 风力发电设备的安装程序

施工准备→基础环平台及变频器、电器柜安装→塔筒安装→机舱安装→发电机安装→叶片与轮毂组合→叶轮安装→其他部件安装→电气设备安装→调试试运行→验收。

三、太阳能、光热与风力发电设备安装技术要求

1. 太阳能发电设备安装技术要求

光伏发电设备安装前应制定光伏发电设备的专项施工方案，明确根据现场条件和光伏发电设备的特点制定具有针对性的施工技术方案，方案中应包括在运输和安装中防止光伏组件损伤的针对性措施。

（1）支架安装：固定支架和手动可调支架采用型钢结构的，支架倾斜度符合设计要求，手动可调支架调整动作灵活，跟踪式支架与基础固定牢固。

（2）光伏组件安装：光伏组件及各部件设备采用螺栓进行固定，力矩符合产品或设计的要求。光伏组件之间的接线在组串后应进行光伏组件串的开路电压和短路电流的测试，施工时严禁接触组串的金属带电部位。

（3）汇流箱安装：汇流箱安装垂直度偏差应小于 1.5mm。

（4）逆变器安装：逆变器基础型钢其顶部应高出抹平地面 10mm 并有可靠的接地。

2. 光热发电设备安装技术要求

安装前应制定光热发电设备的专项施工方案、明确根据现场条件和光热设备的特点选择恰当的吊装机械、制定吊装方案。汽轮发电机设备按照"2H313041 汽轮发电机设备的安装技术要求"的内容执行，换热设备及系统管道的安装按照"2H313030 管道工程施工技术"的内容执行。光热发电设备的集热器应按照槽式设备和塔式设备各自制定针对性的安装要求。

（1）槽式光热发电设备集热器安装技术要求

1）中心架（管）组件的中心轴整体直线度偏差不大于 ±3mm，相邻集热器安装偏差不大于 ±0.5mrad，所有集热器整体安装偏差不大于 ±1.5mrad。

2）驱动装置旋转角度宜为 ±120°，偏差应小于 ±5°。

3）集热器应从驱动端到末端进行安装，随动轴与轴承座的间隙应满足厂家技术文件要求。

4）集热器到 0° 的位置，使用测斜仪的检测设备检查抛物线放到水平位置的误差值应小于 5mm。

5）每个单元集热器安装后应进行旋转试验，试验转动角度应在＋180°和－180°之间，偏差在±10°。

（2）塔式光热发电集热设备安装技术要求

1）定日镜与支架固定牢固，安装位置、镜面调整角度符合图纸设计要求。

2）塔式吸热器的钢结构安装应符合现行国家标准《钢结构工程施工质量验收标准》GB 50205—2020的相关规定。

3）塔式吸热器管屏设备内部应清洁，无杂物、无堵塞；安装时应对称进行，单面安装应不多于2组。

3. 风力发电设备安装技术要求

安装前应制定风力发电风机的专项施工方案，明确根据现场条件和风力发电风机设备的特点选择恰当的吊装机械，制定吊装方案，吊车机械要制定防倾倒措施，要有在吊装过程中防止风机设备损伤的针对性措施。

（1）基础环：在基础上安装基础环，固定螺栓使用力矩扳子紧固，达到厂家资料的要求。

（2）塔筒安装：塔筒分多段供货，现场根据塔筒重量、尺寸以及安装高度选择吊车的吊装工况。按照由下至上的吊装顺序进行塔筒的安装。塔筒结合面法兰清理打磨干净，塔筒就位紧固后塔筒法兰内侧的间隙应小于0.5mm。

（3）机舱安装：使用主吊机械吊装机舱就位。之后安装风速仪、风向仪支架、航空灯、额头及空冷风机罩。

（4）叶轮安装：先将轮毂固定在组合支架上与三个叶片进行组合，之后使用吊装机械吊装组合后的叶轮组件，吊装中叶片与吊绳间进行防护。

例如，某工程安装25台风力发电设备，风机型号为GW121/2000型，风力发电设备由塔筒、机舱、发电机、轮毂、叶片等组成，风机叶轮直径121m，轮毂高度85m。现场组立ZSTL151000轮胎塔式起重机作为主吊机械（95m工况）；1台70t、1台100t汽车吊作为辅助吊装机械。使用水平仪控制设备的水平度，使用经纬仪控制塔筒的垂直度，使用400N·m的力矩扳手、1000N·m的电动扳手和液压扳手逐次紧固螺栓，用塞尺检测塔筒法兰的间隙。

2H313050　静置设备及金属结构的制作与安装技术

2H313051　静置设备的制作与安装技术要求

静置设备是安装后使用环境固定不能移动，在完成生产工艺过程时主要零部件不进行机械运动的设备。机电工程所涉及的主要静置设备包括：钢制焊接常压容器、压力容器、固体料仓、储罐、气柜等。

一、钢制焊接常压容器

（一）范围

1. 设计压力

（1）圆形筒容器：设计压力大于－0.02MPa，小于0.1MPa；

（2）矩形容器：设计压力为零。

2. 设计温度

非合金钢：沸腾钢 0～250℃；镇静钢 0～350℃。

（二）制作技术

1. 制作方式

钢制焊接常压容器可采取制造厂生产，也可采取现场制作。

2. 制作技术

（1）法兰面应垂直于接管或圆筒的主轴中心线。法兰的螺栓通孔应与壳体主轴线或铅垂线跨中布置。有特殊要求时，应在图样上注明。

（2）焊接工艺评定报告、焊接工艺规程、施焊记录及焊工的识别标记，应保存 3 年。

（3）返修次数、部位和返修情况应记入容器的质量证明书。

（4）除另有规定，容器对接焊接接头需进行局部射线或超声检测，检测长度不得小于各条焊接接头长度的 10%。局部无损检测应优先选择 T 形接头部位。

（5）容器制造完成后，应按图样要求进行盛（充）水试验、液压试验、气压试验、气密性试验或煤油渗漏试验等。

（6）试验液体一般采用水，需要时也可采用不会导致危险的其他液体。试验气体一般采用干燥、洁净的空气，需要时也可采用氮气或其他惰性气体。

（7）试验时应采用两块经检定合格的，且量程相同的压力表，压力表的量程为试验压力的 2 倍左右，试验用压力表的精度等级宜采用 1.0 级。

（8）在图样允许的情况下或经监理单位同意，可以用煤油渗漏试验代替盛水试验。

3. 验收要求

（1）容器出厂质量证明文件应包括三部分：

1）产品合格证。

2）容器说明书，至少应包括下列内容：容器特性（包括设计压力、试验压力、设计温度、工作介质）；容器总图（由订货单位供图时可不包括此项）；容器主要零部件表；容器热处理状态与禁焊等特殊说明。

3）质量证明书，至少应包括下列内容：主要零部件材料的化学成分和力学性能；无损检测结果；压力试验结果；与图样不符的项目。

（2）容器铭牌应固定于容器明显的位置。容器铭牌内容应包括：制造单位名称；制造单位对该容器产品的编号；制造日期；设计压力；试验压力；设计温度；容器重量。

二、压力容器

（一）分类

1. 按特种设备目录分类

压力容器分为：固定式压力容器、移动式压力容器、气瓶和氧舱。

2. 固定式压力容器分类

根据介质特征，按照压力容器分类图，再根据设计压力和容积划出类别：Ⅰ、Ⅱ、Ⅲ。

3.《压力容器 第 1 部分：通用要求》GB 150.1—2011 规定的特定结构容器

（1）钢制容器包括：塔式容器、卧式容器、管壳式换热器、钢制球形储罐；

（2）有色金属容器包括：铝、钛、铜、镍及其合金、锆制容器。

4. 按工艺过程中的作用分类

压力容器分为：反应容器、换热容器、分离容器、贮运容器。

（二）安装技术

1. 安装许可

（1）压力容器安装应严格按照本书"2H331030 特种设备的相关规定"执行，未获得特种设备生产许可相应资质的单位，不得从事压力容器安装。

（2）根据《固定式压力容器安全技术监察规程》TSG 21—2016 中规定，安装前，应办理《特种设备安装维修改造告知单》，也称为"施工告知"。

2. 塔式容器（简称塔器）

（1）塔式容器的结构形式

塔式容器为长细圆筒形结构的直立式工艺设备，由筒体、封头（或称头盖）和支座组成，是专门为某种生产工艺要求而设计、制造的非标准设备。塔适用于蒸馏、抽提、吸收、精制等分离过程，器适用于各类反应过程。

（2）塔式容器的到货状态

塔式容器多数由压力容器制造单位工厂制造，施工单位进行现场安装。部分塔式容器由于体积（几何尺寸）大，受运输的尺寸限制，不能全部在制造厂制造成整体运到安装现场，而以不同组装形式出厂。到货状态分为整体到货、分段到货、分片到货。

（3）开箱检验

塔式容器设备安装前，应按照装箱单核对检查设备或半成品、零部件的数量和外观质量，符合设计要求方可验收。

（4）基础验收

复测基础定位轴线、基础标高等尺寸并对表面进行处理，应符合要求。基础混凝土强度不得低于设计强度的 75%，有沉降观测要求的，应设有沉降观测点。确认安装基准线，有明显标识。

（5）安装程序和方法

1）整体安装：施工准备→吊装就位→找平找正→灌浆抹面→内件安装→检查封闭。

2）分段（片）安装方法：采用卧装法或立式正（倒）装法施工。

3）内件安装。以板式塔为例，内件安装程序：施工准备→支撑点测量→降液板安装→横梁安装→受液盘安装→塔盘板安装→溢流堰安装→通道板拆装→清理杂物→质量验收→通道板恢复→人孔封闭。

3. 卧式容器

（1）设备两侧水平方位线作为安装标高和水平度测量的基准。

（2）卧式设备滑动端基础预埋板的上表面应光滑平整，不得有挂渣、飞溅物。混凝土基础抹面不得高出预埋板的上表面。检验方法：用水准仪、水平尺现场测量。

4. 管壳式换热器

（1）拆装空间根据以下情况分别留设：

1）对于浮头式、填料函式热交换器，前端应留有抽出管束的空间；后端应留有拆除外头盖和浮头盖的空间。

2）对于 U 形管式热交换器，前端应留有抽出管束的空间；或另一端应留有拆除壳体的空间。

　　3）对于固定管板式热交换器，一端应留有更换换热管的空间；另一端应留有拆装管箱或头盖的空间。

　　（2）安装热交换器应按设计文件或规范要求调整，检查水平度和垂直度。必要时，安装前应进行耐压试验。

　　（3）现场进行管束抽芯检查后，还应进行耐压试验，图纸设计有规定时还应进行泄漏试验。

　　5. 钢制球形储罐（简称球罐）

　　（1）散装法

　　适用于各种规格形式的球罐组装，是目前国内应用最广泛、技术最成熟的方法。其施工程序为：施工准备→支柱上、下段组装→赤道带安装→下温带安装→下寒带安装→上温带安装→上寒带安装→上、下极安装→调整及组装质量总体检查。

　　（2）分带法

　　宜用于公称容积不大于 2000m³ 的球罐组装。

　　（3）球罐的焊接顺序

　　1）焊接程序原则：先焊纵缝，后焊环缝；先焊短缝，后焊长缝；先焊坡口深度大的一侧，后焊坡口深度小的一侧。

　　2）焊条电弧焊时，焊工应对称分布、同步焊接，在同等时间内超前或滞后的长度不宜大于 500mm。焊条电弧焊的第一层焊道应采用分段退焊法。多层多道焊时，每层焊道引弧点宜依次错开 25～50mm。

　　（4）球罐焊后热处理

　　球形罐根据设计图样要求、盛装介质、厚度、使用材料等确定是否进行焊后整体热处理。球形罐焊后热处理应在压力试验前进行。

　　三、固体料仓

　　1. 分类

　　固体料仓包括钢制焊接立式圆筒形料仓、铝（铜）制焊接立式圆筒形料仓等。构成料仓壳体的受力元件由仓壳顶、仓壳圆筒和仓壳锥体组成。

　　2. 钢制焊接立式圆筒形料仓应用

　　机电工程使用固体料仓很广泛。例如：出厂前包装化工固态产品、锅炉（煤气化炉）煤仓、石灰石－湿法脱硫工艺中关键设备制浆料仓等。

　　四、储罐

　　（一）分类及应用

　　1. 常压储罐

　　（1）《立式圆筒形钢制焊接储罐施工规范》GB 50128—2014 适用于储存石油、石化产品及其他类似液体的常压和接近常压的立式圆筒形钢制焊接储罐罐体及与储罐相焊接附件的施工，不适用于埋地的、储存极度和高度危害介质、人工制冷液体的储罐。应用于原油储存罐区、炼油产品储存、石油液化气低温储存等。

　　（2）对于固定顶储罐，常压不大于 0.25kPa，正压不大于罐顶单位面积的自重。接近常压包括微内压和外压罐，微内压指稍大于罐顶单位面积的自重，但不大于 18kPa；外压罐指设计真空外压不小于 0.25kPa、不大于 6.9kPa 的固定顶储罐。应用于化工、煤化工等领域生产工艺过程中间产品储存的储存罐及原料储罐，例如：液氨储罐、碱液储罐、酸液储罐等。

（3）《立式圆筒形钢制焊接油罐设计规范》GB 50341—2014 适用于储存石油、石化产品及其他类似液体的常压和接近常压立式圆筒形钢制焊接油罐的设计；但不适用于埋地的、储存毒性程度为极度和高度危害介质、人工制冷液体储罐的设计。例如，储存 LPG（液化石油气）、LNG（液化天然气）的储罐。

2. 大型储罐

（1）公称直径大于或等于 30m 或公称容积大于或等于 1000m³ 的储罐。

（2）《立式圆筒形钢制焊接储罐安全技术规范》AQ 3053—2015 适用于设计压力小于 0.1MPa（G）且公称容积大于或等于 1000m³、建造在地面上、储存毒性程度为非极度或非高度危害的石油、石油产品或化工液体介质、现场组焊的立式圆筒形钢制焊接储罐。其范围包括储罐本体、安全附件和储罐接管的法兰盖、密封垫片及其紧固件。本标准不适用于冷冻式低温储罐。公称容积小于 1000m³、储存其他类似液体介质的储罐，可参照本标准执行。

3. LNG 储罐

LNG 储罐分类为：单容罐、双容罐、全容罐、薄膜罐。

（二）制作与安装技术

1. 储罐壁板

（1）正装法是先将罐底在基础上铺焊好后，将罐壁的第一圈板在罐底上组对焊接，再与底板施焊，然后用机械将第二圈壁板与第一圈壁板逐块组装，焊接第二圈壁板纵向焊缝，焊接第二圈壁板与第一圈壁板的环向焊缝；按此顺序依次向上，直至最后一圈壁板组焊完毕。大型浮顶罐一般采用正装法施工，壁板和底板的焊接可采用自动焊。

（2）倒装法的施工程序和正装法相反，倒装法的施工程序是：施工准备→罐底板铺设→在铺好的罐底板上安装最上圈壁板→制作并安装罐顶→整体提升→安装下一圈壁板→整体提升→……直至最下一圈壁板，依次从上到下地进行安装。

倒装法安装基本是在地面上进行作业，避免了高空作业，保证了安全生产，有利于提高质量和工效，目前在储罐施工中被广泛采用。倒装法的提升工具主要有电动葫芦或液压提升系统等。

（3）水浮法是利用水的浮力和浮船罐顶的构造特点来达到储罐组装的一种方法，是正装法的一种。由于其施工周期长、水资源利用率相对较低，已逐步被其他安装工艺取代。

2. LNG 储罐

（1）所有用于主液体容器和次液体容器的板材都应分别独立搬运和存放，以使各种材料不会互混。要采取足够的防风保护措施。"低温材料"应做适当标记。

（2）各种临时附件应使用与要附着的材料相同的材质、使用相同的焊接工艺进行焊接。临时附件应使用热切割、刨削，或打磨的方法除掉。在热切割或刨削焊缝以后，应保留 2mm 材料，并磨平到光滑表面；在除掉临时附件以后，应进行表面无损检测。不允许在薄膜上焊接临时附件。

（3）单容罐、双容罐和全容罐的主液体容器和次液体容器，应保证罐壁最厚板和罐壁最薄板的纵焊缝以及每一种相应的焊接工艺至少各制作一块产品焊接试板。

五、气柜

（一）分类

1. 低压湿式气柜

湿式气柜是设置水槽、用水密封的气柜，包括直升式气柜（导轨为带外导架的直导轨）和螺旋式气柜（导轨为螺旋形）。可按照活动塔节分为单节气柜和多节气柜。

2. 干式气柜（干式柜）

干式柜，密封形式为非水密封，具有活塞密封结构的储气设备，其储气压力是由活塞钢构、密封装置、导轮和活塞配重等的自重产生的。

目前，国内主要有多边稀油密封气柜、圆筒形稀油密封气柜和橡胶膜密封气柜几类。

（二）制作与安装技术

1. 材料

（1）气柜所用的材料应符合设计文件的规定。

（2）材料应具有产品质量证明书原件或复印件，复印件上应有经销商质量检验专用印章；材料的标志应清晰。

（3）对材料质量证明书有疑义时，应对材料进行复验。

2. 样板或样杆

预制、组装和检验过程中所使用的样板或样杆板上标出正反面及所代表构件的名称、部位和规格。经施工单位质量管理部门鉴定合格后，应按计量器具管理要求进行管理。

3. 排版图

（1）应根据设计文件和钢材到货尺寸，绘制气柜底板、水槽壁、中节和钟罩的排版图。

（2）排版图应包括各部位、零件的名称、编号、视图方向、展开方式、方位标识和焊缝编号。

六、静置设备的检验试验要求

（一）压力容器产品焊接试件要求

1. 试验目的及方法

为检验产品焊接接头的力学性能和弯曲性能，应制作产品焊接试件，制取试样，进行拉力、弯曲和规定的冲击试验。

2. 试件制备

（1）产品焊接试件的材料、焊接和热处理工艺，应在其所代表的受压元件焊接接头的焊接工艺评定合格范围内。

（2）产品焊接试件由参与本台压力容器产品的焊工焊接，焊接后打上焊工和检验员代号钢印。

（3）圆筒形压力容器的产品焊接试件，应当在筒节纵向焊缝的延长部分，采用与施焊压力容器相同的条件和焊接工艺同时焊接。

（4）现场组焊的每台球形储罐应制作立焊、横焊、平焊加仰焊位置的产品焊接试件各一块。

（5）球罐的产品焊接试件应由施焊该球形储罐的焊工在与球形储罐焊接相同的条件和焊接工艺情况下焊接。

3. 试件检验

产品焊接试件经外观检查和射线（或超声）检测，如不合格，允许返修，如不返修，可避开缺陷部位截取试样。

（二）大型储罐底板三层搭接焊缝检测

1. 底板三层钢板重叠部分的搭接接头焊缝、罐底板对接焊缝与壁板的"T"形焊缝的根部焊道焊完后，在沿三个方向各 200mm 范围内，应进行渗透检测。

2. 全部焊完后，应进行渗透检测或磁粉检测。

（三）储罐的充水试验

1. 基本要求

（1）储罐建造完毕，应进行充水试验。并应检查：罐底严密性，罐壁强度及严密性，固定顶的强度、稳定性及严密性，浮顶及内浮顶的升降试验及严密性，浮顶排水管的严密性等。

（2）进行基础的沉降观测。

2. 充水试验前应具备的条件

所有附件及其他与罐体焊接的构件，应全部完工，并检验合格；所有与严密性试验有关的焊缝，均不得涂刷油漆。

3. 试验介质及充水

（1）一般情况下，充水试验采用洁净水；特殊情况下，如采用其他液体进行充水试验，必须经有关部门批准。

（2）对不锈钢罐，试验用水中氯离子含量不得超过 25ppm。试验水温均不低于 5℃。

（3）充水试验中应进行基础沉降观测。如基础发生设计不允许的沉降，应停止充水，待处理后，方可继续进行试验。充水和放水过程中，应打开透光孔，且不得使基础浸水。

（四）几何尺寸检验要求

1. 球罐

（1）球罐焊后几何尺寸检查内容包括：壳板焊后的棱角检查，两极间内直径及赤道截面的最大内直径检查，支柱垂直度检查。

（2）零部件安装后的检查，包括人孔、接管的位置、外伸长度、法兰面与管中心轴线垂直度检查。

2. 储罐

（1）储罐罐体几何尺寸检查内容包括：罐壁高度偏差，罐壁垂直度偏差，罐壁焊缝棱角度和罐壁的局部凹凸变形，底圈壁板内表面半径偏差。

（2）罐底、罐顶焊接后检查内容包括：罐底焊后局部凹凸变形，浮顶局部凹凸变形，固定顶的成型及局部凹凸变形。

2H313052 钢结构的制作与安装技术要求

一、钢结构制作

（一）钢结构制作内容

1. 钢结构零件及部件加工

例如，各种杆件、节点板、加强筋、支座、螺栓球等。

2. 钢构件预制

（1）钢结构构件是由若干个零件或部件组装成一体的形式。例如，H型钢、钢柱、钢梁（吊车梁）、钢桁架、墙架、檩条、支撑、钢平台板、钢梯、金属压型板等。

（2）构件组装前应完成板材、型材的拼接部件的组装。应在组装、焊接、矫正、检验合格后进行。

（3）构件的组装应根据设计要求的构件形式、连接方式、焊接方法和焊接顺序等，确定合理的组装顺序。

（二）钢构件制作程序和要求

1. 金属结构工厂化预制的一般程序

（1）金属构件一般在预制厂（场）制作，采用工厂化的制造方式。

（2）一般程序是：原材料检验→下料→拼接→零部件加工→部件装配→焊接→除锈→油漆→构件编号验收。

2. 金属结构制作工艺要求

（1）零件、部件采用样板、样杆号料时，号料样板、样杆制作后应进行校准，并经检验人员复验确认后使用。

（2）钢材切割面应无裂纹、夹渣、分层等缺陷和大于1mm的缺棱，并应全数检查。

（3）碳素结构钢在环境温度低于−16℃、低合金结构钢在环境温度低于−12℃时，不应进行冷矫正和冷弯曲。碳素结构钢和低合金结构钢在加热矫正时，加热温度应为700～800℃，最高温度严禁超过900℃，最低温度不得低于600℃。低合金结构钢在加热矫正后应自然冷却。

（4）矫正后的钢材表面，不应有明显的凹面或损伤，划痕深度不得大于0.5mm，且不应大于该钢材厚度允许负偏差的1/2。

（5）金属结构制作焊接，应根据工艺评定编制焊接工艺文件。对于有较大收缩或角变形的接头，正式焊接前应采用预留焊接收缩裕量或反变形方法控制收缩和变形；长焊缝采用分段退焊、跳焊法或多人对称焊接法焊接；多组件构成的组合构件应采取分部组装焊接，矫正变形后再进行总装焊接。

二、工业钢结构安装工艺技术

（一）金属结构安装一般程序

1. 工业钢结构安装

（1）包括内容

在一般工业，冶炼、电力、石油化工等工业的厂房、仓库、多层框架、管架、塔桅结构、设备或构架的平台、操作台、栈桥、跨线过桥等钢结构。

（2）钢结构安装的主要环节

1）基础验收与处理；

2）钢构件复查；

3）钢结构安装；

4）涂装（防腐涂装和／或防火涂装）。

2. 工业钢结构安装程序

钢结构一般安装程序为：构件检查→基础复查→钢柱安装→支撑安装→梁安装→平台

板（层板、屋面板）安装→围护结构安装。

（二）钢结构焊接要求

见本书"2H312030 机电工程焊接技术"中内容。

（三）钢结构紧固连接要求

1. 一般规定

（1）钢结构制作和安装中常采用普通螺栓、扭剪型高强度螺栓、高强度大六角头螺栓、钢网架螺栓球节点用高强度螺栓及拉铆钉、自攻钉、射钉等紧固件连接工程的施工方式。

（2）钢结构制作和安装单位，应按现行国家标准《钢结构工程施工质量验收标准》GB 50205—2020 的有关规定分别进行高强度螺栓连接摩擦面的抗滑移系数试验，其结果应符合设计要求。当高强度螺栓连接节点按承压型连接或张拉型连接进行强度设计时，可不进行摩擦面抗滑移系数的试验。高强度大六角头螺栓连接副扭矩系数抽样复检、扭剪型高强度螺栓连接副紧固轴力（预拉力）抽样复检，按《钢结构高强度螺栓连接技术规程》JGJ 82—2011 的有关规定进行。

2. 高强度螺栓连接的要求

（1）高强度螺栓连接处的摩擦面可根据设计抗滑移系数的要求选择处理工艺，抗滑移系数应符合设计要求。采用手工砂轮打磨时，打磨方向应与受力方向垂直，且打磨范围不应小于螺栓孔径的 4 倍。

（2）经表面处理后的高强度螺栓连接摩擦面要求：

1）连接摩擦面应保持干燥、清洁，不应有飞边、毛刺、焊接飞溅物、焊疤、氧化铁皮、污垢等；

2）经处理后的摩擦面应采取保护措施，不得在摩擦面上做标记；

3）摩擦面采用生锈处理方法时，安装前应以细钢丝刷垂直于构件受力方向除去摩擦面上的浮锈。

（3）高强度大六角头螺栓连接副应由一个螺栓、一个螺母和两个垫圈组成；扭剪型高强度螺栓连接副应由一个螺栓、一个螺母和一个垫圈组成。

（四）钢构件组装和钢结构安装要求

1. 焊接 H 型钢的翼缘板拼接缝和腹板拼接缝的间距，不宜小于 200mm；翼缘板拼接长度不应小于 600mm；腹板拼接宽度不应小于 300mm，长度不应小于 600mm。

2. 吊车梁和吊车桁架安装就位后不应下挠。

3. 多节柱安装时，每节柱的定位轴线应从地面控制轴线直接引上，不得从下层柱的轴线引上，避免造成过大的积累误差。

4. 钢网架结构总拼完成后及屋面工程完成后应分别测量其挠度值，且所测的挠度值不应超过相应设计值的 1.15 倍。

5. 涂料、涂装遍数、涂层厚度均应符合设计要求。当设计对涂层厚度无要求时，涂层干漆膜总厚度：室外应为 150μm，室内应为 125μm，其允许偏差为 −25μm。每遍涂层干漆膜厚度的允许偏差为 −5μm。

6. 薄涂型防火涂料的涂层厚度应符合有关耐火极限的设计要求。厚涂型防火涂料涂层的厚度，80% 及以上面积应符合有关耐火极限的设计要求，且最薄处厚度不应小于设计要求厚度的 85%。

2H313060   自动化仪表工程安装技术

2H313061   自动化仪表的安装程序和要求

一、自动化仪表安装的施工准备

（一）资料准备

1. 施工图、常用标准图、自控安装图册；

2.《自动化仪表工程施工及质量验收规范》GB 50093—2013 等相关标准；

3. 各种施工安装、试验和质量评定及验收表格。

（二）技术准备

1. 熟悉图纸、图纸会审、已批准的施工组织设计及施工方案、交底。包括施工图审查、参加由建设单位或监理单位组织的施工图设计文件会审、编制施工组织设计及施工方案、进行技术交底等。

2. 编制施工方案。编制自动化仪表工程安装施工方案时，针对复杂、关键的安装和试验工作及主要施工工序应编制专项施工方案。

例如，电缆敷设及各种管道敷设施工方案、仪表安装施工方案、单体调校施工方案、信号联锁及过程控制系统调试施工方案等。

（三）施工现场准备

1. 设置库房、加工场、试验室。大中型项目的仪表工程施工应设置设备与材料库房、加工预制场、仪表库房、仪表调校室及工具房等。

2. 仪表安装前的校准和试验应在室内进行，仪表调校室的设置应符合以下要求：

（1）应避开振动大、灰尘多、噪声大和有强磁场干扰的地方。

（2）应有符合调校要求的交、直流电源及仪表气源。

（3）应保证室内清洁、安静、光线充足、通风良好。

（4）室内温度维持在 10～35℃，空气相对湿度不大于 85%。

（5）仪表试验的电源电压应稳定。交流电源及 60V 以上的直流电源电压波动范围应为 ±10%；60V 以下的直流电源电压波动范围应为 ±5%。

（6）仪表试验的气源应符合要求。气源应清洁、干燥，露点应低于最低环境温度 10℃以上，气源压力应稳定。

（四）施工机具和标准仪器的准备

1. 按工程实际需求提出机具计划，明确设备名称、规格、型号、数量等。

2. 用于仪表校准和试验的标准仪器、仪表应具备有效的计量检定合格证书，其基本误差的绝对值，不宜超过被校准仪表基本误差绝对值的 1/3。

（五）仪表设备及材料的检验和保管

1. 按规定要求对仪表设备及材料进行开箱检查和外观检查

（1）包装及密封良好。

（2）型号、规格、材质和数量与装箱单及设计文件的要求一致，且无残损和短缺。

（3）铭牌标志、附件、备件齐全。

（4）产品的技术文件和质量证明书齐全。

2. 仪表设备及材料的保管要求

（1）测量仪表、控制仪表、计算机及其外部设备等精密设备，宜存放在温度为5～40℃、相对湿度不大于80%的保温库内。

（2）执行机构、各种导线、阀门、有色金属、优质钢材、管件及一般电气设备，应存放在干燥的封闭库内。

（3）设备由温度低于−5℃的环境移入保温库时，应在库内放置24h后再开箱。

（4）仪表设备及材料在安装前的保管期限，不应超过1年。超期贮存可能造成某些仪表设备、材料或其中某些元部件的性能变化、失效。

二、自动化仪表安装主要施工程序

1. 自动化仪表安装施工的原则

（1）自动化仪表施工的原则：先土建后安装；先地下后地上；先安装设备再配管布线；先两端（控制室、就地盘和现场仪表）后中间（电缆槽、接线盒、保护管、电缆、电线和仪表管道等）。

（2）仪表设备安装应遵循的原则：先里后外；先高后低；先重后轻。

（3）仪表调校应遵循的原则：先取证后校验；先单校后联校；先单回路后复杂回路；先单点后网络。

2. 自动化仪表安装施工程序

施工准备→制作安装盘柜基础→盘柜、操作台安装→电缆槽、接线箱（盒）安装→取源部件安装→仪表单体校验、调整安装→仪表管道安装→电缆敷设→仪表电源设备试验→综合控制系统试验→回路试验、系统试验→投运→竣工资料编制→交接验收。

3. 仪表管道安装施工程序

（1）仪表管道的类型

仪表管道有测量管道、气动信号管道、气源管道、液压管道和伴热管道等。

（2）仪表管道安装施工程序

管材管件出库检验→管材及支架的除锈、一次防腐→阀门压力试验→管路预制、安装→管道的压力试验与吹扫（清洗）→管材及支架的二次防腐。

三、自动化仪表安装施工内容

1. 仪表设备安装及试验

（1）主要仪表设备的安装内容。取源部件安装；现场仪表支架预制安装；仪表箱、保温箱和保护箱安装；现场仪表安装（温度检测仪表、压力检测仪表、流量检测仪表、物位检测仪表、机械量检测仪表、成分分析及物性检测仪表等）；执行器安装。

（2）主要仪表设备的试验。仪表单体校验、调整；温度检测仪表、压力检测仪表、流量检测仪表、物位检测仪表、机械量检测仪表、成分分析和物性检测仪及执行器等的试验。

2. 仪表线路安装

（1）仪表线路包括：仪表电线、电缆、补偿导线、光缆和电缆槽、保护管等。

（2）主要工作内容：各种支架制作与安装；电缆槽安装（电缆槽按其制造的材质主要为玻璃钢电缆槽架、钢制电缆槽架和铝合金槽架）；现场接线箱安装；保护管安装；电缆、电线敷设；电缆、电线导通检查、绝缘试验；仪表线路的配线。

3. 中央控制室安装

（1）中央控制室包括：全套盘、柜，综合控制系统，操作台型钢基础。

（2）主要工作内容：盘、柜、操作台型钢基础制作安装；盘、柜、操作台安装；控制室接地系统、控制仪表安装；综合控制系统设备安装；仪表电源设备安装与试验；内部卡件测试；综合控制系统试验；回路试验和系统试验（包括检测回路试验、控制回路试验、报警系统、程序控制系统和联锁系统的试验）。

4. 交接验收

（1）仪表工程的回路试验和系统试验进行完毕，即可开通系统投入运行。

（2）仪表工程连续 48h 开通投入运行正常后，即具备交接验收条件。

（3）编制并提交仪表工程竣工资料。

2H313062　自动化仪表设备的安装技术要求

一、自动化仪表设备的安装要求

1. 仪表设备安装的一般规定

（1）现场仪表的安装位置应符合下列要求：

1）光线充足，操作和维护方便；

2）仪表的中心距操作地面的高度宜为 1.2～1.5m；

3）显示仪表应安装在便于观察示值的位置；

4）仪表不应安装在有振动、潮湿、易受机械损伤、有强电磁场干扰、高温、温度剧烈变化和有腐蚀性气体的位置；

5）检测元件应安装在能真实反映输入变量的位置。

（2）在设备和管道上安装的仪表应按设计文件规定的位置安装，仪表安装前应按设计文件核对其位号、型号、规格、材质和附件。

（3）安装过程中不应敲击、振动仪表。仪表安装后应牢固、平正。仪表与设备、管道或构件的连接及固定部位应受力均匀，不应承受非正常的外力。

（4）设计文件规定需要脱脂的仪表，应经脱脂检查合格后安装。

（5）直接安装在管道上的仪表，宜在管道吹扫后安装，当必须与管道同时安装时，在管道吹扫前应将仪表拆下。

（6）直接安装在设备或管道上的仪表在安装完毕应进行压力试验。

（7）仪表接线箱（盒）应采取密封措施，引入口不宜朝上。

（8）对仪表和仪表电源设备进行绝缘电阻测量时，应有防止弱电设备及电子元件被损坏的措施。

（9）每条现场总线上的仪表数量、总线的最大距离应符合设计文件规定。仪表线路的连接应为并联方式。

（10）核辐射式仪表安装前应编制具体的安装方案，安装中的安全防护措施应符合国家现行有关放射性同位素工作卫生防护标准的规定。在安装现场应有明显的警戒标识。

2. 仪表盘、柜、箱安装

（1）仪表盘、柜、箱的型钢底座应在地面施工完成前安装找正，其上表面宜高出地面，并应进行防腐处理。

1）仪表盘、柜、操作台的型钢底座的制作尺寸，应与盘、柜、操作台相符，其直线度允许偏差应为 1mm/m；当型钢底座长度大于 5m 时，全长允许偏差应为 5mm。

2）仪表盘、柜、操作台的型钢底座安装时，上表面应保持水平，其水平度允许偏差应为 1mm/m；当型钢底座长度大于 5m 时，全长水平度允许偏差应为 5mm。

（2）仪表盘、柜、操作台之间及仪表盘、柜、操作台内各设备构件之间的连接应牢固，安装用的紧固件应为防锈材料。安装固定不应采用焊接方式。

3. 温度检测仪表安装

（1）测温元件安装在易受被测物料强烈冲击的位置，应按设计文件规定采取防弯曲措施。

（2）压力式温度计的温包必须全部浸入被测对象中。

（3）在多粉尘的部位安装测温元件，应采取防止磨损的措施。

（4）表面温度计的感温面与被测对象表面应紧密接触，并应固定牢固。

（5）温度检测仪表的测温元件应安装在能准确反映被测对象温度的部位。

4. 压力检测仪表安装

（1）测量低压的压力表或变送器的安装高度，宜与取压点的高度一致。

（2）测量高压的压力表安装在操作岗位附近时，宜距操作面 1.8m 以上，或在仪表正面加保护罩。

（3）现场安装的压力表，不应固定在有强烈振动的设备或管道上。

5. 流量检测仪表安装

（1）节流件安装应符合下列规定：安装前应进行清洗，清洗时不应损伤节流件；节流件必须在管道吹洗后安装；节流件安装方向，必须使流体从节流件的上游端面流向节流件的下游端面，孔板的锐边或喷嘴的曲面侧迎着被测流体的流向；在水平和倾斜的管道上安装的孔板或喷嘴，当有排泄孔流体为液体时，排泄孔的位置应在管道的正上方，流体为气体或蒸汽时，排泄孔的位置应在管道的正下方；节流件的断面应垂直于管道轴线，其允许偏差应为 1°，节流件应与管件或夹持件同轴，其轴线与上下游管道轴线之间不同轴线误差应符合规范公式规定。

（2）涡轮流量计和涡街流量计的信号线应使用屏蔽线，其上下游直管段的长度应符合设计文件的规定。

（3）质量流量计应安装于被测流体完全充满的水平管道上。测量气体时，箱体管应置于管道上方，测量液体时，箱体管应置于管道下方，在垂直管道中的流体流向应自下而上。

（4）电磁流量计安装，应符合以下规定：流量计外壳、被测流体和管道连接法兰之间应等电位接地连接；在垂直的管道上安装时，被测流体的流向应自下而上，在水平的管道上安装时，两个测量电极不应在管道的正上方和正下方位置；流量计上游直管段长度和安装支撑方式应符合设计文件规定。

（5）超声波流量计上下游直管段长度应符合设计文件规定；对于水平管道，换能器的位置应在与水平直线成 45° 夹角的范围内；被测管道内壁不应有影响测量精度的结垢层或涂层。

6. 物位检测仪表安装

（1）浮筒液位计的安装应使浮筒呈垂直状态，处于浮筒中心正常操作液位或分界液位的高度。

（2）用差压计或差压变送器测量液位时，仪表安装高度不应高于下部取压口。

（3）超声波物位计的安装应符合下列要求：不应安装在进料口的上方；传感器宜垂直于物料表面；在信号波束角内不应有遮挡物；物料的最高物位不应进入仪表的盲区。

（4）雷达物位计不应安装在进料口的上方，传感器应垂直于物料表面。

（5）音叉物位计的两个平行叉板应与地面垂直安装，叉体不应受到强烈冲击。

7. 成分分析和物性检测仪表安装

（1）被分析样品的排放管应直接与排放总管连接，总管应引至室外安全场所，其集液处应有排液装置。

（2）可燃气体检测器和有毒气体检测器的安装位置应根据所检测气体的密度确定，其密度大于空气时，检测器应安装在距地面 200～300mm 处，其密度小于空气时，检测器应安装在泄漏区域的上方。

二、自动化仪表取源部件的安装要求

1. 取源部件安装的一般规定

（1）取源部件的安装，应在工艺设备制造或工艺管道预制、安装的同时进行。

（2）安装取源部件的开孔与焊接必须在工艺管道或设备的防腐、衬里、吹扫和压力试验前进行。

（3）在高压、合金钢、有色金属的工艺管道和设备上开孔时，应采用机械加工的方法。

（4）在砌体和混凝土浇筑体上安装的取源部件应在砌筑或浇筑的同时埋入，当无法做到时，应预留安装孔。

（5）安装取源部件时，不应在焊缝及其边缘上开孔及焊接。

（6）当设备及管道有绝热层时，安装的取源部件应露出绝热层外。

（7）取源部件安装完毕后，应与设备和管道同时进行压力试验。

2. 温度取源部件的安装要求

（1）温度取源部件的安装位置

要选在介质温度变化灵敏和具有代表性的地方，不宜选在阀门等阻力部件的附近和介质流束呈现死角处以及振动较大的地方。

（2）温度取源部件与管道安装要求

1）温度取源部件与管道垂直安装时，取源部件轴线应与管道轴线垂直相交。

2）在管道的拐弯处安装时，宜逆着物料流向，取源部件轴线应与管道轴线相重合。

3）与管道呈倾斜角度安装时，宜逆着物料流向，取源部件轴线应与管道轴线相交。

3. 压力取源部件与管道安装要求

（1）在水平和倾斜的管道上的安装要求

1）当测量气体压力时，取压点的方位在管道的上半部。

2）测量液体压力时，取压点的方位在管道的下半部与管道的水平中心线成 0°～45°夹角的范围内。

3）测量蒸汽压力时，取压点的方位在管道的上半部，或者下半部与管道水平中心线成 0°～45°夹角的范围内。

（2）压力取源部件与温度取源部件在同一管段上时的要求

压力取源部件应安装在温度取源部件的上游侧。

4. 流量取源部件与管道的安装要求

（1）流量取源部件上、下游直管段的最小长度，应符合设计文件的规定。

（2）在上、下游直管段的最小长度范围内，不得设置其他取源部件或检测元件。

（3）直管段内表面应清洁，无凹坑和凸出物。

（4）采用均压环取压时，取压孔应在同一截面上均匀设置，且上、下游取压孔的数量应相等。

（5）节流装置在水平和倾斜的管道上时，取压口的方位应符合下列要求：

1）当测量气体流量时，取压口应在管道的上半部。

2）测量液体流量时，取压口在管道的下半部与管道水平中心线成 0°～45° 夹角的范围内。

3）测量蒸汽时，取压口在管道的上半部与管道水平中心线成 0°～45° 夹角的范围内。

（6）孔板的安装要求：

1）采用不同取压方式时取压孔直径要求不一样，但都要求取压孔的轴线与管道的轴线垂直相交，并且上下游侧取压孔的直径应相等。

2）孔板采用单独钻孔的角接取压时，取压孔的直径宜在 4～10mm。

3）采用法兰取压时，取压孔的直径宜在 6～12mm。

5. 物位取源部件的安装要求

（1）物位取源部件的安装位置应选在物位变化灵敏，且不使检测元件受到物料冲击的地方。

（2）静压液位计取源部件的安装位置应远离液体进、出口。

（3）内浮筒液位计和浮球液位计采用导向管或其他导向装置时，导向管或导向装置应垂直安装，导向管内液流应畅通。

（4）安装浮球式液位仪表的法兰短管应使浮球能在全量程范围内自由活动。

（5）电接点水位计的测量筒应垂直安装，筒体零水位电极的中轴线与被测容器正常工作时的零水位线应处于同一高度。

6. 分析取源部件的安装要求

（1）分析取源部件应安装在压力稳定、能灵敏反映真实成分变化和取得具有代表性的分析样品的位置。

（2）取样点的周围不应有层流、涡流、空气渗入、死角、物料堵塞或非生产过程的化学反应。

（3）在水平或倾斜的管道上安装分析取源部件时，其安装方位的要求与安装压力取源部件的取压点要求相同。

三、仪表试验

1. 仪表在安装和使用前应进行检查、校准和试验。仪表安装前的校准和试验应在室内进行。

2. 仪表工程在系统投用前应进行回路试验。仪表回路试验的电源和气源宜由正式电源和气源供给。

3. 设计文件规定禁油和脱脂的仪表在校准和试验时，必须按其规定进行。

4. 用于仪表校准和试验的标准仪器仪表，应具备有效的计量检定合格证明，其基本误差的绝对值不宜超过被校准仪表基本误差绝对值的1/3。在选择试验用的标准仪器仪表时，至少应保证其准确度比被校准仪表高一个等级。

5. 单台仪表校准和试验应填写校准和试验记录；仪表上应有试验状态标识和位号标识；仪表需加封印和漆封的部位应加封印和漆封。

6. 温度检测仪表的校准试验点不应少于 2 点。直接显示温度计的示值误差应符合仪表准确度的规定。热电偶和热电阻可在常温下对元件进行检测，可不进行热电性能试验。

7. 压力、差压变送器除了应进行输入输出特性试验和校准，其准确度应符合设计文件的规定，输入输出信号范围和类型应与铭牌标识、设计文件规定一致，并应与显示仪表配套。还应按设计文件和使用要求进行零点、量程调整和零点迁移量调整。

8. 浮筒式液位计可采用干校法或湿校法校准。干校法挂重量的确定、湿校法试验介质密度的换算，均应符合产品设计使用状态的要求。储罐液位计、料面计可在安装完成后直接模拟物位进行校准。

9. 电源设备的带电部分与金属外壳之间的绝缘电阻，当采用 500V 兆欧表测量时，不应小于 5MΩ。

10. 综合控制系统在回路试验和系统试验前应在控制室内对系统本身进行试验。试验项目应包括组成系统的各操作站、工程师站、控制器、个人计算机和管理计算机、总线和通信网络等设备的硬件和软件的有关功能试验。综合控制系统的试验应按批准的试验方案进行。

11. 回路试验应在系统投入运行前进行，试验前应具备下列条件：

（1）回路中的仪表设备、装置和仪表线路、仪表管道应安装完毕。

（2）组成回路的各仪表的单台试验和校准应已经完成。

（3）仪表配线和配管应经检查确认正确完整，配件附件齐全。

（4）回路的电源、气源和液压源应已能正常供给，并应符合仪表运行的要求。

12. 控制回路的试验应符合下列规定：

（1）控制器和执行器的作用方向应符合设计文件要求。

（2）通过控制器或操作站的输出向执行器发送控制信号，检查执行器的全行程动作方向和位置应正确。执行器带有定位器时应同时试验。

13. 检测回路的试验应符合下列要求：

（1）在检测回路的信号输入端输入模拟被测变量的标准信号，回路的显示仪表部分的示值误差，不应超过回路内各单台仪表允许基本误差平方和的平方根值。

（2）温度检测回路可在检测元件的输出端向回路输入电阻值或毫伏值模拟信号。

（3）现场不具备模拟被测变量信号的回路，应在其可模拟输入信号的最前端输入信号进行回路试验。

14. 报警系统的试验应符合下列要求：

（1）系统中有报警信号的仪表设备，包括各种检测报警开关、仪表的报警输出部件和接点，应根据设计文件规定的设定值进行整定。

（2）在报警回路的信号发生端模拟输入信号，检查报警灯光、音响和屏幕显示应正确。报警点整定后宜在调整器件上加封记。

（3）报警的消音、复位和记录功能应正确。

15. 程序控制系统和联锁系统的试验应符合下列要求：

（1）程序控制系统和联锁系统有关装置的硬件和软件功能试验应已完成，系统相关的回路试验应已完成。

（2）系统中的各有关仪表和部件的动作设定值，应根据设计文件规定进行整定。

（3）联锁点多、程序复杂的系统，可先分项、分段进行试验，再进行整体检查试验。

（4）程序控制系统的试验应按程序设计的步骤逐步检查试验，其条件判定、逻辑关系、动作时间和输出状态等均应符合设计文件规定。

（5）在进行系统功能试验时，可采用已试验整定合格的仪表和检测报警开关的报警输出接点直接发出模拟条件信号。

（6）系统试验中应与相关的专业配合，共同确认程序运行和联锁保护条件及功能的正确性，并应对试验过程中相关设备和装置的运行状态和安全防护采取必要措施。

16. 综合控制系统可先在控制室内与现场线路相连的输入输出端为界进行回路试验，再与现场仪表连接进行整个回路的试验。

2H313070　防腐蚀与绝热工程施工技术

2H313071　防腐蚀工程施工技术要求

一、防腐蚀

1. 防腐蚀就是通过采取各种手段，保护容易锈蚀的金属物品，来达到延长其使用寿命的目的。通常采用化学防腐蚀、物理防腐蚀、电化学防腐蚀等方法。

2. 化学防腐蚀是改变金属的内部结构。例如，把铬、镍加入普通非合金钢中制成不锈钢。

3. 物理防腐蚀是在金属表面覆盖保护层。例如，涂装、衬里。

4. 电化学腐蚀是金属在电解质中，由于金属表面形成的微电池作用而发生的腐蚀。电化学保护分为外加电流的阴极保护和牺牲阳极的阴极保护。

5. 表面预处理是指在涂装前，除去工件表面附着物、生成的氧化物以及提高表面粗糙度，提高工件表面与涂层的附着力或赋予表面以一定的耐蚀性能的过程，又叫前处理。

二、防腐蚀施工技术

（一）表面处理

1. 表面处理的方法

（1）在涂装前，表面处理的方法有机械处理、化学处理、电化学处理、脱脂、电化学脱脂、除锈、修正、酸洗、火焰清理、喷射处理等。常用方法有工具清理、机械处理、喷射或抛射处理。

（2）机械处理包括：喷射、抛丸等。

（3）化学处理包括：脱脂、化学脱脂、浸泡脱脂、喷淋脱脂、超声波脱脂、转化处理。

（4）工具清理包括：手工、动力。手动工具包括钢丝刷、粗砂纸、铲刀、刮刀或类似手工工具。动力工具包括旋转钢丝刷、电动砂轮或除锈机等。

（5）喷射处理包括：干喷射、湿喷射、喷砂、喷丸、喷粒。

（6）转化处理包括：磷化、铬酸盐钝化、钝化。

2. 施工技术要点

（1）在选择表面处理方法时，应考虑所要求的处理等级。必要时，还应考虑与拟用涂料配套体系相适应的表面粗糙度。表面处理的费用通常是与清洁度的高低成正比，因此应选择与涂料配套体系要求相适应的某个处理等级，或者是与能够实现的处理等级相适应的某个涂料配套体系。

（2）钢材表面的锈蚀程度分别以 A、B、C 和 D 四个锈蚀等级表示。

1）A——大面积覆盖着氧化皮而几乎没有铁锈的钢材表面；

2）B——已发生锈蚀，并且氧化皮已开始剥落的钢材表面；

3）C——氧化皮已因锈蚀而剥落，或者可以刮除，并且在正常视力观察下可见轻微点蚀的钢材表面；

4）D——氧化皮已因锈蚀而剥落，并且在正常视力观察下可见普遍发生点蚀的钢材表面。

（3）工具处理等级分为 St2 级、St3 级两级；喷射处理质量等级分为 Sa1 级、Sa2 级、Sa2.5 级、Sa3 级四级。

（4）焊缝表面的要求和处理如下：

1）对接焊缝表面应平整，并应无气孔、焊瘤和夹渣。焊缝高度应小于或等于 2mm，并平滑过渡。

2）设备转角和接管部位的焊缝应饱满、圆滑，不得有毛刺，应将棱角打磨成钝角并形成圆弧过渡。

3）角焊缝的圆角部位，焊角高度、突出角的焊接圆弧半径以及内角的焊接圆弧半径应满足要求。

4）切除组装卡具时，不得损伤基体母材。

（5）无溶剂环氧液体涂料的防腐蚀涂装前，根据 GB/T 31361—2015 规范规定如下：

1）应先将基材表面棱角打磨成 $R \geqslant 2mm$ 的圆角，其焊缝部位应无尖角、凹陷、气孔、裂纹、缝隙和焊渣；清除基材表面容易引起针孔和涂层厚度不匀的疵点和缺陷。

2）应用适当的方法将基材表面的灰尘、油脂及其他污染物清理干净。

3）须按 GB/T 8923.1—2011 规范的规定，对基材表面进行喷砂或抛丸处理，除锈质量达到 Sa2.5 级及以上，粗糙度达到 GB/T 1031—2009 规范中规定的 Rz30～100μm 范围内。

4）用净化压缩空气或金属刷除去因上述过程残存在基材表面的残留物，灰尘度不应超过 GB/T 18570.3—2005 规范规定的 2 级。

（二）涂装

1. 涂装方法

（1）涂装方法有：手工刷漆、喷涂、电泳涂装、自泳涂装、浸涂、淋涂、搓涂、帘涂装、辊涂等。其中手工刷漆、辊涂、喷涂是现场常用的涂装方法。

（2）喷涂方法分为：空气喷涂、高压无气喷涂、加热喷涂、静电喷涂、粉末静电喷涂、火焰喷涂、自动喷涂。

2. 涂装技术要求

（1）涂装工艺是涂装作业中涂料涂覆的整个工艺过程。包括涂料的调配、工件的输送、各种方法的涂覆、干燥或固化、打磨和刮腻子等工序。

（2）涂料涂层应包括环氧树脂类涂料、聚氨酯涂料、氯化橡胶涂料、高氯化聚乙烯涂料、氯磺化聚乙烯涂料、丙烯酸树脂改性涂料、有机硅耐温涂料、氟涂料、富锌涂料（有机、无机）、醇酸涂料和底层涂料的涂层。

（3）涂料进场时，供料方除提供产品质量证明文件外，尚应提供涂装的基体表面处理和施工工艺等要求。产品质量证明文件应包括：产品质量合格证；质量技术指标及检测方法；材料检测报告或技术鉴定文件。

（4）施工环境温度宜为5～30℃，相对湿度不大于85%，或涂覆的基体表面温度比露点温度高3℃。

（5）钢结构用水性防腐涂料，产品分为底漆、中间漆和面漆。

（6）涂料及有关化学品应遵守下列规定：

1）不得提供严禁或禁止使用的涂装工艺、涂料及有关化学品；

2）应向承包方提供涂装工艺、涂料及有关化学品的安全技术资料。

（三）衬里

1. 水泥砂浆衬里

（1）水泥砂浆衬里可采用单根预制或管道整体涂敷方式。

（2）现场施工的管段中，钢管规格应相同。不同口径的管段应分别组对，分段进行水泥砂浆衬里施工。现场施工管段，在水泥砂浆衬里施工前应完成清扫、组对、焊接、无损检测、强度试验、严密性试验、外防腐层补口补伤并验收合格。

2. 橡胶衬里

（1）加热硫化橡胶衬里：加热工艺、硫化温度及硫化时间符合要求。

（2）自然硫化橡胶衬里：胶板衬砌时应用专用压滚或刮板，依次压合，排净粘结面间的空气，不得漏压。压滚或刮板的用力程度应以胶板压合面见到压（刮）痕为限，前后两次滚压应有一定尺寸的重叠。

（3）预硫化橡胶衬里：胶板下料尺寸应合理、准确，应减少贴衬应力。形状复杂的工件应制作样板，并应按样板下料。

3. 块材衬里

（1）块材的品种包括：耐酸砖、耐酸耐温砖、铸石板、防腐蚀炭砖；

（2）设备接管部位衬管的施工，应在设备本体衬砌前进行；

（3）块材衬里工程应包括下列内容：水玻璃胶泥衬砌块材的设备、管道及管件的衬里层；树脂胶泥衬砌块材的设备、管道及管件的衬里层。

（四）防腐工程施工安全技术

1. 涂装作业前，应编制涂装工艺文件，制定相应的防护措施，应有以下内容：

（1）工艺过程的有害、危险因素、有毒有害物质名称、数量和最高允许浓度；

（2）防护措施；

（3）故障情况下的应急措施；

（4）安全技术操作要求；

（5）不得选用禁止或限制使用的涂装工艺论证资料。

2. 涂装作业场所应按规定配置相应的消防灭火器具，设置安全标志，由专人负责管理。

3. 选用快速测定方法，现场跟踪监测。

4. 有限空间作业

设备、管道内部涂装和衬里作业安全，应采取下列措施：

（1）办理作业批准手续；划出禁火区；设置警戒线和安全警示标志。

（2）分离或隔绝非作业系统，清除内部和周围易燃物。

（3）设置机械通风，通风量和风速应符合《涂装作业安全规程 涂漆前处理工艺安全及其通风净化》GB 7692—2012 和《涂装作业安全规程 涂漆工艺安全及其通风净化》GB 6514—2008 的有关规定。

5. 火灾事故的危险源辨识

涂装可能引发的火灾事故及其危险源（危险有害因素）辨识见表 2H313071。

涂装可能引发的火灾事故及其危险源（危险有害因素）　　表 2H313071

危险因素	来源	可能存在的场所或情形
可燃物质	有机溶剂	存放、清洗、加热、涂覆、流平、干燥固化及排风挥发、蒸发的易燃易爆物质
	废料	污染有机溶剂的废布、纱头、棉球、防护服等
	漆垢、漆尘	沉积在设备内部表面、排风设施的内部空间、建筑物内墙与顶棚表面、作业现场地面
着火源	明火（火焰、火星、灼热）	涂装作业场所内部或外部带入的烟火；焊接火花；烘干设备过热表面；灯具破裂时的明火；加热的钢板；照明灯具的灼热表面；设备、工件、管道、散热器、电器等过热表面
	摩擦冲击	工件、钢铁工具、容器相互碰撞；带钉鞋或鞋底夹有外露金属件与地坪撞击等
	电器火花	电路开启与切断、短路、过载、行灯破裂、线路电位差引起的熔融金属；保险丝熔断；外露灼热丝等
	静电放电	静电喷漆枪与工件距离过近；使用、储存、运输有机溶剂的设备、容器、管道静电积累
	雷电	
	化学能	自燃；物质混合剧烈放热反应；加热涂料时添加有机溶剂；铝粉受潮产生氢气放热自燃等
	日光聚集	
其他	增加燃烧可能性	有限空间富氧状态；火灾时继续通风；涂料泄漏、流淌和扩散；比空气相对密度大的溶剂蒸汽聚集低洼处；气温高等

2H313072 绝热工程施工技术要求

一、绝热层施工技术要求

（一）厚度和宽度

1. 当采用一种绝热制品，保温层厚度大于或等于 100mm，保冷层厚度大于或等于 80mm 时，应分为两层或多层逐层施工，各层的厚度宜接近。

2. 当采用两种或多种绝热材料复合结构的绝热层时，每种材料的厚度必须符合设计文件的规定。

3. 硬质或半硬质绝热制品的拼缝宽度，当作为保温层时，不应大于 5mm，当作为保冷层时，不应大于 2mm。

（二）接缝

1. 绝热层施工时，同层应错缝，上下层应压缝，其搭接的长度不宜小于 100mm。

2. 水平管道的纵向接缝位置，不得布置在管道垂直中心线 45° 范围内（图 2H313072-1）。当采用大管径的多块硬质成型绝热制品时，绝热层的纵向接缝位置可不受此限制，但应偏离管道垂直中心线位置。

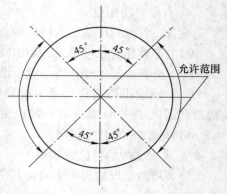

3. 绝热层各层表面均应做严缝处理。干拼缝应采用性能相近的矿物棉填塞严密，填缝前，应清除缝内杂物。湿砌灰浆胶泥应采用相同于砌体材质的材料拼砌，灰缝应饱满。

4. 伸缩缝及膨胀间隙的留设要求：

（1）设备或管道采用硬质绝热制品时，应留设伸缩缝。

图 2H313072-1　纵向接缝位置

（2）两固定管架间水平管道绝热层的伸缩缝，至少应留设一道。

（3）立式设备及垂直管道，应在支承件、法兰下面留设伸缩缝。

（4）弯头两端的直管段上，可各留一道伸缩缝；当两弯头之间的间距较小时，其直管段上的伸缩缝可根据介质温度确定仅留一道或不留设。

（5）球形容器的伸缩缝，必须按设计规定留设。当设计对伸缩缝的做法无规定时，浇注或喷涂的绝热层可用嵌条留设。

（6）伸缩缝留设的宽度，设备宜为 25mm，管道宜为 20mm。

（7）保温层的伸缩缝，应采用矿物纤维毡条、绳等填塞严密，并应捆扎固定。高温设备及管道保温层的伸缩缝外，应再进行保温。

（8）保冷层的伸缩缝，应采用软质绝热制品填塞严密或挤入发泡型粘结剂，外面应用 50mm 宽的不干性胶带粘贴密封。保冷层的伸缩缝外应再进行保冷。

（9）多层绝热层伸缩缝的留设：中、低温保温层的各层伸缩缝，可不错开；保冷层及高温保温层的各层伸缩缝，必须错开，错开距离应大于 100mm。

（10）膨胀间隙的施工，有下列情况之一时，必须在膨胀移动方向的另一侧留有膨胀间隙：

1）填料式补偿器和波形补偿器；

2）当滑动支座高度小于绝热层厚度时；

3）相邻管道的绝热结构之间；

4）绝热结构与墙、梁、栏杆、平台、支撑等固定构件和管道所通过的孔洞之间。

例如，对立式设备采用硬质或半硬质制品保温施工时，需设置支撑件，并从支撑件开始自下而上拼砌，然后进行环向捆扎。对卧式设备采用硬质或半硬质制品保温施工时，需要在设备中轴线水平面上设置托架，保温层从托架开始拼砌，并用镀锌铁丝网状捆扎。例如，保冷层的伸缩缝，应采用软质泡沫塑料条填塞严密，或挤入发泡型粘结剂，外面用 50mm 宽的不干性胶带粘贴密封，在伸缩缝的外面必须再进行保冷。

（三）附件

1. 保温设备及管道上的裙座、支座、吊耳、仪表管座、支吊架等附件，应进行保温，当设计无规定时，可不必保温。

2. 保冷设备及管道上的裙座、支座、吊耳、仪表管座、支吊架等附件，必须进行保冷，其保冷层长度不得小于保冷层厚度的 4 倍或敷设至垫块处，保冷层厚度应为邻近保冷层厚度的 1/2，但不得小于 40mm。设备裙座里外均应进行保冷。

3. 施工后的保温层不得覆盖设备铭牌。当保温层厚度高于设备铭牌时，可将铭牌周围的保温层切割成喇叭形开口，开口处应规整，并应设置密封的防雨水盖。施工后的保冷层应将设备铭牌处覆盖，设备铭牌应粘贴在保冷系统的外表面，粘贴铭牌时不得刺穿防潮层。

（四）捆扎法施工

1. 一般要求

（1）捆扎间距：对硬质绝热制品不应大于 400mm；对半硬质绝热制品不应大于 300mm；对软质绝热制品宜为 200mm。

（2）每块绝热制品上的捆扎件不得少于两道；对有振动的部位应加强捆扎。

（3）不得采用螺旋式缠绕捆扎。

（4）双层或多层绝热层的绝热制品，应逐层捆扎，并应对各层表面进行找平和严缝处理。

2. 绝热绳缠绕施工

当用绝热绳缠绕施工时，各层缠绳应拉紧，第二层应与第一层反向缠绕并应压缝。绳的两端应用镀锌铁丝捆扎于管道上。

3. 硬质绝热制品铺覆

不允许穿孔的硬质绝热制品，钩钉位置应布置在制品的拼缝处；钻孔穿挂的硬质绝热制品，其孔缝应采用矿物棉填塞。

4. 设备绝热

（1）立式设备或垂直管道的绝热层采用硬质、半硬质绝热制品施工时，应从支承件开始，自下而上拼装，保温应采用镀锌铁丝或包装钢带进行环向捆扎，保冷应采用不锈钢丝或不锈钢带进行环向捆扎。

（2）当卧式设备有托架时，绝热层应从托架开始拼装，保温宜采用镀锌铁丝网状捆扎，保冷宜采用不锈钢带环向或纵向捆扎。

5. 伴热管道保温层

（1）当蒸汽伴热管采用软质绝热制品保温时，应先采用镀锌铁丝网或"V"形金属件伴热罩将伴热管包裹在主管上并扎紧，不得将加热空间堵塞，然后再进行保温。

（2）当电伴热管采用硬质绝热制品保温时，可根据伴热管的多少，现场适当放大制品规格进行保温。

二、防潮层施工技术要求

（一）一般要求

1. 室外施工不宜在雨雪天或阳光暴晒中进行。施工时的环境温度应符合设计文件和产品说明书的规定。

2. 防潮层外不得设置钢丝、钢带等硬质捆扎件。

3. 设备筒体、管道上的防潮层应连续施工，不得有断开或断层等现象。防潮层封口处应封闭。

例如，当涂抹沥青胶或防水冷胶料时，应满涂至规定厚度，其表面应均匀平整。粘贴的方式，可采用螺旋形缠绕或平铺，待干燥后，应在玻璃布表面再涂抹沥青胶或防水冷胶料。

（二）胶泥涂抹结构

1. 防潮层胶泥涂抹结构所采用的玻璃纤维布宜选用经纬密度不小于 8×8 根 $/cm^2$、厚度为 $0.10 \sim 0.20mm$ 的中碱粗格平纹布，或采用塑料网格布。

2. 防潮层胶泥涂抹的厚度每层一般为 $2 \sim 3mm$，施工时依据设计文件的要求确定。沥青玛琋脂的配合比，应符合设计文件和产品标准的规定。

（三）玻璃纤维布复合胶泥涂抹结构

1. 立式设备和垂直管道的环向接缝，应为上下搭接。卧式设备和水平管道的纵向接缝位置，应在两侧搭接，并应缝口朝下。

2. 玻璃纤维布应随第一层胶泥层边涂边贴，其环向、纵向缝的搭接宽度不应小于 $50mm$，搭接处应粘贴密实，不得出现气泡或空鼓。

3. 粘贴的方式，可采用螺旋形缠绕法或平铺法。公称直径小于 $800mm$ 的设备或管道，玻璃布粘贴宜采用螺旋形缠绕法，玻璃布的宽度宜为 $120 \sim 350mm$；公称直径大于或等于 $800mm$ 的设备或管道，玻璃布粘贴可采用平铺法，玻璃布的宽度宜为 $500 \sim 1000mm$。

4. 待第一层胶泥干燥后，再涂抹第二层胶泥。

（四）聚氨酯或聚氯乙烯卷材结构

1. 卷材的环向、纵向接缝搭接宽度不应小于 $50mm$，或应符合产品使用说明书的要求。搭接处粘结剂应饱满密实。对卷材产品要求满涂粘贴的，应按产品使用说明书要求进行施工。

2. 粘贴可根据卷材的幅宽、粘贴件的大小和现场施工具体状况，采用螺旋形缠绕法或平铺法。

3. 当防潮层采用复合铝箔、涂膜弹性体及其他复合材料施工时，接缝处应严密，厚度或层数应符合设计文件的要求。

三、保护层施工技术要求

（一）金属保护层施工技术要求

1. 一般要求

（1）金属保护层的接缝可选用搭接、咬接、插接及嵌接的形式。保护层安装应紧贴保温层或防潮层。金属保护层纵向接缝可采用搭接或咬接；环向接缝可采用插接或搭接。室内的外保护层结构，宜采用搭接形式。

（2）当金属保护层采用支撑环固定时，支撑环的布置间距应和金属保护层的环向搭接位置相一致，钻孔应对准支撑环。

（3）压型板应由下而上进行安装。压型板可采用螺栓与胶垫、自攻螺钉或抽芯铆钉固定。当采用硬质绝热制品时，其金属压型板的宽波应安装在外面；当采用半硬质和软质绝热制品时，其压型板的窄波应安装在外面。

（4）在已安装的金属护壳上，严禁踩踏和堆放物品。对于不可避免的踩踏部位，应采取正式防护措施。

（5）垂直管道或设备金属保护层的敷设，应由下而上进行施工，接缝应顺水搭接。

2. 设备绝热保护层

（1）设备及大型储罐金属保护层的接缝和凸筋，呈棋盘形错列布置。

（2）立式设备、垂直管道或斜度大于 $45°$ 的斜立管道上的金属保护层，应分段将其固定在支承件上。

（3）静置设备和转动机械的绝热层，其金属保护层应自下而上进行敷设。环向接缝宜采用搭接或插接，纵向接缝可咬接或搭接，搭接或插接尺寸应为30～50mm。平顶设备顶部绝热层的金属保护层，应按设计规定的坡度进行施工。

3. 管道绝热保护层

（1）水平管道金属保护层的环向接缝应沿管道坡向，顺水搭接，其纵向接缝宜布置在水平中心线下方的15°～45°处，并应缝口朝下。当侧面或底部有障碍物时，纵向接缝可移至管道水平中心线上方60°以内。

（2）管道金属保护层的纵向接缝，当为保冷结构时，应采用金属抱箍固定，间距宜为250～300mm；当为保温结构时，可采用自攻螺钉或抽芯铆钉固定，间距宜为150～200mm，间距应均匀一致。

（3）管道三通部位金属保护层的安装（图2H313072–2），支管与主管相交部位宜翻边固定，顺水搭接。垂直管与水平直通管在水平管下部相交，应先包垂直管，后包水平管；垂直管与水平直通管在水平管上部相交，应先包水平管，后包垂直管。

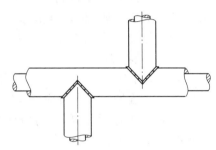

图 2H313072–2　管道三通外保护层结构

（4）管道金属保护层膨胀部位的环向接缝，静置设备及转动机构保护层的膨胀部位均应采用活动接缝，接缝应满足热膨胀的要求，不得固定。其间距应符合下列规定：

1）硬质绝热制品的活动接缝，应与保温层伸缩缝的位置相一致；

2）半硬质和软质绝热制品的活动接缝间距，中低温管道应为4000～6000mm，高温管道应为3000～4000mm。

（二）非金属保护层施工技术要求

1. 当采用箔、毡、布类包缠型保护层时，应符合下列规定：

（1）当在绝热层上直接包缠时，应清除绝热层表面的灰尘、泥污，并应修饰平整。当在抹面层上包缠时，应在抹面层表面干燥后进行。

（2）包缠施工应层层压缝，压缝宜为30～50mm，且必须在其起点和终端有紧固措施。

2. 当采用阻燃型防水卷材及涂膜弹性体作保护层时，应符合下列规定：

（1）当施工防水涂料时，绝热层接缝处应嵌平、光滑，并不得高出绝热层表面；

（2）卷材包扎的环向、纵向接缝的搭接尺寸不应小于50mm。接缝处可采用专用涂料粘贴封口。

3. 当采用玻璃钢保护层时，应符合下列规定：

（1）玻璃钢可分为预制和现场制作，可采用粘贴、铆接、组装的方法进行连接。

（2）当现场制作玻璃钢时，铺衬的基布应紧密贴合，应顺次排净气泡。胶料涂刷应饱满，应达到设计要求的层数和厚度。

4. 当在管道、弯头和特殊部位用真空铝复合防护材料和铝箔玻璃钢薄板等复合材料进行保护层施工时，下料应准确，缝隙处宜采用密封胶带固定。

5. 当采用玻璃钢、铝箔复合材料及其他复合保护层分段包缠时，其接缝可采用专用胶带粘贴密封。

6. 当采用抹面类涂抹保护层时，应符合下列规定：

（1）露天的绝热结构，不宜采用抹面保护层。如需采用时，应在抹面层上包缠毡、箔、布类保护层，应在包缠层表面涂敷防水、耐候性的涂料。

（2）保温抹面保护层施工前，除局部接槎外，不应将保温层淋湿，应采用两遍操作、一次成型的施工工艺。接槎应良好，并应消除外观缺陷。

（3）在抹面保护层未硬化前，应采取措施防止雨淋水冲。当昼夜室外平均温度低于5℃且最低温度低于 -3℃时，应按冬期施工方案采取防寒措施。

（4）高温管道的抹面保护层和钢丝网的断缝，应与保温层的伸缩缝留在同一部位，缝内应填充软质矿物棉材料。室外的高温管道，应在伸缩缝部位加设金属护壳。

（5）当进行大型设备抹面时，应在抹面保护层上留出纵横交错的方格形或环形伸缩缝。伸缩缝应做成凹槽，其深度应为 5~8mm，宽度应为 8~12mm。

四、绝热工程施工安全技术

（一）基本要求

1. 个人防护

绝热工程的施工人员应按规定佩戴安全帽、安全带、工作服、工作鞋、防护镜等防护用品。对接触有毒及腐蚀性材料的操作人员，必须佩戴防护工作服、防护（防毒）面具、防护鞋、防护手套等。

2. 工具

喷涂绝热施工工具使用后应用溶剂或洗净剂清洗干净，以免结疤或粘堵工具。

（二）特殊作业施工要求

1. 防毒措施

（1）绝热施工中经常接触到具有毒性的物品、材料，施工时应戴口罩、防护面具或防毒面具及防护鞋、防护手套等，并应具有防护药品和用具。

（2）配制或喷涂聚氨酯泡沫塑料时，施工工人应处于上风口。

（3）施工完毕后，施工工人应进行洗涤或沐浴。

（4）施工工人应定期检查身体，对材料有过敏反应的工人不应参加操作。

2. 防火措施

（1）绝热工程在施工中使用的粘结剂、密封剂、耐磨剂、溶剂或洗净剂等具有易燃特点，施工中无论在储存、搬运或使用时，均应远离火源，防止引起火灾。

（2）清洗工具后的溶剂也应注意收存、妥善处理。严禁随地倾倒，以防引起火灾，并应设置消防器材。

2H313080 炉窑砌筑工程施工技术

2H313081 炉窑砌筑工程的施工程序和要求

一、工业炉窑的分类

按其生产过程可分为两大类：动态炉窑和静态炉窑。

二、耐火材料的分类及性能

（一）按化学特性分类

1. 酸性耐火材料。如硅砖、锆英砂砖等。其特性是能耐酸性渣的侵蚀。

2. 碱性耐火材料。如镁砖、镁铝砖、白云石砖等。其特性是能耐碱性渣的侵蚀。

3. 中性耐火材料。如刚玉砖、高铝砖、碳砖等。其特性是对酸性渣及碱性渣均具有抗侵蚀作用。如高铝砖可用作隔热耐火砖。

（二）按耐火度分类

1. 普通耐火材料，其耐火度为 1580～1770℃；

2. 高级耐火材料，其耐火度为 1770～2000℃；

3. 特级耐火材料，其耐火度为 2000℃以上。

（三）按结构性能分类

1. 致密耐火材料，气孔率低于 45% 的耐火材料。具有体积密度高、透气度低、耐磨性及抗渣性好、耐火度高等特性，常用于直接接触熔料的耐火材料。

2. 隔热耐火材料，气孔率大于 45% 的耐火材料。具有质量较轻、体积密度低、隔热性能好等特性，常用于砌筑工程的隔热层。

（四）按耐火材料的形状分类

1. 定形耐火材料，已定形制品，如耐火砖。

2. 不定形耐火材料，如耐火浇注料、耐火泥浆、喷涂料、可塑料、捣打料等，其特性是凝固之前流动性及可塑性好，适宜于定形耐火材料不宜施工和操作的部位及充填，弥补定形耐火材料砌筑的不足之处。

3. 新型耐火材料，如耐火陶瓷纤维。

（五）锚固件的分类及性能

1. 金属锚件，如把钉、托砖板等，其性能是强度高、易操作，适宜于工作温度 1100℃以下的炉体内使用。

2. 耐火材料锚固件，如锚固砖，其特性是砖型几何尺寸要求比较严格，可耐 1100℃以上的高温。

（六）其他耐火材料的种类及性能

1. 耐火陶瓷纤维及制品

（1）耐火纤维又称陶瓷纤维

1）耐火纤维是由氧化铝、二氧化硅为主要成分的二元化合物。是人造无机非金属纤维的节能材料，应用于工业炉窑，可节能 15%～30%。

2）性能。耐高温；隔热保温性能好，隔热效率高；化学稳定性好；抗热震性强；抗热冲击、耐急热急冷性好；绝缘性及隔声性能比较好。

（2）耐火纤维制品

耐火纤维制品是通过散装耐火纤维原加工的二次产品，分为硬制品和软制品。

1）耐火纤维毡，常用的结合剂有甲级纤维素、乳胶、硅溶胶等。具有适宜的柔软性和刚度，施工性能好。根据供货状态可分为干毡和湿毡。

2）耐火纤维毯，耐火纤维毯是采用干法加工工艺制成的制品，不含或仅含少量的结合剂。根据工艺和形状不同可分为：针刺毯、折叠毯、毯卷等。其针刺毯具有强度高、抗风蚀性强、热收缩小等优点。

3）预制块，根据厚度要求，采用负压模具脱模干燥而成；也可用粘结剂将纤维毡粘在金属网上，利用螺栓将金属网固定在炉墙或钢结构上，施工比较方便。

4）耐火纤维纺织品，将耐火纤维采用编、织、纺等工艺制成的制品，有纱、带、布、绳等品种。具有耐高温、耐腐蚀、绝缘好、无毒性等优点，节能效果好，不污染环境，广泛应用于保温、隔热、密封等方面。

2. 膨胀缝填充材料

伸缩性能好，如耐火陶瓷纤维、PVC板、发泡苯乙烯等。

3. 耐高温涂料

自粘性能好，可以涂层的形式涂刷或喷涂在炉墙高温的侧面。

4. 保护性材料

如防氧化材料、表面固化材料、砖缝封固材料等。

三、炉窑砌筑前工序交接的规定

炉窑的砌筑工程应于炉体骨架结构和有关设备安装完毕，经检查合格并签订交接证明书后，才可进行施工。

（一）工序交接证明书应包括的内容

1. 炉子中心线和控制标高及必要的沉降观测点的测量记录；

2. 隐蔽工程的验收合格证明；

3. 炉体冷却装置、管道和炉壳的试压记录及焊接严密性试验合格证明；

4. 钢结构和炉内轨道等安装位置的主要尺寸复测记录；

5. 动态炉窑或炉子的可动部分试运转合格证明；

6. 炉内托砖板和锚固件等的位置、尺寸及焊接质量的检查合格证明；

7. 上道工序成果的保护要求。

（二）工序交接的技术要求

1. 重点做好炉子基础、炉体骨架结构和有关设备安装的检查交接工作。

2. 炉窑砌筑一般是工业炉窑系统工程中最后一道工序，在工序交接时，对上一工序及时进行质量检查验收并办理工序交接手续。

四、耐火砖砌筑的施工程序

（一）动态炉窑的施工程序

1. 动态炉窑砌筑必须在炉窑单机无负荷试运转合格并验收后方可进行。

2. 砌筑的基本顺序：起始点选择（从热端向冷端或从低端向高端）→分段作业划线→选砖（根据使用位置和工作温度选用不同规格材质的耐火砖）→配砖（根据同类型砖的不同偏差尺寸进行砖的搭配）→若有锚固钉或托砖板，则应进行锚固钉和托砖板的焊接→若有隔热层（如硅钙板），砌筑前先进行隔热层的铺设→若是湿砌，砌筑前应先进行灰浆泥的调制（灰浆泥的性能应与耐火砖相匹配）→分段砌筑→分段进行修砖及锁砖→膨胀缝的预留及填充（设计若有膨胀缝）。

例如，回转窑砌筑时，自热端向冷端分若干段依次分别进行环向砌筑，每段长度：湿砌每段不大于1m，干砌每段不大于2m。

（二）静态炉窑的施工程序

静态炉窑的施工程序与动态炉窑基本相同，不同之处在于：不必进行无负荷试运行即可进行砌筑；砌筑顺序必须自下而上进行；无论采用哪种砌筑方法，每环砖均可一次完成；起拱部位应从两侧向中间砌筑，并需采用拱胎压紧固定，锁砖完成后，拆除拱胎。

2H313082　耐火材料的施工技术要求

一、一般工业炉各部位砌体砖缝厚度的施工技术要求

（一）砌体砖缝厚度施工技术要求（按 mm 计）

1. 底和墙不大于 3；

2. 高温或有炉渣作用的底和墙不大于 2；

3. 拱和拱顶（干砌）不大于 1.5；

4. 拱和拱顶（湿砌）不大于 2；

5. 带齿挂砖（干砌）不大于 2；

6. 带齿挂砖（湿砌）不大于 3；

7. 隔热耐火砖（黏土砖、高铝砖、硅砖）工作层不大于 2，非工作层不大于 3；

8. 硅藻土砖不大于 5；

9. 普通黏土砖内衬不大于 5，外部不大于 10；

10. 空气、煤气管道不大于 3；

11. 烧嘴砖不大于 2。

（二）砖缝处理

1. 湿砌砌体的所有砖缝中泥浆应饱满，其表面应勾缝；

2. 干砌立墙的砖缝，应以干耐火粉填满；

3. 干砌旋转型炉窑（如回转窑等）、静态炉窑的顶部、拱部等部位的砖缝应以钢板（片）塞满、塞牢固。

二、一般工业炉砌筑的允许误差的检查

1. 工业炉的中心线和主要标高控制线应按设计要求规定。

2. 一般工业炉砌筑的允许误差见表 2H313082。

一般工业炉砌筑的允许误差　　　　　　　　　　　　　　　表 2H313082

序号	误差名称	允许误差（mm）
1	垂直误差：墙：每米高	3
2	垂直误差：墙：全高	15
3	基础砖墩误差：每米高	3
4	基础砖墩误差：全高	10
5	表面平整误差：墙面（2m 靠尺与墙体之间）	5
6	表面平整误差：挂砖墙面	7
7	表面平整误差：底面	5
8	线尺寸误差：矩（或方）形炉膛长和宽度	±10
9	线尺寸误差：矩（或方）形炉膛对角线长度	15
10	线尺寸误差：圆形炉膛内半径误差	±10
11	线尺寸误差：拱和拱顶的跨度	±10
12	线尺寸误差：烟道的高度和宽度	±15

三、耐火砖砌筑施工技术要求

（一）底和墙砌筑技术要求

1. 砌筑炉底前，应预先找平基础。必要时，应在最下一层用砖加工找平。砌筑反拱底前，应用样板找准砌筑弧形拱的基面；斜坡炉底应放线砌筑。

2. 砌筑可动炉底式炉子时，其可动炉底的砌体与有关部位之间的间隙，应按规定的尺寸仔细留设。

3. 水平砖层砌筑的斜坡炉底，其工作层可退台或错台砌筑，所形成的三角部分，可用相应材质的不定形耐火材料找齐。

4. 反拱底应从中心向两侧对称砌筑。

5. 非弧形炉底、通道底的最上层砖的长边，应与炉料、金属、渣或气体的流动方向垂直，或成一交角。

6. 圆形炉墙应按中心线砌筑。当炉壳的中心线垂直误差和半径误差符合炉内形要求时，可以炉壳为导面进行砌筑。

7. 弧形墙应按样板放线砌筑。砌筑时，应经常用样板检查。

8. 具有拉钩或挂钩的炉墙，除砖槽的受拉面与挂件靠近外，砖槽的其余各面与挂件间应留有活动余地，不得卡死。

9. 圆形炉墙不得有三层重缝或三环通缝，上下两层重缝与相邻两环的通缝不得在同一地点。圆形炉墙的合门砖应均匀分布。

10. 砌砖时应用木槌或橡胶锤找正，不应使用铁锤。砌砖中断或返工拆砖时，应做成阶梯形的斜槎。

11. 留设膨胀缝的位置，应避开受力部位、炉体骨架和砌体中的孔洞，砌体内外层的膨胀缝不应互相贯通，上下层应相互错开。

（二）拱和拱顶砌筑技术要求

1. 拱脚表面应平整，角度应正确；不得用加厚砖缝的方法找平拱脚；拱脚砖应紧靠拱脚梁砌筑。

2. 当拱脚砖后面有砌体时，应在该砌体砌完后，才可砌筑拱或拱顶。不得在拱脚砖后面砌筑隔热耐火砖或硅藻土砖。

3. 除有专门规定外，拱和拱顶应错缝砌筑，并应沿纵向缝拉线砌筑，保持砖面平直。拱或拱顶上部找平层的加工砖，可用相应材质的耐火浇注料代替。

4. 跨度不同的拱和拱顶宜环砌，且环砌拱和拱顶的砖环应保持平整垂直。拱和拱顶必须从两侧拱脚同时向中心对称砌筑。

5. 锁砖应按拱和拱顶的中心线对称均匀分布。打入锁砖块数，按规定跨度计。锁砖砌入拱和拱顶内的深度宜为砖长的 2/3～3/4，拱和拱顶内锁砖砌入深度应一致。打锁砖时，两侧对称的锁砖应同时均匀地打入。锁砖应使用木槌，使用铁锤时，应垫以木块。不得使用砍掉厚度 1/3 以上的或砍凿长侧面使大面成楔形的锁砖，且不得在砌体上砍凿砖。

6. 吊挂砖应预砌筑。吊挂平顶的吊挂砖，应从中间向两侧砌筑。其边砖同炉墙接触处应留设斜坡；炉顶应从下面的转折处开始向两端砌筑。

7. 吊挂拱顶应环砌，并应与炉顶纵向中心线保持垂直。在镁质吊挂拱顶的砖环中，砖与砖之间应插入销钉和夹入钢垫片，不得遗漏或多夹。

8. 跨度大于 5m 的拱胎在拆除前，应设置测量拱顶下沉的标志；拱胎拆除后，应做好下沉记录。

四、耐火浇注料施工技术要求

（一）耐火浇注料的施工程序

材料检查验收→施工面清理→锚固钉焊接→模板制作安装→防水剂涂刷→浇注料搅拌并制作试块→浇注并振捣→拆除模板→膨胀缝预留及填充→成品养护。

（二）施工前的技术要求

1. 与浇注料接触的钢结构和设备表面，应清除浮锈及杂物。

2. 不得随意改变浇注料的配比或随意在搅拌好的浇注料中加水或其他物料。

（三）施工中的技术要求

1. 搅拌耐火浇注料的用水应采用洁净水。

2. 浇注用的模板要求：

（1）有足够的刚度和强度，支模尺寸应准确，防止在施工过程中变形。

（2）模板接缝应严密，不漏浆。

（3）模板应采取防粘措施；与浇注料接触的隔热砌体的表面，应采取防水措施。

3. 浇注料应采用强制式搅拌机搅拌。搅拌时间及液体加入量应按施工说明的规定。

4. 搅拌好的耐火浇注料，应在 30min 内浇注完成。

5. 整体浇注耐火内衬膨胀缝的设置，应按设计规定。

6. 耐火浇注料的浇注，应连续进行。

7. 耐火浇注料在施工后，应按设计规定的方法和要求养护。

8. 拆模分别按不承重模板和承重模板要求拆模。

9. 浇注衬体表面不应有剥落、裂缝、孔洞等缺陷。

10. 耐火浇注料的预制件的堆放，应采取防雨防潮措施。

五、耐火喷涂料施工技术要求

1. 喷涂料应采用半干法喷涂，喷涂料加入喷涂机之前，应适当加水润湿，并搅拌均匀。

2. 喷涂时，料和水应均匀连续喷射，喷涂面上不允许出现干料或流淌。

3. 喷涂方向应垂直于受喷面，喷嘴与喷涂面的距离宜为 1～1.5m，喷嘴应不断地进行螺旋式移动，使粗细颗粒分布均匀。

4. 喷涂应分段连续进行，一次喷到设计厚度，内衬较厚需分层喷涂时，应在前层喷涂料凝结前喷完次层。

5. 施工中断时，宜将接槎处做成直槎，继续喷涂前应用水润湿。

6. 喷涂完毕后，应及时开设膨胀缝线。

六、耐火陶瓷纤维施工技术要求

耐火陶瓷纤维施工的主要方法有：层铺法、叠铺法、层叠混合法及耐火纤维喷涂法。

1. 一般规定如下：

（1）制品的技术指标和结构形式符合设计要求；

（2）制品不得受潮和挤压；

（3）切割制品时，其切口应整齐；

（4）粘结剂使用时应搅拌均匀；

（5）粘贴面应清洁、干燥、平整，粘贴面应均匀涂刷粘结剂；

（6）制品表面涂刷耐火涂料时，涂料应均匀、满布，多层涂刷时，前后层应交错；

（7）在耐火陶瓷纤维内衬上施工不定形耐火材料时，其表面应做防水处理。

2. 耐火陶瓷纤维若做层铺式内衬、叠砌式内衬及折叠式模块施工时，除遵照上述一般规定外，还应严格按《工业炉砌筑工程施工与验收规范》GB 50211—2014 的相关规定执行。

七、冬期施工的技术要求

1. 机电工程砌筑在冬期施工期：指当室外日均气温连续五日稳定低于 5℃时，即可进入冬期施工。

2. 砌筑工程冬期施工除遵守《工业炉砌筑工程施工与验收规范》GB 50211—2014 的规定外，还应遵守下列技术规定：

（1）砌筑应在供暖环境中进行。工作地点和砌体周围温度均不应低于 5℃。耐火砖和预制块在砌筑前应预热至 0℃以上。砌筑完毕后，若不能随即烘炉投产时，应采取烘干措施，砌体周围温度不应低于 5℃。

（2）耐火泥浆、耐火浇注料的搅拌应在暖棚内进行。

（3）调制耐火浇注料的水可以加热，加热温度应符合规定。

（4）冬期施工耐火浇注料的养护：

1）水泥耐火浇注料可采用蓄热法和加热法养护。加热温度应符合要求。

2）黏土、水玻璃、磷酸盐水泥浇注料的养护应采用干热法。水玻璃耐火浇注料的温度应符合规定。

（5）冬期施工时，应做专门的施工记录，并符合下列规定：

1）室外空气温度，工作地点和砌体周围的温度，加热材料在暖棚内的温度，不定形耐火材料在搅拌、施工和养护时的温度，应每隔 4h 测量一次。

2）全部测量点应编号，并绘制测温点布置图。

3）测量不定形耐火材料的温度时，测温表放置在料体的时间不应少于 3min。

八、烘炉的技术要求

1. 烘炉阶段的主要工作

制订工业炉的烘炉计划；准备烘炉用的工机具和材料；确认烘炉曲线；编制烘炉期间作业计划及应急处理预案；确定和实施烘炉过程中监控重点。

2. 烘炉的主要技术要点

（1）烘炉应在其生产流程有关的机电设备联合试运转及调整合格后进行。

（2）耐火浇注料内衬应该按规定养护后，才可进行烘炉。

（3）工业炉在投入生产前必须烘干烘透。烘炉前应先烘烟囱及烟道。

（4）烘炉应制定烘炉曲线和操作规程。其主要内容包括：烘炉期限、升温速度、恒温时间、最高温度、更换加热系统的温度、烘炉措施、操作规程及应急预案等。烘炉后需降温的炉窑，在烘炉曲线中应注明降温速度。

（5）烘炉必须按烘炉曲线进行。烘炉过程中，应测定和测绘实际烘炉曲线。烘炉时应做详细记录。

2H314000　建筑机电工程施工技术

2H314010　建筑管道工程施工技术

2H314000
看本章精讲课
配套章节自测

2H314011　建筑管道工程的划分和施工程序

一、建筑管道工程的划分

建筑管道工程的分部、子分部、分项工程划分见表 2H314011。

表 2H314011

建筑管道工程分部、分项工程划分表

分部工程	子分部工程	分项工程
建筑给水排水及供暖工程	室内给水系统	给水管道及配件安装，给水设备安装，室内消火栓系统安装，消防喷淋系统安装，防腐，绝热，管道冲洗、消毒，试验与调试
	室内排水系统	排水管道及配件安装，雨水管道及配件安装，防腐，试验与调试
	室内热水供应系统	管道及配件安装，辅助设备安装，防腐，绝热，试验与调试
	卫生器具	卫生器具安装，卫生器具给水配件安装，卫生器具排水管道安装，试验与调试
	室内供暖系统	管道及配件安装，辅助设备安装，散热器安装，低温热水地板辐射供暖系统安装，电加热供暖系统安装，燃气红外辐射供暖系统安装，热风供暖系统安装，热计量及调控装置安装，试验与调试，防腐，绝热
	室外给水管网	给水管道安装，室外消火栓系统安装，试验与调试
	室外排水管网	排水管道安装，排水管沟与井池，试验与调试
	室外供热管网	管道及配件安装，系统水压试验，土建结构，防腐，绝热，试验与调试
	建筑饮用水供应系统	管道及配件安装，水处理设备及控制设施安装，防腐，绝热，试验与调试
	建筑中水系统及雨水利用系统	建筑中水系统、雨水利用系统管道及配件安装，水处理设备及控制设施安装，防腐，绝热，试验与调试
	游泳池及公共浴池系统	管道系统及配件安装，防腐，绝热，试验与调试
	水景喷泉系统	管道系统及配件安装，防腐，绝热，试验与调试
	热源及辅助设备	锅炉安装，辅助设备及管道安装，安全附件安装，换热站安装，防腐，绝热，试验与调试
	监测与控制仪表	检测仪器及仪表安装，试验与调试

二、建筑管道工程施工程序

（一）设备施工程序

1. 动设备施工程序

施工准备→设备开箱验收→基础验收→设备安装就位→设备找平找正→二次灌浆→单机试运行。

2. 静设备施工程序

施工准备→设备开箱验收→基础验收→设备安装就位→设备找平找正→二次灌浆→设

备压力试验（满水试验）。

（二）给水管道工程施工程序

1. 室内给水管道工程施工程序

施工准备→材料验收→配合土建预留、预埋→管道测绘放线→管道支架制作→管道加工预制→管道支架安装→给水设备安装→管道及器具安装→系统压力试验→防腐绝热→系统冲洗、消毒。

2. 室外给水管道工程施工程序

施工准备→材料验收→管道测绘放线→管道沟槽开挖→管道加工预制→管道安装→系统压力试验→防腐绝热→系统冲洗、消毒→管沟回填。

（三）排水管道工程施工程序

1. 室内排水管道工程施工程序

施工准备→材料验收→配合土建预留、预埋→管道测绘放线→管道支架制作→管道加工预制→管道支架安装→管道及器具安装→系统灌水试验→系统通水、通球试验。

2. 室外排水管道工程施工程序

施工准备→材料验收→管道测绘放线→管道沟槽开挖→管道加工预制→管道安装→排水管道窨井施工→系统闭水试验→防腐→系统清洗→系统通水试验→管道沟槽回填。

（四）热水／供暖管道工程施工程序

1. 室内热水管道工程施工程序

施工准备→材料验收→配合土建预留、预埋→管道测绘放线→管道支架制作→管道加工预制→管道支架安装→管道及器具安装→系统压力试验→防腐绝热→系统冲洗→试运行。

2. 室内供暖管道工程施工程序

施工准备→材料验收→配合土建预留、预埋→管道测绘放线→管道支架制作→管道加工预制→管道支架安装→供暖设备安装→管道及配件安装→散热器及附件安装→系统压力试验→防腐绝热→系统冲洗→试运行。

3. 室外供热管道工程施工程序

施工准备→材料验收→管道测绘放线→管沟、槽土建结构施工→管道支架制作安装→管道加工预制→管道及配件安装→系统压力试验→防腐绝热→系统冲洗→试运行和调试→管沟、槽回填。

（五）卫生器具施工程序

施工准备→卫生设备及附件验收→卫生器具安装→卫生器具给水配件安装→卫生器具排水管道安装→灌水、通水试验→试运行。

（六）监测与控制仪表施工程序

施工准备→监测与控制仪表验收→监测与控制仪表鉴定校准→监测与控制仪表安装→试运行。

2H314012 建筑管道的施工技术要求

一、建筑管道常用的连接方法

建筑管道必须采用与管材相适应的管件。给水系统管材可采用合格的给水铸铁管、镀锌钢管、给水塑料管、复合管、铜管、不锈钢管。生活给水系统所涉及的材料必须达到饮用水卫生标准。管道常用的连接方式有：

1. 螺纹连接：管径小于或等于100mm的镀锌钢管宜用螺纹连接，多用于明装管道。钢塑复合管一般也用螺纹连接。镀锌钢管套丝时破坏的镀锌层表面及外露螺纹部分应做防腐处理。

2. 法兰连接：直径较大的管道采用法兰连接。法兰连接一般用在主干道连接阀门、水表、水泵等处，以及需要经常拆卸、检修的管段上。镀锌管如用法兰连接，焊接处应进行二次镀锌或防腐。

3. 焊接连接：焊接适用于非镀锌钢管，多用于暗装管道和直径较大的管道，并在高层建筑中应用较多。铜管连接可采用专用接头或焊接，当管径小于22mm时宜采用承插或套管焊接，承口应迎介质流向安装，当管径大于或等于22mm时宜采用对口焊接。不锈钢管可采用承插焊接。

4. 沟槽连接（卡箍连接）：沟槽式连接可用于消防水、空调冷热水、给水、雨水等系统直径大于或等于100mm的镀锌钢管或钢塑复合管。沟槽连接具有操作简单、不影响管道的原有特性、施工安全、系统稳定性好、维修方便、省工省时等特点。

5. 卡套式连接：铝塑复合管一般采用螺纹卡套压接。将配件螺母套在管道端头，再把配件内芯套入端头内，用扳手把紧配件与螺母即可。铜管的连接也可采用螺纹卡套压接。

6. 卡压连接：薄壁不锈钢给水管道一般采用卡压连接。卡压连接是将带有特种密封圈的承口管件与管道连接，用专用工具压紧管口而起到密封和紧固作用，具有安装便捷、连接可靠及经济合理等优点。

7. 热熔连接：PP–R、HDPE等塑料管常采用热熔器进行热熔连接。

8. 承插连接：用于给水及排水铸铁管及管件的连接。有柔性连接和刚性连接两类，柔性连接采用橡胶圈密封，刚性连接采用石棉水泥或膨胀性填料密封，重要场合可用铅密封。

二、建筑管道施工技术要点

1. 施工准备

施工准备包括技术准备、材料准备、机具准备、场地准备、施工组织及人员准备。例如：熟悉图纸、资料以及相关的国家或行业施工、验收标准规范和标准图；编制施工组织设计或施工方案并向施工人员交底；向材料主管部门提出材料计划并做好出库、验收和保管工作；准备施工机械、工具、量具等；搞好分项图纸审查及有关变更工作，准备加工场地、库房；根据管道工程安装的实际情况，合理进行施工现场平面布置，灵活选择流水作业、交叉作业等施工组织形式。

2. 材料设备管理

（1）建筑管道工程所使用的主要材料、成品半成品、配件、器具和设备必须具有中文质量证明文件，规格、型号及性能检测报告应符合国家技术标准或设计要求。生活给水系统所涉及的材料设备应满足卫生安全标准。进场时应做检查验收，并经监理工程师核查确认。

（2）所有材料进场时应对品种、规格、外观等进行验收。包装应完好，表面无划痕及外力冲击破损。

（3）主要器具和设备必须有完整的安装使用说明书。在运输、保管和施工过程中，应采取有效措施防止损坏或腐蚀。

（4）阀门安装前，应按规范要求进行强度和严密性试验，试验应在每批（同牌号、同型号、同规格）数量中抽查10%，且不少于1个。安装在主干管上起切断作用的阀门，应逐个做强度试验和严密性试验。阀门的强度试验压力为公称压力的1.5倍，严密性试验压力为公称压力的1.1倍。

（5）管道所用流量计及压力表应进行校验检定，设备及管道上的安全阀应按设计文件要求由具备资质的单位进行压力整定和密封试验，当有特殊要求时，还应进行其他性能试验。安全阀校验应做好记录、铅封，并应出具校验报告。

（6）散热器进场时，应对其单位散热量、金属热强度等性能进行复验；保温材料进场时，应对其导热系数或热阻、密度、吸水率等性能进行复验；复验应为见证取样检验。同厂家、同材质的保温材料，复验次数不得少于2次。

3. 管道测绘放线

（1）测量前应与土建总承包单位进行测量基准的交接，使用的测量仪器应经检定或校准合格并在有效期内，且符合测量精度要求。

（2）管道施工前应进行仔细审图，有条件的可利用BIM软件建立三维模型，提前发现问题，避免管道之间出现碰撞现象。

（3）管道施工前，应根据施工图纸进行现场实地测量放线，以确定管道及其支吊架的标高和位置，防止因累计误差而出现超标。例如，管井内垂直管道配管前，应进行实地测量，避免累计误差造成各层标高超差。

4. 配合土建工程预留、预埋

（1）在预留、预埋工作之前，熟悉设计文件及技术规范要求，校核土建图纸与安装图纸的一致性，检查现场实际的预埋件、预留孔位置、样式及尺寸，配合土建施工及时做好各种孔洞预留或预埋管、预埋件的埋设，确保预留、预埋正确无遗漏。

（2）地下室或地下构筑物外墙有管道穿过的，应采取防水措施。对有严格防水要求的建筑物，应采用柔性防水套管。

（3）管道穿过楼板时应设置金属或塑料套管。安装在楼板内的套管，其顶部高出装饰地面20mm，安装在卫生间及厨房内的套管，其顶部应高出装饰地面50mm，底部应与楼板底面相平，套管与管道之间缝隙宜用阻燃密实材料和防水油膏填实，且端面应光滑。

（4）管道穿过墙壁时应设置金属或塑料套管。套管两端应与饰面相平，套管与管道之间缝隙宜用阻燃密实材料填实，且端面应光滑。

5. 管道支架制作安装

（1）管道支架、吊架、托架应按照设计文件及现行标准的规定制作安装，严格控制管道支架焊接质量及选用合适的构造形式，如：固定支架、导向支架、滑动支架、弹簧吊架、抗震支架等。

（2）管道支架设置时，应进行现场测绘与放线，优先采用共用综合支架，安装位置正确，埋设平整牢固。确保管道及各专业管线在支架上布局合理，管线的中心线、标高等符合设计图纸要求。

（3）管道支架安装时，应与管道接触紧密，间距合理，固定牢固，滑动方向或热膨胀方向应符合规范要求。

（4）室内给水金属立管管道支架设置：楼层高度小于或等于5m每层必须设置不少于1个，楼层高度大于5m每层设置不少于2个，安装位置匀称，管道支架高度距地面为1.5～1.8m，同一区域内管架设置高度应一致。

（5）沟槽式连接水平钢管支、吊架应设置在管接头（刚性接头、挠性接头、支管接头）两侧和三通、四通、弯头、异径管等管件上下游连接接头的两侧，支、吊架与接头的净间距不宜小于150mm，且不宜大于300mm。

（6）塑料管采用金属制作管道支架时，应在管道与支架间加衬非金属垫或套管；不锈钢管道采用碳钢支架时，应在支架与管道之间衬垫塑料或橡胶。

6. 管道预制加工

管道预制应根据设计图纸画出管道分路、管道转弯、管道变径、预留管口、阀门位置等施工草图，通过现场测绘放线确定准确尺寸，并在施工草图上做好记录，预制前应对管段进行分组编号，本着先安装先预制的原则进行预制加工，非安装现场预制的管道应考虑方便运输，管道预制加工时应同时进行管道质量检验和底漆涂刷工作。管道预制时应尽量采用先进的自动化机械，以实现管道加工的高品质和工艺标准化。

7. 管道安装

（1）管道安装一般应按先主管后支管、先上部后下部、先里后外的原则进行安装。对于不同材质的管道应先安装钢质管道，后安装塑料管道。

（2）当管道穿过地下室侧墙时应在室内管道安装和主体结构沉降结束后再进行安装，安装过程应注意成品保护。

（3）机房、泵房管道安装前，应详细检查设备本体进出口管径、标高、连接方法等情况，经验证无误后方可配管。

（4）埋地管道、吊顶内的管道等在安装结束隐蔽之前，应进行隐蔽工程验收，并做好记录。

（5）管道穿过结构伸缩缝、抗震缝及沉降缝敷设时，应在结构缝两侧采取柔性连接，在通过结构缝处做成方形补偿器或设置伸缩节。

（6）冷热水管道上下平行安装时热水管道应在冷水管道上方，垂直安装时热水管道应在冷水管道左侧。

（7）室内热水、供暖管道应尽量利用自然补偿热伸缩，直线段过长则应设置补偿器，补偿器形式、规格、位置应符合设计要求，并按有关规定进行预拉伸。

（8）供暖管道安装坡度应符合设计及规范的规定，其坡向应利于管道的排气和泄水。例如，汽、水同向流动的热水供暖管道和汽、水同向流动的蒸汽管道及凝结水管道，坡度应为3‰，不得小于2‰；汽、水逆向流动的热水供暖管道和汽、水逆向流动的蒸汽管道，坡度不应小于5‰；散热器支管的坡度应为1%。

（9）低温热水辐射供暖系统埋地敷设的盘管不应有接头。

（10）排水管道的坡度必须符合设计和规范的规定，严禁无坡或倒坡。生活污水铸铁管道、生活污水塑料管道、悬吊式雨水管道、埋地雨水管道最小坡度应满足表2H314012的要求。

生活污水、雨水管道最小坡度表　　　　　　表 2H314012

管道名称 / 最小坡度（‰） \ 管径（mm）	50	75	100（110）	125	150（160）	200
生活污水铸铁管道	25	15	12	10	7	5
生活污水塑料管道	12	8	6	5	4	—
悬吊式雨水管道	5					
埋地雨水管道	20	15	8	6	5	4

（11）排水塑料管必须按设计要求及位置装设伸缩节。如设计无要求时，伸缩节间距不得大于 4m。明敷排水塑料管道应按设计要求设置阻火圈或防火套管。当立管管径 ≥110mm 时，在楼板贯穿部位应设置阻火圈或长度 ≥500mm 的防火套管，管道安装后，在穿越楼板处用 C20 细石混凝土分两次浇捣密实；浇筑结束后，结合找平层或面层施工，在管道周围应筑成厚度 ≥20mm、宽度 ≥30mm 的阻水圈。横干管穿越防火分区隔墙时，管道穿越墙体的两侧应设置防火圈或长度 ≥500mm 的防火套管。

（12）金属排水管道上的吊钩或卡箍应固定在承重结构上。立管底部的弯管处应设支墩或采取固定措施。

（13）排水通气管不得与风道或烟道连接。通气管应高出屋面 300mm，且必须大于最大积雪厚度；在通气管出口 4m 以内有门、窗时，通气管应高出门、窗顶 600mm 或引向无门、窗一侧；在经常有人停留的平屋顶上，通气管应高出屋面 2m，并应根据防雷要求设置防雷装置；屋顶有隔热层应从隔热层板面算起。

（14）通向室外的排水管，穿过墙壁或基础必须下翻时，应采用 45° 三通和 45° 弯头连接，并应在垂直管段顶部设置清扫口；通向室外排水检查井的排水管，井内引入管应高于排出管或两管顶相平，并有不小于 90° 的水流转角，如跌落差大于 300mm 可不受角度限制。

（15）用于室内排水的水平管道与水平管道、水平管道与立管的连接要求：应采用 45° 三通或 45° 四通和 90° 斜三通或 90° 斜四通。立管与排出管端部的连接，应采用两个 45° 弯头或曲率半径不小于 4 倍管径的 90° 弯头。

（16）生活饮用水水箱（池）、中水箱（池）、雨水清水池的泄水管、溢流管，不得与污水管道直接连接，采用间接排水，并应留出不小于 100mm 的隔断空间。

（17）在高层建筑的雨水系统，当大雨或暴雨时雨水管是满流，甚至处于承压状态，要考虑管材的承压能力，一般采用承压管材。例如，高层建筑的雨水系统采用镀锌焊接钢管，超高层建筑的雨水系统采用镀锌无缝钢管，高层和超高层建筑的重力流雨水管道系统采用球墨铸铁管等。

8. 器具／设备安装

（1）散热器组对后，以及整组出厂的散热器在安装之前应做水压试验。试验压力如设计无要求时应为工作压力的 1.5 倍，但不小于 0.6MPa；试验时间为 2～3min，压力不降且不渗不漏。

（2）生活给水水表前与阀门应有不小于8倍水表接口直径的直线管段。

（3）供暖分汽缸（分水器、集水器）安装前应进行水压试验，试验压力为工作压力的1.5倍，但不得小于0.6MPa。

（4）敞口水箱安装前应做满水试验，静置24h观察，应不渗不漏；密闭水箱（罐）安装前应以工作压力的1.5倍做水压试验，试验压力下10min应压力不降、不渗不漏。

（5）中水水箱应与生活给水水箱分设在不同的房间内；中水池（箱）、阀门、水表及给水栓均应有"中水"标志。

9. 管道系统试验

建筑管道系统试压前，按流程检查各系统的安装情况，并做好试验记录，系统压力试验时应有监理和建设单位代表在场，并做好相应试验记录。建筑管道工程应进行的试验包括：承压管道水压试验（包括强度试验和严密性试验），非承压管道灌水试验，排水干管通球、通水试验等。

（1）压力试验

1）管道压力试验宜采用液压试验，试验前编制专项施工方案，经批准后组织实施。高层建筑管道应先按分区、分段进行试验，合格后再按系统进行整体试验。

2）室内给水系统、室外管网系统管道安装完毕，应进行水压试验。水压强度试验压力必须符合设计要求，当设计未注明时，各种材质的给水管道系统强度试验压力均为工作压力的1.5倍，但不得小于0.6MPa。

3）热水供应系统、供暖系统安装完毕，管道保温之前应进行水压试验。强度试验压力应符合设计要求，当设计未注明时，热水供应系统和蒸汽供暖系统、热水供暖系统水压试验压力，应以系统顶点的工作压力加0.1MPa，同时在系统顶点的试验压力不小于0.3MPa；高温热水供暖系统水压试验压力，应以系统最高点工作压力加0.4MPa；塑料管及铝塑复合管热水供暖系统水压试验压力，应以系统最高点工作压力加0.2MPa，同时在系统最高点的试验压力不小于0.4MPa。

4）室内给水系统、热水供应系统、供暖系统管道水压试验检验方法：钢管及复合管道在系统试验压力下10min内压力降不大于0.02MPa，然后降至工作压力检查，压力应不降，不渗不漏；塑料管道系统在试验压力下稳压1h压力降不超过0.05MPa，然后在工作压力1.15倍状态下稳压2h，压力降不超过0.03MPa，连接处不得渗漏。室外给水钢管、铸铁管在系统试验压力下10min内压力降不大于0.05MPa，然后降至工作压力检查，压力应保持不变，不渗不漏；塑料管道系统在试验压力下稳压1h压力降不超过0.05MPa，然后降至工作压力进行检查，压力应保持不变，不渗不漏。

（2）灌水试验

1）室内隐蔽或埋地的排水管道在隐蔽前必须做灌水试验。灌水高度应不低于底层卫生器具的上边缘或底层地面高度。检验方法为满水15min水面下降后，再灌满观察5min，液面不降，管道及接口无渗漏为合格。

2）室内雨水管应根据管材和建筑物高度选择整段方式或分段方式进行灌水试验。整段试验的灌水高度应达到立管上部的雨水斗，当立管高度大于250m时，应对下部250m高度管段进行灌水试验，其余部分进行通水试验。灌水达到稳定水面后观察1h，管道无渗漏为合格。

3）室外排水管网按排水检查井分段试验。试验水头应以试验段上游管顶加 1m，时间不少于 30min，逐段观察，管接口无渗漏为合格。

（3）通水试验

1）给水系统交付使用前，开启阀门及水嘴等配水点进行放水试验，要求各配水点水量稳定正常，满足使用要求。

2）排水系统安装完毕，排水管道、雨水管道应分系统进行通水试验，以流水通畅、不渗不漏为合格。

（4）通球试验

排水主立管及水平干管管道均应做通球试验，通球球径不小于排水管道管径的 2/3，通球率必须达到 100%。

10. 管道防腐绝热

（1）管道的防腐方法主要有涂漆、衬里、静电保护和阴极保护等。例如，进行手工油漆涂刷时，漆层要厚薄均匀一致。多遍涂刷时，必须在上一遍涂膜干燥后才可涂刷第二遍。

（2）管道绝热按其用途可分为保温、保冷、加热保护三种类型。若采用橡塑保温材料进行保温时，应先把保温管用小刀划开，在划口处涂上专用胶水，然后套在管子上，将两边的划口对接，若保温材料为板材则直接在接口处涂胶、对接。

（3）水平管道金属保护层的环向接缝应顺水搭接，纵向接缝应位于管道的侧下方，并顺水；立管金属保护层的环向接缝必须上搭下。

11. 管道系统冲洗及试运行

（1）生活给水、热水系统及游泳池循环给水系统的管道和设备在交付使用前必须冲洗和消毒，生活饮用水系统的水质应进行见证取样检验，水质符合《生活饮用水卫生标准》GB 5749—2022 方可使用。

（2）供暖管道系统试验合格后，应对系统进行冲洗并清扫过滤器及除污器，直至排出水不含泥沙、铁屑等杂质，且水色不浑浊为合格。

（3）供暖管道系统冲洗完毕后应充水、加热，进行试运行和调试，观察、测量室温满足设计要求为合格。

（4）锅炉安全阀应进行定压检验和调整，整定压力应符合《锅炉安装工程施工及验收标准》GB 50273—2022 的要求，调整后的安全阀应立即加锁或铅封。整体出厂的锅炉应带负荷连续试运行 4~24h，并做好试运行记录。

2H314020　建筑电气工程施工技术

2H314021　建筑电气工程的划分和施工程序

一、建筑电气工程分部、分项工程的划分

建筑电气工程按《建筑工程施工质量验收统一标准》GB 50300—2013 划分为 7 个子分部工程，其分部、分项工程划分见表 2H314021。

二、建筑电气工程施工程序

（一）变配电工程施工程序

建筑电气工程分部、子分部、分项工程划分表　　　　　　表 2H314021

分部工程	子分部工程	分项工程
建筑电气工程	室外电气	变压器、箱式变电所安装，成套配电柜、控制柜（台、箱）和配电箱（盘）安装，梯架、托盘和槽盒安装，导管敷设，电缆敷设，管内穿线和槽盒内敷线，电缆头制作、导线连接和线路绝缘测试，普通灯具安装，专用灯具安装，建筑照明通电试运行，接地装置安装
	变配电室	变压器、箱式变电所安装，成套配电柜、控制柜（台、箱）和配电箱（盘）安装，母线槽安装，梯架、托盘和槽盒安装，电缆敷设，电缆头制作、导线连接和线路绝缘测试，接地装置安装，接地干线敷设（变配电室及电气竖井内接地干线敷设）
	供电干线	电气设备试验和试运行，母线槽安装，梯架、托盘和槽盒安装，导管敷设，电缆敷设，管内穿线和槽盒内敷线，电缆头制作、导线连接和线路绝缘测试，接地干线敷设（变配电室及电气竖井内接地干线敷设）
	电气动力	成套配电柜、控制柜（台、箱）和配电箱（盘）安装，电动机、电加热器及电动执行机构检查接线，电气设备试验和试运行，梯架、托盘和槽盒安装，导管敷设，电缆敷设，管内穿线和槽盒内敷线，电缆头制作、导线连接和线路绝缘测试
	电气照明	成套配电柜、控制柜（台、箱）和动力、配电箱（盘）安装，梯架、托盘和槽盒安装，导管敷设，管内穿线和槽盒内敷线，塑料护套线直敷布线，钢索配线，电缆头制作、导线连接和线路绝缘测试，普通灯具安装，专用灯具安装，开关、插座、风扇安装，建筑照明通电试运行
	备用和不间断电源	成套配电柜、控制柜（屏、台）和配电箱（盘）安装，柴油发电机组安装，UPS 及 EPS 安装，母线槽安装，导管敷设，电缆敷设，管内穿线和槽盒内敷线，电缆头制作、导线连接和线路绝缘测试，接地装置安装
	防雷及接地	接地装置安装，接地干线敷设，防雷引下线及接闪器安装，建筑物等电位联结

1. 开关柜、配电柜的安装顺序：开箱检查→二次搬运→基础框架制作、安装→柜体固定→母线连接→二次线路连接→试验调整→送电运行验收。

2. 变压器的施工顺序：开箱检查→变压器二次搬运→变压器本体安装→附件安装→变压器交接试验→送电前检查→送电运行验收。

3. 箱式变电所施工顺序：测量定位→基础施工→设备就位→安装→接线→试验→验收。

（二）供电干线及室内配线施工程序

1. 母线槽施工程序：开箱检查→支架安装→单节母线槽绝缘测试→母线槽安装→通电前绝缘测试→送电验收。

2. 梯架、槽盒、托盘施工程序：定位放线→预埋铁件或金属膨胀螺栓安装→支、吊、托架安装→梯架、槽盒、托盘安装→与保护导体连接。

3. 室内电缆施工程序：电缆检查→电缆搬运→电缆敷设→电缆绝缘测试→挂标识牌→质量验收。

4. 槽内导线施工程序：导线检查→导线敷设→导线固定→导线绝缘测试→质量验收。

5. 金属导管施工程序：测量定位→支架制作、安装（明导管敷设时）→导管预制→导管连接→接地线跨接。

6. 管内穿线施工程序：选择导线→管内穿引线→放护圈（金属导管敷设时）→穿导线→导线并头绝缘→线路检查→绝缘测试。

（三）电气动力工程施工程序

1. 明装动力配电箱施工程序：基础框架制作安装→配电箱安装固定→导线连接→送电前检查→送电运行。

2. 动力设备施工程序：设备开箱检查→设备安装→电动机检查、接线→电机干燥（受潮时）→控制设备安装→送电前的检查→送电运行。

（四）电气照明工程施工程序

1. 照明配电箱的施工程序：照明配电箱固定→配管→管内穿线→导线连接→送电前检查→送电运行。

2. 照明灯具的施工程序：灯具开箱检查→灯具组装→灯具安装接线→送电前的检查→送电运行。

3. 开关插座施工程序：接线盒清理→开关、插座接线→开关、插座固定。

（五）防雷接地装置施工程序

防雷接地装置的施工程序：接地体施工→接地干线施工→引下线敷设→均压环施工→接闪带（接闪杆、接闪网）施工。

2H314022 建筑电气工程的施工技术要求

一、变配电设备安装技术要求

1. 变压器和箱式变电所安装施工技术要求

（1）变压器安装位置应正确，附件齐全，油浸变压器油位正常，无渗油现象。

（2）变压器箱体、干式变压器的支架、基础型钢及外壳应分别单独与保护导体可靠连接，紧固件及防松零件齐全，紧固件及防松零件抽查5%。

（3）变压器安装应有抗震措施。

（4）变压器及高压电气设备、布线系统以及继电保护系统在投入运行前必须交接试验合格。

（5）箱式变电所及其落地式配电箱的基础应高于室外地坪，周围排水通畅。金属箱式变电所及落地式配电箱，箱体应与保护导体可靠连接，且有标识。

（6）箱式变电所的高压和低压配电柜内部接线应完整、低压输出回路标记清晰，回路名称准确。

2. 开关柜和配电柜安装技术要求

（1）开关柜、配电柜的基础型钢安装应平直。配电柜相互间或与基础型钢间应用镀锌螺栓连接，且防松零件齐全。

（2）配电柜安装垂直度允许偏差为1.5‰，相互间接缝不应大于2mm，成列柜面偏差不应大于5mm。

（3）开关柜、配电柜的金属框架及基础型钢应与保护导体可靠连接，柜门和金属框架的接地应选用截面积不小于$4mm^2$的绝缘铜芯软导线连接，并有接地标识。

（4）开关柜、配电柜的二次回路的绝缘导线的额定电压不应低于450V/750V，对于铜芯绝缘导线和铜芯电缆的导体截面积，在电流回路中不应小于2.5mm²，其他回路中不应小于1.5mm²。

（5）低压成套配电柜线路的线间和线对地间绝缘电阻值，一次线路不应小于0.5MΩ，二次线路不应小于1MΩ。

（6）高、低压成套配电柜试运行前必须交接试验合格。

二、供电干线及室内配电线路施工技术要求

1. 母线槽的安装技术要求

（1）母线槽安装前，应测量每节母线槽的绝缘电阻值，且不应小于20MΩ。

（2）多根母线槽并列水平或垂直敷设时，各相邻母线槽间应预留维护、检修距离。插接箱外壳应与母线槽外壳连通，接地良好。

（3）母线槽水平安装时，圆钢吊架直径不得小于8mm，吊架间距不应大于2m。每节母线槽的支架不应少于1个，转弯处应增设支架加强。垂直安装时应设置弹簧支架。

（4）每段母线槽的金属外壳间应可靠连接，母线槽全长与保护接地导体可靠连接不应少于2处。

（5）母线槽安装完毕后，应对穿越防火墙和楼板的孔洞进行防火封堵。

2. 梯架、托盘和槽盒施工技术要求

（1）金属梯架、托盘或槽盒本体之间的连接应牢固可靠。全长不大于30m时，不应少于2处与保护接地导体可靠连接；全长大于30m时，每隔20～30m应增加一个连接点，起始端和终点端均应可靠接地。

（2）非镀锌梯架、托盘、槽盒之间的连接处应跨接保护联结导体；镀锌梯架、托盘、槽盒之间的连接处可不跨接保护联结导体，但连接板每端不应少于2个有防松螺帽或防松垫圈的连接固定螺栓。

（3）电缆梯架、托盘和槽盒转弯、分支处的弯曲半径不应小于梯架、托盘和槽盒内电缆最小允许弯曲半径。

（4）水平安装的支架间距宜为1.5～3m；垂直安装的支架间距不应大于2m。

（5）直线段钢制或塑料梯架、托盘和槽盒长度超过30m、铝合金或玻璃钢制梯架、托盘和槽盒长度超过15m应设置伸缩节；梯架、托盘和槽盒跨越建筑物变形缝处，应设置补偿装置。

（6）配线槽盒宜安装在冷水管道的上方、热水管道和蒸汽管道的下方。当不能满足要求时，应采取防水、隔热措施。

（7）穿楼板处和穿越不同防火区的梯架、托盘和槽盒应有防火封堵措施。

3. 导管施工技术要求

（1）钢导管不得采用对口熔焊连接；镀锌钢导管或壁厚小于等于2mm的钢导管，不得采用套管熔焊连接。按每个检验批的导管连接头总数抽查20%，且不得少于1处。

（2）金属导管应与保护接地导体可靠连接。

1）非镀锌钢导管采用螺纹连接时，连接处的两端应熔焊焊接保护联结导体；保护联结导体宜为圆钢，直径不应小于6mm，其搭接长度应为圆钢直径的6倍。

2）镀锌钢导管、可弯曲金属导管和金属柔性导管连接处的两端宜用专用接地卡固定保护联结导体；保护联结导体应为铜芯软导线，截面积不应小于 $4mm^2$。

3）按每个检验批的导管连接头总数抽查 10%，且不得少于 1 处。

（3）导管的弯曲半径要求

1）明配导管的弯曲半径不宜小于管外径的 6 倍；当两个接线盒间只有一个弯曲时，其弯曲半径不宜小于管外径的 4 倍。

2）暗配导管的弯曲半径不应小于管外径的 6 倍；当线路埋设于地下或混凝土内时，其弯曲半径不应小于管外径的 10 倍。

（4）埋入建筑物、构筑物的导管，与建筑物、构筑物表面的距离不应小于 15mm。塑料导管在砌体上剔槽埋设时，应采用强度等级不小于 M10 的水泥砂浆抹面保护。

（5）导管支架安装应牢固，支架圆钢直径不得小于 8mm，并应设置防晃支架。

（6）刚性导管经柔性导管与设备、器具连接时，柔性导管的长度在动力工程中不宜大于 0.8m，在照明工程中不宜大于 1.2m。金属柔性导管不应做保护导体的接续导体。

4. 电缆施工技术要求

（1）电缆支架应安装牢固，金属电缆支架必须与保护接地导体可靠连接。

（2）电缆的敷设不得存在绞拧、铠装压扁、护层断裂和表面严重划伤等缺陷。

（3）交流单芯电缆或分相后的每相电缆不得单根独穿于钢导管内，固定用的夹具和支架不应形成闭合磁路。

（4）电缆的首端、末端和分支处应设标志牌，直埋电缆应设标示桩。

（5）电缆出入电缆沟、电气竖井、建筑物、配电（控制）柜、台、箱处以及管子管口处等部位应有防火或密封措施。

5. 导管内穿线和槽盒内敷线技术要求

（1）同一交流回路的绝缘导线不应敷设于不同的金属槽盒内或穿于不同金属导管内。

（2）不同回路、不同电压等级、交流与直流的导线不得穿在同一管内。

（3）绝缘导线的接头应设置在专用接线盒（箱）或器具内，不得设置在导管内。

（4）同一槽盒内不宜同时敷设绝缘导线和电缆。

（5）绝缘导线在槽盒内应有一定余量，并应按回路分段绑扎；当垂直或大于 45° 倾斜敷设时，应将绝缘导线分段固定在槽盒内的专用部件上，每段至少应有一个固定点。

（6）管内导线应采用绝缘导线，A、B、C 相线绝缘层颜色分别为黄、绿、红，中性线绝缘层为淡蓝色，保护接地线绝缘层为黄绿双色。

（7）导线敷设后，应用 500V 兆欧表测试绝缘电阻，线路绝缘电阻不应小于 $0.5M\Omega$。

6. 塑料护套线布线技术要求

（1）塑料护套线严禁直接敷设在建筑物顶棚内、墙体内、抹灰层内、保温层内或装饰面内。

（2）塑料护套线在室内沿建筑物表面水平敷设高度距地面不应小于 2.5m；垂直敷设时距地面高度 1.8m 以下的部分应有保护。

（3）塑料护套线进入盒（箱）或与设备、器具连接，其护套层应进入盒（箱）或设备、器具内，护套层与盒（箱）入口处应密封。

（4）塑料护套线应采用线卡固定，固定应顺直、不松弛、扭绞，固定点间距应均匀、不松动。

三、电气动力设备安装技术要求

1. 动力配电柜、控制柜（箱、台）安装技术要求

（1）动力配电柜、控制柜（箱、台）应有一定的机械强度，外壳平整无损伤，箱内各种器具应安装牢固，导线排列整齐，压接牢固，并有产品合格证。

（2）配电（控制）设备及至电动机线路的绝缘电阻不应小于 0.5MΩ，二次回路的绝缘电阻不应小于 1MΩ。

2. 电动机检查、接线和空载试运行的技术要求

（1）电动机接线前检查

1）电动机检查应完好，无损伤、无卡阻、无异常声响。电动机接线盒内引出线端子的压接或焊接应良好，编号清晰。

2）额定电压 500V 及以下的电动机用 500V 兆欧表测量电动机绝缘电阻，绝缘电阻不应小于 0.5MΩ；检查数量为抽查 50%，不得少于 1 台。

（2）电动机的干燥处理

电动机受潮或绝缘电阻达不到要求时，应做干燥处理。干燥处理的方法有灯泡干燥法、电流干燥法。

1）灯泡干燥法：可采用红外线灯泡或一般灯泡光直接照射在绕组上，温度高低的调节可用改变灯泡功率来实现。

2）电流干燥法：用可调变压器调节电流，其电流大小宜控制在电机额定电流的 60% 以内，并应配备测量计，随时监视干燥温度。

（3）电动机接线

1）电动机接线应牢固可靠，接线方式应与供电电压相符。三相交流电动机有丫接和△接两种方式。

例如，线路电压为 380V，当电动机额定电压为 380V 时应△接，当电动机额定电压为 220V 时应丫接。

2）电动机外壳保护接地必须良好。电动机必须按低压配电系统的接地制式可靠接地。接地连接端子应接在专用的接地螺栓上，不能接在机座的固定螺栓上。

（4）电动机通电前检查

1）对照电动机铭牌标明的数据，检查电动机定子绕组的连接方法是否正确（丫连接还是△连接），电源电压、频率是否合适。

2）转动电动机转轴，看转动是否灵活，有无摩擦声或其他异声。

3）检查电动机接地装置是否良好。

4）检查电动机的启动设备是否良好。

（5）电动机试运行

1）电动机空载试运行时间宜为 2h，机身和轴承的温升、电压和电流等应符合建筑设备或工艺装置的空载状态运行要求，并应记录电流、电压、温度、运行时间等有关数据。

2）接通电源之前就应做好切断电源的准备，以保证接通电源后，电动机出现不正常的情况时（电动机不能启动、启动缓慢、出现异常声音等）能立即切断电源。

3）电动机的启动次数不宜过于频繁，连续启动 2 次的时间间隔不应少于 5min，并应

在电动机冷却至冷态温度进行再次启动。

4）电动机转向应与设备上运转指示箭头一致。

四、电气照明施工技术要求

1. 照明配电箱安装技术要求

（1）照明配电箱应安装牢固，配电箱内应标明用电回路名称。

（2）照明配电箱内应分别设置中性线（N 线）和保护接地（PE 线）汇流排，中性线和保护地线应在汇流排上连接，不得绞接。

（3）照明配电箱内每一单相分支回路的电流不宜超过 16A，灯具数量不宜超过 25 个。大型建筑组合灯具每一单相回路电流不宜超过 25A，光源数量不宜超过 60 个（当采用 LED 光源时除外）。

（4）插座为单独回路时，数量不宜超过 10 个。用于计算机电源插座数量不宜超过 5 个。

2. 灯具安装技术要求

（1）灯具安装应牢固可靠，采用预埋吊钩、膨胀螺栓等安装固定，在砌体和混凝土结构上严禁使用木楔、尼龙塞或塑料塞固定。固定件的承载能力应与电气照明灯具的重量相匹配。

（2）引向单个灯具的绝缘导线截面积应与灯具功率相匹配，绝缘铜芯导线的线芯截面积不应小于 $1mm^2$。100W 及以上灯具的引入线，应采用瓷管、矿棉等不燃材料作隔热保护。

（3）Ⅰ类灯具外露可导电部分必须用铜芯软导线与保护导体可靠连接，连接处应设置接地标识，铜芯软导线的截面积应与进入灯具的电源线截面积相同。

（4）当吊灯灯具质量超过 3kg 时，应采取预埋吊钩或螺栓固定。

（5）质量大于 10kg 的灯具的固定及悬吊装置应按灯具重量的 5 倍做恒定均布载荷强度试验，持续时间不得少于 15min。

3. 开关安装技术要求

（1）安装在同一建筑物、构筑物内的开关，宜采用同一系列的产品，单控开关的通断位置应一致，且应操作灵活、接触可靠。

（2）相线应经开关控制。

（3）开关安装的位置应便于操作，开关边缘距门框的距离宜为 0.15～0.2m，照明开关安装高度应符合设计要求。

（4）在易燃、易爆和特别潮湿的场所，开关应分别采用防爆型、密闭型或采取其他保护措施。

4. 插座安装技术要求

（1）插座宜由单独的回路配电，而一个房间内的插座宜由同一回路配电。

（2）同一室内相同规格并列安装的插座高度宜一致。

（3）插座的接线应符合下列要求：

1）单相两孔插座，面对插座的右孔或上孔与相线连接，左孔或下孔应与中性导体连接。

2）单相三孔插座，面对插座的右孔应与相线连接，左孔应与中性导体（N）连接，上孔应与保护接地导体（PE）连接。

3）三相四孔及三相五孔插座的保护接地导体（PE）应接在上孔；插座的保护接地导体端子不得与中性导体端子连接；同一场所的三相插座，其接线的相序应一致。

4）保护接地导体（PE）在插座之间不得串联连接。

5）相线与中性导体（N）不应利用插座本体的接线端子转接供电。

（4）当交流、直流或不同电压等级的插座安装在同一场所时，应有明显的区别，插座不能互换；配套的插头应按交流、直流或不同电压等级区别使用。

（5）在潮湿场所，应采用密封良好的防溅水插座。

五、防雷装置施工技术要求

1. 接闪器的施工技术要求

（1）接闪杆的施工技术要求

1）接闪杆材料要求。一般用热镀锌（或不锈钢）圆钢和热镀锌钢管（或不锈钢管）制成，锌镀层宜光滑连贯，无焊剂斑点。

2）接闪杆与引下线之间的连接应采用焊接。引下线及接地装置使用的紧固件，都应使用镀锌制品。

3）对装有接闪杆的金属筒体。当金属筒体的厚度不小于4mm时，可作接闪杆的引下线，筒体底部应有两处与接地体连接。

4）建筑物上的接闪杆应和建筑物的接闪网连接成一个整体。接闪杆设置独立的接地装置时，其接地装置与其他接地网的地中距离不应小于3m。

（2）接闪带（网）的施工技术要求

1）接闪带应采用热镀锌钢材。钢材厚度应大于或等于4mm，镀层厚度应不小于65μm。接闪带一般使用40mm×4mm镀锌扁钢或φ12mm镀锌圆钢制作。

2）接闪带安装应平正顺直、无急弯，其固定支架应间距均匀、固定牢固、高度一致，固定支架高度不宜小于150mm。接闪带采用镀锌扁钢支架的间距为0.5m，采用镀锌圆钢支架的间距为1m。每个固定支架应能承受49N的垂直拉力。

3）接闪带之间的连接应采用搭接焊接。焊接处焊缝应饱满并有足够的机械强度，不得有夹渣、咬肉、裂纹、虚焊、气孔等缺陷，焊接处的药皮清除后，刷防锈漆和银粉漆或喷锌做防腐处理。

4）接闪带的搭接长度规定：扁钢之间搭接为扁钢宽度2倍，三面施焊；圆钢之间搭接为圆钢直径的6倍，双面施焊；圆钢与扁钢搭接为圆钢直径的6倍，双面施焊。

5）接闪带在过建筑物变形缝处的跨接应采取补偿措施。

6）建筑物屋顶上的金属物应与接闪网连接成一体，如铁栏杆、钢爬梯、金属旗杆、透气管、金属柱灯、冷却塔等。

2. 防雷引下线的施工技术要求

（1）引下线可利用建筑物内的钢梁、钢柱、混凝土柱内钢筋、消防梯等金属构件作为自然引下线。

（2）明敷的引下线采用热镀锌圆钢时，圆钢与圆钢的连接，可采用焊接或卡夹（接）器，明敷的引下线采用热镀锌扁钢时，可采用焊接或螺栓连接。

（3）明敷的引下线应分段固定，敷设应平正顺直、无急弯。焊接固定的焊缝应饱满无遗漏，螺栓固定应有防松零件（垫圈）。

（4）当利用建筑物外立面混凝土柱内的主钢筋作防雷引下线时，接地测试点通常不少于 2 个，接地测试点应离地 0.5m，测试点应有明显标识。

（5）引下线与接闪器的连接应可靠，应采用焊接或卡夹（接）器连接，引下线与接闪器连接的圆钢或扁钢，其截面积不应小于接闪器的截面积。

（6）当利用结构钢筋做引下线时，钢筋与钢筋的连接可采用熔焊连接。

六、接地装置施工技术要求

（一）接地体施工技术要求

1. 人工接地体（极）的施工技术要求

（1）金属接地体（极）的施工技术要求

1）垂直埋设的金属接地体一般采用镀锌角钢、镀锌钢管、镀锌圆钢等。镀锌钢管的壁厚不小于 2.5mm，镀锌角钢的厚度为 4mm，镀锌圆钢的直径不小于 14mm，垂直接地体的长度一般为 2.5m。埋设后接地体的顶部距地面不小于 0.6m，为减小相邻接地体的屏蔽效应，接地体的水平间距应不小于 5m。接地体施工完成后应填土夯实，以减少接地电阻。

2）水平埋设的接地体通常采用镀锌扁钢、镀锌圆钢等。镀锌扁钢的厚度应不小于 4mm，截面积不小于 $100mm^2$；镀锌圆钢的截面积不小于 $100mm^2$。水平接地体的长度，可根据施工条件和结构形式而定，一般为几米到几十米。水平接地体敷设于地下，距地面至少为 0.6m。如为多接地体时，各接地体之间应保持 5m 以上的直线距离，埋入后的接地体周围应填土夯实。

3）接地体的连接应牢固可靠，应用搭接焊接。接地体采用扁钢时，其搭接长度为扁钢宽度的两倍，并有三个邻边施焊；若采用圆钢，其搭接长度为圆钢直径的 6 倍，并在两面施焊。接地体连接完毕后，应测试接地电阻，接地电阻应符合规范标准要求。

（2）接地模块的施工技术要求

接地模块的安装除满足有关规范的规定外，还应参阅制造商提供的有关技术说明。通常接地模块顶面埋深不应小于 0.6m，接地模块间距不应小于模块长度的 3～5 倍。

（3）离子接地体的施工技术

离子接地系统埋深一般为 3～4m，当加长时相应加深，有条件的用钻机施工。

2. 自然接地体的施工技术要求

（1）利用建筑底板钢筋做水平接地体

按设计要求，将底板内主钢筋（不少于 2 根）搭接焊接，用色漆做好标记，以便于引出和检查，及时做好隐蔽工程验收记录。

（2）利用工程桩钢筋做垂直接地体

按设计要求，找好工程桩的位置，把工程桩内的钢筋（不少于 2 根）搭接焊接，再与底板主钢筋（不少于 2 根）焊接牢固，用色漆做标记，及时做好隐蔽工程验收记录。自然接地体应在不同两点及以上与接地干线或接地网相连接。

3. 接地体施工的注意事项

（1）接地体要有足够的机械强度。在接地体施工结束后，应及时测量接地电阻。电气设备独立接地体的接地电阻应小于 4Ω，共用接地体的接地电阻应小于 1Ω。

（2）接地体应远离高温影响以及使土壤电阻率升高的高温地方。在土壤电阻率高的地区，可在接地坑内填入化学降阻剂，降低土壤电阻率。

（二）接地线的施工技术要求

1. 接地干线的施工技术要求

（1）接地干线通常采用扁钢、圆钢、铜杆等，室内的接地干线多为明敷，一般敷设在电气井或电缆沟内。接地干线也可利用建筑中现有的钢管、金属框架、金属构架，但要在钢管、金属框架、金属构架连接处作接地跨接。

（2）接地干线的连接采用搭接焊接，搭接焊接的要求如下：

1）扁钢（铜排）之间搭接为扁钢（铜排）宽度的2倍，不少于三面施焊；

2）圆钢（铜杆）之间的搭接为圆钢（铜杆）直径的6倍，双面施焊；

3）圆钢（铜杆）与扁钢（铜排）搭接为圆钢（铜杆）直径的6倍，双面施焊；

4）扁钢（铜排）与钢管（铜管）之间，紧贴3/4管外径表面，上下两侧施焊；

5）扁钢与角钢焊接，紧贴角钢外侧两面，上下两侧施焊。

（3）利用钢结构作为接地线时，接地极与接地干线的连接应采用电焊连接。当不允许在钢结构电焊时，可采用柱焊或钻孔、攻丝然后用螺栓和接地线跨接。跨接线一般采用扁钢或两端焊（压）铜接头的导线，跨接线应有150mm的伸缩量。

2. 接地支线的施工技术要求

（1）接地支线通常采用铜线、铜排、扁钢、圆钢等，室内的接地支线多为明敷。与建筑物结构平行敷设，按水平或垂直敷设在墙壁上，或敷设在母线或电缆桥架的支架上。接地支线沿建筑物墙壁水平敷设时，离地面距离宜为250～300mm，与建筑物墙壁间的间隙宜为10～15mm。

（2）设备连接支线需经过地面，也可埋设在混凝土内。在接地线跨越建筑物伸缩缝、沉降缝处时，应设置补偿器，补偿器可用接地线本身弯成弧状代替。

（3）接地线的连接应采用焊接，焊接必须牢固无虚焊。若不宜焊接，可用螺栓连接，但应进行除锈处理。接地支线与电气设备接地点连接时，接头应采用接线端子螺栓连接，并用防松螺帽或防松垫片。有色金属接地线不能采用焊接时，可用螺栓连接。

（4）每个电气装置的接地应以单独的接地线与接地干线相连接，不得在一个接地线中串接几个需要接地的电气装置。

（5）当接地装置安装完毕后，应对各接地干线和支线的外露部分，以及电气设备的接地部分进行外观检查，检查各接地线的焊接或螺钉连接是否接牢。检查完后应在接地线的表面涂上绿黄颜色的防锈漆。

（三）等电位联结施工技术要求

1. 按等电位联结的作用范围分为总等电位联结、辅助等电位联结和局部等电位联结。

2. 等电位联结导体间的连接可根据实际情况采用焊接或螺栓连接，当等电位联结导体暗敷时，其导体间的连接不得采用螺栓压接。焊接时焊接处不应有夹渣、咬边、气孔及未焊透情况，螺栓连接应牢固可靠，螺栓、垫圈、螺母应热镀锌处理。

3. 等电位联结线与接地线（PE线）一样，在其端部应有黄绿相间的色标。

2H314030　通风与空调工程施工技术

2H314031　通风与空调工程的划分和施工程序

一、通风与空调工程的划分

通风与空调工程按《建筑工程施工质量验收统一标准》GB 50300—2013 划分为 20 个子分部工程，常用的子分部和分项工程见表 2H314031。

通风与空调工程分部、分项工程划分表　　　　　表 2H314031

分部工程	子分部工程	分项工程
通风与空调工程	送风系统	风管与部件制作，风管系统安装，风机与空气处理设备安装，风管与设备防腐，旋流风口、岗位送风口、织物（布）风管安装，系统调试
	排风系统	风管与部件制作，风管系统安装，风机与空气处理设备安装，风管与设备防腐，吸风罩及其他空气处理设备安装，厨房、卫生间排放系统安装，系统调试
	防排烟系统	风管与部件制作，风管系统安装，风机与空气处理设备安装，风管与设备防腐，排烟风阀（口）、正压送风口、防火风管安装，系统调试
	舒适性空调系统	风管与配件制作，风管系统安装，风机与空气处理设备安装，风管与设备防腐、组合式空调机组安装，消声器、静电除尘器、换热器等设备安装，风机盘管、变风量与定风量送风装置、射流喷口等末端设备安装，风管与设备绝热，系统调试等
	净化空调系统	风管与部件制作，风管系统安装，风机与净化空调机组安装，消声器、换热器等设备安装，中、高效过滤器及风机过滤器机组等末端设备安装，风管与设备绝热，洁净度测试，系统调试
	空调（冷、热）水系统	管道系统及部件安装，水泵及附属设备安装，管道冲洗与管内防腐，板式热交换器、辐射板及辐射供热、供冷地埋管安装，热泵机组安装，管道、设备的防腐与绝热，系统压力试验调试
	冷却水系统	管道系统及部件安装，水泵及附属设备安装，管道冲洗与管内防腐，冷却塔与水处理设备安装，防冻伴热设备安装，管道、设备防腐与绝热，系统压力试验及调试
	冷凝水系统	管道系统及部件安装，水泵及附属设备安装，管道、设备防腐与绝热，管道冲洗，系统灌水渗漏及排放试验
	蓄冷（水、冰）系统	管道系统及部件安装，水泵及附属设备安装，管道冲洗与管内防腐，蓄水罐与蓄冰槽、罐安装，管道、设备绝热，系统压力试验及调试
	压缩式制冷（热）设备系统	制冷机组及附属设备安装，管道、设备防腐，制冷剂管道及部件安装，制冷剂灌注，管道、设备绝热，系统压力试验及调试
	多联机（热泵）空调系统	室外机组安装，室内机组安装，制冷剂管路连接及控制开关安装，风管安装，冷凝水管道安装，制冷剂灌注，系统压力试验及调试

二、通风与空调工程施工程序

（一）风管及部件的制作与安装程序

1. 金属风管制作程序：板材、型材选用及复检→风管预制→角钢法兰预制→板材拼接及轧制、薄钢板法兰风管轧制→防腐→风管组合→加固、成型→质量检查。

2. 金属风管安装程序：测量放线→支吊架安装→风管检查→组合连接→风管调整→漏风量测试→风管绝热→质量检查。

3. 风管系统阀部件安装程序：风阀及部件检查→支吊架安装→风阀及部件安装→质量检查。

4. 风管漏风量测试程序：风管漏风量抽样方案确定→风管检查→测试仪器仪表检查校准→现场测试→现场数据记录→质量检查。

（二）空调水系统管道施工程序

管道预制→管道支吊架制作与安装→管道与附件安装→水压试验→冲洗→质量检查。

（三）设备安装程序

1. 制冷机组安装程序：基础验收→机组运输吊装→机组减振装置安装→机组就位安装→机组配管→质量检查。

2. 冷却塔安装程序：基础验收→冷却塔运输吊装→冷却塔减振安装→冷却塔就位安装→冷却塔配管→质量检查。

3. 水泵安装程序：基础验收→减振装置安装→水泵就位→找正找平→配管及附件安装→质量检查。

4. 新风机组、组合式空调机组安装程序：设备检查试验→基础验收→底座安装→减振装置安装→机组安装→找正找平→管道安装→质量检查。

5. 风机盘管、空调末端装置安装程序：设备检查试验→支吊架安装→设备减振安装→设备配管→质量检查。

6. 风机（箱）安装程序：风机检查试验→（基础验收）→支吊架（底座）安装→减振安装→风机就位→（找平找正）→管道安装→质量检查。

7. 多联机系统安装程序：基础验收→室外机吊运→设备减振安装→室外机安装→室内机安装→管道连接→管道强度及真空试验→系统充制冷剂→管道及设备绝热→调试运行→质量检查。

（四）管道防腐绝热施工程序

1. 管道及支吊架防腐施工程序：除锈→去污→表面清洁→底层涂料→面层涂料→质量检查。

2. 风管绝热施工程序：清理去污→保温钉固定（涂刷粘结剂）→绝热材料下料→绝热层施工→防潮层施工→保护层施工→质量检查。

3. 水管及设备绝热施工程序：清理去污→涂刷粘结剂→绝热层施工→接缝处胶粘→防潮层施工→保护层施工→质量检查。

（五）系统调试施工程序

1. 设备单机试运转程序：设备检查→设备测试→试运转→参数测试→数据记录→质量检查。

2. 水系统调试程序：设备检查→阀部件检查→测试仪器仪表准备→水流量测试与调整→压力表温度计数据记录→质量检查。

3. 风系统调试程序：风机设备检查→风管、风阀、风口检查→测试仪器仪表准备→风量测试→风量平衡调整→记录测试数据→质量检查。

4. 防排烟系统联合试运转程序：系统检查→机械正压送风系统测试与调整→机械排烟系统测试与调整→联合试运转参数的测试与调整→数据记录→质量检查。

5. 通风空调系统联合试运转程序：系统检查→通风空调系统的风量、水量测试与调整→空调自控系统的测试调整→联合试运转→数据记录→质量检查。

2H314032 通风与空调工程的施工技术要求

一、风管系统制作安装的施工技术要求

（一）风管的分类

通风与空调工程风管按其工作压力划分为微压、低压、中压、高压四个等级类别，见表 2H314032。

风管压力等级划分

表 2H314032

等级类别	风管工作压力 P（Pa）		密封要求
	管内正压	管内负压	
微压	$P \leqslant 125$	$P \geqslant -125$	接缝及接管连接处应严密
低压	$125 < P \leqslant 500$	$-500 \leqslant P < -125$	接缝及接管连接处应严密，密封面宜设在风管的正压测
中压	$500 < P \leqslant 1500$	$-1000 \leqslant P < -500$	接缝及接管连接处增加密封措施
高压	$1500 < P \leqslant 2500$	$-2000 \leqslant P < -1000$	所有的拼接缝及接管连接处，均应采取密封措施

（二）风管制作的施工技术要求

1. 风管系统的制作与安装，应按照被批准的施工图纸、合同约定或工程洽商记录、相关的施工方案及标准规范的规定进行。

2. 制作风管所采用的板材、型材以及其他主要材料，应符合设计要求及国家现行标准的有关规定，并具有相应的出厂检验合格证明文件。所选用的成品风管，应提供产品合格证书或性能检验报告进行强度和严密性的现场复验。

例如，复合材料风管的覆面材料必须为不燃材料，内层的绝热材料应采用不燃或难燃且对人体无害的材料，材料进场时应提供燃烧性能检验报告。防排烟系统风管的耐火极限应符合设计规定，可采用防火风管或镀锌铁皮风管包覆岩棉＋防火板等技术措施，相关材料进场时提供燃烧性能检测报告。防火风管的本体、框架与固定材料、密封垫料等必须为不燃材料。当设计无规定时，镀锌钢板板材的镀锌层厚度不应低于 $80g/m^2$。

3. 风管与配件的制作宜选用机械加工方式。通常采用现场半机械手工制作、简易风管生产流水线制作、工厂风管自动流水线制作。

4. 金属风管板材的拼接采用咬口连接、铆接、焊接连接等方法，风管与风管连接采用法兰连接、薄钢板法兰连接等。风管板材拼接的咬口缝应错开，不得有十字形拼接缝；板材连接缝应该达到缝线顺直、平整、严密牢固、不露保温层，满足和结构连接的强度要求。法兰连接的焊缝应熔合良好、饱满，矩形法兰四角处应设螺栓孔，同一批加工的相同规格法兰，其螺栓孔排列方式、间距应统一，且具有互换性。

例如，一般板厚小于等于 1.2mm 的金属板材采用咬口连接，咬口连接有单咬口、联合角咬口、转角咬口、按扣式咬口、立咬口等方法。板厚大于 1.5mm 的风管采用电焊、氩弧焊等方法。中、低压系统矩形风管法兰螺栓及铆钉间距小于等于 150mm，高压系统小于等于 100mm。镀锌钢板及含有各类复合保护层的钢板应采用咬口连接或铆接，不得采用焊接连接。

5. 金属风管的加固措施。对于满足下列条件的金属风管应采取加固措施：

（1）直咬缝圆形风管直径大于等于 800mm，且管段长度大于 1250mm 或总表面积大于 4m²；用于高压系统的螺旋风管直径大于 2000mm。

（2）矩形风管边长大于 630mm 或矩形保温风管边长大于 800mm，管段长度大于 1250mm；或低压风管单边平面面积大于 1.2m²，中、高压风管大于 1.0m²。

（3）风管针对其工作压力等级、板材厚度、风管长度与断面尺寸，采取相应的加固措施。风管可采用管内或管外加固件、管壁压制加强筋等形式进行加固。矩形风管加固件宜采用角钢、轻钢型材或钢板折叠；圆形风管加固件宜采用角钢。

6. 矩形内斜线和内弧形弯头应设导流片，以减少风管局部阻力和噪声。

7. 管道的消声器制作所选用的材料应符合设计的规定，如防火、防潮、防腐和卫生性能等要求，外壳应牢固、严密，填充的消声材料应按规定的密度均匀敷设。

（三）风管系统的安装要点

1. 风管安装前检查。应清理安装部位或操作场所中的杂物，检查风管及其配件的制作质量、风管支、吊架的制作与安装质量。

例如，切断支、吊、托架的型钢及其开螺孔应采用机械加工，不得用电气焊切割；支、吊架不宜设置在风口、阀门、检查门及自控装置处。

2. 风管的组对、连接长度应根据施工现场的情况和吊装设备进行确定。风管连接采用的密封材料应满足系统功能的技术条件。

例如，防排烟系统或输送温度高于 70℃ 的空气或烟气，应采用耐热橡胶板或不燃的耐温、防火材料；输送含有腐蚀介质的气体，应采用耐酸橡胶板或软聚氯乙烯板。

3. 风管安装就位的程序通常为先上层后下层、先主干管后支管、先立管后水平管。就位时应注意，例如，采用吊装组对风管时，应加强表面的保护，注意吊点受力重心，保证吊装稳定、安全和风管不产生扭曲、弯曲变形等，必要时应采取防止变形的措施。

4. 风管穿过需要封闭的防火防爆楼板或墙体时采取的措施。应设钢板厚度不小于 1.6mm 的预埋管或防护套管，风管与防护套管之间应采用不燃柔性材料封堵。风管穿越建筑物变形缝空间时，应设置柔性短管，风管穿越建筑物变形缝墙体时，应设置钢制套管，风管与套管之间应采用柔性防水材料填充密实。

5. 风管内严禁其他管线穿越。

6. 输送含有易燃、易爆气体或安装在易燃、易爆环境的风管系统必须设置可靠的防静电接地装置；输送含有易燃、易爆气体的风管系统通过生活区或其他辅助生产房间时不得设置接口。室外风管系统的拉索等固定件严禁与避雷针或避雷网连接。

7. 风阀安装方向应正确、便于操作、启闭灵活。边长（直径）大于或等于 630mm 的防火阀或边长（直径）大于 1250mm 的弯头和三通应设置独立的支吊架。

8. 消声器、静压箱安装时，应单独设置支吊架，固定牢固。

（四）风管的检验与试验

1. 风管批量制作前，对风管制作工艺进行检测或检验时，应进行风管强度与严密性试验。如强度试验压力，低压风管为 1.5 倍的工作压力；中压风管为 1.2 倍的工作压力，且不低于 750Pa；高压风管为 1.2 倍的工作压力。排烟、除尘、低温送风及变风量空调系统风管的严密性试验应符合中压风管的规定，试验压力为风管系统的工作压力。

2. 风管系统安装完成后，应对安装后的主、干风管分段进行严密性试验。严密性检验，主要检验风管、部件制作加工后的咬口缝、铆接孔、风管的法兰翻边、风管管段之间的连接严密性，检验合格后方能交付下道工序。

二、空调水系统的施工技术要求

1. 空调水冷热水、冷却水、凝结水系统的管道、管配件、阀门、部件的材质、型号、规格及连接形式应符合设计规定。

2. 管道的连接采用螺纹连接、焊接连接、法兰连接、卡箍连接、熔接连接等方式，连接方式的选用应符合设计要求。

3. 镀锌管道采用螺纹或沟槽连接时，镀锌层破坏的表面及外露螺纹部分应进行防腐处理。采用焊接和法兰焊接连接时，对焊缝及热影响区的表面应进行二次镀锌或防腐处理。

4. 管道穿过地下室或地下构筑物外墙时，应采取防水措施，对有严格防水要求的建筑物，必须采用柔性防水套管。管道穿楼板和墙体处应设置钢制套管。设置在墙体内的套管应与墙体两侧饰面相平，设置在楼板的套管，其底部与楼板底部平齐，顶部应高出装饰面 20~50mm，且不得将套管作为管道支撑。当穿越防火分区时，应采用不燃材料进行防火封堵；保温管道与套管四周的缝隙应使用不燃材料堵塞紧密。

5. 冷（热）水管道与支、吊架之间，应设置衬垫防止冷桥产生。衬垫的承压强度应满足管道全重，且应采用不燃与难燃硬质绝热材料或经防腐处理的木衬垫。衬垫的表面应平整、上下两衬垫接合面的空隙应填实。

6. 冷凝水排水管的坡度应符合设计要求。当设计无要求时，管道坡度宜大于或等于 8‰，且应坡向出水口。

7. 阀门安装前应进行外观检查，工作压力大于 1.0MPa 及在主干管上起到切断作用和系统冷、热水运行转换调节功能的阀门和止回阀，应进行壳体强度和阀瓣密封性能的试验，且试验合格。阀门安装的位置、高度、进出口方向应正确，且应便于操作。

8. 空调冷冻、冷却水管道系统安装完毕，外观检查合格后，应按设计要求进行水压试验（分为强度试验和严密性试验）。当设计无要求时，应符合下列要求：

（1）冷（热）水、冷却水与蓄能（冷、热）系统的强度试验压力，当工作压力小于或等于 1.0MPa 时，金属管道及金属复合管道应为 1.5 倍工作压力，最低不应小于 0.6MPa；当工作压力大于 1.0MPa 时，应为工作压力加 0.5MPa。严密性试验压力应为设计工作压力。

（2）各类耐压塑料管的强度试验压力（冷水）应为 1.5 倍工作压力，且不应小于 0.9MPa；严密性试验压力应为 1.15 倍的设计工作压力。

9. 凝结水系统进行通水试验，应以不渗漏、排水畅通为合格。

10. 水系统管道试验合格后，在制冷机组、空调设备连接前，应进行管道系统冲洗试验。

11. 制冷剂管道系统安装完毕，外观检查合格后，应进行吹污、气密性和抽真空试验。

三、设备安装的施工技术要求

1. 制冷机组本体的安装、试验、试运转及验收应符合现行国家标准《制冷设备、空气分离设备安装工程施工及验收规范》GB 50274—2010 有关条文的规定。

2. 冷却塔的安装位置应符合设计要求，进风侧距建筑物应大于 1000mm。冷却塔安装应水平，同一冷却水系统多台冷却塔安装时，各台开式冷却塔的水面高度应一致，高度偏差不应大于 30mm。冷却塔的积水盘应无渗漏，布水器应布水均匀，组装的冷却塔的填料安装应在所有电、气焊接作业完成后进行。

3. 空调机组、新风机组、空气热回收装置安装前，应检查各功能段的设置是否符合设计要求，内部结构完好无损。设备组装各功能段之间的连接应严密牢固。空气处理机组与空气热回收装置的过滤器应在单机试运转完成后安装。与机组连接的阀门、仪器仪表应安装齐全，规格、位置正确，风阀开启方向应顺气流方向，与机组连接的风管、水管均采用柔性连接。

4. 风机安装前应检查电机接线是否正确，通电试验时，叶片转动灵活、方向正确，停转后不应每次停留在同一位置上，机械部分无摩擦、松动，无漏电及异常响声。风机与风管连接采用柔性短管。

5. 水泵减振台座采用型钢制作框架、中间浇筑钢筋混凝土，多台水泵成排安装时，应排列整齐。水泵与减振台座固定牢固，地脚螺栓应有防松动措施。

6. 换热设备、蓄冷蓄热设备、软化水装置、集分水器等安装应稳固，与设备连接的管道应单独设置支托架，管道应按要求设置阀门、压力表、温度计、过滤器等装置。

7. 开式水箱（罐）在连接管道前，应进行满水试验，换热器及密闭容器在连接管道前，应进行水压试验。

8. 风机盘管机组进场时，应对机组的供冷量、供热量、风量、水阻力、功率及噪声等性能进行见证取样检验，同一厂家的风机盘管机组按数量复验 2%，不得少于 2 台；复验合格后再进行安装。安装前宜进行风机三速试运转及盘管水压试验，试验压力应为系统工作压力的 1.5 倍，试验观察时间应为 2min，以不渗漏为合格。

9. 风机盘管、诱导器、变风量末端、直接蒸发式室内机等空调末端装置的安装及配管应符合设计及规范要求。装置的安装位置应正确，并均应设置单独支吊架固定牢固。

10. 水系统管道与设备的连接应在设备安装完毕后进行。管道与水泵、制冷机组的接口应为柔性连接管，且不得强行对口连接。与其连接的管道应设置独立支架。

11. 空调冷冻站等设备机房也可采用模块化装配式施工，将机房内设备与阀门、管道、管件、法兰、支架等合理分段、组合，划分为单元模块或组件，在场外加工厂采用全自动焊机、等离子切割机等机械提前进行精细化预制；施工现场机房各模块和管段通过螺栓连接或焊接快速完成装配，提高施工效率和施工品质。

四、防腐绝热施工技术要求

1. 普通薄钢板在制作风管前，宜预涂防锈漆一遍，支、吊架的防腐处理应与风管或管道相一致，明装部分最后一遍色漆宜在安装完毕后进行。

2. 风管和管道的绝热层、绝热防潮层和保护层，应采用不燃或难燃材料，材质、密度、规格与厚度应符合设计要求。

3. 绝热材料进场时，应对材料的导热系数或热阻、密度、吸水率等性能进行见证取样检验；复验合格后方可开始安装。

4. 风管、部件及空调设备绝热工程施工应在风管系统严密性试验合格后进行。

5. 风管绝热根据绝热材料的不同选用保温钉固定或粘结的方法。风管部件的绝热不得影响操作功能，调节阀绝热要保留调节手柄的位置，保证操作灵活方便。风管系统上经常拆卸的法兰、阀门、过滤器及检查点等采用可单独拆卸的绝热结构。

6. 空调水系统和制冷系统管道的绝热施工，应在管路系统强度与严密性检验合格和防腐处理结束后进行。

五、通风与空调系统调试的技术要求

通风与空调系统安装完毕投入使用前，应进行系统调试，系统调试应包括设备单机试运转及调试、系统非设计满负荷条件下的联合试运转及调试。

1. 进行单机试运转及调试的设备包括：冷冻水泵、热水泵、冷却水泵、轴流风机、离心风机、空气处理机组、冷却塔、风机盘管、电制冷（热泵）机组、吸收式制冷机组、水环热泵机组、风量调节阀、电动防火阀、电动排烟阀、电动阀等。

2. 设备单机试运转安全保证措施要齐全、可靠，并有书面的安全技术交底。设备单机试运转及调试应符合下列规定：

（1）通风机、空气处理机组中的风机，叶轮旋转方向正确、运转平稳、无异常振动与声响，其电机运行功率应符合设备技术文件的规定。在额定转速下连续运转 2h 后，滑动轴承与滚动轴承的温升应符合相关规范要求。

（2）水泵叶轮旋转方向正确，无异常振动和声响，紧固连接部位无松动，其电机运行功率应符合设备技术文件的规定。水泵连续运转 2h 后，滑动轴承与滚动轴承的温升应符合相关规范要求。

（3）冷却塔风机与冷却水系统循环试运行不少于 2h，运行应无异常情况；冷却塔本体应稳固、无异常振动。冷却塔运行产生的噪声不应大于设计及设备技术文件的规定值，水流量应符合设计要求。

（4）制冷机组运转应平稳、无异常振动与声响；各连接和密封部位应无松动、漏气、漏油等现象；吸、排气的压力和温度在正常工作范围内；能量调节装置及各保护继电器、安全装置的动作应灵敏、可靠；正常运转不少于 8h。

（5）风机盘管机组的调速、温控阀的动作应正确，并应与机组运行状态一一对应，中档风量的实测值应符合设计要求。

3. 系统非设计满负荷条件下的联合试运转及调试应在设备单机试运转合格后进行。通风系统的连续试运行应不少于 2h，空调系统带冷（热）源的连续试运行应不少于 8h。联合试运行及调试不在制冷期或供暖期时，仅做不带冷（热）源的试运行及调试，并在第一个制冷期或供暖期内补做。

4. 系统非设计满负荷条件下的联合试运转及调试内容：

（1）监测与控制系统的检验、调整与联动运行。

（2）系统风量的测定和调整（通风机、风口、系统平衡）。

（3）空调水系统的测定和调整。

（4）室内空气参数的测定和调整。

（5）防排烟系统测定和调整。防排烟系统测定风量、风压及疏散楼梯间等处的静压差，并调整至符合设计与消防的规定。

5. 系统非设计满负荷条件下的联合试运转及调试应符合下列规定：

（1）系统总风量调试结果与设计风量的允许偏差应为 -5%～10%；建筑内各区域的压差应符合设计要求。

（2）变风量空调系统联合调试应符合下列规定：

1）系统空气处理机组应能在设计参数范围内对风机实现变频调速。

2）空气处理机组在设计机外余压条件下，系统总风量应满足风量允许偏差为 -5%～10% 的要求；新风量与设计新风量的允许偏差为 0～10%。

3）各变风量末端装置的最大风量调试结果与设计风量的允许偏差应为 0～15%。

（3）空调冷（热）水系统、冷却水系统总流量与设计流量的偏差不应大于 10%。

（4）舒适性空调的室内温度应优于或等于设计要求。

六、洁净空调工程施工技术要求

（一）洁净度等级

空气净化的标准常用空气洁净度等级来衡量，空气洁净度主要控制空气中最小控制微粒直径和微粒数量，即用每立方米空气中规定粒径粒子允许的最大数量确定。现行规范规定了 N1 级至 N9 级的 9 个洁净度等级。

（二）洁净空调系统的技术要求

1. 风管制作的技术要点

洁净空调系统的风管与一般通风空调系统的风管区别主要是对风管表面的清洁程度和严密性有更高的要求。

（1）洁净空调系统制作风管的刚度和严密性，均按高压和中压系统的风管要求进行。其中，洁净度等级 N1 级至 N5 级的按高压系统的风管制作要求；洁净度等级 N6 级至 N9 级，且工作压力小于等于 1500Pa 的，按中压系统的风管制作要求。

（2）洁净空调系统风管及部件的制作应在相对较封闭和清洁的环境中进行。地面应铺橡胶板或其他防护材料。加工风管的板材，在下料前应进行清洗，洗后应立即擦干。加工过程应有措施保证不二次污染。风管及部件制作完成后，用无腐蚀性清洗液将内表面清洗干净，干燥后经检查达到要求即进行封口，安装前再拆除封口。清洗后立即安装的可不封口。

（3）加工镀锌钢板风管应避免损坏镀锌层，如有损坏应做防腐处理。风管不得有横向接缝，尽量减少纵向拼接缝。矩形风管边长不大于 800mm 时，不得有纵向接缝。风管的所有咬口缝、翻边处、铆钉处均必须涂密封胶。

2. 洁净风管系统安装的技术要点

洁净空调系统的风管安装同样对其清洁程度和严密性有更高的要求。

例如，风管安装前对施工现场彻底清扫，做到无尘作业，并应建立有效的防尘措施。经清洗干净包装密封的风管及部件，安装前不得拆除。如安装中间停顿，应将端口重新封好。风管连接处必须严密，法兰垫料应采用不产尘和不易老化的弹性材料，严禁在垫料表面刷涂料，法兰垫片宜减少拼接，且不得采用直缝对接连接。风管与洁净室吊顶、隔墙等围护结构的穿越处应严密，可设密封填料或密封胶，不得有渗漏现象发生。

3. 高效过滤器的安装要点

高效过滤器应在具备洁净条件下安装，避免其受到不洁净空气的污染，降低过滤器的使用寿命。

（1）高效过滤器安装前，洁净室的内装修工程必须全部完成，经全面清扫、擦拭，空吹 12～24h 后进行。

（2）高效过滤器应在安装现场拆开包装，其外层包装不得带入洁净室，但其最内层包装必须在洁净室内方能拆开。

（3）安装前应进行外观检查，重点检查过滤器有无破损漏泄等，并按规范要求进行现场扫描检漏，且应合格。

（4）安装时要保证滤料的清洁和严密。

4. 洁净空调工程调试要点

（1）洁净空调工程调试前，洁净室各分部工程的外观检查已完成，且符合合同和规范的要求；通风空调系统运转所需用的水、电、汽及压缩空气等已具备。调试所用仪表、工具已备齐；洁净室内无施工废料等杂物，且已全部进行了认真彻底的清扫。

（2）净化空调系统的检测和调整应在系统正常运行 24h 及以上，达到稳定后进行。工程竣工洁净室（区）洁净度的检测，应在空态或静态下进行。检测时，室内人员不宜多于 3 人，并应穿着与洁净室等级相适应的洁净工作服。

（3）洁净空调工程调试包括：单机试运转，联合试运转；系统调试其检测结果应全部符合设计要求。

2H314040 建筑智能化工程施工技术

2H314041 建筑智能化工程的划分和施工程序

一、建筑智能化工程的划分

建筑智能化工程按《建筑工程施工质量验收统一标准》GB 50300—2013 和《智能建筑工程质量验收规范》GB 50339—2013 划分为 19 个子分部工程，每个子分部工程又由多个分项工程组成。常用的子分部、分项工程见表 2H314041。

建筑智能化工程分部、分项工程划分表   表 2H314041

分部工程	子分部工程	分项工程
建筑智能化工程	智能化集成系统	设备安装，软件安装，接口及系统调试，试运行
	信息网络系统	计算机网络设备安装，计算机网络软件安装，网络安全设备安装，网络安全软件安装，系统调试，试运行
	综合布线系统	梯架、托盘、槽盒和导管安装，线缆敷设，机柜、机架、配线架的安装，信息插座安装，链路或信道测试，软件安装，系统调试，试运行
	有线电视及卫星电视接收系统	梯架、托盘、槽盒和导管安装，线缆敷设，设备安装，软件安装，系统调试，试运行
	公共广播系统	梯架、托盘、槽盒和导管安装，线缆敷设，设备安装，软件安装，系统调试，试运行

续表

分部工程	子分部工程	分项工程
建筑智能化工程	信息化应用系统	梯架、托盘、槽盒和导管安装，线缆敷设，设备安装，软件安装，系统调试，试运行
	建筑设备监控系统	梯架、托盘、槽盒和导管安装，线缆敷设，传感器安装，执行器安装，控制器、箱安装，中央管理工作站和操作分站设备安装，软件安装，系统调试，试运行
	火灾自动报警系统	梯架、托盘、槽盒和导管安装，线缆敷设，探测器类设备安装，控制器类设备安装，其他设备安装，软件安装，系统调试，试运行
	安全技术防范系统	梯架、托盘、槽盒和导管安装，线缆敷设，设备安装，软件安装，系统调试，试运行
	机房工程	供配电系统，防雷与接地系统，空气调节系统，给水排水系统，综合布线系统，监控与安全防范系统，消防系统，室内装饰装修，电磁屏蔽，系统调试，试运行
	防雷与接地	接地装置，接地线，等电位联结，屏蔽设施，电涌保护器，线缆敷设，系统调试，试运行
	会议系统	梯架、托盘、槽盒和导管安装，线缆敷设，设备安装，软件安装，系统调试，试运行

二、建筑智能化工程的施工程序及工序

（一）建筑智能化工程的施工程序

1. 建筑设备监控系统的一般施工程序：施工准备→施工图深化→设备、材料采购→管线敷设→设备、元件安装→系统调试→系统试运行→系统检测→系统验收。

2. 安全防范工程的施工程序：施工图深化→设备、材料采购→管线敷设→设备安装→系统试运行调试→系统检测→工程验收。

（二）建筑智能化工程的施工内容及要求

1. 施工准备

建筑智能化工程实施界面的确定，贯彻于施工图深化、设备采购、工程施工、系统调试、系统试运行、系统检测和竣工验收的全过程中。

（1）在施工前应明确智能化监控设备和被监控设备的采购、安装范围，避免施工过程中出现扯皮和影响工程进度。

（2）施工前应做好智能化工程与建筑结构，建筑装饰，建筑给水排水，建筑电气，供暖、通风与空调和电梯等工程的工序交接和接口确认工作。

例如，在走廊吊平顶上安装监控摄像机应与建筑装饰和建筑电气施工协调确认。

（3）确定建筑设备监控系统涉及的机电设备及管路的安装位置，监控系统的管线敷设、穿线和接线的工作，设备调试及相互的配合方式。

例如，在施工中需确定控制阀门的安装位置，管道的开孔与检测元件的安装位置，线路敷设路由及位置，调试过程中施工相关方投入的人力、设备以及责任义务，都是工程正常进行的重要保证，需要在施工前予以明确，以免出现监控系统工程问题时相互扯皮的情况。

2. 施工图深化

（1）建筑智能化施工图的深化设计前，应先确定智能化设备的品牌、型号、规格。

（2）选择产品时，应考虑产品的品牌和生产地、应用实践以及供货渠道和供货周期；产品支持的系统规模及监控距离；产品的网络性能及标准化程度等信息。

例如，每个产品都有支持的常规监控点数限制和监控距离限制。当超出常规限制时，有些产品可以通过增加设备进行扩展，但系统投资将增加或系统性能有所下降；而有些产品则可能无能为力。

（3）建筑智能化设备的选择应根据工程管理的特点、监控的要求以及监控的分布等，确定系统的整体结构，然后进行设备产品选择。设备、材料的型号规格符合设计要求和国家标准，各系统的设备接口必须相匹配。

（4）从建筑、电气、给水排水和通风空调等施工图中了解建筑的结构情况、设备及管线的位置、控制方式和技术要求等资料，然后针对智能化工程进行施工图深化。

3. 设备、材料采购和验收

（1）设备、材料的采购中要明确智能化系统承包方和被监控设备承包方之间的设备供应界面划分。主要是明确建筑设备监控系统与机电工程的设备、材料的供应范围。

（2）设备、材料应附有产品合格证，质检报告，安装、使用及维护说明书等；进口设备应提供原产地证明、商检证明、质量合格证明、检测报告、安装使用及维护说明书的中文文本。

（3）检查设备、材料的品牌、产地、型号、规格、数量及外观，主要技术参数和性能等均能符合设计要求，外表无损伤，填写进场验收记录，并封存相关器件和线缆样品。

（4）线缆进场检测，应抽检电缆的电气性能指标；光纤进场检测，应抽检光缆的光纤性能指标；并做好记录。

（5）设备的质量检测重点应包括安全性、可靠性及电磁兼容性等项目。对不具备现场检测条件的设备材料，可要求第三方检测并出具检测报告。

例如，建筑智能化工程承包商提供的硬件设备的可靠性检测需要长时间的统计数据，现场只能对产品的可靠性进行有限度的检测和分析，因此重要设备的可靠性检测需进行第三方检测，并参考设备生产厂商提供的可靠性产品检测报告。

（6）建筑设备监控系统与变配电设备、发电机组、冷水机组、热泵机组、锅炉和电梯等大型建筑设备实现接口方式的通信，必须预先约定通信协议。

例如，变配电设备、发电机组，电梯设备可提供设备的通信接口卡、通信协议和接口软件，以通信方式与建筑设备监控系统相连。建筑设备还可以通过干接点信号发送设备的运行状态，与建筑设备监控系统进行通信。

（7）建筑智能化工程中使用的设备、材料、接口和软件的功能、性能等项目的检测应按相应的现行国家标准进行。供需双方有特殊要求的产品，可按合同规定或设计要求进行。

1）接口技术文件应符合合同要求；接口技术文件应包括接口概述、接口框图、接口位置、接口类型与数量、接口通信协议、数据流向和接口责任边界等内容。

2）接口测试文件应符合设计要求；接口测试文件应包括测试链路搭建、测试用仪器仪表、测试方法、测试内容和测试结果评判等内容。

4. 线缆施工

（1）线缆施工要求

1）线缆敷设前，应做电缆外观及电气导通检查。用兆欧表测量绝缘电阻，其电阻值不应小于 0.5MΩ。

2）信号线缆和电力电缆平行或交叉敷设时，其间距不得小于 0.3m；信号线缆与电力电缆交叉敷设时，宜成直角。

3）线缆敷设时，多芯线缆的最小弯曲半径应大于其外径的 6 倍。

4）电源线与信号线、控制线应分别穿管敷设；当低电压供电时，电源线与信号线、控制线可以同管敷设。

5）线缆在沟内敷设时，应敷设在支架上或线槽内。在电缆沟支架上敷设时与建筑电气专业提前规划协商，高压电缆在最上层支架，中压电缆在中层支架，低压电缆在中下层支架，智能化线缆在最下层支架。

6）明敷的信号线缆与具有强磁场、强电场的电气设备之间的净距离宜大于 1.5m，当采用屏蔽线缆或穿金属保护管或在金属封闭线槽内敷设时，宜大于 0.8m。

7）综合布线中，从配线架引向工作区各信息端口的对绞电缆的长度不应大于 90m。

8）线路敷设完毕，应进行校验及标号，并再次做外观及导通检查。用兆欧表测量绝缘电阻，其绝缘电阻值不应小于 0.5MΩ。

（2）同轴线缆的施工要求

1）同轴线缆的衰减、弯曲、屏蔽、防潮等性能应满足设计要求，并符合相应产品标准要求。同轴电缆应一线到位，中间无接头；同轴电缆的最小弯曲半径应大于其外径的 15 倍。

2）视频信号传输电缆要求：室外线路宜选用外导体内径为 9mm 的同轴电缆；室内线路宜选用外导体内径为 5mm 或 7mm 的同轴电缆；机房设备间的连接线，宜选用外导体内径为 3mm 或 5mm 的同轴电缆。电梯轿厢的视频同轴电缆应选用电梯专用电缆。

例如，SYV-75-5 表示：视频线采用了同轴电缆，阻抗 75Ω，其外护套材料是聚氯乙烯，外导体内径为 5mm。

（3）光缆的施工要求

1）光缆敷设前，应对光纤进行检查。光纤应无断点，其衰耗值应符合设计要求。核对光缆长度，并应根据施工图的敷设长度来选配光缆。

2）敷设光缆时，其最小动态弯曲半径应大于光缆外经的 20 倍。光缆的牵引端头应作好技术处理，可采用自动控制牵引力的牵引机进行牵引。牵引力应加在加强芯上，其牵引力不应超过 150kg；牵引速度宜为 10m/min；一次牵引的直线长度不宜超过 1km，光纤接头的预留长度不应小于 8m。

3）光缆敷设后，应检查光纤有无损伤，并对光缆敷设损耗进行抽测；确认没有损伤后，再进行接续。光缆敷设完毕后，宜测量通道的总损耗，并用光时域反射计观察光纤通道全程波导衰减特性曲线。

5. 设备安装

设备安装见本书"2H314042 建筑智能化设备的安装技术要求"。

6. 系统调试及试运行

（1）调试前按设计文件检查已安装的设备型号、规格等。检查线路接线是否正确，避免由于接线错误造成严重后果。

（2）已编制完成调试方案、设备平面布置图、线路图以及其他技术文件。调试工作应由项目专业技术负责人主持。

（3）通电试运行前应对系统电源部分进行检查，检查供电设备的电压、极性和相位等。

7. 系统检测

系统检测应在系统试运行合格后进行。

（1）系统检测前应提交资料

1）工程技术文件；

2）设备材料进场检验记录和设备开箱检验记录；

3）自检记录；

4）分项工程质量验收记录；

5）试运行记录。

（2）系统检测组织

1）建设单位应组织项目检测小组；

2）项目检测小组应指定检测负责人；

3）公共机构的项目检测小组应由有资质的检测单位组成。

（3）系统检测实施

1）依据工程技术文件和规范规定的检测项目、检测数量及检测方法编制系统检测方案，检测方案经建设单位或项目监理工程师审批后实施；

2）按系统检测方案所列检测项目进行检测，系统检测的主控项目和一般项目应符合规范规定；

3）系统检测程序：分项工程→子分部工程→分部工程；

4）系统检测合格后，填写分项工程检测记录、子分部工程检测记录和分部工程检测汇总记录；

5）分项工程检测记录、子分部工程检测记录和分部工程检测汇总记录由检测小组填写，检测负责人做出检测结论，监理单位的监理工程师（或建设单位的项目专业技术负责人）签字确认。

8. 建筑智能化分部（子分部）工程验收

（1）工程验收条件

1）按经批准的工程技术文件要求施工完毕；

2）完成调试及自检；

3）分项工程质量验收合格；

4）完成系统试运行；

5）系统检测合格；

6）完成技术培训。

（2）工程验收组织

1）建设单位组织工程验收小组负责工程验收。

2）验收小组的人员应根据项目的性质、特点和管理要求确定，验收人员的总数应为单数，其中专业技术人员的数量不应低于验收人员总数的50%。

3）验收小组应对工程实体和资料进行检查，并做出正确、公正、客观的验收结论。

（3）工程验收文件

1）竣工图纸；

2）设计变更记录和工程洽商记录；

3）设备材料进场检验记录和设备开箱检验记录；

4）分项工程质量验收记录；

5）试运行记录；

6）系统检测记录；

7）培训记录和培训资料。

（4）各子系统验收时，还应包括的验收文件

1）智能化集成系统验收文件还应包括：针对项目编制的应用软件文档；接口技术文件；接口测试文件。

2）信息网络系统验收文件还应包括：交换机、路由器、防火墙等设备的配置文件；QoS（服务质量）规划方案；安全控制策略；网络管理软件相关文档；网络安全软件相关文档。

3）综合布线系统验收文件还应包括综合布线管理软件相关文档。

4）有线电视及卫星电视接收系统的验收文件还应包括用户分配电平图。

5）信息化应用系统的验收文件还应包括应用软件的需求规格说明、安装手册、操作手册、维护手册和测试报告。

6）建筑设备监控系统验收文件还应包括：中央管理工作站软件的安装手册、使用和维护手册；控制器箱内接线图。

7）机房工程验收文件还应包括机柜设备装配图。

8）防雷与接地系统的验收文件还应包括防雷保护设备一览表。

2H314042　建筑智能化设备的安装技术要求

一、建筑智能化系统设备安装技术规定

1. 机房设备的安装要求

（1）安装位置应符合设计要求，安装应平稳牢固，并应便于操作维护。承重大于 $600kg/m^2$ 的设备应单独制作设备基座，不应直接安装在抗静电地板上。

（2）机柜内安装的设备应有通风散热措施，内部接插件与设备连接应牢固。

（3）有序列号的设备应登记设备的序列号；有源设备进行通电检查，工作正常。

（4）跳线连接应规范，线缆排列应有序，线缆上应有正确牢固的标签；设备安装机柜应张贴设备系统连线示意图。

2. 卫星天线及有线电视设备的安装要求

（1）卫星接收天线安装要求

1）卫星天线基座应根据设计图纸的位置、尺寸，在土建浇筑混凝土层面的同时进行基座施工，基座中的地脚螺栓应与楼房顶面钢筋焊接连接，并与接地体连接，天线底座接

地电阻应小于 4Ω。

2）天线调节机构应灵活、连续，锁定装置方便牢固，并有防腐蚀措施和防灰沙的护套。

3）卫星接收天线应在防雷装置的保护范围内，防雷装置的接地线应单独敷设。

（2）放大器安装要求

1）放大器箱室内安装高度不宜小于 1.2m，并安装牢固。

2）放大器及放大器箱等有源设备应做良好接地，箱内应设有接地端子。

（3）分支器、分配器安装要求

1）分支器、分配器与同轴电缆连接，其连接器（插接件）应与同轴电缆型号相匹配，并连接可靠。

2）同轴电缆之间的连接应采用连接器（插接件）紧密结合，不得松动、脱出。

3）分支器的空置输出端口均应接入 75Ω 终端电阻。

3. 广播系统扬声器的安装要求

（1）根据声场设计及现场情况确定广播扬声器的高度及其水平指向和垂直指向，广播扬声器的声辐射应指向广播服务区。当周围有高大建筑物和高大地形地物时，应避免安装不当而产生回声。

（2）用于火灾隐患区的扬声器应由阻燃材料制作或用阻燃后罩保护，广播扬声器在短期喷淋的条件下应能正常工作。

（3）广播扬声器与广播线路之间的接头应接触良好，接头宜采用压接套管连接。

（4）安装扬声器的路杆、桁架、墙体、棚顶和紧固件应具有足够的承载能力。

（5）室外安装的广播扬声器应采取防潮、防雨和防霉措施。

4. 电话交换设备安装要求

（1）交换机机柜安装，上下两端垂直偏差不应大于 3mm。机柜应排列成直线，每 5m 误差不应大于 5mm。

（2）配线架的直列上下两端垂直偏差不应大于 3mm，底座水平误差每米不大于 2mm。

5. 建筑智能化监控设备的安装要求

（1）中央监控设备的安装要求

1）中央监控设备应在控制室装饰工程完工后进行安装。

2）外观检查无损伤，设备完整，型号、规格和接口符合设计要求，设备安装牢固，接地可靠。设备之间的连接电缆型号和连接正确、整齐，做好标识。

（2）现场控制器安装要求

1）现场控制器处于监控系统的中间层，向上连接中央监控设备，向下连接各监控点的传感器和执行器。

2）现场控制器一般安装在弱电竖井内、冷冻机房、高低压配电房等需监控的机电设备附近。

（3）主要输入设备安装要求

1）各类传感器的安装位置应装在能正确反映其检测性能的位置，并远离有强磁场或剧烈振动的场所，而且便于调试和维护。

2）水管型传感器开孔与焊接工作，必须在管道的压力试验、清洗、防腐和保温前进行。风管型传感器安装应在风管保温层完成后进行。

3）传感器至现场控制器之间的连接应符合设计要求。例如，镍温度传感器的接线电阻应小于3Ω，铂温度传感器的接线电阻应小于1Ω，并在现场控制器侧接地。

4）电磁流量计应安装在流量调节阀的上游，流量计上游应有10倍管径长度的直管段，下游段应有4～5倍管径长度的直管段。

5）空气质量传感器的安装位置，应选择能正确反映空气质量状况的地方。

（4）主要输出设备安装要求

1）电磁阀、电动调节阀安装前，应按说明书规定检查线圈与阀体间的电阻，进行模拟动作试验和压力试验。阀门外壳上的箭头指向与水流方向一致。

2）电动风阀控制器安装前，应检查线圈和阀体间的电阻、供电电压、输入信号等是否符合要求，宜进行模拟动作检查。

6. 火灾自动报警系统设备安装要求

（1）端子箱和模块箱宜设置在弱电间内，应根据设计高度固定在墙壁上。

（2）消防控制室引出的干线和火灾报警器及其他的控制线路应分别绑扎成束，汇集在端子板两侧，左侧应为干线，右侧应为控制线路。

（3）设备接地应采用铜芯绝缘导线或电缆，消防控制设备的外壳及基础应可靠接地，工作接地线与保护接地线应分开。

7. 安全防范系统设备安装要求

安全防范工程中所使用的设备、材料应符合国家法律、法规、标准的要求，并与设计文件、工程合同的内容相符合。

（1）探测器安装要求

1）各类探测器的安装，应根据产品的特性、警戒范围要求和环境影响等确定设备的安装点（位置和高度）。探测器底座和支架应固定牢固。

2）周界入侵探测器的安装，应保证能在防区形成交叉，避免盲区。

（2）摄像机安装要求

1）安装前应通电检测，工作应正常，在满足监视目标视场范围要求下，室内安装高度离地不宜低于2.5m；室外安装高度离地不宜低于3.5m。

2）摄像机及其配套装置（镜头、防护罩、支架等）安装应牢固，运转应灵活，应注意防破坏，并与周边环境相协调。

（3）出入口控制设备安装

1）各类识读装置的安装高度离地不宜高于1.5m。

2）感应式读卡机在安装时应注意可感应范围，不得靠近高频、强磁场。

（4）对讲设备（可视、非可视）安装

1）对讲主机（门口机）可安装在单元防护门上或墙体主机预埋盒内，对讲主机操作面板的安装高度离地不宜高于1.5m。

2）调整可视对讲主机内置摄像机的方位和视角于最佳位置，对不具备逆光补偿的摄像机，宜作环境亮度处理。

（5）巡查设备安装

在线巡查或离线巡查的信息采集点（巡查点）的数目应符合设计与使用要求，其安高度离地 1.3～1.5m。

二、建筑智能化系统设备调试检测

1. 卫星天线及有线电视设备调试检测

（1）卫星接收天线设备调试检测

1）根据所接收的卫星参数调整卫星接收天线的方位角和仰角。

2）卫星接收机上的信号强度和信号质量应达到信号最强的位置。

3）测试天线底座接地电阻值。

（2）有线电视设备调试检测

1）对有线电视及卫星电视接收系统进行主观评价和客观测试时，选用标准测试点的规定：系统的输出端口数量小于 1000 时，测试点不得少于 2 个；系统的输出端口数量大于 1000 时，每 1000 点应选取 2～3 个测试点；测试点应至少有一个位于系统中主干线的最后一个分配放大器之后的点。

2）客观测试内容：测试卫星接收电视系统的接收频段、视频系统指标及音频系统指标；测量有线电视系统的终端输出电平。

2. 广播系统扬声器的调试检测

（1）检查广播系统的扬声器位置，应分布合理、符合设计要求。广播系统检测时，应打开广播分区的全部广播扬声器，测量点宜均匀布置。

（2）逐个广播分区进行检测和试听。对各个广播分区以及整个系统进行功能检查，并根据检查结果进行调整，使系统的应急功能符合设计要求。

（3）对系统电声性能指标进行测试，并在测试的基础上进行调试，系统电声性能指标应符合设计要求。

（4）紧急广播（包括火灾应急广播功能）应检测的内容：紧急广播具有最高级别的优先权；紧急广播向相关广播区域播放警示信号、警报语声或实时指挥语声的响应时间；音量自动调节功能。

（5）检测广播系统的声场不均匀度、漏出声衰减及系统设备信噪比符合设计要求。

（6）系统调试持续加电时间不应少于 24h。

3. 建筑设备监控系统设备调试检测

（1）建筑设备监控系统设备调试检测条件

1）监控中心设备、软件安装完毕，线缆敷设和接线符合设计和产品说明书要求。

2）现场控制器应安装完毕，线缆敷设和接线符合设计和产品说明书要求。

3）各种传感器、执行器等应安装完毕，线缆敷设和接线符合设计和产品说明书要求。

4）建筑设备监控设备与子系统间的通信接口及线缆敷设符合设计要求。

5）网络控制器与服务器、工作站正常通信。网络控制器的电源连接到不间断电源上，保证调试期间网络控制器电源正常。

（2）通风空调设备系统调试检测

1）对风阀的自动调节来控制空调系统的新风量以及送风风量的大小。

2）对水阀的自动调节来控制送风温度（回风温度）达到设定值。

3）对加湿阀的自动调节来控制送风相对湿度（回风相对湿度）达到设定值。

4）对过滤网的压差开关报警信号来判断是否需要清洗或更换过滤网。

5）监控风机故障报警及相应的安全联锁控制、电气联锁以及防冻联锁控制等。

（3）变配电系统调试检测

1）变配电设备各高、低压开关运行状况及故障报警；电源及主供电回路电流值显示、电源电压值显示、功率因素测量、电能计量等。

2）变压器超温报警；应急发电机组供电电流、电压及频率及储油罐液位监视，故障报警；不间断电源工作状态、蓄电池组及充电设备工作状态检测。

（4）照明控制系统调试检测

1）以照度、时间等为控制参数对照明设备（场景照明、景观照明）进行监控检测。

2）按照明回路总数的 10% 抽检，数量不应少于 10 路，总数少于 10 路时应全部检测。不同区域的照明设备分别进行开、关控制。

（5）给水排水系统调试检测

1）给水系统、排水系统和中水系统液位、压力参数及水泵运行状态检测；自动调节水泵转速；水泵投运切换；故障报警及保护。

2）给水和中水监控系统应全部检测；排水监控系统应抽检 50%，且不得少于 5 套，总数少于 5 套时应全部检测。

（6）中央管理工作站与操作分站的检测

1）中央管理工作站的功能检测内容包括：运行状态和测量数据的显示功能；故障报警信息的报告应及时准确，有提示信号；系统运行参数的设定及修改功能；控制命令应无冲突执行；系统运行数据的记录、存储和处理功能；操作权限；人机界面应为中文。

2）操作分站的功能检测监控管理权限及数据显示与中央管理工作站的一致性。

3）中央管理工作站功能应全部检测，操作分站应抽检 20%，且不得少于 5 个，不足 5 个时应全部检测。

4. 火灾自动报警设备调试检测要求

（1）火灾自动报警系统设备调试检测准备

1）设备的规格、型号、数量、备品备件等应按设计要求查验。

2）系统的施工质量应按国家标准要求检查，对属于施工中出现的问题，应会同有关单位协商解决，并应有文字记录。

3）系统线路应按国家标准要求检查系统线路，对于错线、开路、虚焊、短路、绝缘电阻小于 20MΩ 等应采取相应的处理措施。

4）对系统中的火灾报警控制器、可燃气体报警控制器、消防联动控制器、气体灭火控制器、消防电气控制装置、消防设备应急电源、消防应急广播设备、消防电话、传输设备、消防控制中心图形显示装置、消防电动装置、防火卷帘控制器、区域显示器（火灾显示盘）、消防应急灯具控制装置、火灾警报装置等设备分别进行单机通电检查。

（2）火灾自动报警系统设备调试检测

1）将所有经调试合格的各项设备、系统按设计连接组成完整的火灾自动报警系统，按国家标准和设计的联动逻辑关系检查系统的各项功能。检查数量应全数检查，检查方法为观察检查。

2）火灾自动报警系统在连续运行 120h 无故障后，按国家标准规定填写调试记录表。

5. 安全技术防范系统调试检测要求

（1）产品检查

列入国家强制性认证产品目录的安全防范产品应检查产品的认证证书或检测报告。

（2）安全技术防范系统检测要求

1）子系统功能应按设计要求逐项检测；

2）摄像机、探测器、出入口识读设备、电子巡查信息识读器等设备抽检的数量不应低于20%，且不应少于3台，数量少于3台时应全部检测。

（3）安全防范综合管理系统的功能检测内容

1）监控图像、报警信息及其他信息记录的质量和保存时间；

2）与火灾自动报警系统和应急响应系统的联动、报警信号的输出接口；

3）安全技术防范系统中的各子系统对监控中心控制命令的响应准确性和实时性。

（4）报警系统调试检测

1）检查及调试系统所采用探测器的探测范围、灵敏度、误报警、漏报警、报警状态后的恢复、防拆保护等功能与指标，应符合设计要求；

2）检查控制器的本地、异地报警、防破坏报警、布撤防、报警优先、自检及显示等功能，应符合设计要求；

3）检查紧急报警时系统的响应时间，应基本符合设计要求。

例如，检测防范部位和要害部门的设防情况，有无防范盲区。安全防范设备的运行是否达到设计要求。探测器的盲区检测，防拆报警功能检测，信号线开路和短路报警功能检测，电源线被剪报警功能检测。各防范子系统之间的报警联动是否达到安全防范的要求。

（5）视频监控系统调试检测

1）检查及调试摄像机的监控范围、聚焦、环境照度与抗逆光效果等，使图像清晰度、灰度等级达到系统设计要求；

2）检查并调整对云台、镜头等的遥控功能，排除遥控延迟和机械冲击等不良现象，使监视范围达到设计要求；

3）检查并调整视频切换控制主机的操作程序、图像切换、字符叠加等功能，保证工作正常，满足设计要求；

4）检查与调试监视图像与回放图像的质量，在正常工作照明环境条件下，监视图像质量不应低于现行国家标准规定或至少能辨别人的面部特征；

5）当系统具有报警联动功能时，应检查与调试自动开启摄像机电源、自动切换音视频到指定监视器、自动实时录像等功能；

6）系统应叠加摄像时间、摄像机位置（含电梯、楼层显示）的标识符，并显示稳定。当系统需要灯光联动时，应检查灯光打开后图像质量是否达到设计要求。

例如，摄像机的系统功能检测，图像质量检测，数字硬盘录像监控系统检测，监控图像的记录和保存时间是否达到设计和规范标准要求等。

（6）出入口控制系统调试检测

1）对各种读卡机在使用不同类型的卡（如通用卡、定时卡、加密卡、防劫持卡等）时，调试其开门、关门、提示、记忆、统计、打印等判别与处理功能；

2）调试出入口控制系统与报警、电子巡查等系统间的联动或集成功能；

3）对采用各种生物识别技术装置（如指纹、掌形、视网膜、声控及其复合技术）的出入口控制系统的调试，应按系统设计文件及产品说明书进行。

（7）访客（可视）对讲系统调试检测

按相关标准及设计方案规定，检查与调试系统的选呼、通话、电控开锁、紧急呼叫等功能。对具有报警功能的复合型对讲系统，还应检查与调试安装的探测器、各种前端设备的警戒功能，并检查布防、撤防及报警信号畅通等功能。

（8）电子巡查系统调试检测

1）检查在线式信息采集点读值的可靠性、实时巡查与预置巡查的一致性，并查看记录、存储信息以及在发生不到位时的即时报警功能；

2）检查离线式电子巡查系统，确保信息钮的信息正确，数据的采集、统计、打印等功能正常。

例如，按预先设定的巡查路线，正确记录保安人员巡查活动（时间、路线、班次等）状态。对在线式电子巡查系统，检查当发生意外情况时的即时报警功能。

6. 会议系统检测

会议系统包括：会议扩声系统、会议视频显示系统、会议灯光系统、会议同声传译系统、会议讨论系统、会议电视系统、会议表决系统、会议摄像系统和会议签到系统等。

（1）会议系统检测时，应根据系统规模和实际所选用功能和系统，以及会议室的重要性和设备复杂性确定检测内容和验收项目。

（2）会议系统检测前，宜检查会议系统引入电源和会场建声的检测记录。

（3）会议系统的功能检测和性能检测：

1）功能检测应采用现场模拟的方法，根据设计要求逐项检测；

2）性能检测可采用客观测量或主观评价方法进行。

（4）会议扩声系统的检测：

1）声学特性指标可检测语言传输指数，或直接检测内容：最大声压级；传输频率特性；传声增益；声场不均匀度；系统总噪声级。

2）声学特性指标的测量方法应符合现行国家标准《厅堂扩声特性测量方法》GB/T 4959—2011 的规定。

3）主观评价规定：声源应包括语言和音乐两类。

（5）会议视频显示系统的检测：

1）显示特性指标的检测内容：显示屏亮度；图像对比度；亮度均匀性；图像水平清晰度；色域覆盖率；水平视角、垂直视角。

2）显示特性指标的测量方法应符合现行国家标准《视频显示系统工程测量规范》GB/T 50525—2010 的规定。

（6）具有会议电视功能的会议灯光系统，应检测平均照度值。

（7）会议讨论系统和会议同声传译系统应检测与火灾自动报警系统的联动功能。

（8）会议电视系统的检测：

1）应对主会场和分会场功能分别进行检测；

2）性能评价的检测宜包括声音延时、声像同步、会议电视回声、图像清晰度和图像连续性；

3）会议灯光系统的检测宜包括照度、色温和显色指数。

（9）其他系统的检测：

1）会议同声传译系统的检测应按现行国家标准《红外线同声传译系统工程技术规范》GB 50524—2010 的规定执行；

2）会议签到系统应测试签到的准确性和报表功能；

3）会议表决系统应测试表决速度和准确性；

4）会议集中控制系统的检测应采用现场功能演示的方法，逐项进行功能检测；

5）会议录播系统应对现场视频、音频、计算机数字信号的处理、录制和播放功能进行检测，并检验其信号处理和录播系统的质量；

6）具备自动跟踪功能的会议摄像系统应与会议讨论系统相配合，检查摄像机的预置位调用功能。

2H314050 消防工程施工技术

2H314051 消防工程的划分和施工程序

一、消防工程的划分

结合《消防给水及消火栓系统技术规范》GB 50974—2014、《自动喷水灭火系统施工及验收规范》GB 50261—2017、《自动跟踪定位射流灭火系统技术标准》GB 51427—2021、《水喷雾灭火系统技术规范》GB 50219—2014、《气体灭火系统施工及验收规范》GB 50263—2007、《细水雾灭火系统技术规范》GB 50898—2013、《泡沫灭火系统技术标准》GB 50151—2021、《建筑防烟排烟系统技术标准》GB 51251—2017、《火灾自动报警系统施工及验收标准》GB 50166—2019 等规范的规定，消防工程划分为 10 个分部工程，每个分部工程又由多个分项工程组成，见表 2H314051。

消防工程分部、分项工程划分表　　　　　　　　　　表 2H314051

	分部工程	分项工程
消防工程	消火栓灭火系统	消火栓给水管道及配件安装，消火栓给水设备安装，室内消火栓、箱及配件安装，消防水泵接合器及室外消火栓，系统试压，管道冲洗，系统调试
	自动喷水灭火系统	消防水泵和稳压泵安装，消防水箱安装和消防水池施工，消防气压给水设备安装，消防水泵接合器安装，管网安装，喷头安装，报警阀组安装，其他组件安装，系统试压，管网冲洗，系统调试
	自动跟踪定位射流灭火系统	消防水池和消防水箱施工与安装，消防水泵和气压稳压装置及控制柜安装，消防水泵结合器安装，供水管网和阀门及附件安装，灭火装置安装，探测装置安装，控制装置安装，布线安装，模拟末端试水装置安装，系统试压冲洗，系统调试，系统验收
	水喷雾灭火系统	材料及系统组件进场检验，消防水泵的安装，消防水池（箱）、消防气压给水设备及水泵接合器的安装，雨淋报警阀、气动及电动控制阀的安装，节流管、减压孔板及减压阀的安装，管道、阀门的安装和防腐、保温、伴热施工，管道试压、冲洗，水雾喷头安装，系统调试，系统施工质量及功能验收

分部工程		分项工程
消防工程	气体灭火系统	灭火剂储存装置的安装，选择阀及信号反馈装置的安装，阀驱动装置的安装，灭火剂输送管道的安装，喷嘴的安装，预制灭火系统的安装，控制组件的安装，系统调试，系统验收
	细水雾灭火系统	材料及系统组件进场检验，储水、储气瓶组的安装，泵组及控制柜的安装，阀组的安装，管道管件安装，喷头安装，管道冲洗、水压试验、吹扫，系统调试，系统验收
	泡沫灭火系统	管道安装，阀门安装，泡沫发生器的安装，混合储存装置的安装，系统调试，系统验收
	干粉灭火系统	干粉储罐的安装，动力气体容器及阀部件的安装，输气管的安装，喷嘴的安装，启动瓶的安装，火灾探测器的安装，启动瓶控制机构及管路的安装，报警器的安装，控制盘的安装，系统调试，系统验收
	防排烟系统	风管与部件制作，风管系统安装，风机与空气处理设备安装，风管与设备防腐，排烟风阀（口）、常闭正压风口、防火风管安装，风管严密性检测，系统调试
	火灾自动报警及消防联动控制系统	梯架、托盘、槽盒和导管安装，线缆敷设，探测器类设备安装，控制器类设备安装，其他设备安装，软件安装，系统调试，系统检测、验收

二、消防工程施工程序

1. 水灭火系统施工程序

（1）消防水泵及稳压泵的施工程序

施工准备→基础验收复核→泵体安装→吸水管路安装→出水管路安装→单机调试。

（2）消火栓灭火系统施工程序

施工准备→干管安装→立管、支管安装→箱体稳固→附件安装→管道试压、冲洗→系统调试。

（3）自动喷水灭火系统施工程序

施工准备→干管安装→报警阀安装→立管安装→分层干、支管安装→喷洒头支管安装→管道试压→管道冲洗→减压装置安装→报警阀配件及其他组件安装→喷洒头安装→系统通水调试。

（4）自动跟踪定位射流灭火系统施工程序

施工准备→干管安装→立管安装→分层干、支管安装→管道试压→管道冲洗→灭火装置及附件安装→动力源和探测、控制装置安装→系统调试。

（5）水喷雾灭火系统施工程序

施工准备→干管安装→立管安装→分层干、支管安装→管道试压→管道冲洗→减压装置安装→雨淋阀及其他组件安装→水雾喷头安装→系统调试。

2. 干粉灭火系统施工程序

施工准备→设备和系统组件安装→管道安装→管道试压、吹扫→系统调试。

3. 泡沫灭火系统施工程序

施工准备→设备和系统组件安装→管道安装→管道试压、吹扫→系统调试。

4. 气体灭火系统施工程序

施工准备→设备和系统组件安装→管道安装→管道试压、吹扫→系统调试。

5. 细水雾灭火系统施工程序

施工准备→管道及配件安装→储水储气瓶组的安装→泵组及控制柜安装→管道试压、冲洗、吹扫→细水雾喷头安装→系统调试。

6. 防排烟系统施工程序

施工准备→支吊架制作、安装→风管及阀部件制作安装→风管强度及严密性试验→风机安装→防排烟风口安装→单机调试→系统调试。

7. 火灾自动报警及联动控制系统施工程序

施工准备→导管、线槽敷设→线、缆敷设→绝缘电阻测试→设备安装→校线接线→单机调试→系统调试→系统检测、验收。

三、消防工程施工技术要求

1. 水灭火系统施工要求如下：

（1）钢筋混凝土消防水池和消防水箱的进水管、出水管应加设防水套管，钢板等制作的消防水池和消防水箱的进出水等管道宜采用法兰连接，对有振动的管道应加设柔性接头。组合式消防水池或消防水箱的进水管、出水管接头宜采用法兰连接，采用其他连接时应做防锈处理。

（2）消防给水架空管道，当管径等于或大于 DN50 时，每段配水干管或配水管设置防晃支架不应少于 1 个，且防晃支架的间距不宜超过 15m；当管道拐弯、三通及四通等改变方向时，应增设 1 个防晃支架。

1）防晃支架的强度，应满足管道、配件及管内水的重量再加 50% 的水平方向推力时不损坏或不产生永久变形；

2）当管道穿梁安装时，管道用紧固件固定于混凝土结构上，宜可作为 1 个防晃支架处理。

（3）自动喷水灭火系统的管道横向安装宜设 2‰~5‰ 的坡度，且应坡向排水管；当局部区域难以利用排水管将水排净时，应采取相应的排水措施。

（4）室内消火栓栓口出水方向宜向下或与设置消火栓的墙面成 90° 角，栓口不应安装在门轴侧。

（5）室内消火栓栓口中心距地面应为 1.1m，特殊地点的高度可特殊对待，允许偏差 ±20mm。

（6）自动喷水灭火系统的闭式喷头施工要求：

1）应在安装前进行密封性能试验，且喷头安装必须在系统试压、冲洗合格后进行。

2）安装时不应对喷头进行拆装、改动，并严禁给喷头、隐蔽式喷头的装饰盖板附加任何装饰性涂层。

3）喷头安装应使用专用扳手，严禁利用喷头的框架施拧。

4）喷头的框架、溅水盘产生变形或释放原件损伤时，应采用规格、型号相同的喷头更换。

（7）雨淋报警阀组的安装应在供水管网试压、冲洗合格后进行。

（8）消防给水管网安装完毕后，应对其进行强度试验、冲洗和严密性试验。

（9）消火栓系统的调试应包括：水源调试和测试；消防水泵调试；稳压泵或稳压设施

调试；减压阀调试；消火栓调试；自动控制探测器调试；干式消火栓系统的报警阀等快速启闭装置调试，并应包含报警阀的附件电动或电磁阀等阀门的调试；排水设施调试；联锁控制试验。

（10）室内消火栓系统安装完成后应取顶层（或水箱间内）试验消火栓和首层两处消火栓进行试射试验。

（11）自动喷水灭火系统的调试应包括：水源测试；消防水泵调试；稳压泵调试；报警阀调试；排水设施调试；联动试验。

2. 自动跟踪定位射流灭火系统的管网安装完毕后，应进行强度试验、冲洗和严密性试验。

3. 气体灭火系统安装要求如下：

（1）灭火剂储存装置安装后，泄压装置的泄压方向不应朝向操作面。低压二氧化碳灭火系统的安全阀应通过专用的泄压管接到室外。

（2）选择阀的安装高度超过1.7m时应采取便于操作的措施。选择阀的流向指示箭头应指向介质流动方向。

（3）灭火剂输送管道安装完成后，应进行强度试验和气压严密性试验，并达到合格。

（4）安装在吊顶下的不带装饰罩的喷嘴，其连接管道管端螺纹不应露出吊顶；安装在吊顶下的带装饰罩的喷嘴，其装饰罩应紧贴吊顶。

（5）气体灭火系统的调试项目应包括模拟启动试验、模拟喷气试验和模拟切换操作试验。

4. 泡沫灭火系统的调试包括：动力源和备用动力的切换试验；水源的测试；消防泵和稳压设备的试验；泡沫比例混合装置的调试；泡沫产生装置的调试；报警阀的调试；泡沫消火栓的冷喷试验；泡沫灭火系统的喷水和喷泡沫试验等。

5. 干粉灭火装置的联动控制组件应进行模拟启动试验，包括自动模拟启动和手动模拟启动试验。

6. 细水雾灭火系统调试应包括泵组、稳压泵、分区控制阀的调试和联动试验。

7. 防烟排烟系统施工要求如下：

（1）防排烟风管采用镀锌钢板时，板材最小厚度应符合设计要求，当板材厚度设计无要求时，可按照现行国家标准《建筑防烟排烟系统技术标准》GB 51251—2017的要求选定。

（2）防火风管的本体、框架与固定材料、密封材料必须为不燃材料，其耐火等级应符合设计要求，材料进场时应检查其燃烧性能报告。

（3）排烟防火阀的安装位置、方向应正确，阀门应顺气流方向关闭，防火分区隔墙两侧的防火阀，距墙表面应不大于200mm。

（4）排烟防火阀宜设独立支吊架。

（5）常闭送风口、排烟阀或排烟口及手控装置（包括预埋套管）的安装位置应符合设计要求，设计无要求时，手控装置应固定安装在明显可见、距楼地面1.3～1.5m便于操作的位置；电动防火阀、防排烟风阀（口）的手动、电动操作应灵活可靠，信号输出应正确。

（6）防排烟系统的柔性短管必须采用不燃材料，材料进场时应核验其燃烧性能报告。

（7）防排烟风机应设在混凝土或钢架基础上，且不应设置减振装置；若排烟系统与通风空调系统共用且需要设置减振装置时，不应使用橡胶减振装置。

（8）风管系统安装完成后，应进行严密性检验；防排烟风管的允许漏风量应按中压系统风管确定。

8. 火灾自动报警及消防联动系统施工要求如下：

（1）火灾自动报警系统应单独布线，系统内不同电压等级、不同电流类别的线路，不应布在同一管内或线槽孔内。

（2）系统的调试包括：

1）火灾报警控制器及其现场部件调试；

2）家用火灾安全系统调试；

3）消防联动控制器及其现场部件调试；

4）消防专用电话系统调试；

5）可燃气体探测报警系统调试；

6）各类火灾探测器的调试；

7）电气火灾监控系统调试；

8）消防设备电源监控系统调试；

9）消防设备应急电源调试；

10）消防控制室图形显示装置和传输设备调试；

11）火灾警报、消防应急广播系统调试；

12）防火卷帘系统调试；

13）防火门监控系统调试；

14）气体、干粉灭火系统调试；

15）自动喷水灭火系统调试；

16）消火栓系统调试；

17）防排烟系统调试；

18）消防应急照明和疏散指示系统控制调试；

19）电梯、非消防电源等相关系统联运控制调试；

20）系统整体联运控制功能调试。

9. 工业项目消防系统的技术要求如下：

在电力、石化、冶金、矿山等工业建设项目的消防工程，与民用和公共建筑消防工程有许多共同之处，但也有其特点和要求。

（1）根据工业建筑贮存的物料性质、生产操作条件、火灾危险性、建筑物体积等因素，设置不同的消防设施和灭火系统。

1）火力发电厂，容量为 90MV·A 及以上的油浸变压器应设置火灾自动报警系统、水喷雾灭火系统或其他灭火系统；燃气轮发电机组（包括燃气轮机、齿轮箱、发电机和控制间）宜采用全淹没气体灭火系统，并应设置火灾自动报警系统。

2）钢铁冶金企业，单台容量大于等于 40MV·A 非总降压变电所的油浸电力变压器应设置火灾自动报警系统，以及水喷雾、细水雾和气体灭火系统；储存锌粉、碳化钙、低亚硫酸钠等遇水燃烧物品的仓库不得设置室内外消防给水。

3）石油储备库，地上固定顶储罐、内浮顶储罐和卧式储罐应设低倍数泡沫灭火系统或中倍数泡沫灭火系统，以及消防冷却水系统和火灾自动报警系统。

（2）工业项目很多建有消防站，站内消防车的类型和数量与企业的火灾危险性相适应，以满足扑救控制初起火灾的需要。如火电厂单台发电机组容量为300MW及以上的，应设置企业消防站，站内应不少于2辆消防车，其中一辆为水罐或泡沫消防车，另一辆可为干粉或干粉泡沫联用车。

2H314052　消防工程的验收要求

一、消防工程验收的相关规定

1. 依据《中华人民共和国消防法》和《建设工程消防设计审查验收管理暂行规定》，县级以上地方人民政府住房和城乡建设主管部门对本行政区域内建设工程实施消防设计审查、消防验收、备案以及备案抽查管理。

2. 具有下列情形之一的特殊建设工程，建设单位应当向本行政区域内地方人民政府住房和城乡建设主管部门申请消防设计审查，并在建设工程竣工后向消防设计审查验收主管部门申请消防验收；未经消防验收或者消防验收不合格的，禁止投入使用。

（1）建筑总面积大于20000m²的体育场馆、会堂，公共展览馆、博物馆的展示厅。

（2）建筑总面积大于15000m²的民用机场航站楼、客运车站候车室、客运码头候船厅。

（3）建筑总面积大于10000m²的宾馆、饭店、商场、市场。

（4）建筑总面积大于2500m²的影剧院，公共图书馆的阅览室，营业性室内健身、休闲场馆，医院的门诊楼，大学的教学楼、图书馆、食堂，劳动密集型企业的生产加工车间，寺庙、教堂。

（5）建筑总面积大于1000m²的托儿所、幼儿园的儿童用房，儿童游乐厅等室内儿童活动场所，养老院、福利院，医院、疗养院的病房楼，中小学校的教学楼、图书馆、食堂，学校的集体宿舍，劳动密集型企业的员工集体宿舍。

（6）建筑总面积大于500m²的歌舞厅、录像厅、放映厅、卡拉OK厅、夜总会、游艺厅、桑拿浴室、网吧、酒吧，具有娱乐功能的餐馆、茶馆、咖啡厅。

（7）国家工程建设消防技术标准规定的一类高层住宅建筑。

（8）城市轨道交通、隧道工程，大型发电、变配电工程。

（9）生产、储存、装卸易燃易爆危险物品的工厂、仓库和专用车站、码头，易燃易爆气体和液体的充装站、供应站、调压站。

（10）国家机关办公楼、电力调度楼、电信楼、邮政楼、防灾指挥调度楼、广播电视楼、档案楼。

（11）设有本条第1项到第6项所列情形的建设工程。

（12）本条第10项、第11项规定以外的单体建筑面积大于40000m²或者建筑高度超过50m的公共建筑。

3. 其他建设工程实行消防验收备案、抽查管理制度。

二、特殊建设工程消防验收条件和应提交的资料

（一）特殊建设工程消防验收的条件

1. 完成工程消防设计和合同约定的消防各项内容。

2. 有完整的工程消防技术档案和施工管理资料（含涉及消防的建筑材料、建筑构配件和设备的进场试验报告）。

3. 建设单位对工程涉及消防的各分部分项工程验收合格；施工、设计、工程监理、

技术服务等单位确认工程消防质量符合有关标准。

4. 消防设施性能、系统功能联调联试等内容检测合格。

（二）特殊建设工程消防验收应提交的资料

建设单位申请消防验收应当提供下列材料：

（1）消防验收申报表；

（2）工程竣工验收报告；

（3）涉及消防的建设工程竣工图纸。

三、特殊建设工程消防验收的组织及验收程序

1. 消防验收的组织

（1）特殊建设工程消防验收由国务院住房和城乡建设主管部门负责指导监督实施。

（2）县级以上消防设计审查验收主管部门承担本行政区域内特殊建设工程的消防验收。

（3）跨行政区域特殊建设工程的消防验收工作，由该建设工程所在行政区域消防设计审查验收主管部门共同的上一级主管部门指定负责。

2. 验收程序

验收程序通常包括验收受理、现场评定和出具消防验收意见等阶段。

（1）验收受理。由建设单位组织填写"消防验收申请表"，向消防设计审查验收主管部门提出申请，并提供有关书面资料，资料应真实有效，符合申报要求。

（2）现场评定。消防设计审查验收主管部门受理消防验收申请后，对特殊建设工程进行现场评定。现场评定包括：对建筑物防（灭）火设施的外观进行现场抽样查看；通过专业仪器设备对涉及距离、高度、宽度、长度、面积、厚度等可测量的指标进行现场抽样测量；对消防设施的功能进行抽样测试、联调联试消防设施的系统功能等内容。

（3）出具消防验收意见。现场评定结束后，消防设计审查验收主管部门依据消防验收有关评定规则，形成验收意见或结论；验收评定合格后出具《建筑工程消防验收意见书》。实行规划、土地、消防、人防、档案等事项联合验收的建设工程，消防验收意见由地方人民政府指定的部门统一出具。

3. 局部消防验收

对于大型特殊建设工程需要局部投入使用的部分，根据建设单位的申请，可实施局部建设工程消防验收。

4. 消防验收的时限

消防设计审查验收主管部门自受理消防验收申请之日起15日内组织消防验收，并在现场评定检查合格后签发《建筑工程消防验收意见书》。

四、施工过程中的消防验收

1. 消防工程施工过程存在不同的程序。例如，与土建工程配合，埋设道路下、地坪下的消防供水管网，敷设墙体内的消防报警线路导管等。在建筑物主体完成精装修之前消防工程的设备和干线管网应就位并调试，配合建筑物精装修完成各类元件、部件的安装，最后是系统调试和检测。

2. 根据工程需要，消防工程可以按施工程序划分为三种消防验收形式，即隐蔽工程消防验收、粗装修消防验收、精装修消防验收。

（1）隐蔽工程消防验收。消防工程与土建工程施工配合时，部分工程实体将被隐蔽起来，在整个工程建成后，其很难被检查和验收，这部分消防工程要在被隐蔽前进行消防验收，称为隐蔽工程消防验收。例如，埋设在道路下、地坪下的消防供水管网，敷设在墙体内的消防报警线路导管等。

（2）粗装修消防验收。消防工程的主要设施已安装调试完毕，仅留下室内精装修时，对安装的探测、报警、显示和喷头等部件的消防验收，称为粗装修消防验收。粗装修消防验收属于消防设施的功能性验收。验收合格后，建筑物尚不具备投入使用的条件。

（3）精装修消防验收。房屋建筑全面竣工，消防工程已按设计图纸全部安装完成各类元件、部件，对如火灾报警探测器、疏散指示灯、喷洒头等部件准备投入使用前的验收，称为精装修消防验收。验收合格后房屋建筑具备投入使用条件。

五、其他建设工程的消防验收备案与抽查

1. 其他建设工程，建设单位应当在工程竣工验收合格之日起 5 个工作日内，报消防设计审查验收主管部门进行消防验收备案。建设单位办理备案，应当提交下列材料：

（1）消防验收备案表；

（2）工程竣工验收报告；

（3）涉及消防的建设工程竣工图纸。

2. 消防设计审查验收主管部门对备案的其他建设工程实行抽查管理。抽查工作推行"双随机、一公开"制度，随机抽取检查对象，随机选派检查人员；抽取比例由省、自治区、直辖市人民政府住房和城乡建设主管部门向社会公示，抽查结果向社会公示。

3. 其他建设工程经依法抽查不合格的，应当停止使用。

2H314060　电梯工程施工技术

2H314061　电梯工程的划分和施工程序

一、电梯工程的分部分项工程划分

电梯工程按《建筑工程施工质量验收统一标准》GB 50300—2013 划分的子分部、分项工程见表 2H314061。

电梯工程的分部、分项工程划分表　　　　　表 2H314061

分部工程	子分部工程	分项工程
电梯工程	电力驱动的曳引式或强制式电梯	设备进场验收，土建交接检验，驱动主机，导轨，门系统，轿厢，对重，安全部件，悬挂装置，随行电缆，补偿装置，电气装置，整机安装验收
	液压电梯	设备进场验收，土建交接检验，液压系统，导轨，门系统，轿厢，对重，安全部件，悬挂装置，随行电缆，电气装置，整机安装验收
	自动扶梯、自动人行道	设备进场验收，土建交接检验，整机安装验收

二、电梯的分类和组成

1. 电梯的分类

（1）按电梯用途分类

可分为乘客电梯、载货电梯、客货电梯、病床电梯、住宅电梯、消防电梯、观光电梯、施工电梯等。

（2）按机械驱动方式分类

可分为曳引式电梯、强制式电梯、液压电梯和齿轮齿条电梯。

（3）按运行速度分类

1）低速电梯，$v \leqslant 1.0\text{m/s}$ 的电梯；

2）中速电梯，$1.0\text{m/s} < v \leqslant 2.5\text{m/s}$ 的电梯；

3）高速电梯，$2.5\text{m/s} < v \leqslant 6.0\text{m/s}$ 的电梯；

4）超高速电梯，$v > 6.0\text{m/s}$ 的电梯。

（4）按控制方式分类

可分为按钮控制、信号控制、集选控制、并联控制和梯群控制等。

2. 电梯的组成

电梯一般由机房、井道、轿厢、层站四大部分组成。

（1）曳引式或强制式电梯从系统功能分，通常由曳引系统、导向系统、轿厢系统、门系统、重量平衡系统、驱动系统、控制系统、安全保护系统等组成。

（2）液压电梯一般由泵站系统、液压系统、导向系统、轿厢系统、门系统、电气控制系统、安全保护系统等组成。

（3）齿轮齿条（施工）电梯一般由轿厢、驱动机构、标准节、附墙、底盘、围栏、电气系统等组成。

3. 电梯主要技术参数

（1）额定载重量 Q：指制造和设计规定的电梯载重量，有 630kg、800kg、1000kg、1250kg、1600kg、2000kg、2500kg 等。

（2）额定速度 v：指制造和设计规定的电梯运行速度，有 1.0m/s、1.6m/s、1.75m/s、2.0m/s、2.5m/s、3.0m/s、4.0m/s、5.0m/s、6.0m/s 等。

三、自动扶梯的分类、组成和主要参数

1. 自动扶梯分类

（1）按扶手装饰分类

1）全透明式：扶手护壁板采用全透明的玻璃制作的自动扶梯，全透明的玻璃护壁板应具有一定的强度。

2）不透明式：扶手护壁板采用不锈钢或其他材料制作的自动扶梯，其稳定性较好。主要用于地铁、车站、码头等人流集中的自动扶梯。

3）半透明式：扶手护壁板为半透明的。

（2）按梯级驱动方式分类

1）链条式：指驱动梯级的元件为链条的自动扶梯。由于链条驱动式结构简单，制造成本较低，所以目前大多数自动扶梯均采用链条驱动式结构。

2）齿条式：指驱动梯级的元件为齿条的自动扶梯。

2. 自动扶梯的组成

自动扶梯主要部件有梯级、牵引链条及链轮、导轨系统、主传动系统（包括电动机、减速装置、制动器及中间传动环节等）、驱动主轴、张紧装置、扶手系统、上下盖板、梳齿板、扶梯骨架、安全装置和电气系统等。

3. 自动扶梯的主要参数

（1）提升高度 H：指扶梯的上基点与下基点的垂直高度差（建筑物上、下楼层间或地铁地面与地下站厅间的高度）。一般在 10m 以内，特殊情况可到几十米。

（2）倾斜角度 α：梯级运行方向与水平面构成的角度，倾斜角有 30° 和 35° 等。

（3）额定速度 v：自动扶梯在空载情况下的运行速度，有 0.5m/s、0.65m/s、0.75m/s 等。

（4）梯级宽度（梯级名义宽度）Z：通常有 600mm、800mm、1000mm 等规格。

（5）理论输送能力 C：自动扶梯每小时理论输送的人数。

四、电梯工程施工程序

1. 电力驱动的曳引式或强制式电梯施工程序

土建交接检验→设备进场验收→安装样板架、放线→轨道安装→轿厢组装→曳引机和机房设备安装→缓冲器和对重装置安装→曳引绳安装→厅门安装→电气装置安装→调试验收→试运转。

2. 液压电梯施工程序

土建交接检验→样板架安装、放线→导轨安装→千斤顶安装→液压配管→机房内配件安装→轿厢组装→井道内部件安装→调试验收→试运转。

3. 自动扶梯、自动人行道施工程序

土建交接检验→设备进场验收→扶梯桁架吊装就位→轨道安装→扶手带等构配件安装→安全装置安装→机械调整→电气装置安装→调试验收→试运转。

2H314062 电梯工程的验收要求

一、电梯工程安装实施的要求

1. 电梯安装前应履行的手续和施工管理

（1）电梯安装的施工单位应在许可证范围内承担业务，并应当在施工前将拟进行安装的电梯情况书面告知工程所在的直辖市或设区的市的特种设备安全监督管理部门，告知后即可施工。

（2）书面告知应提交的材料：《特种设备安装改造维修告知单》；施工单位及人员资格证件；施工组织与技术方案；工程合同；安装监督检验约请书；电梯制造单位的资质证件。

（3）安装单位应当在履行告知后、开始施工前（不包括设备开箱、现场勘测等准备工作），向规定的检验机构申请监督检验。待检验机构审查电梯制造资料完毕，并且获悉检验结论为合格后，方可实施安装。

（4）电梯安装单位应根据审批手续齐全的施工方案进行安装作业，服从建筑施工总承包单位对施工现场的安全生产管理，并订立合同，明确各自的安全责任，遵守施工现场的安全生产要求，落实现场安全防护措施。

（5）电梯自检试运行结束后，安装单位整理并向制造单位提供自检记录，由制造单位负责进行校验和调试；检验和调试符合要求后，向经国务院特种设备安全监督管理部门核准的检验检测机构报验要求监督检验；监督检验合格，电梯可以交付使用。获得准用许可后，按规定办理交工验收手续。

2. 电梯技术资料的要求

（1）电梯出厂随机文件

土建布置图，产品出厂合格证，门锁装置、限速器、安全钳及缓冲器等保证电梯安全部件的型式检验证书复印件，设备装箱单，安装使用维护说明书，动力电路和安全电路的电气原理图。

（2）电梯验收资料

土建交接检验记录、设备进场验收记录、分项工程验收记录、子分部工程验收记录、分部工程验收记录。

二、电力驱动的曳引式或强制式电梯安装工程质量验收要求

1. 设备进场验收要求

（1）随机文件完整；

（2）设备零部件应与装箱单内容相符；

（3）设备外观不应存在明显的损坏。

2. 土建交接检验的要求

（1）机房内部、井道土建或钢架结构及布置必须符合电梯土建布置图的要求。井道最小净空尺寸应和土建布置图要求的一致。

（2）当井道底坑下有人员能到达的空间存在，且对重或平衡重上未设有安全钳装置时，对重缓冲器必须能安装在（或平衡重运行区域的下边必须）一直延伸到坚固地面上的实心桩墩上。

（3）电梯安装之前，所有厅门预留孔必须设有高度不小于 1200mm 的安全保护围封（安全防护门），并应保证有足够的强度；保护围封下部应有高度不小于 100mm 的踢脚板，并应采用左右开启方式，不能上下开启。

例如，安全保护围封的高度应从层门预留孔底面起向上延伸至不小于 1200mm，应采用木质或金属材料制作，且采用可拆除结构。为了防止其他人员将其移走或翻倒，应与建筑物连接。

（4）当相邻两层门地坎间的距离大于 11m 时，其间必须设置井道安全门，井道安全门严禁向井道内开启，且必须装有安全门处于关闭时电梯才能运行的电气安全装置。

（5）主电源应采用 TN-S 系统，开关应能够切断电梯正常使用情况下最大电流，对有机房电梯开关应能从机房入口处方便地接近，对无机房电梯该开关应设置在井道外工作人员方便接近的地方，且应具有必要的安全防护。机房内接地装置的接地电阻值不应大于 4Ω。

（6）在机房内应设有固定的电气照明，地面照度不小于 200lx，靠近入口的适当高度处应设有一个开关或类似装置控制照明电源。

（7）井道内应设置永久性电气照明，井道照明电压宜采用 36V 安全电压，井道内照度不得小于 50lx，井道最高点和最低点 0.5m 内应各装一盏灯，中间灯间距不超过 7m，并分别在机房和底坑设置一控制开关。

（8）轿厢缓冲器支座下的底坑地面应能承受满载轿厢静载 4 倍的作用力。

3. 驱动主机的安装验收要求

（1）紧急操作装置动作必须正常。可拆卸的装置必须置于驱动主机附近易接近处，紧

急救援操作说明必须贴于紧急操作时易见处。

（2）制动器动作应灵活，制动间隙调整，驱动主机、驱动主机底座与承重梁的安装应符合产品设计要求。

（3）驱动主机减速箱内油量应在油标所限定的范围内。

4. 导轨安装验收要求

（1）两列导轨顶面间距离的允许偏差：轿厢导轨 0～＋2mm；对重导轨 0～＋3mm。

（2）导轨支架在井道壁上的安装应固定可靠。预埋件应符合土建布置图要求。锚栓（如膨胀螺栓等）固定应在井道壁的混凝土构件上使用，其连接强度与承受振动的能力应满足电梯产品设计要求，混凝土构件的压缩强度应符合土建布置图要求。

（3）每列导轨工作面（包括侧面和顶面）与安装基准线每5m的允许偏差：轿厢导轨和设有安全钳的对重（平衡重）导轨不应大于0.6mm；不设安全钳的对重（平衡重）导轨不应大于1.0mm。

（4）轿厢导轨和设有安全钳的对重（平衡重）导轨工作面接头处不应有连续缝隙，导轨接头处台阶不应大于0.05mm。不设安全钳的对重（平衡重）导轨接头处缝隙不应大于1.0mm，导轨工作面接头处台阶不应大于0.15mm。

5. 门系统安装验收要求

（1）电梯层门地坎至轿厢地坎之间的水平距离允许偏差为 0～＋3mm，且最大距离严禁超过 35mm。

（2）层门的强迫关门装置必须动作正常。

例如，某电梯在门系统验收中，检查人员将层门打开到1/3行程或1/2行程或全行程时，将外力取消，层门均应自行关闭，且在门开关过程中，无异常情况发生，说明该层门强迫关门装置动作正常。

（3）由动力操纵的水平滑动门，在关门开始的1/3行程之后，阻止关门的力严禁超过150N。

（4）层门锁钩必须动作灵活，在证实锁紧的电气安全装置动作之前，锁紧元件的最小啮合长度为7mm。

（5）层门的指示灯盒、召唤盒和消防开关盒均应安装正确，其面板与墙面贴实，横竖平整。

（6）门扇与门扇、门扇与门套、门扇与门楣、门扇与门口处轿壁、门扇下端与地坎的间隙，乘客电梯不应大于6mm，载货电梯不应大于8mm。

6. 轿厢系统安装验收要求

（1）当距轿厢底面在1.1m以下使用玻璃轿壁时，必须在距轿厢底面0.9～1m的高度安装扶手，且扶手必须独立地固定，不得与玻璃相关。

（2）当轿厢有反绳轮时，反绳轮应设置防护装置和挡绳装置。

（3）当轿顶外侧边缘至井道壁水平方向的自由检查距离大于0.3m时，轿顶应装设防护栏及警示性标识。

7. 对重（平衡重）安装验收要求

当对重（平衡重）架有反绳轮时，反绳轮应设置防护装置和挡绳装置。

8. 安全部件安装验收要求

（1）限速器动作速度整定封记必须完好，且无拆动痕迹。

例如，检查人员对某台电梯限速器检查时，根据限速器型式检验证书及安装、维护使用说明书，找到限速器上的每个整定封记部位，观察检查封记都完好。

（2）可调节的安全钳整定封记应完好，且无拆动痕迹。

（3）轿厢在两端站平层位置时，轿厢、对重的缓冲器撞板与缓冲器顶面间的距离应符合土建布置图要求。轿厢、对重的缓冲器撞板中心与缓冲器中心的偏差不应大于 20mm。

9. 悬挂装置、随行电缆、补偿装置的安装验收要求

（1）绳头组合必须安全可靠，且每个绳头组合必须安装防螺母松动和脱落的装置。

（2）钢丝绳严禁有死弯，随行电缆严禁有打结和波浪扭曲现象。

（3）当轿厢悬挂在两根钢丝绳或链条上，且其中一根钢丝绳或链条发生异常相对伸长时，为此装设的电气安全开关应动作可靠。

（4）随行电缆在运行中应避免与井道内其他部件干涉。当轿厢完全压在缓冲器上时，随行电缆不得与底坑地面接触。

10. 电气装置安装验收要求

（1）所有电气设备及导管、线槽的外露可以导电部分应当与保护线（PE）连接，接地支线应分别直接接至接地干线的接线柱上，不得互相连接后再接地。

（2）导体之间和导体对地之间的绝缘电阻必须大于 $1000\Omega/V$，且其阻值不得小于：动力和电气安全装置电路为 $0.5M\Omega$，其他电路（控制、照明、信号等）为 $0.25M\Omega$。

（3）主电源开关不应切断轿厢照明和通风、机房照明及电源插座、井道照明、轿顶和底坑电源插座、报警装置的供电电路。

（4）机房和井道内应按产品要求配线。护套电缆可明敷于井道或机房内使用，但不得明敷于地面。

11. 电梯整机验收的要求

（1）控制柜三相电源中任何一相断开或有任何两相错接时，断相、错相保护装置或功能应使电梯不发生危险故障。

（2）动力电路、控制电路、安全电路必须有与负载匹配的短路保护装置；动力电路必须有过载保护装置。

（3）限速器上的轿厢（对重、平衡重）下行标志必须与轿厢（对重、平衡重）的实际下行方向相符。限速器铭牌上的额定速度、动作速度必须与被检电梯相符。限速器必须与其型式试验证书相符。

（4）安全钳、缓冲器、门锁装置必须与其型式试验证书相符。

（5）上、下极限开关必须是安全触点，在端站位置进行动作试验时必须动作正常。在轿厢或对重接触缓冲器之前必须动作，且缓冲器完全压缩时，保持动作状态。

（6）限速器与安全钳电气开关在联动试验中必须动作可靠，且应使驱动主机立即制动。

（7）对瞬时式安全钳，轿厢应载有均匀分布的额定载重量；对渐进式安全钳，轿厢应载有均匀分布的 125% 额定载重量。当短接限速器及安全钳电气开关，轿厢以检修速度下行，人为使限速器机械动作时，安全钳应可靠动作，轿厢必须可靠制动，且轿底倾斜度不应大于 5%。

（8）层门与轿门试验时，每层层门必须能够正常开启，当任何一个层门或轿门非正常打开时，电梯严禁启动或继续运行。

（9）曳引式电梯的曳引能力试验时，轿厢在行程上部范围空载上行及行程下部范围载有125%额定载重量下行，分别停层3次以上，轿厢必须可靠地制停（空载上行工况应平层）。轿厢载有125%额定载重量以正常运行速度下行时，切断电动机与制动器供电，电梯必须可靠制动。当对重完全压在缓冲器上，且驱动主机按轿厢上行方向连续运转时，空载轿厢严禁向上提升。

（10）电梯安装后应进行运行试验。轿厢分别在空载、额定载荷工况下，按产品设计规定的每小时启动次数和负载持续率各运行1000次（每天不少于8h），电梯应运行平稳、制动可靠、连续运行无故障。

三、液压电梯安装工程质量验收要求

液压电梯安装工程质量验收要求基本与曳引式或强制式电梯安装工程质量验收要求相同；有区别的是液压电梯增加了液压系统。液压系统安装的验收要求：

（1）液压泵站及液压顶升机构必须安装牢固。

（2）当液压油达到产品设计温度时，温升保护装置必须动作，使液压电梯停止运行。

（3）液压泵站上的溢流阀应设定在系统压力为满载压力的140%～170%时动作。

（4）液压系统压力试验合格规定：轿厢停靠在最高层站，在液压顶升机构和截止阀之间施加200%的满载压力，持续5min后，液压系统应完好无损。

四、自动扶梯、自动人行道安装工程验收要求

1. 设备进场验收

（1）设备技术资料必须提供梯级或踏板的型式试验报告复印件，对公共交通型自动扶梯、自动人行道应有扶手带（胶带）的断裂强度证书复印件。

（2）随机文件应该有土建布置图，产品出厂合格证，装箱单，安装、使用维护说明书，动力电路和安全电路的电气原理图。

（3）设备零部件应与装箱单内容相符，设备外观不应存在明显的损坏。

2. 土建交接检验

（1）自动扶梯的梯级或自动人行道的踏板或胶带上空，垂直净高度严禁小于2.3m。该净高度应沿整个梯级、踏板的运动全行程，以保证自动扶梯的乘客安全无阻碍地通过。

（2）在安装之前，井道周围必须设有保证安全的栏杆或屏障，其高度严禁小于1.2m。

（3）根据产品供应商的要求应提供设备进场所需的通道和搬运空间。

（4）在安装之前，土建施工单位应提供明显的水平基准线标识。

3. 整机安装验收

（1）整机安装检查应符合下列规定：

1）梯级、踏板、胶带的楞齿及梳齿板应完整、光滑；

2）在自动扶梯、自动人行道入口处应设置使用须知的标牌；

3）内盖板、外盖板、围裙板、扶手支架、扶手导轨、护壁板接缝应平整，接缝处的凸台不应大于0.5mm。

（2）自动扶梯和自动人行道在无控制电压、电路接地故障或过载时，必须自动停止运行。自动扶梯和自动人行道在下列情况中的停止运行，必须通过安全触点或安全电路来完

成开关的断开。

1）控制装置在超速和运行方向非操纵逆转下动作；

2）附加制动器（如果有）动作；

3）直接驱动梯级、踏板或胶带的部件（如链条或齿条）断裂或过分伸长；

4）驱动装置与转向装置之间的距离（无意性）缩短；

5）梯级、踏板下陷，或胶带进入梳齿板处有异物夹住，且产生损坏梯级、踏板或胶带支撑结构；

6）无中间出口的连续安装的多台自动扶梯、自动人行道中的一台停止运行；

7）扶手带入口保护装置动作。

（3）应测量不同回路导线之间、导线对地的绝缘电阻。

1）导体之间和导体对地之间的绝缘电阻应大于 1000Ω/V；

2）动力电路和电气安全装置电路不得小于 0.5MΩ；

3）其他电路（控制、照明、信号等）不得小于 0.25MΩ。

（4）自动扶梯、自动人行道的性能试验，在额定频率和额定电压下，梯级、踏板或胶带沿运行方向空载时的速度与额定速度之间的允许偏差为 ±5%；扶手带的运行速度相对梯级、踏板或胶带的速度允许偏差为 0～＋2%。

（5）自动扶梯、自动人行道应进行空载制动试验，制停距离应符合表 2H314062-1 的要求。

自动扶梯、自动人行道制停距离   表 2H314062-1

额定速度（m/s）	制停距离范围（m）	
	自动扶梯	自动人行道
0.5	0.20～1.00	0.20～1.00
0.65	0.30～1.30	0.30～1.30
0.75	0.35～1.50	0.35～1.50
0.90	—	0.40～1.70

制停距离应从电气装置动作开始测量

（6）自动扶梯、自动人行道应进行载有制动载荷的下行制停距离试验（除非制停距离可以通过其他方法检验），制动载荷应符合表 2H314062-2 的规定，制停距离应符合表 2H314062-1 的规定。

自动扶梯、自动人行道制动载荷   表 2H314062-2

梯级名义宽度（mm）	自动扶梯每个梯级上的载荷（kg）	自动人行道每 0.4m 长度上的载荷（kg）
600	60	50
800	90	75
1000	120	100

（7）自动扶梯与楼板交叉处及各交叉布置的自动扶梯相交叉的三角形区域，应设置一个无锐利边缘的垂直防碰保护板，其高度不应小于0.3m，如用一个无孔的三角形保护板。

（8）电气装置的主电源开关不应切断电源插座、检修和维护所必需的照明电源。

2H320000　机电工程项目施工管理

2H320000
看本章精讲课
配套章节自测

2H320010　机电工程施工招标投标管理

2H320011　施工招标投标范围和要求

一、机电工程项目强制招标的范围

1. 必须招标的机电工程项目

根据《中华人民共和国招标投标法》《中华人民共和国招标投标实施条例》《必须招标的工程项目规定》《必须招标的基础设施和公用事业项目范围规定》等，在中华人民共和国境内进行机电工程建设项目，必须按下述规定招标：

（1）全部或部分使用国有资金投资或国家融资的项目，包括：

1）使用预算资金 200 万元人民币以上，并且该资金占投资额 10% 以上的项目；

2）使用国有企业事业单位资金，并且该资金占控股或者主导地位的项目。

（2）使用国际组织或者外国政府贷款、援助资金的项目，包括：

1）使用世界银行、亚洲开发银行等国际组织贷款、援助资金的项目；

2）使用外国政府及其机构贷款、援助资金的项目。

（3）不属于（1）、（2）规定情形的大型基础设施、公用事业等关系社会公共利益、公众安全的项目，必须招标的具体范围包括：

1）煤炭、石油、天然气、电力、新能源等能源基础设施项目；

2）铁路、公路、管道、水运，以及公共航空和 A1 级通用机场等交通运输基础设施项目；

3）电信枢纽、通信信息网络等通信基础设施项目；

4）防洪、灌溉、排涝、引（供）水等水利基础设施项目；

5）城市轨道交通等城建项目。

（4）上述（1）条至（3）条规定范围内的项目，其勘察、设计、施工、监理以及与工程建设有关的重要设备、材料等的采购达到下列标准之一的，必须招标：

1）施工单项合同估算价在 400 万元人民币以上；

2）重要设备、材料等货物的采购，单项合同估算价在 200 万元人民币以上；

3）勘察、设计、监理等服务的采购，单项合同估算价在 100 万元人民币以上。同一项目中可以合并进行的勘察、设计、施工、监理以及与工程建设有关的重要设备、材料等的采购，合同估算价合计达到前款规定标准的。

2. 可以不招标的机电工程项目

涉及国家安全、国家秘密、抢险救灾或者属于利用扶贫资金实行以工代赈、需要使用农民工等特殊情况，不适宜进行招标的机电工程项目，按照国家有关规定可以不进行招标。

除上述特殊情况外，有下列情形之一的机电工程项目，可以不进行招标：

（1）需要采用不可替代的专利或者专有技术；

（2）采购人依法能够自行建设、生产或者提供；

（3）已通过招标方式选定的特许经营项目投资人依法能够自行建设、生产或者提供；

（4）需要向原中标人采购工程、货物或者服务，否则将影响施工或者功能配套要求；

（5）国家规定的其他特殊情形。

3. 其他规定

（1）使用国际组织或者外国政府贷款、援助资金的机电工程项目进行招标，贷款方、资金提供方对招标投标的具体条件和程序有不同规定的，可以适用其规定，但违背中华人民共和国的社会公共利益的除外。

（2）招标人可以依法对工程以及与工程建设有关的货物、服务全部或者部分实行总承包招标。以暂估价形式包括在总承包范围内的工程、货物、服务属于依法必须进行招标的项目范围且达到国家规定规模标准的，应当依法进行招标。

二、机电工程招标方式

1. 机电工程项目招标的方式分为公开招标和邀请招标。

（1）公开招标，是指招标人以招标公告的方式邀请不特定的法人或者其他组织投标。依法必须进行招标的项目的招标公告，应当通过国家指定的报刊、信息网络或者其他媒介发布。招标公告应当载明招标人的名称和地址、招标项目的性质、数量、实施地点和时间以及获取招标文件的办法等事项。

（2）邀请招标，是指招标人以投标邀请书的方式邀请特定的法人或者其他组织投标。招标人采用邀请招标方式的，应当向 3 个以上具备承担招标项目的能力、资信良好的特定的法人或者其他组织发出投标邀请书。

2. 国有资金占控股或者主导地位的依法必须进行招标的项目，应当公开招标；但有下列情形之一的，可以邀请招标：

（1）技术复杂、有特殊要求或者受自然环境限制，只有少量潜在投标人可供选择。

（2）采用公开招标方式的费用占项目合同金额的比例过大。

（3）国务院发展计划部门确定的国家重点项目和省、自治区、直辖市人民政府确定的地方重点项目不适宜公开招标的，经国务院发展计划部门或者省、自治区、直辖市人民政府批准，可以进行邀请招标。

三、机电工程招标投标管理要求

1. 机电工程招标管理及要求

（1）招标人应当根据招标项目的特点和需要编制招标文件。招标文件应当包括招标项目的技术要求、对投标人资格审查的标准、投标报价要求和评标标准等所有实质性要求和条件以及拟签订合同的主要条款。国家对招标项目的技术、标准有规定的，招标人应当按照其规定在招标文件中提出相应要求，如在施工招标文件中列出危大工程清单，要求施工单位在投标时补充完善危大工程清单，并明确相应的安全管理措施。招标项目需要划分标段、确定工期的，招标人应当合理划分标段、确定工期，并在招标文件中载明。

（2）招标人可以根据招标项目本身的要求，在招标公告或者投标邀请书中，要求潜在投标人提供有关资质证明文件和业绩情况，并对潜在投标人进行资格审查；国家对投标人的资格条件有规定的，依照其规定。招标人采用资格预审办法对潜在投标人进行资格审查的，应当发布资格预审公告、编制资格预审文件。资格预审文件或者招标文件的发售期不得少于 5 日。依法必须进行招标的项目提交资格预审申请文件的时间，自资格预审文件停止发售之日起不得少于 5 日。通过资格预审的申请人少于 3 个的，应当重新招标。

（3）招标人可以对已发出的资格预审文件或者招标文件进行必要的澄清或者修改。澄清或者修改的内容可能影响资格预审申请文件或者投标文件编制的，招标人应当在提交资格预审申请文件截止时间至少 3 日前，或者投标截止时间至少 15 日前，以书面形式通知所有获取资格预审文件或者招标文件的潜在投标人；不足 3 日或者 15 日的，招标人应当顺延提交资格预审申请文件或者投标文件的截止时间。该澄清或者修改的内容为招标文件的组成部分。

（4）招标人对招标项目划分标段的，应当遵守《中华人民共和国招标投标法》的有关规定，不得利用划分标段限制或者排斥潜在投标人。依法必须进行招标的项目的招标人不得利用划分标段规避招标。

（5）招标人应当确定投标人编制投标文件所需要的合理时间；但是，依法必须进行招标的项目，应当在招标文件中载明投标有效期。自招标文件开始发出之日起至投标人提交投标文件截止之日止，最短不得少于 20 日。

（6）招标人可以在招标文件中要求投标人提交投标担保。投标担保可以采用投标保函或者投标保证金的方式。投标保证金可以使用支票、银行汇票等，一般不得超过投标总价的 2%。投标保证金有效期应当与投标有效期一致。依法必须进行招标的项目的境内投标单位，以现金或者支票形式提交的投标保证金应当从其基本账户转出。招标人不得挪用投标保证金。

（7）招标人可以自行决定是否编制标底。一个招标项目只能有一个标底。标底必须保密。招标人设有最高投标限价的，应当在招标文件中明确最高投标限价或者最高投标限价的计算方法。招标人不得规定最低投标限价。

（8）招标人可以依法对工程以及与工程建设有关的货物、服务全部或者部分实行总承包招标。以暂估价形式包括在总承包范围内的工程、货物、服务属于依法必须进行招标的项目范围且达到国家规定规模标准的，应当依法进行招标。

（9）对技术复杂或者无法精确拟定技术规格的项目，招标人可以分两阶段进行招标。

1）第一阶段，投标人按照招标公告或者投标邀请书的要求提交不带报价的技术建议，招标人根据投标人提交的技术建议确定技术标准和要求，编制招标文件。

2）第二阶段，招标人向在第一阶段提交技术建议的投标人提供招标文件，投标人按照招标文件的要求提交包括最终技术方案和投标报价的投标文件。

3）招标人要求投标人提交投标保证金的，应当在第二阶段提出。

（10）招标人根据招标项目的具体情况，可以组织潜在投标人踏勘项目现场。招标人不得组织单个或者部分潜在投标人踏勘项目现场。

2. 机电工程投标管理及要求

（1）投标人是响应招标、参加投标竞争的法人或者其他组织。投标人应当具备承担招标项目的能力；国家有关规定对投标人资格条件或者招标文件对投标人资格条件有规定的，投标人应当具备规定的资格条件。

（2）投标人应当按照招标文件的要求编制投标文件。投标文件应当对招标文件提出的实质性要求和条件作出响应。招标项目属于建设施工的，投标文件的内容应当包括拟派出的项目负责人与主要技术人员的简历、业绩和拟用于完成招标项目的机械设备等。

（3）投标人应当在招标文件要求提交投标文件的截止时间前，将投标文件送达投标地点。招标人收到投标文件后，应当签收保存，不得开启。投标人少于3个的，招标人应当依照《中华人民共和国招标投标法》重新招标。

（4）投标人在招标文件要求提交投标文件的截止时间前，可以补充、修改或者撤回已提交的投标文件，并书面通知招标人。补充、修改的内容为投标文件的组成部分。

（5）两个以上法人或者其他组织可以组成一个联合体，以一个投标人的身份共同投标。联合体各方均应当具备承担招标项目的相应能力；国家有关规定或者招标文件对投标人资格条件有规定的，联合体各方均应当具备规定的相应资格条件。由同一专业的单位组成的联合体，按照资质等级较低的单位确定资质等级。联合体各方应当签订共同投标协议，明确约定各方拟承担的工作和责任，并将共同投标协议连同投标文件一并提交招标人。联合体中标的，联合体各方应当共同与招标人签订合同，就中标项目向招标人承担连带责任。

（6）投标人撤回已提交的投标文件，应当在投标截止时间前书面通知招标人。招标人已收取投标保证金的，应当自收到投标人书面撤回通知之日起5日内退还。投标截止后投标人撤销投标文件的，招标人可以不退还投标保证金。

3. 机电工程开标与评标管理要求

（1）开标应当按照招标文件规定的时间、地点，公开进行。投标人少于3个的，不得开标；招标人应当重新招标。

（2）评标由招标人依法组建的评标委员会负责。评标委员会由招标人代表和有关技术、经济等方面的专家组成，成员人数为5人以上的单数，其中技术、经济等方面的专家不得少于成员总数的三分之二。

（3）评标委员会应严格按照招标文件公布的评标办法和标准执行。有下列情况之一的，评标委员会应当否决其投标：

1）投标文件没有对招标文件的实质性要求和条件做出响应；

2）投标文件中部分内容需经投标单位盖章和单位负责人签字的而未按要求完成，投标文件未按要求密封；

3）弄虚作假、串通投标及行贿等违法行为；

4）低于成本的报价或高于招标文件设定的最高投标限价；

5）投标人不符合国家或招标文件规定的资格条件；

6）同一投标人提交两个以上不同的投标文件或者投标报价（但招标文件要求提交备选投标的除外）。

（4）评标完成后，评标委员会应当向招标人提交书面评标报告和中标候选人名单。中标候选人应当不超过3个，并标明排序。

2H320012 施工投标的条件与程序

一、机电工程投标条件

1. 机电工程项目已具备招标条件。

2. 投标人资格已符合规定，并对招标文件做出实质性响应。

3. 投标人已按招标文件要求编制了投标文件。

4. 投标人已按招标文件要求提交了投标担保。

5. 投标人参加依法必须进行招标的项目的投标，不受地区或者部门的限制，任何单位和个人不得非法干涉。

6. 招标人在招标文件载明可接受联合体投标时，联合体应当在提交资格预审申请文件前组成，并签订共同投标协议。资格预审后联合体增减、更换成员的，其投标无效。

7. 投标人有下列情况不得参与投标：与招标人存在利害关系可能影响招标公正性的法人、其他组织或者个人；单位负责人为同一人或者存在控股、管理关系的不同单位，不得参加同一标段或者未划分标段的同一招标项目投标。

二、机电工程投标程序

1. 机电工程投标程序的主要环节

（1）向招标人申报资格审查，提供有关文件资料。

（2）购领招标文件和有关资料，缴纳投标担保。

（3）研究招标文件及招标工程，制定投标策略。

（4）组织投标班子，委托投标代理人。

（5）参加踏勘现场和投标预备会。

（6）编制、递送投标书。

（7）接受评标组织就投标文件中不清楚的问题进行的询问，澄清会谈。

（8）接受中标通知书，签订合同，提供履约担保，分送合同副本。

2. 机电工程投标阶段主要工作重点

（1）研究招标文件及招标工程

研究招标文件的重点内容包括：投标人须知，工程范围，招标方式，评标办法，付款条件，机电工程供货范围，合同条款，工程量清单，计价和报价方式，技术规范要求，工期、质量、安全及环境保护要求，投标要求格式，设计图纸等。

对招标的机电工程应认真调研的重点包括：

1）工程所在地的地方法律法规及特殊政策；

2）工程所在地的资源情况，包括劳动力资源、材料设备供应情况（含价格）、当地市场的设备租赁情况（货源及价格）、当地的施工条件等；

3）工程投资方的资金落实情况以及对工程项目如工期、质量、成本等的关注重点；

4）工程竞争对手的状况，尤其是经验、业绩、技术水平、当地的资源等；

5）招标工程的特点、难点、社会影响力以及参与各方情况；

6）对拟分包的专业承包公司的考察，重点是资质、价格、技术及业绩等；

7）参加现场踏勘与标前会议交底和答疑。

（2）投标决策

1）投标决策的前期阶段。前期阶段的投标决策必须在购买投标人资格预审资料前后完成。通常情况下，对下列招标项目应放弃投标：本施工企业主营和兼营能力之外的项目；工程规模、技术要求超过本施工企业技术等级的项目；本施工企业生产任务饱满，而招标工程的盈利水平较低或者风险较大的项目；本施工企业技术等级、信誉、施工水平明显不如竞争对手的项目等。

2）投标决策的后期阶段。此阶段是从申报资格预审至投标报价（封送投标书）之前。主要研究在投标中采取的策略，包括技术突出优势的策略和商务报价策略。

（3）编制投标文件的注意事项

1）对招标文件的实质性要求做出响应。投标文件一般包括：投标函、投标报价、施工组织设计、商务和技术偏差表，对工期、质量、安全、环境保护的要求及对投标文件格式、加盖印章和密封的要求。

2）审查施工组织设计。施工组织设计是报价的基础和前提，也是招标人评标时考虑的重要因素之一，因此，在制定施工组织设计时，应在技术、工期、质量、安全保证、环境保护等方面有创新和针对性的突出优势，利于降低施工成本，对招标人有吸引力。

3）复核或计算工程量。根据招标文件，预先确定施工方法和施工进度，是投标计算的必要条件，并与合同计价形式相协调。

4）确定正确的投标策略。投标过程中，根据招标文件和招标工程的要求和特点，结合企业自身的优势，充分分析和考虑工程的风险因素和竞争对手的情况，制订正确的投标策略，包括技术突出优势的策略和商务报价策略。

5）按招标文件要求的格式，将投标文件的各个章节整理成完整的投标书，并按招标文件要求，在需加盖不同印章的部位加盖不同的印章，密封投标文件。

三、电子招标投标方法

1. 电子招标投标活动

电子招标投标活动是指以数据电文形式，依托电子招标投标系统完成的全部或者部分招标投标交易、公共服务和行政监督活动。电子招标投标系统根据功能的不同，分为交易平台、公共服务平台和行政监督平台。

2. 电子投标要求

（1）电子招标投标交易平台的运营机构，不得在该交易平台进行的招标项目中投标和代理投标。

（2）电子招标投标交易平台应当允许社会公众、市场主体免费注册登录和获取依法公开的招标投标信息，任何单位和个人不得在招标投标活动中设置注册登记、投标报名等前置条件限制潜在投标人下载资格预审文件或者招标文件。

（3）投标人应当按照招标文件和电子招标投标交易平台的要求编制并加密投标文件。投标人未按规定加密的投标文件，电子招标投标交易平台应当拒收并提示。

（4）投标人应当在投标截止时间前完成投标文件的传输递交，并可以补充、修改或者撤回投标文件。投标截止时间前未完成投标文件传输的，视为撤回投标文件。投标截止时间后送达的投标文件，电子招标投标交易平台应当拒收。

【案例 2H320010-1】

一、背景

某机电工程公开招标，有 A、B、C、D、E、F、G、H 八家施工单位通过资格预审，参加投标。评标委员会由 7 人组成，建设单位代表 2 人、综合评标专家库中抽取的技术经济专家 5 人，开标时 1 位专家因故无法到达评标现场。经协调，项目正常开标、评标。

评标时发现：施工单位 B 投标报价明显低于其他投标单位报价且未能合理说明理由；

施工单位 D 投标报价大写金额小于小写金额；施工单位 F 投标文件提供的检验标准和方法不符合招标文件的要求；施工单位 H 投标文件中某分项工程的报价有个别漏项；其他施工单位的投标文件均符合招标文件要求。

建设单位接到评标报告 5 天后，确定排名第一的中标候选人施工单位 G 中标，向施工单位 G 发出中标通知并进行 2 天公示，公示期结束后双方按照《建设工程施工合同（示范文本）》签订了施工合同。

工程施工过程中由于雷电引发了现场火灾，经调查属不可抗力事件。火灾扑灭后 24 小时内，施工单位 G 通报了火灾损失情况：工程本身损失 250 万元；总价值 200 万元的待安装设备彻底报废；施工单位 G 有 3 名工人烧伤，所需医疗费及补偿费预计 45 万元；租赁的施工设备损坏赔偿 10 万元。另外，大火扑灭后施工单位 G 停工 5 天发生人工费 6 万元，造成其他施工机械闲置损失 2 万元，预计工程所需清理、修复费用 200 万元。

二、问题

1. 针对评标专家未到场，应如何处理才能使项目评标正常进行？

2. 判别 B、D、F、H 四家施工单位的投标是否为有效标？说明理由。

3. 该项目订立合同过程是否存在问题？说明理由。

4. 施工过程中发生的火灾，建设单位和施工单位 G 应各自承担哪些损失或费用（不考虑保险因素）？

三、分析与参考答案

1. 根据规定，评标委员会由招标人的代表和有关技术、经济等方面的专家组成，成员人数为 5 人以上单数，其中技术、经济等方面的专家不得少于成员总数的 2/3。针对该项目发生的情况：（1）及时更换一位技术或经济方面的专家；（2）减少一位建设单位代表，改为 5 名评标专家，即可满足评标要求。

2. B、F 两家施工单位的投标不是有效标。施工单位 B 单位的报价可以认定为低于成本；施工单位 F 投标文件提供的检验标准和方法不符合招标文件的要求，可以认定为对招标文件的实质性要求未做出响应。而施工单位 D 投标报价大写金额小于小写金额，施工单位 H 投标文件中某分项工程的报价有个别漏项，均未违反招标文件实质性要求，不属于重大偏差，故 D、H 两家单位的投标是有效标。

3.（1）程序不妥。招标人应在发出中标通知书前进行公示。

（2）公示过晚，公示期过短。依法必须进行招标的项目，招标人应当自收到评标报告之日起 3 日内公示中标候选人，公示期不得少于 3 日。

4. 不可抗力事件造成的工程损失，索赔原则包括：

（1）合同工程本身的损害、因工程损害导致第三方人员伤亡和财产损失以及运至施工场地用于施工的材料和待安装的设备的损害，由发包人承担；

（2）发包人、承包人人员伤亡由其所在单位负责，并承担相应费用；

（3）承包人的施工机械设备损坏及停工损失，由承包人承担；

（4）停工期间，承包人应发包人要求留在施工场地的必要的管理人员及保卫人员的费用由发包人承担；

（5）工程所需清理、修复费用，由发包人承担。

故该火灾事件的损失及费用处理如下：

建设单位应承担的费用有：

（1）工程本身损失250万元；

（2）待安装设备的损失200万元；

（3）工程所需清理、修复费用200万元。

施工单位应承担的费用有：

（1）施工单位人员烧伤所需医疗费及补偿费预计45万元；

（2）租赁的施工设备损坏赔偿10万元；

（3）大火扑灭后施工单位G停工5天所发生的人工费用6万元；

（4）造成其他施工机械闲置损失2万元。

【案例2H320010-2】

一、背景

某建设单位新建超高层传媒大厦项目，对其中的消防工程公开招标，且其中变配电房和网络机房的消防要求特殊，招标文件对投标单位的专业资格提出了详细要求。招标人于3月1日发出招标文件，定于3月21日投标截止并开标。

投标单位收到招标文件后，其中有三家单位发现设计图中防火分区划分不合理，提出质疑。招标人经设计单位复核并修改后，3月10日向提出质疑的三家单位发出了澄清。

3月21日，招标人在专家库中随机抽取了3个技术经济专家和2个业主代表一起组成评标委员会，准备按计划组织开标，被招标监督机构制止，并指出其招标过程中的错误，招标人修正错误后进行了开标。

经详细评审，由资格过硬、报价合理、施工方案考虑周详的A单位中标。

地下停车库施工过程中，自动喷水灭火系统的直立型喷洒头运至施工现场，经外观检查后，A单位立即与消防水管道进行了连接安装，直立型喷洒头的安装如图2H320012所示，经监理工程师质量检查，该施工被叫停并整改。

施工过程中，建设单位由于运营需求，提出该大厦低区办公层须提前消防验收，并入驻办公。

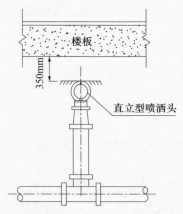

图2H320012　地下停车库直立型喷洒头安装示意图

二、问题

1. 投标单位专业资格审查包括哪几个方面？

2. 指出招标人在招标过程中的错误。

3. 请说明地下停车库自动喷水灭火系统施工被监理工程师要求整改的原因。

4. 建设单位要求低区办公层提前消防验收的要求可执行吗？应具备哪些条件？

三、分析与参考答案

1. 对投标人专业资格的审查内容包括：经营资格、专业资质、技术能力、管理能力、施工经历（或类似工程业绩）、人员状况、财务状况、信誉等。

2. 招标人在招标过程中的错误：招标澄清未发给所有投标单位；澄清时间过晚（或晚于投标截止时间至少 15 天前）；评标专家中技术经济专家比例不足（或少于 2/3）。

3. 监理工程师要求整改的原因：

（1）根据《自动喷水灭火系统施工及验收规范》GB 50261—2017 第 3.2.7 款规定，闭式喷头安装前应进行密封性能试验，试验压力应为 3.0MPa，保压时间不得少于 3min，以无渗漏、无损伤为合格，并填写试验记录。

（2）喷头安装必须在系统试压、冲洗合格后方可进行，进场即与管道连接安装是错误的。

（3）图 2H320012 中地下室直立型喷头溅水盘距顶板 350mm 错误，根据《自动喷水灭火系统设计规范》GB 50084—2017 的规定，应为 75～150mm。

4. 可以。对于大型建设工程需要局部投入使用的部分，根据建设单位的申请，可实施局部建设工程消防验收。

按照《建设工程消防设计审查验收管理暂行规定》，该新建超高层传媒大厦项目属于特殊建设工程，消防验收的条件包括：

（1）完成工程消防设计和合同约定的消防各项内容。

（2）有完整的工程消防技术档案和施工管理资料（含涉及消防的建筑材料、建筑构配件和设备的进场试验报告）。

（3）建设单位对工程涉及消防的各分部分项工程验收合格；施工、设计、工程监理、技术服务等单位确认工程消防质量符合有关标准。

（4）消防设施性能、系统功能联调联试等内容检测合格。

2H320020　机电工程施工合同管理

2H320021　施工分包合同的实施

一、合同分析

1. 合同分析主要分析合同风险，如签订固定总价合同或垫资合同的风险，从而制定风险对策，分解、落实合同任务。

2. 分析合同条件和漏洞，对有争议的内容制定对策，合同分析的重点内容如下：

（1）合同的法律基础，承包人的主要责任，工程范围，发包人的责任；

（2）合同价格，计价方法和价格补偿条件；

（3）工期要求和顺延及其惩罚条款，工程受干扰的法律后果，合同双方的违约责任；

（4）合同变更方式，工程验收方法，索赔程序和争执的解决等。

二、合同交底

1. 合同管理人员在对合同的主要内容进行分析、解释和说明的基础上，组织分包单位与项目有关人员进行交底。

2. 学习合同条文和合同分析结果，熟悉合同中的主要内容、各种规定和管理程序，了解合同双方的合同责任和工作范围、各种行为的法律后果等。

3. 将各项任务和责任分解，落实到具体的部门、人员和合同实施的具体工作上，明确工作要求和目标。

三、合同控制

在工程实施的过程中要对合同的履行情况进行合同实施监督、跟踪与调整，并加强工程变更管理，保证合同的顺利履行。

1. 实施监督

分包单位合同实施监督的目的是保证按照合同完成自己的合同责任。主要工作有：

（1）监督落实合同实施计划，为项目各部门的工作提供必要的保证。如施工现场的安排，人工、材料、机械等计划的落实，工序间搭接关系的安排和其他一些必要的准备工作。

（2）协调项目各相关方之间的工作关系，解决合同实施中出现的问题。如合同责任界面之间的争执、工作活动之间时间上和空间上的不协调等。

（3）对具体实施工作进行指导，做经常性的合同解释，对工程中发现的问题提出意见、建议或警告。

2. 跟踪与调整

（1）在合同期内，就工作范围、工程进度、质量、技术标准、费用及安全等方面的合同执行情况与合同条文所规定的内容进行对比，发现问题。

（2）就合同实施过程中发现的偏差问题进行分析，分析偏差产生的原因、产生偏差的实施主体，以及合同实施的趋势。

（3）根据合同实施偏差问题的分析结果，制定并采取调整措施。调整措施可以分为：组织措施、技术措施、经济措施和合同措施。

四、施工分包合同的履行与管理

（一）总承包方的管理

1. 总承包方对分包方及分包工程施工，应从施工准备、进场施工、工序交验、竣工验收、工程保修以及技术、质量、安全、环保、进度、工程款支付、工程资料等进行全过程的管理。

2. 总承包方应派代表对分包方进行管理，并对分包工程施工进行有效控制和记录，保证分包工程的质量和进度满足工程要求，分包合同正常履行，从而保证总承包方的利益和信誉。

3. 总承包方按施工合同约定，为分包方的合同履行提供现场平面布置、临时设施、轴线及标高测量等方面的必要服务。

4. 总承包方或其主管部门应及时检查、审核分包方提交的分包工程施工组织设计、施工技术方案、质量保证体系和质量保证措施、安全保证体系及措施、施工进度计划、施工进度统计报表、工程款支付申请、隐蔽工程验收报告、竣工交验报告等文件资料，提出审核意见并批复。

5. 总承包单位合同范围内的危大工程，在施工前应组织工程技术人员编制专项施工方案。对于超过一定规模的危大工程，无论分包与否，总承包单位均应组织召开专家论证会，对专项施工方案进行论证。

6. 总承包方将根据各项安全管理制度的规定，在巡查过程中如发现问题将发出安全整改通知书，分包方必须在规定时限内整改完毕；发出的罚款通知，总承包方须说明罚款理由并由分包方全额承担，分包方必须在罚款单上签字接受，分包方拒绝签字并不影响罚款单的生效。

7. 分包方对开工、关键工序交验、竣工验收等过程经自行检验合格后，均应事先通知总承包方组织预验收，认可后再由总承包单位报请建设单位组织检查验收。

8. 若因分包方责任造成重大质量事故或安全事故，或因违章造成重大不良后果的，总承包方可征得发包方同意后，按合同约定建议终止分包合同，并按合同追究其责任；因分包方责任造成重大质量或安全事故时，总承包方要为排除事故或抢救人员提供帮助。

9. 分包方如达不到合同约定的环境安全标准化要求，总承包方有权责成分包方进行整改，由此造成的一切工期、经济损失由分包方全额承担。

10. 分包工程竣工验收后，总承包方应组织有关部门对分包工程和分包单位进行综合评价。

（二）分包方的履行与管理

1. 分包单位不得再次把工程转包给其他单位。

2. 分包方必须遵守总承包方各项管理制度，保证分包工程的质量、安全、工期及环境保护，满足总承包合同的要求。

3. 分包方按施工组织总设计编制分包工程施工方案，并报总承包方审核。分包合同范围内有危大工程的，分包单位应组织编制专项施工方案，并由总承包单位技术负责人及分包单位技术负责人共同审核签字，并加盖单位公章。超过一定规模的危大工程，应由总承包单位组织召开专家论证会，分包方服从并配合专项施工方案的论证意见。

4. 分包方按总承包方的要求，编制分包工程的施工进度计划、预算、结算。

5. 及时向总承包方提供分包工程的计划、统计、技术、质量、安全、环境保护和验收等有关资料。

6. 分包方应按总承包方的要求和分包工程的特点，建立现场环境安全生产保证体系，严格执行各级政府的法律法规和有关规定，执行总承包方对安全和标准化管理的有关规定。分包方如达不到合同约定的环境安全标准化标准，总承包方有权责成分包方进行整改，由此造成的一切工期、经济损失由分包方全额承担。

7. 分包方必须根据施工规范搭设和配置各种安全设施和安全劳防用品，应在建设单位允许的供应商中采购上述物资，且必须加强进场验收和搭设后的使用前验收。

8. 分包方应识别施工过程中的环境因素和危险源，并采取措施对其进行控制，防止环境污染事件和安全事故的发生。

9. 发生安全或伤亡事故，分包方应立即通知总承包方代表和总承包方安监部门，同时按政府有关部门的要求处理，总承包方要为排除事故或抢救人员提供帮助。分包方应承担因自身原因造成的财产损失、伤亡事故的责任和由此发生的一切费用。

10. 分包单位与所招用的农民工应签订劳动合同，采取措施保障农民工的工资支付。

2H320022　施工合同变更与索赔

一、机电工程项目合同变更

1. 合同变更原因

（1）发包方的变更指令、对工程新的要求。如发包方根据工程进展的具体情况，认为确有必要修改项目总计划、削减预算等。

（2）由于设计的错误，必须对设计图纸做修改。

（3）工程环境的变化，预定的工程条件不准确，如遇到不可预见的地质条件或地下障碍、不可预见的自然灾害，承包方要求变更实施方案或计划。

（4）由于采用新的技术和工艺，合同双方认为有必要改变原设计、实施方案或实施计划，或由于发包方指令及发包方的原因造成承包商施工方案的变更。

（5）政府部门对项目有新的政策要求，如国家计划变化、环境保护要求、城市规划变动等。

（6）由于合同实施出现问题，必须调整合同目标或修改合同条款。

（7）合同双方当事人由于倒闭或其他原因转让合同，造成合同当事人的变化。

2. 合同变更范围

根据我国《建设工程施工合同（示范文本）》GF—2017—0201 第 10.1 条变更的范围，除专用合同条款另有约定外，合同履行过程中发生以下情形的，应进行合同变更：

（1）增加或减少合同中任何工作，或追加额外的工作；

（2）取消合同中任何工作，但转由其他人实施的工作除外；

（3）改变合同中任何工作的质量标准或其他特性；

（4）改变工程的基线、标高、位置或尺寸等设计特性；

（5）改变工程的时间安排或实施顺序。

3. 合同变更的影响

（1）导致设计图纸、成本计划和支付计划、工期计划、施工方案、技术说明和适用的规范等定义工程目标和工程实施情况的各种文件做相应的修改和变更。合同变更最常见的是工程变更。

相关的其他计划如材料采购订货计划、劳动力安排、机械使用计划等也应做相应调整。同时会引起与承包合同平行的其他合同以及所属的各个分合同，如供应合同、租赁合同、分包合同的变更。

（2）引起合同双方之间合同责任的变化。如工程量增加，则增加了承包商的工程责任，增加了费用开支和延长了工期。

（3）工程变更会引起已完工程的返工、现场工程施工的停滞、施工秩序被打乱及已购材料出现损失。

4. 合同变更形式

（1）合同双方经过会谈，对变更所涉及的问题，如变更措施、变更的工作安排、变更所涉及的工期和费用索赔的处理等，达成一致。然后双方签署会谈纪要、备忘录、修正案等变更协议。对重大的变更一般采取这种形式。

（2）业主或工程师在工程施工中行使合同赋予的权力，发出各种变更指令，最常见的是工程变更指令。

5. 合同变更定价的原则及程序

除专用合同条款另有约定外，合同变更的定价按以下情况处理：

（1）已标价工程量清单或预算书有相同项目的，按照相同项目单价认定。

（2）已标价工程量清单或预算书中无相同项目，但有类似项目的，参照类似项目的单价认定。

（3）变更导致实际完成的变更工程量与已标价工程量清单或预算书中列明的该项目工程量的变化幅度超过规定的，或已标价工程量清单或预算书中无相同项目及类似项目单价的，按照合理的成本与利润构成的原则，由合同当事人商定或确定变更工作的单价。

（4）承包人应在收到变更指令后的规定日期内，向监理提交变更调价申请。监理在收到承包人提交的变更调价申请后的规定日期内审查完毕并报送发包人，监理对变更调价申请有异议，通知承包人修改后重新提交。发包人应在承包人提交变更调价申请后的规定日期内审批完毕。发包人逾期未完成审批或未提出异议的，视为认可承包人提交的变更调价申请。

（5）因变更引起的价格调整应计入最近一期的进度款中支付。

二、机电工程项目索赔

1. 索赔发生的原因

（1）合同当事方违约，不履行或未能正确履行合同义务与责任。

（2）合同条文错误，如合同条文不全、错误、矛盾，设计图纸、技术规范错误等。

（3）合同变更。

（4）不可抗力因素。如恶劣气候条件、地震、疫情、洪水、战争状态等。

2. 索赔的分类

（1）按索赔目的分：工期索赔和费用索赔。

（2）按索赔的有关当事人分：总承包方与发包方之间的索赔；总承包方与分包方之间的索赔；总承包方与供货商之间的索赔；总承包方向保险公司的索赔。

（3）按索赔的业务范围分：施工索赔，指在施工过程中的索赔；商务索赔，指在物资采购、运输过程中的索赔。

（4）按索赔处理方法和处理时间不同分：单项索赔和总索赔。

（5）按索赔发生的原因分：延期索赔、工程范围变更索赔、施工加速索赔和不利现场条件索赔。

（6）按索赔的合同依据分：合同内索赔、合同外索赔和道义索赔。

3. 索赔成立的前提条件

应该同时具备以下三个前提条件：

（1）与合同对照，事件已造成了承包商工程项目成本的额外支出，或直接工期损失。

（2）造成费用增加或工期损失的原因，按合同约定不属于承包商的行为责任或风险责任。

（3）承包商按合同规定的程序和时间提交索赔意向通知和索赔报告。

4. 承包商可以提起索赔的事件

（1）发包人违反合同给承包人造成时间、费用的损失。

（2）因工程变更造成的时间、费用的损失。

（3）由于监理工程师的原因导致施工条件的改变，而造成时间、费用的损失。

（4）发包人提出提前完成项目或缩短工期而造成承包人的费用增加。

（5）非承包人的原因导致项目缺陷的修复所发生的费用。

（6）非承包人的原因导致工程停工造成的损失，例如，发包人提供的资料有误。

（7）国家的相关政策法规变化、物价上涨等原因造成的费用损失。

5. 索赔的实施

（1）机电工程项目索赔的处理过程

意向通知→资料准备→索赔报告的编写→索赔报告的提交→索赔报告的评审→索赔谈判→争端的解决。

（2）机电工程项目索赔费用的计算

机电工程项目费用索赔一般分为四类，包括人工费索赔、材料费索赔、施工机械费索赔、管理费索赔。其计算方法分别如下：

1）人工费索赔

人工费索赔计算方法有三种：实际成本和预算成本比较法；正常施工期与受影响施工期比较法；科学模型计量法。

2）材料费索赔

主要包括因材料用量增加和材料价格上涨而增加的费用。材料单价提高应提供可靠的订货单、采购单或官方公布的材料价格调整指数等；运输费增加可能是运距加长、二次倒运等原因；仓储费增加可能是因为工作延误，使材料储存的时间延长导致费用增加。

3）施工机械费索赔

一般采用公布的行业标准的租赁费率，参考定额标准进行计算。

4）管理费索赔

管理费索赔无法直接计入某具体合同或某项具体工作中，只能按一定比例进行分摊。

（3）实施索赔应注意索赔时效，即索赔事件发生后，承包人必须在合同约定的时间内提出索赔。

（4）施工索赔成功的关键是承包人提供的证据确实充分，故整个索赔事件期间应做好索赔证据的同期记录，包括现场照片、录像资料、签字确认的相关文件等。

（5）承包人的正式索赔文件包括：索赔申请表、批复的索赔意向书、编制说明及与本项施工索赔有关的证明材料及详细计算资料等附件。

【案例 2H320020-1】

一、背景

某成品燃料油外输项目，由 4 台 5000m³ 成品汽油罐、2 台 10000m³ 消防罐、外输泵和工作压力为 4.0MPa 的外输管道及相应的配套系统组成。

具备相应资质的 A 公司为施工总承包单位。A 公司拟将外输管道及配套系统施工任务分包给具有 GC2 资质的 B 专业公司，业主认为不妥。随后 A 公司征得业主同意，将土建施工分包给具有相应资质的 C 公司，其余工程由 A 公司自行完成。

A 公司在进行罐内环焊缝碳弧气刨清根作业时，采用的安全措施有：36V 安全电源作为罐内照明电源；3 台气刨机分别由 3 个开关控制，并共用一个总漏电保护开关；打开罐体的透光孔、人孔和清扫孔，用自然对流方式通风。经安全检查，存在不符合安全规定之处。

管道试压前，项目部全面检查了管道系统：试验范围内的管道已按图纸要求完成；焊缝已除锈合格并涂好了底漆；膨胀节已设置了临时约束装置；一块 1.6 级精度的压力表已校验合格待用；待试压管道与其他系统已用盲板隔离。项目部在上述检查中发现了几个问题，并出具了整改书，要求作业队限时整改。

由于台风影响造成 C 公司停工 20 天，留在现场的管理人员人工费用达 10 万元人民币；恢复生产后，为加快施工进度，经 A 公司和业主批准，C 公司创新外输管道的施工方法，采用预制装配式施工，材料费增加 8 万元，C 公司向 A 公司提请工期和费用索赔。

二、问题

1. 说明 A 公司拟将外输管道系统分包给 B 单位不妥的理由。

2. 指出罐内清根作业中不符合安全规定之处，并阐述正确的做法。

3. 管道试压前的检查中发现了哪几个问题？应如何整改？

4. C 公司应提请哪些具体的索赔？说明理由。

三、分析与参考答案

1. 背景中的成品燃料油外输项目，由 4 台 5000m³ 成品汽油罐、2 台 10000m³ 消防罐、外输泵和工作压力为 4.0MPa 的外输管道及相应的配套系统组成。按照规定，本项目的外输油管属于 GC1 级压力管道，B 单位的资质是 GC2 级，不具备执行本项目外输油管线施工任务的相应资质。

2. 用 36V 安全电源作为罐内照明电源不妥，应使用 12V 安全电压；3 台气刨机共用一个漏电保护开关不妥，应一机一闸一保护（或应每台使用一个漏电保护开关）；采用自然对流通风不妥，应采用强制通风。

3. 管道试压前将焊缝除锈、涂底漆不对，应在试压合格后除锈、涂底漆；使用一块压力表试压不对，应使用两块或两块以上的合格压力表试压。

4. 台风影响属不可抗力，由此造成的工期延误可索赔，停工期间留在现场人员的人工费用应由 A 公司承担，可索赔。恢复生产后，C 公司创新外输管道施工工艺已经 A 公司和业主同意，属工程变更，增加的 8 万元材料费用可索赔。故 C 公司可提请的索赔费用为：10 ＋ 8 ＝ 18 万元。

【案例 2H320020-2】

一、背景

A 施工单位中标某电厂锅炉烟风道制作安装工程，施工合同总价暂估，结算时以合同约定的工程单价和实际工程量计算，工程单价不做调整，施工过程中发生了下列事件：

（1）工程开工后，钢材涨价，施工单位 A 因工程成本增加，向业主提出费用索赔。

（2）烟风道制作组合场内 A 单位租赁的龙门吊发生故障，使用该机械施工的 B 分包单位的工作延误 5 天，并造成人员窝工 5 天，向 A 公司进行工期和费用索赔。

（3）在施工过程中，锅炉钢架吊装进展很快，部分烟风道因为没有制作出来，而没有来得及吊挂和预存，业主要求 A 单位必须按照合同规定的工期完成烟风道的安装工作，后因赶工期，A 单位在进行吊挂和预存时增加机械费用约 4.5 万元、人工费用 2.6 万元。

（4）A 施工单位的烟风道安装示意如图 2H320022 所示。

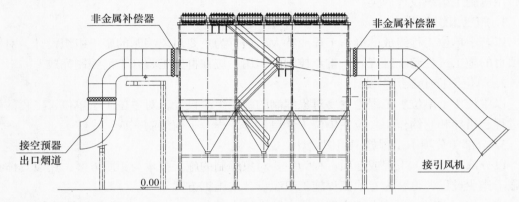

图 2H320022　锅炉烟风道安装示意图

二、问题

1. 事件（1）中施工单位 A 向业主提出费用索赔是否合理？简述理由。

2. B 分包单位向 A 公司进行工期和费用索赔是否合理？为什么？

3. 事件（3）中施工单位 A 向业主提出费用和工期的索赔，是否合理？说明理由。

4. 图 2H320022 中的非金属补偿器有什么作用？施工安装时有哪些要求？

三、分析与参考答案

1. 事件（1）中施工单位提出索赔的要求不合理。

理由：在合同中已经明确规定工程单价不做调整，工程单价主要由人工费、材料费、机械台班费组成，如果增加材料费用，势必调整工程单价，违背合同的约定。

2. 从双方的责任和关系出发来分析，B 分包单位向 A 公司提出索赔要求是合理的。

因为龙门吊是 A 公司租赁的，提供给 B 公司使用，所以 B 公司的工期和费用损失责任在 A 公司。

3. 施工单位 A 向业主单位提出索赔要求不合理。

理由：烟风道的安装进度滞后是由于施工单位 A 在烟风道制作环节不能及时加工完成，而使烟风道没有来得及吊挂和预存，故工期和费用损失的责任在单位 A。

4. 图 2H320022 中锅炉烟风道上的非金属补偿器的主要作用是：补偿管道的热伸长，减小管壁的热胀力和作用在阀件或支架结构上的作用力。根据《电力建设施工技术规范 第 2 部分：锅炉机组》DL 5190.2—2019 第 8.3.2 款的规定，烟风道上的非金属补偿器安装时应确保导流板安装方向及间隙符合设计要求，有足够的膨胀补偿量且密封良好。

2H320030 机电工程施工组织设计

2H320031 施工组织设计编制要求

一、施工组织设计类型

（一）按施工组织设计的编制对象划分

可分为施工组织总设计、单位工程施工组织设计、分部（分项）工程施工组织设计和临时用电施工组织设计四类。

1. 施工组织总设计

以若干单位工程组成的群体工程或特大型项目为主要对象编制的施工组织设计，对整个项目的施工过程起统筹规划、重点控制的作用。应在群体工程开工前编制完成。

2. 单位工程施工组织设计

以单位（子单位）工程为主要对象编制的施工组织设计，对单位（子单位）工程的施工过程起指导和制约作用。应在单位（子单位）工程开工前编制完成。

3. 分部（分项）工程施工组织设计

以分部（分项）工程或专项工程为主要对象编制的施工技术与组织方案，用以具体指导施工作业过程，也称为专项工程施工组织设计或施工方案。

重大施工方案：指技术难度较大或危险性较大的分部（分项）工程安全专项施工方案。应在工程开工后根据工程的进展情况，在分部（分项）工程开工前编制完成。

4. 临时用电施工组织设计

施工现场临时用电设备在 5 台及以上或用电设备总容量在 50kW 及以上者，应编制临时用电施工组织设计，应在临电工程开工前编制完成。施工现场临时用电设备在 5 台以下和设备总容量在 50kW 以下者，应制定安全用电和电气防火措施。

施工组织总设计是编制单位工程和分部（分项）工程施工组织设计的依据。

（二）按施工组织设计编制阶段划分

可分为投标阶段施工组织设计和实施阶段施工组织设计。编制投标阶段施工组织设计，强调的是符合招标文件要求，以中标为目的；编制实施阶段施工组织设计，强调的是可操作性。

二、编制施工组织设计的原则和要求

1. 施工组织设计的编制原则

（1）施工组织设计的编制必须遵循工程建设程序。

（2）符合施工合同或招标文件中有关工程进度、质量、安全、环境保护、造价等方面的要求。

（3）积极开发、使用新技术和新工艺，推广应用新材料和新设备。

（4）坚持科学的施工程序和合理的施工顺序，采用流水施工和网络计划等方法，科学配置资源，合理布置现场，采取季节性施工措施，实现均衡施工，达到合理的经济技术指标。

（5）采取技术和管理措施，推广建筑节能和绿色施工。

（6）与质量、环境和职业健康安全三个管理体系有效结合。

（7）积极推行 BIM 和信息化技术、施工管理软件应用，不断提高项目施工管理水平。

（8）秉承"以人为本"的理念，体现对员工的关爱和环境保护的重视。

2. 施工组织设计的编制要求

（1）尽量利用正式工程和原有的建筑物、设施，以减少各种临设工程；尽量利用当地资源，合理安排运输、装卸与储存作业，减少物资运输量，避免二次搬运。

（2）认真调查研究，听取多方面的意见和建议，做到理论结合实际，提高施工组织设计的指导性、针对性、操作性。

（3）施工组织机构的设置、管理人员的配置，力求精简、高效并能满足项目管理的需要。

（4）编制施工组织设计应避免概念化、公式化、形式化，术语应用要规范、准确，文字表述应清晰、简洁、表意准确、行文流畅，切记脱离实际、照搬照抄标准、规范。

（5）包括建筑和安装工程的工程项目必须在施工组织设计中规定建筑工程与安装工程之间的工序交接或过程接口要求，对交接执行的标准、职责做出详细的规定。

（6）不能用投标阶段的施工组织设计代替项目实施阶段的施工组织设计。

（7）编制施工组织设计时，不应违背质量、环境和职业健康安全管理体系文件的要求。

三、施工组织设计编制依据

1. 与工程建设有关的法律法规和文件；

2. 国家现行有关标准和技术经济指标；

3. 工程所在地区行政主管部门的批准文件，建设单位对施工的要求；

4. 工程施工合同或招标投标文件；

5. 工程设计文件；

6. 工程施工范围的现场条件，工程地质及水文地质、气象等自然条件；

7. 与工程有关的资源供应情况；

8. 施工企业的生产能力、机具装备、技术水平等。

四、施工组织设计基本内容

1. 施工组织设计内容

施工组织设计的内容包括：工程概况、施工部署、施工进度计划、施工准备与资源配置计划、主要施工方案、施工现场平面布置及各项施工管理计划等。

（1）工程概况

工程概况应包括工程主要情况、各专业设计简介和工程施工条件等。

工程主要情况应包括：工程名称、性质和地理位置；工程的建设、勘察、设计、监理和总承包等相关单位的情况；工程承包范围和分包工程范围；施工合同、招标文件或总承包单位对工程施工的重点要求；其他应说明的情况。

工程概况的内容应尽量采用图表进行说明。

（2）施工部署

施工部署包括：工程施工目标、进度安排和空间组织、工程施工的重点和难点分析、项目管理的组织机构形式、新技术、新工艺部署、新材料和新设备使用的技术及管理要求、对主要分包工程施工单位的选择要求及管理方式应进行简要说明。

工程施工目标应根据施工合同、招标文件以及本单位对工程管理目标的要求确定，包括进度、质量、安全、环境和成本等目标。各项目标应满足施工组织总设计中确定的总体目标。

对于工程施工的重点和难点应进行分析，包括组织管理和施工技术两个方面。工程的重点和难点对于不同工程和不同企业具有一定的相对性，某些重点、难点工程的施工方法可能已通过有关专家论证成为企业工法或企业施工工艺标准，此时企业可直接引用。重点、难点工程的施工方法选择应着重考虑影响整个单位工程的分部（分项）工程，如工程量大、施工技术复杂或对工程质量起关键作用的分部（分项）工程。

项目管理的组织机构形式应根据施工项目的规模、复杂程度、专业特点、人员素质和地域范围确定。大中型项目宜设置矩阵式项目管理组织，远离企业管理层的大中型项目宜设置事业部式项目管理组织，小型项目宜设置直线职能式项目管理组织，并确定项目经理部的工作岗位设置及其职责划分。

（3）施工准备与资源配置计划

1）总体施工准备应包括技术准备、现场准备和资金准备等。应根据施工开展顺序和主要工程项目施工方法，编制总体施工准备工作计划。

技术准备包括施工过程所需技术资料的准备、施工方案编制计划、试验检验及设备调试工作计划等；

现场准备包括现场生产、生活等临时设施，如临时生产、生活用房，临时道路、材料堆放场，临时用水、用电和供热、供气等的计划；

资金准备应根据施工总进度计划编制资金使用计划。

2）主要资源配置计划应包括劳动力配置计划和物资配置计划等。

劳动力配置计划包括：确定各施工阶段（期）的总用工量；根据施工总进度计划确定各施工阶段（期）的劳动力配置计划。合理的劳动力配置计划可减少劳务作业人员不必要的进、退场或避免窝工状态，进而节约施工成本。

物资配置计划包括：根据施工总进度计划确定主要工程材料和设备的配置计划；根据总体施工部署和施工总进度计划确定主要施工周转材料和施工机具的配置计划。物资配置计划是组织建筑工程施工所需各种物资进、退场的依据，科学合理的物资配置计划既可保证工程建设的顺利进行，又可降低工程成本。

（4）主要施工方案

结合工程的具体情况和施工工艺、工法等按照施工顺序进行描述，施工方案的确定要遵循先进性、可行性和经济性兼顾的原则。

（5）施工现场平面布置

施工现场平面布置图要结合施工组织总设计，按不同施工阶段分别绘制。包括：工程施工场地状况；各（工业）装置的位置；工程施工现场的加工设施、存贮设施、办公和生活用房等的位置和面积；布置在工程施工现场的垂直运输设施、供电设施、供水供热设施、排水排污设施和临时施工道路等；施工现场必备的安全、消防、保卫和环境保护等设施；相邻的地上、地下既有建（构）筑物及相关环境。

（6）各项施工管理计划

施工管理计划应包括：进度管理计划、质量管理计划、安全管理计划、环境管理计划、成本管理计划以及其他管理计划等内容。各项管理计划的制定，应根据项目的特点有所侧重。

1）进度管理计划：施工进度管理应按照项目施工的技术规律和合理的施工顺序，保证各工序在时间上和空间上顺利衔接。

包括：对项目施工进度计划进行逐级分解，通过阶段性目标的实现保证最终工期目标的完成；建立施工进度管理的组织机构并明确职责，制定相应管理制度；针对不同施工阶段的特点，制定进度管理的相应措施，包括施工组织措施、技术措施和合同措施等；建立施工进度动态管理机制，及时纠正施工过程中的进度偏差，并制定特殊情况下的赶工措施。

根据项目周边环境特点，制定相应的协调措施，减少外部因素对施工进度的影响。

2）质量管理计划：按照项目具体要求确定质量目标并进行目标分解，质量指标应具有可测量性；建立项目质量管理的组织机构并明确职责；制定符合项目特点的技术保障和资源保障措施，通过可靠的预防控制措施，保证质量目标的实现；建立质量过程检查制度，并对质量事故的处理做出相应规定。

3）安全管理计划：确定项目重要危险源，制定项目职业健康安全管理目标；建立有管理层次的项目安全管理组织机构并明确职责；根据项目特点，进行职业健康安全方面的资源配置；建立具有针对性的安全生产管理制度和职工安全教育培训制度；针对项目重要危险源，制定相应的安全技术措施；对超过一定规模的危险性较大的分部（分项）工程和特殊工种的作业应制定专项安全技术措施的编制计划；根据季节、气候的变化，制定相应的季节性安全施工措施；建立现场安全检查制度，并对安全事故的处理做出相应规定；现场安全管理应符合国家和地方政府部门的要求。

4）环境管理计划：确定项目重要环境因素，制定项目环境管理目标；建立项目环境管理的组织机构并明确职责；根据项目特点，进行环境保护方面的资源配置；制定现场环境保护的控制措施；建立现场环境检查制度，并对环境事故的处理做出相应规定。现场环境管理应符合国家和地方政府部门的要求。

5）成本管理计划：成本管理计划应以项目施工预算和施工进度计划为依据编制。包括：根据项目施工预算，制定项目施工成本目标；根据施工进度计划，对项目施工成本目标进行阶段分解；建立施工成本管理的组织机构并明确职责，制定相应管理制度；采取合理的技术、组织和合同等措施，控制施工成本；确定科学的成本分析方法，制定必要的纠偏措施和风险控制措施。必须正确处理成本与进度、质量、安全和环境等之间的关系。

6）其他管理计划：宜包括绿色施工管理计划、防火保安管理计划、合同管理计划、组织协调管理计划、创优质工程管理计划、质量保修管理计划以及对施工现场人力资源、施工机具、材料设备等生产要素的管理计划等。其他管理计划可根据项目的特点和复杂程度加以取舍。各项管理计划的内容应有目标，有组织机构，有资源配置，有管理制度和技术、组织措施等。

2. 施工现场临时用电组织设计的基本内容

现场勘测、确定（电源进线、变电所或配电室、配电装置、用电设备）位置及线路走向、进行负荷计算、选择变压器、设计配电系统、设计防雷装置、确定防护措施、制定安全用电措施和电气防火措施。

如设计配电系统包括：设计配电线路，选择导线或电缆；设计配电装置，选择电器、设计接地装置、绘制临时用电工程图纸。

临时用电施工图纸主要包括：用电工程总平面图、配电装置布置图、配电系统接线图、接地装置设计图。临时用电工程图纸应单独绘制，临时用电工程应按图施工。

五、施工组织设计编制审批

1. 施工组织设计应由项目负责人主持编制，可根据需要分阶段编制和审批。

2. 施工组织总设计应由总承包单位技术负责人审批；单位工程施工组织设计应由施工单位技术负责人或技术负责人授权的技术人员审批；专项工程施工组织设计（施工方案）应由项目技术负责人审批；重大施工方案应由施工单位技术部门组织相关专家评审，施工单位技术负责人批准。

3. 由专业承包单位施工的分部（分项）工程或专项工程的施工方案，应由专业承包单位技术负责人或技术负责人授权的技术人员审批；有总承包单位时，应由总承包单位项目技术负责人核准备案。

4. 危险性较大的分部（分项）工程和专项工程的施工方案应按单位工程施工组织设计进行编制和审批。

5. 临时用电组织设计，由电气工程技术人员组织编制，经相关部门审核及具有法人资格企业的技术负责人批准后实施。变更用电组织设计时应补充有关图纸资料。

六、施工组织设计动态管理

1. 项目施工过程中，发生下列情况之一时，施工组织设计应进行修改或补充。

（1）工程设计有重大修改

当工程设计图纸发生重大修改时，如地基基础或主体结构的形式发生变化、装修材料或做法发生重大变化、机电设备系统发生大的调整等，需要对施工组织设计进行修改；对工程设计图纸的一般性修改，视变化情况对施工组织设计进行补充；对工程设计图纸的细微修改或更正，施工组织设计则不需调整。

（2）有关法律、法规、规范和标准实施、修订和废止

当有关法律、法规、规范和标准开始实施或发生变更，并涉及工程的实施、检查或验收时，施工组织设计需要进行修改或补充。

（3）主要施工方法有重大调整

由于主客观条件的变化，施工方法有重大变更，原来的施工组织设计已不能正确地指导施工，需对施工组织设计进行修改或补充。

（4）主要施工资源配置有重大调整

当施工资源的配置有重大变更，并且影响到施工方法的变化或对施工进度、质量、安全、环境、造价等造成潜在的重大影响，需对施工组织设计进行修改或补充。

（5）施工环境有重大改变

当施工环境发生重大改变，如施工延期造成季节性施工方法变化，施工场地变化造成现场布置和施工方式改变等，致使原来的施工组织设计已不能正确地指导施工，需对施工组织设计进行修改或补充。

2. 经过修改或补充的施工组织设计应重新审批后实施。

（1）施工组织设计（方案）的修改或补充应由原编制人员来实施；

（2）施工组织设计（方案）修改或补充后原则上需按原审批级别重新审批。

3. 临时用电组织设计变更时，必须履行原审批程序。变更临时用电组织设计时应补充有关图纸资料。

临时用电工程必须经编制、审核、批准部门和使用单位共同验收，合格后方可投入使用。

4. 施工组织设计应在工程竣工验收后归档。

2H320032　施工方案的编制与实施

一、施工方案的类型

1. 施工方案也称为分部（分项）工程或专项工程施工组织设计，是依据施工组织设计，以分部（分项）工程或专项工程为对象编制的具体作业过程文件，是施工组织设计的细化和完善。

施工方案包括下列两种情况：

（1）专业承包公司独立承包项目中的分部（分项）工程或专项工程所编制的施工方案。

（2）作为单位工程施工组织设计的补充，由总承包单位编制的分部（分项）工程或专项工程施工方案。由总承包单位编制的分部（分项）工程或专项工程施工方案，单位工程施工组织设计中已包含的内容可省略。

2. 按方案所指导的内容可分为专业工程施工方案和危大工程安全专项施工方案两大类。

（1）专业工程施工方案是指组织专业工程（含多专业配合工程）实施为目的，用于指导专业工程施工全过程各项施工活动需要而编制的工程技术方案。

（2）危大工程安全专项施工方案是指按照《危险性较大的分部分项工程安全管理规定》（住房和城乡建设部令第 37 号）、《住房城乡建设部办公厅关于实施〈危险性较大的分部分项工程安全管理规定〉有关问题的通知》（建办质〔2018〕31 号）和《电力建设工程施工安全管理导则》NB/T 10096—2018 要求针对危大工程编制的安全专项施工方案。

二、施工方案编制原则

1. 施工方案应遵循先进性、可行性和经济性兼顾的原则。

2. 能突出重点和难点，并制定出可行的施工方法和保障措施；能满足工程的质量、安全、工期要求，并且施工所需的成本费用低。

三、施工方案编制依据

编制依据包括：与工程建设有关的法律法规、标准规范、施工合同、施工组织设计、设计技术文件（如施工图和设计变更）、供货方技术文件（如施工机械性能手册或设备随机资料）、施工环境条件、同类工程施工经验、管理及作业人员的技术素质及创造能力等。

四、施工方案编制内容及要点

1. 施工方案编制内容

编制内容包括工程概况、编制依据、施工安排、施工进度计划、施工准备与资源配置计划、施工方法及工艺要求、主要施工管理计划等内容。

2. 施工方案编制要点

（1）工程概况包括工程主要情况、设计简介和工程施工条件等。

工程主要情况应包括：分部（分项）工程或专项工程名称，工程参建单位的相关情况，工程的施工范围，施工合同、招标文件或总承包单位对工程施工的重点要求等。

（2）施工安排的内容包括：

1）工程施工目标包括进度、质量、安全、环境和成本等目标，各项目标应满足施工合同、招标文件和总承包单位对工程施工的要求。

2）工程施工顺序及施工流水段应在施工安排中确定。

3）针对工程的重点和难点，进行施工安排并简述主要管理和技术措施。

4）工程管理的组织机构及岗位职责应在施工安排中确定，并应符合总承包单位的要求。根据分部（分项）工程或专项工程的规模、特点、复杂程度、目标控制和总承包单位的要求设置项目管理机构，该机构各种专业人员配备齐全，完善项目管理网络，建立健全岗位责任制。

（3）施工进度计划应根据施工安排的要求进行编制，采用网络图或横道图表示，并附必要说明。

施工进度计划的编制应做到内容全面、安排合理、科学实用，在进度计划中应反映出各施工区段或各工序之间的搭接关系、施工期限和开始、结束时间。同时，施工进度计划应能体现和落实总体进度计划的目标控制要求；通过编制分部（分项）工程或专项工程进度计划进而体现总进度计划的合理性。

（4）施工准备与资源配置计划，其中施工准备包括技术准备、现场准备和资金准备；资源配置计划包括劳动力配置计划和物资配置计划（包括工程材料和设备配置计划、周转材料和施工机具配置计划及监视和测量设备配置计划）。

（5）施工方法及工艺要求，应明确分部（分项）工程或专项工程施工方法并进行必要的技术核算；明确主要分项工程（工序）施工工艺要求；对易发生质量通病、易出现安全问题、施工难度大、技术含量高的分项工程（工序）等做出重点说明；对开发和应用的新技术、新工艺以及采用的新材料、新设备通过必要的试验或论证并制订计划；对季节性施工提出具体要求。

（6）质量安全保证措施，其中质量保证措施包括制定工序控制点，明确工序质量控制方法等；安全保证措施包括危险源和环境因素的识别，相应的预防与控制措施等。

五、危大工程安全专项施工方案编制、审核和修改

1. 危大工程安全专项施工方案编制要求

（1）实行施工总承包的，安全专项施工方案应当由施工总承包单位组织编制。危大工程实行分包的，专项施工方案可以由相关专业分包单位组织编制。

1）机电工程中采用非常规起重设备、方法，且单件起吊重量在 100kN 及以上的起重吊装工程；起重量 300kN 及以上，或搭设总高度 200m 及以上，或搭设基础标高在 200m 及以上的起重机械安装和拆卸工程；跨度 36m 及以上的钢结构安装工程，或跨度 60m 及以上的网架和索膜结构安装工程；重量 1000kN 及以上的大型结构整体顶升、平移、转体等施工工艺均属超过一定规模的危险性较大的分部分项工程。

2）电力建设工程中采用非常规起重设备、方法，且单件起吊重量在 100kN 及以上的起重吊装工程；起重量 600kN 及以上的超重设备安装工程；高度 200m 及以上的内爬起重设备的拆除工程；风机（含海上）吊装工程均属超过一定规模的危险性较大的分部分项工程。

（2）危大工程专项施工方案的主要内容应包括以下九个方面的内容：

1）工程概况：危大工程概况和特点、施工平面布置、施工要求和技术保证条件；

2）编制依据：相关法律、法规、规范性文件、标准、规范及施工图设计文件、施工组织设计等；

3）施工计划：包括施工进度计划、材料与设备计划；

4）施工工艺技术：技术参数、工艺流程、施工方法、操作要求、检查要求等；

5）施工安全保证措施：组织保障措施、技术措施、监测监控措施等；

6）施工管理及作业人员配备和分工：施工管理人员、专职安全生产管理人员、特种作业人员、其他作业人员等；

7）验收要求：验收标准、验收程序、验收内容、验收人员等；

8）应急处置措施；

9）计算书及相关施工图纸。

2. 危大工程安全专项施工方案审核要求

（1）安全专项施工方案应由施工单位技术部门组织本单位施工技术、安全、质量等部门的专业技术人员进行审核。经审核合格的，应当由施工单位技术负责人签字、加盖单位公章，并由总监理工程师审查签字、加盖执业印章后方可实施。实行施工总承包的，应当由施工总承包单位、相关专业承包单位技术负责人签字后，方可组织实施。

（2）对于超过一定规模的危大工程，施工单位应当组织召开专家论证会对专项施工方案进行论证。实行施工总承包的，由施工总承包单位组织召开专家论证会。专家论证前专项施工方案应当通过施工单位审核和总监理工程师审查。

3. 超危大工程专家论证内容

（1）专项施工方案内容是否完整、可行；

（2）专项施工方案计算书和验算依据、施工图是否符合有关标准规范；

（3）专项施工方案是否满足现场实际情况，并能够确保施工安全。

4. 超危大安全专项施工方案论证后的修改要求

（1）超过一定规模的危大工程专项施工方案经专家论证后结论为"通过"的，施工单位可参考专家意见自行修改完善。

（2）结论为"修改后通过"的，专家意见要明确具体修改内容，施工单位应当按照专家意见进行修改，并履行有关审核和审查手续后方可实施，修改情况应及时告知专家。

（3）专项施工方案经论证"不通过"的，施工单位修改后应当重新组织专家论证。

六、施工方案优化

1. 施工方案优化的方法和目的

施工方案优化主要通过对施工方案的经济、技术比较，选择最优的施工方案，达到加快施工进度并能保证施工质量和施工安全，降低消耗的目的。

2. 施工方案优化内容

施工方案优化主要包括：施工方法的优化、施工顺序的优化、施工作业组织形式的优化、施工劳动组织优化、施工机械组织优化等。

（1）施工方法是工程施工期间所采用的技术方案、工艺流程、组织措施、检验手段等。它直接影响施工进度、质量、安全以及工程成本。

施工方法的优化就是方案的技术先进性和经济合理性的权衡比较，运用系统论的方法选出综合效益最好的施工方法。不强调技术最先进也不强调经济最优，强调的是实现综合效益最大化。

（2）施工顺序的优化是为了保证现场秩序，避免混乱，实现文明施工，取得好快省而又安全的效果。

（3）施工作业组织形式的优化是指作业组织合理，采取顺序作业、平行作业、流水作业三种作业形式的一种或几种的综合方式。

（4）施工劳动组织优化是指按照工程项目的要求，将具有一定素质的劳动力组织起来，选出相对最优的劳动组合方案，使之符合工程项目施工的要求，投入到施工项目中去。

（5）施工机械组织优化就是要把施工机械从仅仅能满足施工任务的需要转到如何发挥其经济效益上来。就是要从施工机械的经济选择、合理配套、机械化施工方案的经济比较以及施工机械的维修管理上进行优化，保证施工机械在项目施工中发挥巨大的作用。

七、施工方案实施

1. 工程施工前，施工方案的编制人员应向施工作业人员做施工方案的技术交底。

（1）除分部（分项）、专项工程的施工方案需进行技术交底外，新设备、新材料、新技术、新工艺即四新技术以及特殊环境、特种作业等也必须向施工作业人员交底。

（2）交底内容包括工程的施工程序和顺序、施工工艺、操作方法、要领、质量控制、安全措施、环境保护措施等。

2. 施工单位在工程施工过程中，应当严格按照专项施工方案组织施工，不得擅自修改专项施工方案。

（1）施工单位应对施工方案的执行情况进行检查、分析，并适时调整。

（2）因规划调整、设计变更等原因确需调整的，修改后的专项施工方案应当重新审核和论证。

（3）涉及资金或者工期调整的，建设单位应当按照约定予以调整。

3. 专项施工方案实施前，应进行方案交底；实施中进行现场监督。

（1）编制人员或者项目技术负责人应当向施工现场管理人员进行方案交底。

（2）施工现场管理人员应当向作业人员进行安全技术交底，并由双方和项目专职安全生产管理人员共同签字确认。

（3）项目专职安全生产管理人员应当对专项施工方案实施情况进行现场监督，对未按照专项施工方案施工的，应当要求立即整改，并及时报告项目负责人，项目负责人应当及时组织限期整改。

4. 经重大修改或补充的施工方案应重新审批后实施。

5. 危大工程的实施应注意：

（1）施工单位应当在施工现场显著位置公告危大工程名称、施工时间和具体责任人员，并在危险区域设置安全警示标志。

（2）危大工程的相关人员包括：

1）总承包单位和分包单位技术负责人或授权委派的专业技术人员、项目负责人、项目技术负责人、专项施工方案编制人员、项目专职安全生产管理人员及相关人员。

2）监理单位项目总监理工程师及专业监理工程师。

3）有关勘察、设计和监测单位项目技术负责人。

（3）施工单位应当按照规定对危大工程进行施工监测和安全巡视，发现危及人身安全的紧急情况，应当立即组织作业人员撤离危险区域。

（4）对于按照规定需要验收的危大工程，施工单位、监理单位应当组织相关人员进行验收。验收合格的，经施工单位项目技术负责人及总监理工程师签字确认后，方可进入下一道工序。

（5）危大工程验收合格后，施工单位应当在施工现场明显位置设置验收标识牌，公示验收时间及责任人员。

6. 施工方案应在工程竣工验收后归档。

（1）施工单位应当将专项施工方案和危大工程安全专项施工方案及审核、专家论证、交底、现场检查、验收及整改等相关资料纳入档案管理。

（2）监理单位应当将监理实施细则、专项施工方案审查、专项巡视检查、验收及整改等相关资料纳入档案管理。

【案例 2H320030-1】

一、背景

某安装公司承包 2×200MW 火力发电厂 1 号机组的机电安装工程，主要施工内容包括锅炉、汽轮发电机组、油浸式电力变压器、110kV 交联电力电缆、化学水系统、输煤系统、电除尘装置等。其中，汽轮机为抽、凝两用机，可供热。

安装公司进场后，项目经理组织编制了机电安装工程施工组织设计，主要内容包括工程概况、编制依据、施工进度计划、主要施工管理计划等。施工方案有油浸式电力变压器施工方案、电力电缆敷设方案、电力电缆交接试验方案等。其中，油浸式电力变压器施工方案中的施工程序包括开箱检查、二次搬运、附件安装、滤油注油、验收等。工程开工前，技术人员对施工人员进行了施工技术交底。

油浸式电力变压器安装时，由于变压器附件到货晚，导致工期滞后，安装公司项目部协调 5 名施工人员到该项目支援工作，作业班长考虑到他们比较熟悉变压器安装且经验丰富，未通知技术人员进行交底，立即安排参加变压器的安装工作。

110kV 电力电缆交接试验时，电气试验人员按照施工方案与《电气设备交接试验标准》要求，对 110kV 电力电缆进行了电缆绝缘电阻测量和交流耐压试验。

二、问题

1. 机电安装工程施工组织设计还应包括哪些主要内容？

2. 指出背景资料中油浸式电力变压器施工程序还应包括哪些主要工序。

3. 简述汽轮机本体由哪几部分组成。

4. 作业班长做法是否正确？写出施工技术交底的类型。

5. 110kV 电力电缆交接试验时，还应包括哪些试验项目？

三、分析与参考答案

1. 施工组织设计的基本内容应包括：工程概况、施工部署、主要施工方案、施工进度计划、施工准备与资源配置计划、施工现场平面布置、主要施工管理计划（如进度、质量、安全、环境、成本及其他管理计划）等。

机电安装工程施工组织设计的主要内容还应有：施工部署、主要施工方法、施工准备及资源配置计划和施工现场平面图。

2. 油浸式电力变压器的施工程序：开箱检查→二次搬运→设备就位→吊芯检查→附件安装→滤油、注油→绝缘测试→交接试验→验收。

油浸式电力变压器施工程序中还应包括的工序有：设备就位、吊芯检查、绝缘测试、交接试验。

3. 汽轮机本体主要由转动部分、静止部分、控制部分三部分组成。

4. 作业班长做法不正确。施工技术交底的类型有：设计交底，施工组织设计交底，施工方案交底，安全技术交底。

5. 电力电缆交接试验：电缆导体直流电阻测量、电缆相位检查、直流泄漏电流测量、绝缘电阻测量、直流耐压试验、交流耐压试验等。

电力电缆交接试验还应包括：电缆导体直流电阻测量、电缆相位检查、直流泄漏电流测量、直流耐压试验。

【案例 2H320030-2】

一、背景

某安装企业承接某工业企业工艺用蒸汽管道安装工程。蒸汽管道由锅炉房至工艺车间架空敷设，管道中心高度 5.5m。主要工程量为 $\phi219mm \times 9mm$ 无缝钢管（材质为 20 号钢）约 900m，各类阀门（包括电动阀门）、流量计、安全附件等共 90 套（件），补偿方式为方形补偿器。工作内容：管道运输、管道切割、坡口打磨、焊接及压力试验，不包括管道防腐绝热，无损检测由第三方负责。为方便施工在管道下方搭设施工脚手架。管道系统安装完成后，公司工程部组织技术部、质量安全部对项目部的竣工资料整理情况进行检查，部分检查情况为：工程的施工组织设计由项目经理组织编制，项目技术负责人审批。工程使用的管材、阀门、安全附件、焊接材料等都按规范进行进场质量检验或验收，记录齐全，各合格证、质量证明文件完备。管道水压试验记录显示，试压时使用的压力表精度为 1.0 级，使用时在有效检定期以内，检定记录完备，共使用 3 块压力表。

二、问题

1. 工程施工组织设计的编制、审批是否符合规定？为什么？

2. 管道水压试验时压力表的使用是否正确？说明原因。

3. 指出蒸汽管道安装施工中的危险源。

4. 蒸汽管道安装前、交付使用前应办理什么手续？在哪个部门办理？

三、分析与参考答案

1. 施工组织设计的编制符合要求，审批不符合要求。单位工程施工组织设计由施工单位技术负责人或技术负责人授权的技术人员审批，项目技术负责人无权审批。

2. 正确。试验用的压力表已校验，并在有效期内，压力表精度为 1.0 级，高于 1.6 级，试验时压力表数量为 3 块，大于 2 块。

3. 管道安装施工中的危险源有：管道搬运、高空作业、管道切割、管道焊接、坡口打磨、脚手架。

4. 蒸汽管道安装前应向当地设区的市级市场监督管理部门办理蒸汽（压力）管道的施工告知手续。蒸汽管道交付使用前应向有资质的压力管道检验检测机构申请蒸汽（压力）管道的监督检验。

【案例 2H320030-3】

一、背景

A 设计院总承包 220 万 t/ 年柴油加氢装置工程，经建设单位同意 A 公司将新氢压缩厂房内设备安装分包给具有相应施工资质的 B 公司完成。工程内容包括：往复式压缩机组（1030-K101A/B）安装（表 2H320032）、工艺管道及车间 25/5t 桥式起重机安装。压缩厂房设计紧凑压缩气经缓冲后送至工艺装置，厂房内工艺管道长度 180m。

压缩机组参数（部分）　　　　　　　　表 2H320032

压缩介质	氢气 / 甲烷	排气量	$37.13\text{m}^3/\text{min}$
吸气压力	2.3/5.192MPa	排气压力	5.192/10.9MPa
吸气温度	40/40℃	排气温度	123/116℃
主机重	65t	电机重	53t
最大检修部件重	16.1t（一级气缸）		

B 公司进场后根据工程内容组建了符合管理要求的项目团队。在技术准备中完成了施工组织设计及各项施工方案的编制工作，并对项目中涉及的特种设备进行了识别。

根据设备到货计划，B 公司计划在厂房屋面封闭前，用 300t 汽车吊配合 75t 汽车吊将桥式起重机大梁、压缩机主机和电机等大件设备部件采用"空投"方式就位，待厂房封闭后再行安装。

压缩机主机、中体地脚螺栓为盾式地脚螺栓，基础施工时已经预埋；气缸及辅机的地脚螺栓采用预留孔形式。在设备基础验收后、设备就位前施工人员进行认真检查并确认：设备经开箱检查验收合格；设备基础验收合格，强度满足安装要求；设备底面清理干净；二次灌浆部位基础表面清理干净且已凿成麻面；混凝土表面浮浆已清除，垫铁和地脚螺栓按技术要求并放置。

桥式起重机到货后，按计划及时进行了就位安装，压缩机不能按计划进场。项目部就压缩机进场时间与建设单位沟通时被告知：由于压缩机制造的原因，设备进场时间比原计划进场时间晚 3 个月，厂房屋面在 1 个月后封闭。要求 B 公司修改压缩机吊装方案。项目部将压缩设备运输方法修改为：利用倒链、拖排、滚杠进行设备的水平运输，再用自制门架配合卷扬机、滑轮组进行设备的垂直运输，并重新编制了压缩机运输方案。

车间桥式起重机在安装前按规定进行了施工告知，安装完成按《起重设备安装工程施工及验收规范》GB 50278 进行自检及试运行合格后，经建设、总承包和监理单位验收合格且施工资料完整。在使用桥式起重机进行压缩机缓冲器吊装就位时，被市场监督管理部门现场巡视的特种设备安全监督执法人员叫停，经整改符合要求。

二、问题

1. 基础施工时预埋的压缩机主机地脚螺栓可能存在的质量问题有哪些？辅机的地脚螺栓预留孔验收检查包括哪些内容？

2. B公司项目部设置专职安全员人员数量的依据是什么？哪个方案需要组织专家论证？专家论证由谁来组织？

3. 由于设备进场时间滞后，B公司应向哪个单位提出索赔？B公司提交的索赔文件中除索赔申请表、批复的索赔意向书外，还应包括哪些文件？

4. 在用桥式起重机吊装就位时被市场监督管理部门执法人员叫停的原因是什么？应该怎样整改？

三、分析与参考答案

1. 基础施工时预埋的压缩机主机地脚螺栓可能存在的质量问题有：预埋位置超差、地脚螺栓标高超差。辅机的地脚螺栓预留孔验收检查内容有：预留地脚螺栓孔深度是否超差，预留孔内是否有杂物（泥土、积水）。

2. B公司项目部设置专职安全员人员数量的依据是：要根据项目作业人数来配备专职安全员。

压缩机运输方案中的设备吊装是采用非常规起重设备、方法，且单件起吊重量在100kN及以上的起重吊装工程，属于超过一定规模的危险性较大的分部分项工程，需要组织专家论证。专家论证应由总承包方A公司组织。

3. B公司应向A公司提出工期延期索赔。

B公司提交的索赔文件中还应包括：索赔文件编制说明书、索赔的证明材料及详细计算资料。

4. 在用桥式起重机吊装就位时被市场监督管理部门执法人员叫停的原因：起重机安装后未进行监督检验就投入使用。

整改：施工单位立即约请有资质的特种设备监督检验机构对桥式起重机进行监督检验，出具监督检验合格报告，由建设单位（在当地特种设备监督管理部门）办理使用登记后方可使用。

2H320040 机电工程施工资源管理

2H320041 人力资源管理的要求

一、人力资源管理的基本原则

施工现场人力资源具有多样性，项目管理者在人力资源的安排与管理上，一般应遵循以下原则：

1. 系统优化原则。人力资源系统经过组织、协调、运行、控制，使其整体获得最优绩效的准则。

2. 能级对应原则。在人力资源管理中，要根据人的能力安排工作、岗位和职位，使人尽其才、物尽其用。

3. 激励强化原则。激发员工动机，调动人的主观能动性，强化期望行为，从而显著地提高劳动生产效率。

4. 弹性冗余原则。弹性一般都有一个"弹性度"，超过这个"度"，弹性就要丧失。人力资源管理也是一样。职工的劳动强度、工作时间、工作定额都有一定的"度"，任何超过这个"度"的管理，会使员工身心交瘁、疲惫不堪、精神萎靡。

弹性冗余原则强调在充分发挥和调动人力资源的能力、动力、潜力的基础上，主张松紧合理、张弛有度，使人们更有效、更健康地开展工作。

5. 互补增值原则。是指充分发挥每个个体的优势，采用协调与优化的办法，扬长避短，使人力资源管理功能达到最优。互补的形式有：知识互补、能力互补、性格互补、技能互补等。

6. 公平竞争原则。竞争各方遵循相同的规则，公平、公正、公开地进行考核、晋升和奖励的竞争方式，目的是培养和激发人的进取心、毅力和创新精神，使人们全面施展自己的才能，达到服务社会、促进经济发展的目的。

二、施工现场项目部主要人员的配备

1. 施工现场项目部主要管理人员的配备根据项目大小和具体情况而定，但必须满足工程项目的需要。

2. 工程项目部负责人：项目经理、项目副经理、项目技术负责人。项目经理必须具有机电工程建造师资格。

3. 项目技术负责人：必须具有规定的机电工程相关专业职称，有从事工程施工技术管理工作经历。

4. 项目部技术人员：根据项目大小和具体情况，按分部、分项工程和专业配备。

5. 项目部现场施工管理人员：施工员、材料员、安全员、机械员、劳务员、资料员、质量员、标准员等必须经培训、考试，持证上岗。项目部现场施工管理人员的配备，应根据工程项目的需要。施工员、质量员要根据项目专业情况配备，安全员要根据项目大小配备。

6. 工程项目应配备满足施工要求经考核或培训合格的技术工人。

三、特种作业人员和特种设备作业人员要求

（一）特种作业人员要求

特种作业人员是指直接从事特殊种类作业的从业人员。国家安全生产管理机构规定的特种作业人员中，机电安装企业有焊工、起重工、电工、场内运输工（叉车工）、架子工等。国家安全生产管理机构制定了一系列的办法和制度，强制性地使从事危险环境作业的工人通过培训掌握本工种的安全操作技能和安全知识，以保证在危险环境条件下的安全作业。

1. 资格条件要求

具备相应工种的安全技术知识；参加国家规定的安全技术理论和实际操作考核并成绩合格，取得特种作业操作证。

2. 培训要求

在独立上岗作业前，必须进行与本工种相适应的、专门的安全技术理论学习和实际操作训练。

3. 管理要求

特种作业人员必须持证上岗。特种作业操作证每 3 年进行一次复审。对离开特种作业岗位 6 个月以上的特种作业人员，上岗前必须重新进行考核，合格后方可上岗作业。

（二）特种设备作业人员的要求

根据国家质量监督检验检疫总局颁发的《特种设备作业人员监督管理办法》（2011 年

7月1日起施行）规定，锅炉、压力容器（含气瓶）、压力管道、电梯、起重机械、客运索道、大型游乐设施、场（厂）内机动车辆等特种设备的作业人员及其相关管理人员统称特种设备作业人员。在机电安装企业中，主要指的是从事上述设备制造和安装的生产人员，如焊工、探伤工、司炉工等。国家质量监督机构对焊工、探伤工、司炉工等的培训、考试、发证及上岗的管理都建立了相应的制度和办法。

1. 从事锅炉、压力容器与压力管道焊接的焊工的要求

（1）基本要求。焊接应由持有相应类别的"锅炉压力容器压力管道焊工合格证书"的焊工担任。

（2）合格证管理要求。焊工合格证（合格项目）有效期3年。中断受监察设备焊接工作6个月以上的，再从事受监察设备焊接工作时，必须重新考试。

2. 无损检测人员的要求

（1）级别分类和要求。无损检测人员的级别分为：Ⅰ级（初级）、Ⅱ级（中级）、Ⅲ级（高级）。其中：

1）Ⅰ级人员可进行无损检测操作，记录检测数据，整理检测资料。

2）Ⅱ级人员可编制一般的无损检测程序，并按检测工艺独立进行检测操作，评定检测结果，签发检测报告。

3）Ⅲ级人员可根据标准编制无损检测工艺，审核或签发检测报告，解释检测结果，仲裁Ⅱ级人员对检测结论的技术争议。

4）持证人员只能从事与其资格证级别、方法相对应的无损检测工作。

（2）资格要求。从事无损检测的人员，必须经资格考核，取得相应的资格证。

（三）施工企业对特种作业人员和特种设备作业人员的管理要求

1. 施工企业应建立并保持特种作业人员和特种设备作业人员的队伍，进行培训、管理并建立档案机制。

2. 应根据施工组织设计和施工方案，配置特种作业人员的工种和数量，并体现在劳动力计划中。

3. 用人单位应当聘（雇）用取得《特种作业人员证》《特种设备作业人员证》的人员，从事相关管理和作业工作，并对作业人员进行严格管理。

4. 特种设备作业人员作业时应当随身携带证件，并自觉接受用人单位的安全管理和质量技术监督部门的监督检查。

5. 特种设备作业人员应积极参加安全教育和安全技术培训，严格执行操作规程和有关安全规章制度，遵守规定，发现隐患及时处置或者报告。

四、施工现场劳动力动态管理的基本原则

1. 劳动力的动态管理是指根据生产任务和施工条件的变化对劳动力进行跟踪平衡、协调，以解决劳务失衡、劳务与生产要求脱节的动态过程。人力资源动态管理应遵循的基本原则有：

（1）以进度计划和合同为依据，满足工程需要；

（2）允许人力资源在企业内作充分的合理流动；

（3）以动态平衡和日常调度为手段；

（4）以达到人力资源优化组合、充分调动积极性为目的。

2. 建筑工人实名制管理相关要求如下：

（1）2019 年 2 月 17 日正式发布《住房和城乡建设部　人力资源社会保障部关于印发建筑工人实名制管理办法（试行）的通知》（建市〔2019〕18 号），要求对建筑企业所招用建筑工人的从业、培训、技能和权益保障等以真实身份信息认证方式进行综合管理。

（2）建筑企业应承担施工现场建筑工人实名制管理职责，制定本企业建筑工人实名制管理制度，配备专（兼）职建筑工人实名制管理人员，通过信息化手段将相关数据实时、准确、完整上传至相关部门的建筑工人实名制管理平台。

总承包企业（包括施工总承包、工程总承包以及依法与建设单位直接签订合同的专业承包企业，下同）对所承接工程项目的建筑工人实名制管理负总责，分包企业对其招用的建筑工人实名制管理负直接责任，配合总承包企业做好相关工作。建筑工人实名制信息由基本信息、从业信息、诚信信息等内容组成。

1）基本信息应包括建筑工人和项目管理人员的身份证信息、文化程度、工种（专业）、技能（职称或岗位证书）等级和基本安全培训等信息。

2）从业信息应包括工作岗位、劳动合同签订、考勤、工资支付和从业记录等信息。

3）诚信信息应包括诚信评价、举报投诉、良好及不良行为记录等信息。

2H320042　工程材料管理的要求

机电工程材料管理是指材料的采购、验收、保管、标识、发放、回收及不合格材料的处置等。

一、材料采购策划与采购计划

1. 把握好材料采购合同的履行环节，主要包括：材料的交付、交货检验的依据、产品数量的验收、产品的质量检验、采购合同的变更等。

2. 制订材料采购计划。材料采购计划要涵盖施工全过程。

（1）采购计划要与设计进度和施工进度合理搭接，处理好它们之间的接口管理关系。

（2）要从贷款成本、集中采购与分批采购等全面分析其利弊后安排采购计划。

3. 分析市场现状。注意供应商的供货能力和生产周期，确定采购批量或供货的最佳时机。考虑材料运距及运输方法和时间，使材料供给与施工进度安排有恰当的时间提前量，以减少仓储保管费用。

二、材料管理责任制

1. 机电工程材料是工程成本的主体，其计划的优劣、质量的好坏是工期的重要保证，项目材料管理应建立材料管理各级岗位责任制。

2. 施工项目经理是现场材料管理的全面领导责任者，施工项目部主管材料人员是施工现场材料管理直接责任人。

3. 材料员在主管材料人员业务指导下，协助班组长组织和监督本班组合理领、用、退料。

三、材料计划要求

1. 项目开工前，材料部门提出一次性计划，作为供应备料依据。

2. 在施工中，根据工程变更及调整的施工预算，及时向材料部门提出调整供料月计划，作为动态供料的依据。

3. 根据施工图纸、施工进度，在加工周期允许时间内提出加工制品计划，作为供应部门组织加工和向现场送货的依据。

4. 根据施工平面图对现场设施的设计，按使用期提出施工设施用料计划，报供应部门作为送料的依据。

5. 按月对材料计划的执行情况进行检查，不断改进材料供应。

四、材料库存管理要求

1. 进场验收要求

在材料进场时必须根据进料计划、送料凭证、质量保证书或产品合格证，进行材料的数量和质量验收；验收工作按质量验收规范和计量检测规定进行；验收内容包括材料品种、规格、型号、质量、数量、证件等；验收要做好记录、办理验收手续；要求复检的材料应有取样送检证明报告；对不符合计划要求或质量不合格的材料应拒绝接收。

2. 储存与保管要求

实现对库房的专人管理，明确责任；进库的材料要建立台账；现场的材料必须防火、防盗、防雨、防变质、防损坏；施工现场材料的放置要按平面布置图实施，做到标识清楚、摆放有序、合理堆放；对于易燃、易爆、有毒、有害危险品要有专门库房存放，制定安全操作规程并详细说明该物质的性质、使用注意事项、可能发生的伤害及应采取的救护措施，严格出、入库管理；要日清、月结、定期盘点、账物相符。

五、材料领发、使用和回收要求

1. 领发要求

凡有定额的工程用料，凭限额领料单领发材料；施工设施用料也实行定额发料制度，以设施用料计划进行总控制；超限额的用料，在用料前应办理手续，填制限额领料单，注明超耗原因，经签发批准后实施；建立领发料台账，记录领发和节超状况。

2. 使用监督要求

现场材料管理责任者应对现场材料的使用进行分工监督。包括：是否按规定进行用料交底和工序交接，是否按材料规格合理用料，是否认真执行领发料手续，是否做到随用随清、工完料退场地清，是否做到按平面图堆料，是否按要求保护材料等。

3. 回收要求

班组余料必须回收，及时办理退料手续，并在限额领料单中登记扣除。

2H320043　施工机具管理的要求

机电工程施工机具管理是对施工机具进行正确的选择、合理使用、及时保养维修和适时更新，以确保工程施工的顺利进行。

一、主要施工机具的分类

机电工程项目大型机具种类较多，主要施工机具有：动力与电气装置；起重吊装机械；水平、垂直运输机械；钣金、管工机械；铆焊机械；防腐、保温、砌筑机械。

二、施工机具的选择原则

施工机具的选择主要按类型、主要性能参数、操作性能来进行，要切合需要、实际可行、经济合理。其选择原则是：

1. 施工机具的类型，应满足施工部署中的机械设备供应计划和施工方案的需要。

2. 施工机具的主要性能参数，要能满足工程需要和保证质量要求。

3. 施工机具的操作性能，要适合工程的具体特点和使用场所的环境条件。

4. 能兼顾施工企业近几年的技术进步和市场拓展的需要。

5. 尽可能选择操作上安全、简单、可靠，品牌优良且同类设备同一型号的产品。

6. 综合考虑机械设备的选择特性。如果有多种机械的技术性能可以满足施工要求，还应综合考虑：

（1）各种机械的工作效率、工作质量、使用费和维修费、能源耗费量；

（2）占用的操作人员和辅助工作人员；

（3）安全性、稳定性、运输、安装、拆卸及操作的难易程度，灵活性；

（4）在同一现场服务项目的多少，机械的完好性，维修难易程度；

（5）对气候条件的适应性，对环境保护的影响程度等特性进行综合考虑。

三、施工机具管理要求

1. 制定与实施施工机具装备规划、购置年计划、管理制度。

（1）施工机具的管理是保证工程项目进度、成本、质量、安全的重要环节。

（2）施工机具的管理一般包括制定与实施企业装备规划、企业设备购置年度计划及设备的选择、使用、保养、维修、改造、更新、租赁及设备资产管理制度等。

（3）建立每台施工装备的档案，主要内容应包括购置时间、使用记录、事故及维修记录、装备现状鉴定记录等。

2. 施工项目部要在熟悉所承揽工程的施工特征前提下，使施工机具在技术上、经济上、安全上都能适应。

（1）进入现场的施工机械应进行安装验收，保持性能、状态完好，做到资料齐全、准确。需在现场组装的大型机具，使用前要组织验收，以验证组装质量和安全性能，合格后启用。属于特种设备的应履行报检程序。

（2）施工机具的使用应贯彻"人机固定"原则，实行定机、定人、定岗位责任的"三定"制度。执行重要施工机械设备专机专人负责制、机长负责制和操作人员持证上岗制。

（3）施工机具的调度应依据工程进度和工作需要制订同步的进出场计划。施工机具的调进调出，应由责任人员做好调度前的机具鉴定、使用建议、进退场交接工作；大型、价值高的机具调度还要注意机具的安装、运输、吊装等有关事项。

（4）强化现场施工机械设备的平衡、调动，合理组织机械设备使用、保养、维修。坚持机具进退场验收制度，以确保机具处于完好状态。提高机械设备的使用效率和完好率，降低项目的机械使用成本。

（5）严格执行施工机械设备操作规程与保养规程，制止违章指挥、违章作业，防止机械设备带病运转和超负荷运转。及时上报施工机械设备事故，参与进行事故的分析和处理。

（6）建立施工装备使用、保养台账及奖罚制度。

3. 施工机械设备操作人员的要求：

（1）严格按照操作规程作业，搞好设备日常维护，保证机械设备安全运行。

（2）特种作业严格执行持证上岗制度并审查证件的有效性和作业范围。

（3）逐步达到本级别"四懂三会"（四懂：懂性能、懂原理、懂结构、懂用途；三会：会操作、会保养、会排除故障）的要求。

（4）做好机械设备运行记录，填写项目真实、齐全、准确。

【案例 2H320040-1】

一、背景

某施工单位承建某工业锅炉安装工程，主要工程内容是管道和设备安装。为组织好施工，项目部配备了人员，编制了施工组织设计和相应的施工方案，并对特种作业人员提出了要求。施工过程检查发现，有一名正在进行压力管道氩弧焊接作业的焊工，只有压力容器手工电弧焊合格证；另一名具有起重作业证书的起重工，因病休养 8 个月，刚刚上班，正赶上大型设备安装，项目经理安排其负责设备吊装作业。项目部经调整人员后，质量、安全、进度都赶上去了，按要求顺利进行了锅炉试运行。

二、问题

1. 本工程的主要特种作业人员有哪些？

2. 施工现场项目部主要配备哪些人员？如何配备？

3. 项目经理对刚上班的起重工的工作安排是否妥当？说明理由。

4. 具有压力容器手工电弧焊合格证的焊工，为什么不能从事管道氩弧焊接工作？

5. 锅炉试运行有哪些要求？

三、分析与参考答案

1. 特种作业人员是指从事容易发生人员伤亡事故，对操作者本人、他人及周围设施的安全可能造成重大危害的作业的操作人员，本案例管道焊接和设备吊装属于这类作业，主要特种作业人员包括焊工、起重工、架子工、电工。

2. 施工现场项目部主要人员的配备：

（1）施工现场项目部主要管理人员的配备根据项目大小和具体情况而定，但必须满足工程项目的需要。

（2）工程项目部负责人：项目经理、项目副经理、项目总工。项目经理必须具有机电工程建造师资格。

（3）项目技术负责人：必须符合规定，且具有规定的机电工程相关专业职称；有从事工程施工技术管理工作经历。

（4）项目部技术人员：根据项目大小和具体情况，按分部、分项工程和专业配备。

（5）项目部现场施工管理人员：施工员、材料员、安全员、机械员、劳务员、资料员、质量员、标准员等必须经培训、考试、持证上岗。项目部现场施工管理人员的配备，应根据工程项目的需要。施工员、质量员要根据项目专业情况配备，安全员要根据项目大小配备。

（6）配备满足施工要求经考核或培训合格的技术工人。

3. 根据国家安全生产监督机构对特种作业人员的有关规定，离开特种作业岗位达 6 个月以上的特种作业人员，应当重新进行实际操作考核，经确认合格后方可上岗作业。案例中该起重工虽有作业证，但已经离开工作岗位 8 个月，上岗前，应当进行实际操作考核，合格后方可上岗作业，因此不能立即从事起重作业。

4. 压力管道焊工既属于特种作业人员，同时也属于特种设备作业人员，应持特种设备作业证上岗。案例中焊工虽然取得了压力容器手工焊接资格，可以从事压力管道手工焊接，但是按《锅炉压力容器压力管道焊工考试与管理规则》规定，经焊接操作技能考试合格的焊工，当焊接方法改变时应重新考试，合格后，方可从事新方法的操作。手工焊接改为氩弧焊接属于焊接方法改变，案例中焊工进行氩弧焊接，属于无证操作。

5. 锅炉试运行的要求：

（1）锅炉试运行必须是在烘煮炉合格的前提下进行。

（2）在试运行时使锅炉升压：在锅炉启动时升压应缓慢，升压速度应控制，尽量减小壁温差以保证锅筒的安全工作。

（3）认真检查人孔、焊口、法兰等部件，如发现有泄漏时应及时处理。

（4）仔细观察各联箱、锅筒、钢架、支架等的热膨胀及其位移是否正常。

【案例 2H320040-2】

一、背景

某安装公司承接一条生产线的机电安装工程，范围包括工艺线设备、管道、电气安装和一座 35kV 变电站施工（含室外电缆敷设）。合同明确工艺设备、钢材、电缆由业主提供。

工程开工后，由于多个项目同时抢工，施工人员和机具紧张，安装公司项目部将工程按工艺线设备、管道、电气专业分包给 3 个有一定经验的施工队伍。

施工过程中，项目部根据进料计划、送货清单和质量保证书，按质量验收规范对业主送至现场的镀锌管材仅进行了数量和质量检查，发现有一批管材的型号规格、镀锌层厚度与进料计划不符。

监理工程师组织分项工程质量验收时，发现 35kV 变电站接地体的接地电阻值大于设计要求。经查实，接地体的镀锌扁钢有一处损伤、两处对接虚焊，造成接地电阻不合格，分析原因有：

（1）项目部虽然建立了现场技术交底制度，明确了责任人员和交底内容，但施工作业前仅对分包负责人进行了一次口头交底；

（2）接地体的连接不符合规范要求；

（3）室外电缆施工中，进行了直埋电缆标桩埋设，但施工人员对接地体的损坏没有做任何处理和报告。

二、问题

1. 安装公司将工程分包应经谁同意？工程的哪些部分不允许分包？

2. 对业主提供的镀锌管材还应做好哪些进场验收工作？

3. 写出本工程接地体连接的技术要求。

4. 指出项目部在施工技术交底要求上存在的问题。

5. 直埋电缆标桩埋设有何要求？

三、分析与参考答案

1. 工程分包需经建设单位同意，但工程的主体部分或关键性工程不允许分包。所以工程分包应经业主（建设单位）同意，工程的工艺线设备（主体部分或关键性工作）

不允许分包。

2. 进场验收要求：在材料进场时必须根据进料计划、送料凭证、质量保证书或产品合格证，进行材料的数量和质量验收；验收工作按质量验收规范和计量检测规定进行；验收内容包括品种、规格、型号、质量、数量、证件等；验收要做好记录，办理验收手续；要求复检的材料应有取样送检证明报告；对不符合计划要求或质量不合格的材料应拒绝接收。

所以，进场验收工作还应有：做好验收记录，办理验收手续；进行见证取样送检，并有复检报告；质量不合格或不符合计划要求的管材应拒绝接收。

3. 接地体连接的技术要求有：应采用搭接焊接，搭接长度为扁钢宽度的两倍，并有三个邻边施焊。

4. 施工技术交底的要求有：建立技术交底制度；明确相关人员的责任；分层次与分阶段进行；施工作业前进行；交底内容体现工程特点；完成技术交底记录；确定施工技术交底次数；施工技术交底注意事项。

施工技术交底要求上存在的问题有：未分层次、分阶段对施工人员进行交底；未形成书面并签字的交底记录；未根据工程实际情况确定交底次数。

5. 直埋电缆标桩埋设要求：直埋电缆在直线段每隔 50～100m 处、电缆接头处、转弯处、进入建筑物等处应设置明显的方位标志或标桩。

【案例 2H320040-3】

一、背景

某机电安装公司具有压力容器、压力管道安装资格，通过投标承接一高层建筑机电安装工程，工程内容包括给水排水系统、电气系统、通风空调系统和一座氨制冷站。项目部针对工程的实际情况编制了《施工组织设计》《氨气泄漏应急预案》《材料领发、使用和回收实施要求和办法》。《施工组织设计》中，针对重 80t、安装在标高为 20m 的冷水机组，制订了租赁一台 300t 履带起重机吊装就位的方案。《氨气泄漏应急预案》中规定了危险物质信息及对紧急状态的识别程序，可依托的如消防和医院等社会力量的救援程序，内部和外部信息交流的方式和程序等。施工单位项目部为落实施工劳动组织，编制了劳动力资源计划，按计划调配了施工作业人员，并与某劳务公司签订了劳务分包合同，约定该劳务公司提供 50 名劳务工，从事电缆敷设、管道支架安装、管道组对、材料搬运等工作。

施工中出现了下列问题：

（1）出租单位将运至施工现场的 300t 履带起重机安装完毕后，施工单位为了赶工期，立即进行吊装。因为未提供相关资料被监理工程师指令停止吊装。

（2）对工作压力为 1.6MPa 的氨制冷管道和金属容器进行检查时，发现液氨罐外壳在运输过程中被划了两道深 4mm 的长条形机械损伤，建设单位委托安装公司进行补焊处理。

（3）项目部用干燥的压缩空气对氨制冷系统进行强度试验后，即进行抽真空、充氨试运转。

（4）经查，建筑工人实名制信息中，劳务公司提供的 50 名劳务工资料不全。

二、问题

1. 氨制冷站在施工前还需要办理哪些手续？

2. 300t 吊车在现场安装完毕就能投入使用吗？说明理由。监理单位要求提供哪些资料？

3. 简述液氨罐运输中被划伤，建设单位委托安装公司对其进行补焊不合理的理由。应怎样处理比较妥当？

4. 项目部在氨制冷系统强度试验后即进行试运转是否妥当？为什么？

5. 施工总承包企业建筑工人实名制的职责是什么？建筑工人实名制信息包括哪些内容？

三、分析与参考答案

1. 因为氨制冷站的氨管道属于输送有毒介质管道，且高压部分的工作压力为 1.6MPa，属于压力管道；液氨储罐的工作压力为 1.6MPa，属于压力容器，应按《特种设备安全监察条例》的规定办理书面告知手续，否则不得开工。施工前还需将拟进行的特种设备安装情况书面告知直辖市或设区的市级特种设备安全监督管理部门。

2. 不能。因为吊车现场安装完毕后，必须对吊车的所有性能如回转、变幅、行走、额定负荷时的起吊落钩、限位装置的可靠性、安全报警系统的灵敏准确性等进行全面的检验、试吊、考核和验收，验收合格后方可投入使用。

监理单位要求提供的资料有：产品合格证、备案证明、吊车司机上岗证。

3. 因为安装公司只有压力容器安装资质，压力容器出现损坏，应由原制作单位前来处理，安装公司不可以进行补焊。

4. 不妥当。氨气属于有毒气体，氨制冷系统压力试验完毕，必须进行气密性试验、抽真空试验和充氨检漏试验，试验合格后方可向系统充氨，进行试运转。

5. 施工总承包企业要建立建筑工人实名制管理制度，明确管理职责，对进入施工现场建筑工人实行实名制管理，记录建筑工人的身份信息、培训情况、职业技能、从业记录等信息。进场前对劳务工进行安全教育。

建筑工人实名制信息由基本信息、从业信息、诚信信息等内容组成。

（1）基本信息应包括建筑工人和项目管理人员的身份证信息、文化程度、工种（专业）、技能（职称或岗位证书）等级和基本安全培训等信息。

（2）从业信息应包括工作岗位、劳动合同签订、考勤、工资支付和从业记录等信息。

（3）诚信信息应包括诚信评价、举报投诉、良好及不良行为记录等信息。

2H320050　机电工程施工技术管理

2H320051　施工技术交底

一、施工技术交底的依据、类型与内容

（一）施工技术交底的依据

施工技术交底的依据：项目质量策划、施工组织设计、专项施工方案、工程设计文件、施工工艺及质量标准等。

（二）施工技术交底的类型和内容

1. 设计交底与图纸会审

设计交底，即由建设单位组织施工总承包单位、监理单位参加，由勘察、设计单位对施工图纸内容进行交底的一项技术活动，或由施工总承包单位组织分包单位、劳务班组，由总承包单位对施工图纸、施工内容进行交底的一项技术活动。

设计交底与图纸会审是保证工程质量的重要环节，是保证工程质量的前提，也是保证工程顺利施工的主要步骤。

在施工图设计技术交底的同时，监理部、设计单位、建设单位、施工单位及其他有关单位需对设计图纸在自审的基础上进行会审。

（1）设计交底的目的

为了使施工单位和监理单位正确贯彻设计意图，加深对设计文件特点、难点、疑点的理解，掌握关键工程部位的质量要求，确保工程质量。

也为了减少图纸中的差错、遗漏、矛盾，将图纸中的质量隐患与问题消灭在施工之前，使设计施工图纸更符合施工现场的具体要求，避免返工浪费。

（2）设计交底的分类

设计交底分为图纸设计交底和施工设计交底两种。

2. 项目总体交底

在工程开工前，由各级技术负责人组织有关工程技术管理部门依据施工组织总设计、工程设计文件、施工合同和设备说明书等资料制定技术交底提纲，对项目部职能部门、专业技术负责人和主要施工负责人及分包单位有关人员进行交底。其主要内容是项目工程的整体战略性安排，一般包括：

（1）本项目工程规模和承包范围及其主要内容；

（2）本项目工程内部施工范围划分；

（3）项目工程特点和设计意图；

（4）总平面布置和各项资源供应；

（5）主要施工程序、交叉配合和主要施工方案；

（6）综合进度和各专业配合要求；

（7）项目质量目标和保证措施；

（8）安全文明施工、职业健康安全和环境保护（绿色施工）的主要目标和保证措施；

（9）主要设备和物资供应要求；

（10）检验试验项目；

（11）采用四新计划；

（12）降低成本目标和主要措施；

（13）施工技术总结内容安排；

（14）其他施工注意事项。

3. 单位工程技术交底

在单位工程开工前，项目技术负责人应根据单位工程施工组织设计、工程设计文件、设备说明书和上级交底内容等资料拟定技术交底大纲，对本专业范围内的负责人、技术管理人员、施工班组长及施工骨干人员进行技术交底。交底内容是本专业范围内施工和技术管理的整体性安排，一般包括：

（1）施工范围及其主要内容；

（2）各班组施工范围划分；

（3）本单位（或专业）工程的施工特点，以及设计意图；

（4）施工进度要求和相关施工项目的配合计划；

（5）本单位（或专业）工程施工质量目标和保证措施；

（6）安全文明施工、环境保护规定和保证措施；

（7）重大施工方案；

（8）质量验收标准；

（9）本项目工程和专业施工项目降低成本目标和措施；

（10）主要设备和物资供应计划；

（11）检验和试验工作安排；

（12）应做好的记录内容及要求；

（13）施工阶段性质量监督检查项目及其要求；

（14）施工技术总结内容安排；

（15）音像资料内容安排和其质量要求；

（16）其他施工注意事项。

4. 分部分项工程技术交底

专业技术负责人或施工员根据施工图纸、设备说明书、已批准的单位工程施工组织设计、施工方案、作业指导书及上级交底相关内容等资料拟定技术交底提纲，并对班组施工人员进行交底。一般包括：

（1）施工项目的内容和工程量；

（2）施工图纸解释（包括设计变更和设备材料代用情况及说明）；

（3）质量标准，质量保证措施，检验、试验和质量检查验收评级依据；

（4）施工步骤、操作方法和采用新技术的操作要领；

（5）安全文明施工保证措施，职业健康和环境保护的要求保证措施；

（6）设备和物资供应情况；

（7）施工工期的要求和实现工期的措施；

（8）施工记录的内容和要求；

（9）降低成本措施；

（10）其他施工注意事项。

进行施工技术交底时应根据需要请建设、设计、制造、监理等单位的有关人员参加，认真讨论，对交底内容作必要的补充和修改。涉及已批准的方案的变动时，应对原方案进行修改并重新审批，重新审批后的施工组织设计（方案）在实施前应重新进行技术交底。

5. 变更交底

施工情况发生较大变化时应及时向作业人员交底，当工程洽商对施工的影响程度较大时，也应进行技术交底。

6. 安全技术交底

工程施工前，由项目专业技术负责人对施工过程中存在较大安全风险的施工作业项目，提出有针对性的安全技术措施，并进行交底。例如，大件物品的起重与运输、高空作业、地下作业、大型设备的试运行以及其他高风险的作业等。

二、施工技术交底的责任和要求

（一）施工技术交底的责任

1. 重大工程项目的技术交底由公司技术负责人或分（子）公司分管技术质量的副经理负责组织；一般项目的技术交底由项目部技术负责人组织；单位工程的技术交底由项目技术负责任人组织；分部分项工程的技术交底由专业技术负责人或施工员组织；专项方案（危大和超危大工程）由编制人员或者项目技术负责人向施工现场管理人员进行方案交底；特种设备施工的技术交底由项目质量保证工程师组织。应在工程开工前界定技术交底的重要程度，对于重要的技术交底，其交底文件应经过项目技术负责人审核或批准。

2. 施工人员应按施工技术交底要求施工，不得擅自变更施工方法和质量标准。技术人员及安全、质量、环保管理人员发现施工人员不按交底要求施工可能造成不良后果时应立即制止，制止无效有权停止其施工，必要时报上级处理。必须更改时应先经交底人同意并签字后方可实施。

3. 施工中发生质量、设备或人身安全事故时，事故原因如属于交底错误由交底人负责；属于违反交底要求者由施工负责人和施工人员负责；属于违反施工人员"应知应会"要求者由施工人员本人负责；属于无证上岗或越岗参与施工者除本人应负责任外，班组长和班组专职安全工程师（专职技术员）亦应负责。

（二）施工技术交底的要求

1. 施工技术交底必须以经批准的施工组织设计、施工方案为依据，内容应满足设计文件、施工技术标准、规范、施工工艺标准和工程施工合同的要求。

2. 交底文件应根据工程的特点及时编制，内容应全面，具有针对性和可操作性。

3. 交底时要严格执行相关技术标准和工艺，根据实际情况将操作工艺具体化，使操作人员在执行工艺时能结合技术标准、工艺要求，满足质量标准的要求。

4. 技术交底的层次、阶段及形式应根据工程的规模和施工的复杂、难易程度及施工人员的素质来确定。

5. 施工技术交底内容应与施工项目内容、施工工艺、材料、施工人员的技术水平、现场施工机具设备状况以及现场作业环境相对应，充分体现工程特点。表达具体、准确，形式应规范，如术语、符号、计量单位、章、节、条、款、图、表等应满足标准化工作的要求。

6. 技术交底以书面文件为准，交底过程中可利用音像资料、BIM技术作为辅助手段。

7. 技术交底必须在施工前完成，并办理好签字手续后方可开始施工操作。

8. 分包单位技术负责人必须按照总承包单位的技术交底要求向本单位的各级管理人员和施工操作人员进行技术交底。

9. 技术交底完成后，交底双方负责人在交底记录上签字确认。经签署的交底记录份数结合项目交工资料要求确定，且必须确保交底人持一份、接收交底人至少持一份。

三、施工技术交底的注意事项

1. 施工技术交底要有科学性

所谓科学性就是指依据正确、理解正确、交底正确。施工规范、规定、图纸、图标及标准是编制技术交底的依据。关键是如何正确理解，结合本工程的实际，灵活运用，必须使班组依据交底文件就能正确施工。

2. 施工技术交底要具有针对性

施工技术交底必须针对工程特点、设计意图，充分体现针对性和独特性。

施工技术交底不具有针对性是编制中常见的问题，它经常是规范、规定的翻版，加上设计说明的扩充，其结果是无法指导生产，仅仅成为技术管理资料中的一种。为避免这些问题，必须根据实际情况进行交底，使之真正成为施工的作业指导书。

3. 施工技术交底要具备操作性

施工技术交底中不允许使用"按照设计图纸和施工及验收规范施工"及"宜按……"等词语，把规范的条文体现在控制要点里，同时要把达到的具体操作要求和质量标准写清楚，作为施工和班组自检的依据，使施工人员在开始施工时就按照验收标准来施工，体现过程管理的思路。

4. 施工技术交底要具有全面性

施工技术交底的内容要涵盖整个施工过程，不能有遗漏。

5. 施工交底的方式要通俗易懂

将复杂、专业的标准术语用通俗易懂的语言传达给施工操作人员。尽量用简图、示意图的方式直观表达交底内容。

例如，电缆和管道沟槽开挖及土方回填，专业技术人员应在试挖后结合《施工方案》对土方作业班组做施工前的技术交底，需明确下列事项：

测量定位划线方法；人工挖土或机械开挖方式，如机械开挖，人员如何监护及清底修边；沟槽和工作井尺寸、转弯处的弯曲度的复测；预防超挖或超挖处置；沟槽和工作井边坡度、边坡支护和观测；土方堆放距离、高度或余土外运；沟底和工作井平整、垫砂土或垫层、支墩；操作坑及排水；管道沟槽和井底验槽；与其他专业班组（电工班、管道班、砌筑班、混凝土班等）界面的划分或交接；分层、分部位回填材料（砂土、砖、预制板、PVC 色带等）和数据；人工或机械回填方式；回填土压实干密度试验；埋标志桩。

同时，要求班组遇异常情况向交底人报告；包括道路通行、地下水和已有设施或文物、腐蚀区域、岩石构造、沟槽塌方预兆等，交底人应采取相应的施工或保护专项措施，实施前向作业班组做专项措施的技术交底。

2H320052 设计变更程序

一、设计变更的分类

机电工程项目设计变更是指在工程项目实施过程中，按照合同约定的程序对部分或全部工程在材料、工艺、功能、构造、尺寸、技术指标、工程数量及施工方法等方面做出的改变。机电工程项目设计变更的分类如下：

（一）按照引起设计变更的责任方分类

1. 设计原因的变更

（1）设计原因的变更是指设计单位对设计存在的设计缺陷、设计漏项、设计错误、设计改进等方面而提出的设计变更。

（2）针对设计原因的变更，应编制设计变更单，应对变更造成的工程费用变化做出测算。

2. 非设计原因的变更

（1）非设计原因的变更是指建设单位、监理单位或施工单位根据施工条件的变化（地质或水文实际情况与勘察报告资料不符等）、设计条件的变化（投资及项目整体规划、工程规模、工程范围、工期的调整，主要工程规范或主要工艺标准的变化）、物资供应的情况或上级部门的要求等原因提出的合理变更。

（2）针对非设计原因的变更，应编制工程联络单（工作联系单），工程联络单除描述变更事项及其原因外，还应对变更引起的费用和工期变化做出说明。

（二）按照设计变更的内容性质分类

1. 重大设计变更

重大设计变更是指变更对项目实施总工期和里程碑产生影响，或改变工程质量标准、整体设计功能，或增加的费用超出批准的基础设计概算，或增加了已批准概算中没有列入的单项工程，或工艺方案变化、扩大设计规模、增加主要工艺设备等改变基础设计范围等原因提出的设计变更。重大设计变更应按照有关规定办理审批手续。

例如，压力管道工程重大设计变更主要包括：涉及对工程计划目标的实现有重大影响的设计活动、关键设备和核心技术方案、平面布置的设计变更；涉及生产运行操作、维护、安全中有关使用功能、品质、观感的设计变更。

2. 一般设计变更

一般设计变更是指在不违背批准的基础设计文件的前提下，对原设计的局部改进、完善。一般设计变更不改变工艺流程，不会对总工期和里程碑产生影响，对工程投资影响较小。

二、设计变更程序和要求

设计变更程序中建设单位、监理单位的审批权限应视设计变更的性质与重要程度决定。

（一）施工单位提出设计变更申请的变更程序

1. 施工单位提出变更申请报监理单位审核。

2. 监理工程师或总监理工程师审核技术是否可行、施工难易程度和工期是否增减，造价工程师核算造价影响，审核后报建设单位审批。

3. 建设单位工程师报建设单位项目经理或总经理同意后，通知设计单位。设计单位工程师同意变更方案后，实施设计变更，出变更图纸或变更说明。

4. 建设单位将变更图纸或变更说明发至监理工程师，监理工程师发至施工单位。

（二）建设单位提出设计变更申请的变更程序

1. 建设单位工程师组织变更论证，总监理工程师论证变更是否技术可行、施工难易程度和对工期影响程度，造价工程师论证变更对造价影响程度。

2. 建设单位工程师将论证结果报项目经理或总经理同意后，通知设计单位工程师，设计单位工程师认可变更方案，进行设计变更，出变更图纸或变更说明。

3. 变更图纸或变更说明由建设单位发至监理工程师，监理工程师发至施工单位。

4. 监理单位提出变更建议的，需要向建设单位提出变更计划，按本程序执行。

（三）设计单位发出设计变更程序

1. 设计单位发出设计变更。

2. 建设单位工程师组织总监理工程师、造价工程师论证变更影响。

3. 建设单位工程师将论证结果报项目经理或总经理同意后，变更图纸或变更说明由建设单位发至监理工程师，监理工程师发至施工单位。

（四）设计变更的注意事项

1. 设计变更具体实施应按照合同条件和相关方工作制度、参照现行的《建设工程施工合同（示范文本）》GF—2017—0201 以及《中华人民共和国标准施工招标文件》规定执行。

2. 施工单位应随时收集与工程项目有关的要求变更的信息，包括：法律和法规要求、施工合同及本企业要求的变化。必要时，应修改相应的项目质量管理文件。

3. 工程变更确定后 14 天内施工单位应提出变更工程价款的报告，经监理工程师、建设单位工程师确认后，根据合同条件调整合同价款。

4. 设计变更应按照变更后的图纸由施工单位实施，监理工程师签署实施意见。原设计图已实施后，才发生变更，则应注明。施工中发生的材料代用，需办理材料代用手续。杜绝没有详图或具体使用部位而只是增加材料用量的变更。

5. 施工单位对设计图纸的合理修改意见，应在设计交底或施工图会审时或施工之前提出。在施工试车或验收过程中，只要不影响生产，一般不再接受变更要求。

6. 对于原设计不利于保证工程质量、设计有遗漏、错误或现场无法展开施工的变更，应予批准。

7. 变更在技术经济上是否合理，由变更以后所产生的效益（质量、工期、造价）与施工单位索赔等所产生的损失加以比较后再做出判定。

8. 设计变更后发生工程造价的增减幅度应控制在总概算范围之内。若确需变更但有可能超概算时，要慎重。由施工单位编制结算单，经过造价工程师按照标书或合同中的有关规定审核后作为结算的依据。

9. 设计变更必须说明变更原因和产生的背景。如工艺改变、工艺要求、设备选型不当，设计者考虑需提高或降低标准、设计漏项、设计失误或其他原因；变更产生的提出单位、主要参与人员、时间等的背景。

10. 未经许可，施工单位不得擅自变更；未经建设单位同意的变更，为无效变更，施工单位不得执行；不合规的变更指令，施工单位不应接受并说明理由。

2H320053　施工技术资料与竣工档案管理

一、机电工程项目施工技术资料与竣工档案的特征

机电工程项目施工技术资料与竣工档案是建设工程的原始依据，是工程合法身份与合格质量的证明文件，为对工程项目进行检查、验收、维修、改建和扩建提供了原始依据。

机电工程项目施工技术资料与竣工档案的特征是：真实性、完整性、有效性、复杂性。

二、建设工程项目资料的分类

1. 建设工程资料（建设工程文件）

建设工程文件：在工程建设过程中形成的各种形式的信息记录，包括工程准备阶段文件、监理文件、施工文件、竣工图和竣工验收文件，简称为工程文件。

（1）工程准备阶段文件：工程开工以前，在立项、审批、用地、勘察、设计、招标投

标等工程准备阶段形成的文件。

（2）监理文件：监理管理文件、进度控制文件、质量控制文件、造价控制文件、合同管理文件和竣工验收文件。

（3）施工文件：施工单位在施工过程中形成的文件，包括：施工管理文件、施工技术文件、施工进度及造价文件、施工物资文件、施工记录、施工试验记录及检测报告、施工质量验收记录、竣工验收文件。

（4）竣工验收文件：建设工程项目竣工验收活动中形成的文件，包括：竣工验收文件、竣工决算文件、竣工交档文件、竣工总结文件。

2. 机电工程项目施工技术文件

（1）机电工程项目施工技术文件是施工单位用以指导、规范和科学化施工的文件，是施工资料的重要组成部分。

（2）施工技术文件内容包括：工程技术文件报审表、施工组织设计及施工方案、危险性较大的分部分项工程施工方案、技术交底记录、图纸会审记录、设计交底记录、设计变更通知单、工程洽商记录、技术核定单等。

三、施工技术资料的编制与填写要求

1. 根据《建筑施工组织设计规范》GB/T 50502—2009 的要求，施工组织总设计应由项目负责人主持编制、总承包单位技术负责人审批；单位工程施工组织设计应由项目负责人主持编制、施工单位技术负责人或技术负责人授权的技术人员审批；由专业承包单位施工的分部（分项）工程或专项工程的施工方案，应由项目技术负责人组织编制，专业承包单位技术负责人或技术负责人授权的技术人员审批，有总承包单位时，应由总承包单位项目技术负责人核准备案。

2. 根据住房和城乡建设部《危险性较大的分部分项工程安全管理规定》（住房和城乡建设部令第 37 号）及住房和城乡建设部办公厅《关于实施〈危险性较大的分部分项工程安全管理规定〉有关问题的通知》（建办质〔2018〕31 号）的规定，凡是危险性较大的分部分项工程（简称危大工程）必须编制专项施工方案；对于超过一定规模的危大工程，施工单位应当组织召开专家论证会对专项施工方案进行论证；专项施工方案应当由施工单位技术负责人审批签字、加盖单位公章，并由总监理工程师审查签字、加盖执业印章后方可实施。因此，专项施工方案、专家论证资料以及危大工程相关资料等，均是施工技术资料的重要组成部分。

3. 施工组织设计、（专项）施工方案编制后的审核，通常按照企业内部管理规定进行；按照法律法规或合同约定，需要向监理或建设单位（业主）报审报批的，应履行相应规定程序，经审查批准后方可实施。

4. 技术交底记录要符合要求，交底记录应由交底人和被交底人签字确认。技术交底记录的编制要符合施工图、设计变更、施工技术规范、施工质量验收标准、操作规程、施工组织设计、施工方案、新技术施工方法的要求。

5. 图纸会审记录、设计交底记录经各方签字后实施，参加会审、交底的专业人员和单位，应签字盖章齐全。施工单位应记录图纸会审的情况，整理汇总、填写图纸会审记录。设计交底通常由建设单位组织进行。

6. 设计变更通知单应按照设计变更规定编制，经相关单位部门审核签字后，交施工单位实施。

7. 工程洽商记录由提出方填写，分专业办理，各参加方签字。内容应该详实，如果涉及设计变更时应由设计单位出具设计变更通知单。

8. 技术联系（通知）单应写明需解决或交代的具体内容，由各相关方签字。技术联系（通知）单是用于施工单位与建设、设计、监理等单位进行技术联系与处理时使用的文件。

9. 工程质量事故处理记录。包括发生的情况及处理记录，由施工项目经理、专业技术负责人、质检员、施工工长签字。工程质量事故处理记录应填写事故发生的部位、直接责任人、事故性质、事故等级、事故经过和原因分析、事故预计损失、初步处理意见等内容。

四、施工技术资料管理要求

1. 施工技术资料管理应符合《建设工程文件归档规范》（2019年版）GB/T 50328—2014等标准规范的要求。施工技术资料的移交套数、移交时间、质量要求及验收标准等，应在施工合同中明确。

2. 建立机电工程项目施工技术资料管理责任制，明确各岗位的职责，施工项目部应设立专职资料员。

3. 施工技术资料的形成、收集和整理，应从合同签订及施工准备开始，直到竣工为止，必须完整无漏缺。施工技术资料的分类、收集、整理和组卷，应真实、有代表性、能反映工程和施工中的实际情况，不得擅自修改，更不得伪造。工程技术资料应随工程建设进度同步形成，不得事后补编。

4. 施工技术资料应按规定工作程序进行控制。施工技术资料的收发、有效性确认、保管、变更标注、审核审批、报验报审、审核认定应按规定工作程序进行控制。

5. 施工技术资料的保存应以分项工程为基本单位进行保管。小型工程也可以子分部工程为单位保存，但保存过程中应进行分项区分，便于资料的保管、检查、检索以及竣工时归档整理。

6. 建设工程项目实行总承包管理的，总承包单位应负责收集、汇总各分包单位形成的工程档案，并应及时向建设单位移交；各分包单位应将本单位形成的工程文件整理、立卷后及时移交总承包单位。建设工程项目由几个单位承包的，各承包单位应负责收集、整理立卷其承包项目的工程文件，并应及时向建设单位移交。

7. 每项建设工程应编制一套电子档案，随纸质档案一并移交城建档案管理机构。电子档案签署了具有法律效力的电子印章或电子签名的，可不移交相应纸质档案。

8. 在组织工程竣工验收前，应将全部文件材料收集齐全并完成工程档案的立卷；在组织竣工验收时，应组织对工程档案进行验收，验收结论应在工程竣工验收报告、专家组竣工验收意见中明确。

9. 对列入城建档案管理机构接收范围的工程，工程竣工验收备案前，应向当地城建档案管理机构移交一套符合规定的工程档案。

10. 建设工程档案的验收要纳入建设工程竣工联合验收环节。

五、机电工程项目竣工档案的主要内容

1. 建设工程施工记录经整理形成工程档案。建设工程档案是在工程建设活动中直接形成的具有保存价值的文字、图纸、图表、声像、电子文件等各种形式的历史记录。

2. 机电工程项目施工单位需要归档的竣工档案主要内容：

（1）一般施工记录。包括：施工组织设计、（专项）施工方案、技术交底、施工日志。

（2）图纸变更记录。包括：图纸会审记录、设计变更记录、工程洽商记录。

（3）设备、产品及物资质量证明、检查、安装记录。包括：设备、产品及物资质量合格证、质量保证书、检测报告等；设备装箱单、商检证明和说明书、开箱报告；设备安装记录；设备试运行记录，设备明细表。

（4）预检、复检、复测记录。

（5）各种施工记录，如隐蔽工程检查验收记录、施工检查记录、交接检查记录等。

（6）施工试验、检测记录。包括电气接地电阻、绝缘电阻等测试记录以及试运行记录等。

（7）质量事故处理记录。

（8）施工质量验收记录。包括：检验批质量验收记录、分项工程质量验收记录、分部（子分部）工程质量验收记录、单位工程验收记录等。

（9）其他需要向建设单位移交的有关文件和实物照片及音像、光盘等。

六、机电工程项目竣工档案编制要求

1. 归档文件内容要求

（1）竣工文件必须符合国家及地方法律法规以及有关机电工程项目施工技术规范、标准和规程。

（2）竣工归档的纸质文件应为原件，内容必须真实、准确，与工程实际相符。

（3）归档文件应字迹清楚，图样清晰，图表整洁，签字盖章手续应完备。

（4）归档的电子文件应采用电子签名等手段，所载内容应真实和可靠。归档的电子文件的内容必须与其纸质档案一致。

（5）电子文件离线归档的存储媒体，可采用移动硬盘、闪存盘、光盘、磁带等。

（6）存储移交电子档案的载体应经过检测，应无病毒、无数据读写故障，并应确保接收方能通过适当设备读出数据。

2. 归档文件书写、绘制要求

（1）工程文件中文字材料幅面尺寸规格宜为 A4 幅面（297mm×210mm），图纸宜采用国家标准图幅。

（2）计算机输出文字、图件以及手工书写材料，其字迹的耐久性和耐用性应符合现行国家标准《信息与文献 纸张上书写、打印和复印字迹的耐久性和耐用性 要求与测试方法》GB/T 32004—2015 的规定。原件的书写、绘图和签字要采用耐久性强的书写材料。复印件和复写件要采用不易褪色的复印墨粉。

（3）工程文件的纸张，其耐久性和耐用性应符合现行国家标准《信息与文献 档案纸耐久性和耐用性要求》GB/T 24422—2009 的规定。

（4）复印、打印文件及照片的字迹、线条和影像的清晰、牢固程度应符合要求。

3. 录音、录像档案归档要求

（1）录音、录像档案归档前应进行筛选和鉴别，选择声音、画面清晰、完整，图像稳定、色彩真实，体现主题内容、主要人物、场景特色等主要因素的录音、录像材料归档。

（2）录像磁带制作应采用 PAL 制式和 MPEG2 或 AVI 格式；录音应采用 MP3 或 WAV 格式。

（3）向城建档案管理机构移交的录音、录像档案应为配有说明的原始素材，以及编辑后的录像专题片，载体为录音、录像带或光盘。

七、机电工程项目竣工档案管理要求

1. 保证竣工档案质量

竣工档案是项目施工依据和实施结果记录的文件资料，应该真实、完整、准确、有效，其收集、保管、发放（借用）、使用、流转、回收应当有序、及时、无误。

2. 竣工档案按规定分保管期限、密级

保管期限应根据卷内文件的保存价值在永久保管、长期保管、短期保管三种保管期限中选择划定。当同一案卷内有不同保管期限的文件时，该案卷保管期限应从长。密级应在绝密、机密、秘密三个级别中选择划定。当同一案卷内有不同密级的文件时，应以高密级为本卷密级。永久保管指工程档案无限期地、尽可能长久地保存下去；长期保管指工程档案保存到该工程被彻底拆除；短期保管指工程档案保存10年以下。

3. 竣工档案的组卷原则

（1）遵循城建文件材料的形成规律，最大限度地保持卷内文件材料的完整、准确和系统。

（2）遵循案卷内文件材料保存价值及密级大体相同的原则。

（3）一项建设工程由多个单位工程组成时，工程文件应按单位工程组卷。

（4）工程文件应按不同的形成、整理单位及建设程序，按工程准备阶段文件、监理文件、施工文件、竣工图、竣工验收文件分别进行组卷，并可根据数量多少组成一卷或多卷。

（5）案卷内不应有重份文件，不同载体的文件应分别组卷。印刷成册的工程文件宜保持原状。建设工程电子文件的组织和排序可按纸质文件进行。

（6）案卷不宜过厚，文字材料卷厚度不宜超过20mm，图纸卷厚度不宜超过50mm。

4. 组卷方法

（1）工程准备阶段文件应按建设程序、形成单位等进行组卷；

（2）监理文件应按单位工程、分部工程或专业、阶段等进行组卷；

（3）施工文件应按单位工程、分部（分项）工程进行组卷；

（4）竣工图应按单位工程分专业进行组卷；

（5）竣工验收文件应按单位工程分专业进行组卷；

（6）电子文件立卷时，每个工程（项目）应建立多级文件夹，应与纸质文件在案卷设置上一致，并应建立相应的标识关系；

（7）声像资料应按建设工程各阶段组卷，重大事件及重要活动的声像资料应按专题组卷，声像档案与纸质档案应建立相应的标识关系。

5. 竣工图编制要求

（1）竣工图应依据施工图、图纸会审记录、设计变更通知单、工程洽商记录（包括技术核定单）等绘制。

（2）竣工图按单位工程、装置或专业编制，并配有详细编制说明和目录。

（3）纸质版与电子版竣工图中每一份图纸的签署者、日期应一致。

（4）当施工图没有变更时，可直接在施工图上加盖竣工图章形成竣工图。

（5）竣工图绘制的四种形式：利用电子版施工图改绘的竣工图、利用施工蓝图改绘的竣工图、利用翻晒硫酸纸底图改绘的竣工图、重新绘制的竣工图。

（6）利用电子版施工图改绘的竣工图应符合下列规定：

1）将图纸变更结果直接改绘到电子版施工图中，用云线圈出修改部位，按表 2H320053-1 的形式做修改内容备注表；

修改内容备注表   表 2H320053-1

设计变更、洽商编号	简要变更内容

2）竣工图的比例应与原施工图一致；

3）设计图签中应有原设计单位人员签字；

4）委托本工程设计单位编制竣工图时，应直接在设计图签中注明"竣工阶段"，并应有绘图人、审核人的签字；

5）竣工图章可直接绘制成电子版竣工图签，出图后应有相关责任人的签字。

（7）利用施工图蓝图改绘的竣工图应符合下列规定：

1）应采用杠（划）改或叉改法进行绘制；

2）应使用新晒制的蓝图，不得使用复印图纸。

（8）利用翻晒硫酸纸图改绘的竣工图应符合下列规定：

1）应使用刀片将需更改部位刮掉，再将变更内容标注在修改部位，在空白处做修改内容备注表，修改内容备注表样式可按表 2H320053-1 执行；

2）宜晒制成蓝图后，再加盖竣工图章。

（9）当图纸变更内容较多时，应重新绘制竣工图。

6. 竣工图章使用

所有竣工图应由施工单位逐张加盖竣工图章。竣工图章中的内容填写、签字应齐全、清楚，不应代签。

（1）竣工图章的基本内容包括："竣工图"字样、施工单位、编制人、审核人、技术负责人、编制日期、监理单位、现场监理、总监。

（2）竣工图章尺寸应为：50mm×80mm。

（3）竣工图章应使用不易褪色的印泥，应盖在图标栏上方空白处。

7. 竣工档案的验收与移交

（1）工程档案的编制不得少于两套，一套应由建设单位保管，一套（原件）应移交当地城建档案管理机构保存。

建设工程档案验收时，要查验以下内容：

1）工程档案齐全、系统、完整，全面反映工程建设活动和工程实际状况；

2）工程档案已整理立卷，立卷符合规定；

3）竣工图的绘制方法、图式及规格等符合专业技术要求，图面整洁，盖有竣工图章；

4）文件的形成、来源符合实际，要求单位或个人签章的文件，其签章手续完备；

5）文件的材质、幅面、书写、绘图、用墨、托裱等符合要求；

6）电子档案格式、载体等符合要求；

7）声像档案内容、质量、格式符合要求。

（2）勘察、设计、施工单位在收齐工程文件并整理立卷后，建设单位、监理单位应根据城建档案管理机构的要求，对归档文件完整、准确、系统情况和案卷质量进行审查。审查合格后方可向建设单位移交。

（3）施工单位向建设单位移交工程档案资料时，应编制《工程档案资料移交清单》，双方按清单查阅清点。移交清单一式两份，移交后双方应在移交清单上签字盖章，双方各保存一份存档备查。

（4）设计、施工及监理单位需向本单位归档的文件，应按国家有关规定和企业管理要求立卷归档。

（5）当建设单位向城建档案管理机构移交工程档案时，应提交移交案卷目录，办理移交手续，双方签字、盖章后方可交接。

【案例 2H320050-1】

一、背景

某综合楼的结构形式为钢筋混凝土框架结构，建筑面积为 5 万 m^2，地下 3 层，地上 10 层。某机电安装施工单位与业主签订了机电安装施工合同，其施工范围包括：空调与通风工程、给水与排水工程。经过一段时间施工后，其施工状况如下：

空调与通风工程已完成的项目包括：地下室风管安装、空调水管安装、地下室主机房安装、地上部分风管制作。

给水与排水工程已完成的项目包括：地下室给水管道、排水管道的安装，给水泵房安装，地下室卫生间卫生器具安装，地上 1~5 层给水管道安装。

本项目施工班组的安排如下：

空调与通风工程施工班组包括风管制作与安装班组、空调水管安装班组、空调与通风设备安装班组。

给水与排水工程施工班组包括给水管道班组、排水管道班组、给水与排水设备安装班组、管道防腐班组。

施工单位总部对该工程项目部进行施工资料检查及工程施工情况抽查，情况如下：

（1）抽查到施工承包合同 1 份、施工组织设计及审批表 1 份、设备安装记录 1 份、图纸会审记录 1 份。

（2）抽查到技术交底记录共有 4 份，分别为：风管制作与安装、空调水管安装、排水管道安装、给水与排水设备安装。

（3）抽查到 1 份设计变更记录，其内容是对 2 层水平管道进行较大变动。

（4）抽查到给水管道表面防腐涂层大面积鼓泡。

二、问题

1. 简述施工技术交底的要求有哪些。

2. 抽查到的本工程项目施工技术交底记录中没有哪个班组的施工技术交底记录？

3. 抽查到的资料中，哪几种资料属于施工技术资料？

4. 给水管道表面防腐涂层大面积鼓泡的可能原因是什么？

5. 风管的防腐与绝热有何要求？

三、分析与参考答案

1. 针对本案例的实际情况，施工技术交底要求是：建立技术交底制度、明确相关人员的责任、分层次与分阶段进行、施工作业前进行、交底内容体现工程特点并使参加人员理解透彻、完成技术交底记录、确定施工技术交底次数。

2. 抽查到的本工程项目施工技术交底记录中没有空调与通风设备安装班组、给水管道班组、管道防腐班组的技术交底记录。

3. 抽查到的资料中施工组织设计及审批表、图纸会审记录、施工技术交底记录、设计变更记录五种属于施工技术资料。

4. 给水管道表面防腐涂层大面积鼓泡的可能原因是：管道表面预处理未达到质量要求，施工温度与湿度不适宜施工，涂料涂敷方法不正确。

5. 风管的防腐与绝热的要求：

（1）防腐施工前应对金属表面进行除锈、清洁处理。可选用人工除锈或喷砂除锈的方法，喷砂除锈宜在具备除灰降尘条件的车间进行。涂刷防腐涂料的厚度均匀、色泽一致，涂料与金属表面结合紧密。

（2）风管绝热材料与其他辅助材料要选用环保产品。风管绝热根据绝热材料的不同选用保温钉固定或粘接的方法。风管部件的绝热不得影响操作功能，调节阀绝热要保留调节手柄的位置，保证操作灵活方便。风管系统上经常拆卸的法兰、阀门、过滤器及检查点等采用可单独拆卸的绝热结构。

【案例 2H320050-2】

一、背景

某机电安装公司承建一个石化项目的通风空调工程与设备安装工程，施工项目包括：地下车库排风兼排烟系统、防排烟系统、楼梯间加压送风系统、空调风系统、空调水系统、空调设备配电系统、设备安装。该项目的所有施工内容及系统试运行已完毕，在进行竣工验收的同时，整理竣工资料与竣工图。

工程施工技术资料的检查情况如下：采用的国家标准为现行有效版本。预检记录齐全，其中 2 份签名使用了圆珠笔。施工组织设计、技术交底及施工日志的相关审批手续及内容齐全、有效。预检记录、隐蔽工程检查记录、质量检查记录、设备试运行记录、文件收发记录内容准确、齐全。检查中发现缺少 2 个编号的设计变更资料。工程洽商记录中仅有这样的描述：将三层会议室的 VAV4 改为 VAV1 ＋ VAV2。各种记录的编号齐全、有效。

动设备安装工程检查发现垫铁放在地脚螺栓的中间，相邻两垫铁组的距离较大，有的两地脚螺栓孔间距超过 1m，中间没有垫铁。

二、问题

1. 国家标准是否是施工技术资料？说明理由。

2. 施工技术资料包括哪些内容？施工技术资料如何进行报验报审？

3. 上述检查情况中存在什么问题？

4. 垫铁的安装存在什么问题？如何解决？

三、分析与参考答案

1. 国家标准不是施工技术资料，因为施工技术资料必须是施工单位在工程施工过程中形成的技术文件资料。

2. 施工技术资料包括：工程技术文件报审表、施工组织设计、（专项）施工方案、危险性较大的分部分项工程施工方案、技术交底记录、图纸会审记录、设计交底记录、设计变更通知单、工程洽商记录、技术核定单等。

施工技术资料应该按照报验、报审程序，经过施工单位的有关部门、人员审核、审批后，再报送监理单位或建设单位等进行审查、批准。报审具有时限性要求的，与工程有关的各单位宜在合同中约定明确报验、报审的时间及应该承担的责任。如果没有约定，施工技术资料的申报、审批应遵守国家和当地建设行政主管部门的有关规定，并不得影响正常施工。

3. 检查中存在的问题有：

（1）预检记录是存档的工程档案资料，其书写材料应为耐久性强的碳素墨水或蓝黑墨水等。

（2）检查中发现设计变更通知单缺少 2 个编号，这说明设计变更通知单有丢失或遗漏的现象，作为重要施工技术资料的设计变更资料必须完整无缺。

（3）工程洽商是一个重要的施工依据，其内容应该能够指导施工，但此份工程洽商仅说明 VAV 发生了变化，但没有变化后的施工图样，无法指导施工人员施工。

4. 垫铁应尽量靠近地脚螺栓；相邻两垫铁组的距离太大（宜为 500～1000mm）；应重新按照规范要求调整设备垫铁，对两地脚螺栓孔间距超过 1m 的，加设一组垫铁。

【案例 2H320050-3】

一、背景

某施工单位承接东北机械厂生产区供热管线的施工，施工范围是由供热锅炉房室外 1m 至各楼号室外 1m，供热管线为不通行地沟敷设。主要工程量为：$\phi245mm \times 10mm$ 无缝钢管 3000m，各种阀部件 280 套，波纹补偿器 60 个。工程使用的管材、阀门、配件都进行了入场检查并且合格，施工顺利，目前施工任务已经完成，正在进行工程验收及竣工资料的整理。该施工单位总部对项目部进行竣工资料检查，其检查的情况如下：

（1）施工组织设计、技术交底及施工日志的相关审批手续及内容齐全、有效。

（2）预检记录齐全，但其中有 3 份没有质检员签字。

（3）预检记录、隐蔽工程检查记录、质量检验记录、设备试运行记录、文件收发记录内容准确、齐全。

（4）设计变更通知单中有 2 份是复印件。

（5）工程洽商记录缺失 1 个编号。

（6）隐蔽工程检查记录中有这样的描述：所采用的材料为无缝钢管 $\phi245 \times 8mm$，环氧涂料防腐，聚氨酯泡沫塑料保温，钢丝捆扎聚氯乙烯卷材作防潮层。

二、问题

1. 检查情况（3）中，哪些资料可归档为竣工档案？

2. 竣工档案组卷有何要求？

3. 指出竣工资料整理存在哪些问题。

4. 供热管线是否需要加防潮层？防潮层施工采用钢丝捆扎是否正确？

5. 阀门安装有何要求？

三、分析与参考答案

1. 属于竣工档案的记录有预检记录、隐蔽工程检查记录、质量检验记录、设备试运行记录。

2. 机电工程项目竣工档案的组卷应符合《建设工程文件归档规范》(2019 年版) GB/T 50328—2014 的要求；组卷应遵循工程文件的自然形成规律和工程专业的特点，保持卷内文件的有机联系，便于档案的保管和利用；一项建设工程由多个单位工程组成时，工程文件应按单位工程组卷；工程文件应按不同的形成、整理单位及建设程序，按工程准备阶段文件、监理文件、施工文件、竣工图、竣工验收文件分别进行组卷，并可根据数量多少组成一卷或多卷；不同载体的文件应分别立卷。

3. 竣工档案存在如下问题：

（1）竣工档案必须为原件，而设计变更通知单中有 2 份是复印件。

（2）竣工档案应签字、盖章、手续齐全，而预检记录中有 3 份没有质检员签字。

（3）竣工档案必须完整、准确和系统，而工程洽商记录缺失 1 个编号，也就是说工程洽商记录丢失一份。隐蔽工程检查记录的无缝钢管为 $\phi245 \times 8mm$，而工程要求采用 $\phi245 \times 10mm$ 的管道，材料发生了变化，应该有设计变更或工程洽商记录。

4. 本案例中的供热管线敷设在地沟内，外加保温层，应该加防潮层。防潮层外不得设置钢丝等硬质捆扎件，采用钢丝捆扎是不正确的。

5. 阀门安装的要求：

（1）阀门安装前，应按设计文件核对其型号，并应按介质流向确定其安装方向。

（2）当阀门与管道以法兰或螺纹方式连接时，阀门应在关闭状态下安装。以焊接方式连接时，阀门应在开启状态下安装。对接焊缝底层宜采用氩弧焊，且应对阀门采取防变形措施。

（3）安全阀应垂直安装，安全阀的出口管道应接向安全地点，进出管道上设置截止阀时，安全阀应加铅封，且应锁定在全开启状态。

【案例 2H320050-4】

一、背景

M 公司中标国电投某新能源公司的风光互补发电二期 48MW 风电工程，共计安装明阳 3.2MW 风力发电机组 15 台，风机轮毂中心高度为 90m。工程内容包括：风机基础、场区道路、升压站、集电线路、风电机组安装（塔筒、机舱、叶轮）、箱式变压器安装及其他附属工程。风机部件中机舱的重量最大为 101t。M 公司将风电机组吊装分包给了具有资质的 N 公司。风机基础设计为重力锚栓基础，风场属于典型的山地风场，高低起伏较大，风机沿山脊布置。风机的主要技术参数见表 2H320053-2。

主吊采用三一 SCC4500A（450t）型履带起重机，选用 96m 主臂＋12m 风电副臂超起风电工况，主副臂夹角 15°，超起半径 15m，超起配重 250t，后配重 140t，中央配重 50t，采用 160t 吊钩。现场设备安装卸货及机械转场使用三台辅助机械：一台三一 SAC3000 型汽车起重机、一台三一 CC850A 型履带起重机、一台三一 STC750S 型汽车起重机。

风机主要技术参数　　　　　表 2H320053-2

序号	名称	规格	重量（t）	备注
1	机舱	6560mm×3880mm×3875mm	100	
2	叶轮		97	
3	塔筒下段	ϕ4.600m/ϕ4.972m×13.920m	58.76	最重塔筒

　　项目技术负责人根据《危险性较大的分部分项工程安全管理规定》及《住房城乡建设部办公厅关于实施〈危险性较大的分部分项工程安全管理规定〉有关问题的通知》，风机吊装采用的是常规起重设备和常规施工工艺，不属于采用非常规起重设备、方法的起重吊装工程，非超危大工程。技术人员编制了风力发电机组吊装安全专项方案，经 N 公司内部审核完毕后，报监理工程师和建设单位审批。监理工程师告知风机吊装方案必须要经过专家论证后方可实施；同时指出方案中缺失监视和测量设备计划，风机基础验收的内容无量化指标。

　　在风机基础施工之前，建设单位已委托有资质的第三方对基础周围进行了地质勘探，地基土承载力为 0.2MPa（20t/m²）。吊装方案中计算出的吊车站位处的接地比压为 18t/m²，小于地基土的承载力。认为不需要进行地基承载力试验。

　　在风机吊装前，项目技术负责人向现场管理人员进行了方案交底，双方签字确认。

二、问题

　　1. 编制的风力发电机组吊装安全专项方案是否需要进行专家论证？说明理由。

　　2. 指出风力发电机组安装工程中必需的监视和测量设备。风机基础验收项目有哪几个？

　　3. 吊车站位处（吊装平台）是否需要进行地基承载力试验？说明理由。风电项目常用的地基承载力试验方法有几种？

　　4. 吊装方案的交底工作是否完成？还需要由谁向哪类人员进行交底？

三、分析与参考答案

　　1. 编制的风力发电机组吊装安全专项方案需要进行专家论证。《危险性较大的分部分项工程安全管理规定》及住房和城乡建设部办公厅关于实施《危险性较大的分部分项工程安全管理规定》有关问题的通知针对的是房屋建筑和市政公用工程中的危大或超危大工程，对于电力建设工程应该执行《电力建设工程施工安全管理导则》NB/T 10096—2018，导则中明确风力发电机组的吊装就是超过一定规模的危险性较大的分部分项工程，方案实施前必须经过专家论证。

　　2. 风力发电机组安装中必需的监视和测量设备有：接地电阻测试仪、绝缘电阻测试仪、水准仪、塞尺、钢卷尺、钢板尺。

　　风机基础验收项目有：基础混凝土强度，锚栓伸出上锚板的长度，上锚板水平度和基础接地电阻值。

　　3. 吊装平台需要进行地基承载试验。地勘是在风机基础施工前进行的，说明了基础施工前土壤的承载力，而在风机基础施工后，吊装平台一部分是在回填土上面，不做试验不能知道承载力能否满足要求。

风电施工中地基承载力试验常用的方法有第三方检测和压重法检测两种。

4. 方案的交底工作未完成，还应由项目技术人员向从事吊装作业的人员进行交底。

2H320060　机电工程施工进度管理

2H320061　单位工程施工进度计划实施

一、机电工程施工进度计划表示方法

机电工程施工进度计划表示方法有横道图、网络图、里程碑表和文字说明等。常用的是横道图计划和网络图计划。

（一）横道图施工进度计划

1. 横道图表示的施工进度计划，包括两个基本部分。

（1）左侧为工作名称及其工作的持续时间等基本数据。工作可以按时间先后、专业划分、施工工序和施工对象等进行排序。

（2）右侧为时间表格及表示项目进程的横道线，时间单位可以是天、周、旬、月等。通常时间单位用日历表示。

（3）横道图计划表中的进度线（横道线）与时间坐标相对应，直观清晰，容易看懂进度计划编制者的意图。

例如，某机电工程施工进度计划（横道图）如图 2H320061-1 所示。

日（10天） 工序	4月			5月			6月			7月		
	1	11	21	1	11	21	1	11	21	1	11	21
施工准备	─											
变电所施工		────	────	────	────							
配电干线施工				────	────	────						
变配电验收送电									─			
室内配线施工					────	────	─					
照明灯具安装								─				
开关插座安装									─			
电气系统送电调试										─		
竣工验收											─	

图 2H320061-1　某机电工程施工进度计划（横道图）

2. 横道图计划编制方法简单，便于实际进度与计划进度比较，便于计算劳动力、机具、材料和资金的需要量。

3. 横道图计划编制中，也可将工作的简要说明放在横道线上，一行横道线可以容纳多项工作，一般是编制重复性工作的进度计划。

4. 横道图也可将重要工作的逻辑关系标注在图中，但如果将所有的逻辑关系都标注在图中，横道图就没有了简洁性。所以一般横道图不反映工作的逻辑关系，不能反映出工作所具有的机动时间，不能明确地反映出影响工期的关键工作、关键线路和工作时差，不利于施工进度的动态控制。

5. 横道图适用于小型项目的机电工程，当项目规模大、工艺关系复杂时，横道图就很难充分体现不同的分部分项工程之间的矛盾，难以适用较大的工程项目进度控制，利用横道图计划控制施工进度有较大的局限性。

（二）网络图施工进度计划

1. 网络图（双代号）表示的施工进度计划能够明确表达各项工作之间的逻辑关系。通过网络计划的时间参数计算，可以找出关键线路和关键工作，计算出总工期。常用的有工作计算法和节点计算法。

2. 网络计划可以反映出工期最长的关键线路，也可以明确各项工作的机动时间，便于施工进度计划的控制重点。

3. 网络计划能反映非关键线路中的多余时间，在施工进度计划实施时，可以合理调度人力、物力，使进度计划平稳均衡执行，有利于降低施工成本。

4. 网络计划能用计算机软件编制和管理，可快捷得出各类实时数据，便于判断进度计划执行中的偏差和调整的重点；方便用计算机进行计算、优化和调整。

例如，某机电工程施工进度计划（双代号网络图）如图 2H320061-2 所示。

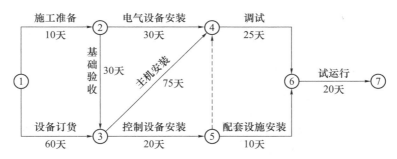

图 2H320061-2 某机电工程施工进度计划（双代号网络图）

（三）机电工程施工进度计划表示方法的选择

1. 建筑机电工程施工进度计划要与建筑工程施工进度计划协调一致，因为两者的工期目标是一致的，竣工验收活动是协同的，所以机电工程施工进度计划表达形式要与建筑工程施工进度计划一致。

2. 工业机电工程施工进度计划要按生产工艺流程的顺序进行安排，土建工程的施工进度计划要符合工业机电工程施工进度计划安排的需要。两者的进度计划表示方法可依据各自具体情况进行选定，但一般应协商一致。

例如，工业项目中机电工程施工的单位为总承包方、土建施工的单位为分包方，两者的施工进度计划表示方法应协商一致。

3. 机电工程的分部分项划分得较粗，相互制约的依赖关系和衔接的逻辑关系比较清楚，单位工程施工进度计划用横道图表示较好。

4. 机电工程的规模较大、专业较多，且作业面有多次交叉，制约因素较多，施工图纸、工程设备、材料采购供应等情况尚未全部清晰，为便于调整计划，单位工程施工进度计划用网络图表示较好。

二、机电工程进度计划编制的要点

1. 机电工程进度计划要立足于在实施中能控制和调整，便于沟通协调，使工期、资源、费用、质量等目标获得最佳的效果，尽量发挥投资效益。

2. 要确定机电工程的施工顺序，突出主要分部分项工程，要满足先地下后地上、先干线后支线的施工顺序要求，满足质量和安全的需要，满足用户要求，注意生产辅助装置和配套工程的安排。

3. 在确定分部分项工程的持续时间时，应根据类似施工经验，结合施工现场条件和施工资源，加以分析对比和必要的修正，最后确认。

4. 在确定各项工程的开竣工时间和相互搭接协调关系时，应考虑以下因素：

（1）保证工作重点、兼顾一般，优先安排工程量大的工艺生产主线。

（2）满足连续均衡施工要求，使资源得到充分的利用，提高生产率和经济效益。

（3）留出一些后备工程，以便在施工过程中作为平衡调剂使用。

（4）考虑各种不利条件的限制和影响，为缓解或消除不利影响做准备。

（5）考虑业主的配合及当地政府有关部门的影响等。

5. 单位工程进度计划编制确定后，是人力、物资需要量计划编制的依据，也确定了大型施工机械进场的时机，同时对施工安全技术措施计划、质量检验计划的编制起着指导作用。

6. 单位工程进度计划表达的内容包括施工准备、施工、试运行、交工验收等各个阶段的全部工作。

7. 单位工程进度计划是编制该工程施工作业进度计划的依据。

三、单位工程施工进度计划的实施

1. 单位工程施工进度计划实施前的交底

（1）参加交底的人员应有项目负责人、计划人员、调度人员、作业班组人员以及相关的物资供应、安全、质量管理人员。

（2）交底内容：施工进度控制重点（关键线路、关键工作）、施工用人力资源和物资供应保障情况、各专业队组（含分包方的）分工和衔接关系及时间点、安全技术措施要领和单位工程质量目标。

（3）为保证进度计划顺利实施，可采取经济措施和组织措施等，如订立承包责任书、关键工作多班作业等。

2. 单位工程施工进度计划的实施统计

（1）项目部人员在施工进度计划的执行中应做好实际进度的统计记录，检查对比进度计划的执行情况，出现偏差后，要对施工进度计划做出调整和修正。

（2）在统计工程量进度的同时，对人力资源使用工日和物资消耗数量及大型机械使用台班数等做出同步统计，为积累经验和数据、建立企业定额创造条件。

3. 单位工程施工进度计划的执行审核

（1）施工总进度计划目标和施工进度计划目标能否满足合同工期。

（2）施工进度计划内容是否全面，有无遗漏。

（3）施工程序和作业顺序安排是否正确、合理，是否需要调整。

（4）施工资源计划与进度计划实施时间要求一致，能否保持施工均衡实施。

（5）总承包、分包和各专业间在施工时间及作业位置的安排是否合理，有无干扰和矛盾。

（6）施工进度计划的重点和难点是否突出，对施工风险、合同因素的影响是否有防范对策和应急预案。

（7）施工进度计划能否保证施工质量和安全的需要。

4. 单位工程施工进度计划实施中的生产要素调度

生产要素是指人员、材料、工程设备、施工机械、技术和资金等。

（1）施工生产要素的动态管理

施工进度计划进入实施阶段时，工程实体开始形成，各类计划中非预期的问题充分暴露，对施工生产要素的调动增多，因此，要抓好施工进度计划的修订、实施、检查、调整的动态管理工作。

（2）生产要素调度有正常调度和应急调度两种

1）正常调度是指进入单位工程的生产要素是按进度计划供应的，调度的作用是按预期方案进行，将要素对各专业合理分配。

2）应急调度是指发现进度计划执行发生偏差先兆或已发生偏差，采用对生产要素分配的调整，目的是消除偏差。

（3）施工进度计划调整后的生产要素调度

由于实际进度与计划进度比较偏差较大，通过应急调度已无法消除进度偏差，需要对进度计划做出调整后再对生产要素重新调整。

2H320062 作业进度计划要求

一、施工作业进度计划编制要求

1. 施工作业进度计划是对单位工程施工进度计划目标分解后的进度计划，应根据单位工程施工进度计划编制施工作业进度计划。

2. 工程进度总目标确定后，总承包单位将此目标分解到每个分包单位，分包单位按计划工期进一步分解。

3. 作业进度计划可按分项工程或工序为单元进行编制，编制前应对施工现场条件、作业面现状、人力资源配备、物资供应状况等做充分了解，并对执行中可能遇到的问题及其解决的途径提出对策，因而作业进度计划是在所有计划中最具有可操作性的计划。

4. 作业进度计划编制时已充分考虑了工作的衔接关系和符合工艺规律的逻辑关系，所以宜用横道图进度计划表达。

5. 各专业施工作业进度计划的工作起、止时间要符合单位工程施工进度计划的安排，若有差异，在作业进度计划编制说明中应做出解释。

6. 作业进度计划应具体体现施工顺序安排的合理性，即满足先地下后地上、先深后浅、先干线后支线、先大件后小件等的基本要求。

7. 作业进度计划表达的单位应是形象进度的实物工程量。作业进度计划分为月作业进度计划、旬（周）作业进度计划和日作业进度计划。

8. 作业进度计划应由施工员或项目工程师在上一期进度计划执行期末经检查执行情况和充分了解作业条件后，再编制下一期作业进度计划。

例如，用横道图表示的电梯（7站7门）施工进度计划，如图2H320062所示，该计划明确地表示出各项工作的划分，工作的开始时间、完成时间和持续时间，工作之间的相互搭接关系，以及电梯施工的开工时间、完工时间和总工期。

天（2日） 工序	3月														
	1	3	5	7	9	11	13	15	17	19	21	23	25	27	29
机房井道检测	▬														
开箱检查吊装	▬														
基准线导轨安装		▬▬													
机房设备安装				▬											
井道内配管配线				▬▬▬											
轿厢组装					▬▬										
电梯门、导门安装							▬▬								
相关附件安装										▬▬					
调试、试运行												▬▬			
验收交付业主															▬

图2H320062　电梯（7站7门）施工进度计划

二、施工作业进度计划的实施要求

1. 实施准备

（1）作业进度计划是项目部在施工期内指导作业的依据，因此计划的编制者应向作业人员进行进度计划交底，交底的内容包括计划目标和执行计划的相关条件，以及计划执行中可能遇见的问题与解决办法，同时对技术措施、质量要求、安全作业等事项提出要求。

（2）交底的形式除口头说明外，对作业班组要下达计划任务书，对作业班组要签订施工任务书，实行经济责任承包。

2. 检查实施

（1）对作业进度计划实施情况进行检查是计划执行的关键环节，可以发现实际进度与计划进度间有无偏差，发生偏差时的偏差程度是多少，是否要采取措施进行纠正。

（2）通过检查还可以进一步协调各专业间或工序间的配合衔接关系，协调配合主要表现在工序顺序的先后、作业面的转换交接、作业安全的兼顾程度、大型施工机械的穿插使用、施工现场场地的占用等方面。作业进度的检查应做好记录。

（3）对照计划进行跟踪，检查进度实际情况，检查内容有：关键工作进度、时差利用和工作衔接关系的变动情况、资源状况、成本状况、管理情况等。

（4）分析产生进度偏差的原因，采取纠偏措施进行调整，形成新的计划，进行控制。

（5）作业进度计划执行至期末，应对实施中的情况进行回顾，并了解施工条件的变化和各类生产要素供给情况，以利于下一期作业进度计划的编制。

2H320063　施工进度的监测与调整

一、影响施工计划进度的原因及因素

1. 影响施工计划进度的原因

影响机电工程施工进度的单位主要有建设单位、设计单位、监理单位、供货单位和施工单位；还有交通、供水、供电、通信等政府有关部门。

（1）建设单位的原因：建设资金没有落实，工程款不能按时交付，影响设备、材料采购，影响施工人员的工资发放，影响计划进度。

（2）设计单位的原因：施工图纸提供不及时或图纸修改，造成工程停工或返工，影响计划进度。

（3）供货单位的原因：供货单位违约，设备、材料没有按计划送达施工现场，或者送达后验收不合格，影响计划进度。

（4）施工单位的原因：项目管理混乱，施工计划编制失误，分包单位违约，施工现场协调不好，施工人员偏少，施工方案、施工方法不当等，影响计划进度。

2. 影响施工计划进度的因素

（1）工程资金不落实

建设单位没有给足工程预付款，拖欠工程进度款，影响承包单位的流动资金周转。影响承包单位的材料采购、劳务费的支付，影响施工进度。

（2）施工图纸提供不及时

建设单位对工程提出了新的要求、规范标准的修订、设计单位对设计图纸的变更或施工单位要求施工修改，都会影响施工进度。

（3）气候及周围环境的不利因素

施工过程中遇到气候及周围环境等方面的不利因素，承包单位寻求相关单位解决而造成工期拖延。

例如，机电工程在东南沿海夏季施工，碰到台风暴雨停工而影响施工进度。

（4）供应商违约

施工过程中需要的工程设备、材料、构配件和施工机具等，不能按计划运抵施工现场，或是运抵施工现场检查时，发现其质量不符合有关标准的要求。

（5）设备、材料价格上涨

在固定总价合同中，碰到设备、材料价格上涨，造成设备、材料采购困难。

（6）四新技术的应用

工程中新材料、新工艺、新技术、新设备的应用，施工人员的技术培训，影响施工进度计划的执行。

（7）施工单位管理能力

施工单位的自身管理、技术水平以及项目部在现场的组织、协调与管控能力的影响。

例如，施工方法失误造成返工，施工组织管理混乱，处理问题不够及时，各专业分包单位不能如期履行合同等现象都会影响施工进度计划。

二、施工进度的监测分析

1. 施工进度的监测方法

（1）用横道图表达的施工进度计划，只要将计划进度线长度与实际进度线长度对比，即可判定是否有偏差和偏差的数值。

（2）用双代号网络图表达的施工进度计划可用S曲线比较法、前锋线比较法和列表比较法等进行判定进度计划是否有偏差和偏差值。

2. 施工进度的偏差分析

（1）分析施工进度产生偏差的原因，采取纠偏措施进行调整，形成新的施工进度计划，进行施工进度动态控制。

（2）在施工中，当通过实际进度与计划进度的比较，发现有进度偏差时，需要分析该偏差对后续工作及总工期的影响，以确定是否应采取措施，对原施工进度计划进行调整，以确保工期目标的实现。

（3）进度偏差的大小及其所处的位置不同，对后续工作和总工期的影响程度是不同的，分析时需要利用网络计划中工作总时差和自由时差的概念进行判断。

3. 施工进度偏差对后续工作和总工期影响的分析

（1）进度偏差的工作是否为关键工作

1）若出现进度偏差的工作位于关键线路上，即该工作为关键工作，则无论其偏差有多小，都将对后续工作和总工期产生影响，必须采取相应的调整措施。

2）若出现进度偏差的工作不是关键工作，则需要比较偏差值与总时差和自由时差的大小关系，确定对后续工作和总工期的影响程度。

（2）进度偏差是否大于总时差

1）若工作的进度偏差大于该工作的总时差，此偏差将影响后续工作和总工期，必须采取相应的调整措施。

2）若工作的进度偏差小于或等于该工作的总时差，此偏差对总工期无影响，但它对后续工作的影响程度，则需要通过比较偏差与自由时差的大小来确定。

（3）分析进度偏差是否大于自由时差

1）若工作的进度偏差大于该工作的自由时差，此偏差对后续工作产生影响，如何调整应根据后续工作允许影响的程度而定。

2）若工作的进度偏差小于或等于该工作的自由时差，此偏差对后续工作无影响，原进度计划可不作调整。

三、施工进度计划调整方法

1. 改变某些工作的衔接关系

若实际施工进度产生偏差影响总工期，在工作之间的衔接关系允许改变的条件下，改变关键线路和非关键线路的有关工作之间的衔接关系，缩短工期。

2. 缩短某些工作的持续时间

不改变工作之间的衔接关系，缩短某些工作的持续时间，使施工进度加快，保证实现计划工期。这种方法实际上就是网络计划优化中的工期优化方法和工期与成本优化方法。

四、施工进度计划调整的内容和步骤

1. 施工进度计划调整的内容

施工进度计划调整的内容有施工内容、工程量、起止时间、持续时间、工作关系、资源供应等。

2. 施工进度计划调整的原则

（1）当出现进度偏差影响到后续工作或总工期，需要采取进度调整时，首先应确定可调整施工进度的范围，主要是指关键工作、后续工作的限制条件以及总工期允许变化的范围。

（2）调整的对象必须是关键工作，并且该工作有压缩的潜力，同时与其他可压缩的工作相比赶工费是最低的。

3. 施工进度计划的调整步骤

（1）分析进度计划检查结果，确定调整对象和目标；选择适当调整方法；编制调整方案；对调整方案评价和决策；确定调整后实施的新施工进度计划。

（2）进度计划调整措施应以后续工作和总工期的限制条件为依据，确保计划进度目标的实现。

（3）施工进度调整之后，应采取相应的组织、经济、技术等措施来实施。

五、施工进度控制的主要措施

1. 组织措施

（1）确定机电工程施工进度目标，建立进度目标控制体系；明确工程现场进度控制人员及其分工；落实各层次的进度控制人员的任务和责任。

（2）建立工程进度报告制度，建立进度信息沟通网络，实施进度计划的检查分析制度。

（3）建立施工进度协调会议制度，包括协调会议举行的时间、地点、参加人员等。

（4）建立机电工程图纸会审、工程变更和设计变更管理制度。

2. 合同措施

（1）施工前与各分包单位签订施工合同，规定完工日期及不能按期完成的惩罚措施等。

（2）合同中要有专款专用条款，防止因资金问题而影响施工进度，充分保障劳动力、施工机具、设备、材料及时进场。

（3）严格控制合同变更，对各方提出的工程变更和设计变更，应严格审查后再补入合同文件之中。

（4）在合同中应充分考虑风险因素及其对进度的影响，以及相应的处理方法。

（5）协调合同工期与进度计划之间的关系，保证进度目标的实现。

（6）加强索赔管理，公正地处理索赔。

3. 经济措施

（1）在工程预算中考虑加快施工进度所需的资金，编制资金需求计划，满足资金供给，保证施工进度目标所需的工程费用等。

（2）施工中及时办理工程预付款及工程进度款支付手续。

（3）对应急赶工给予优厚的赶工费用，对工期提前给予奖励，对工程延误收取误期损失赔偿金。

4. 技术措施

（1）为实现计划进度目标，优化施工方案，分析改变施工技术、施工方法和施工机械的可能性。

（2）审查分包单位提交的进度计划，使分包单位能在满足总进度计划的状态下施工。

（3）编制施工进度控制工作细则，指导项目部人员实施进度控制。

（4）采用网络计划技术及其他适用的计划方法，并结合计算机的应用，对机电工程进度实施动态控制。

（5）施工前应加强图纸审查，严格控制随意变更。

【案例 2H320060-1】

一、背景

某施工单位通过投标与建设单位签订了一工业项目的施工合同，合同内容包括设备基础、设备钢架（多层）、工艺设备、工业管道和电气仪表安装等。

开工前，施工单位按合同约定向建设单位提交了施工进度计划（图 2H320063-1）。在施工进度计划中，设备钢架吊装和工艺设备吊装两项工作共用一台塔式起重机，其他工作不使用塔式起重机。经建设单位审核确认，施工单位按该进度计划进场组织施工。

在施工过程中，由于建设单位要求变更设计图纸，致使设备钢架制作工作停工 10 天（其他工作持续时间不变），建设单位及时向施工单位发出通知，要求施工单位塔式起重机按原计划进场，调整进度计划，保证该项目按原计划工期完工。

工艺设备安装前，按设计要求对设备基础的混凝土强度、外观质量等检查验收，并进行设备基础的预压和沉降观测，施工记录详细。

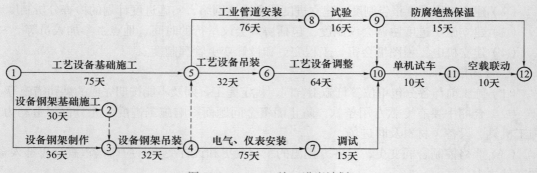

图 2H320063-1　施工进度计划

塔式起重机按计划进场安装检查时，发现塔式起重机定期检验是两年检验了 1 次，被监理工程师要求重新进行监督检验。施工单位申请了定期监督检验，检验项目、检验程序合格，塔式起重机通过验收，按进度计划进行吊装作业。

施工单位采取措施将工艺设备调整工作的持续时间压缩 3 天，得到建设单位同意。施工单位提出的费用补偿要求如下，但建设单位没有全部认可。

（1）工艺设备调整工作压缩 3 天，增加赶工费 10000 元。

（2）塔式起重机闲置 10 天损失费：1600 元 / 天（含运行费 300 元 / 天）×10 天＝16000 元。

（3）设备钢架制作工作停工 10 天造成其他有关机械闲置、人员窝工等综合损失费15000 元。

二、问题

1. 施工单位按原计划安排塔式起重机在工程开工后最早投入使用的时间是第几天？按原计划设备钢架吊装与工艺设备吊装工作能否连续作业？说明理由。

2. 说明施工单位调整方案后能保证原计划工期不变的理由。

3. 设备基础检查中，还需核查哪些内容需符合设计要求？如何检查基础中心线位置？

4. 说明监理工程师要求重新进行监督检验的理由。施工单位应如何申请监督检验？

5. 施工单位提出的 3 项费用补偿要求是否合理？计算建设单位应补偿施工单位的总费用。

三、分析与参考答案

1. 按原计划塔式起重机在工程开工后第 37 天投入使用。吊装作业不能连续作业；因为设备钢架吊装完成后，工艺设备基础施工尚未完成，还需闲置 7 天。

2. 施工单位调整方案后能保证原计划工期不变的理由：虽然设备钢架制作耽误 10 天，但有 7 天总时差，采取压缩关键工作（工艺设备调整）3 天后，虽然改变了关键线路，可实现总工期不变。

3. 设备基础检查中，还需核查设备基础位置、标高、几何尺寸是否符合设计要求。基础的中心线位置应沿纵、横两个方向测量检查，并取其中的最大值。

4. 监理工程师要求重新进行监督检验的理由是塔式起重机应每年进行 1 次定期检验。施工单位应当在施工前向施工所在地的检验检测机构申请监督检验。检验检测机构应当到施工现场实施监督检验，监督检验按照相应安全技术规范等要求执行。

5. 施工单位提出的 3 项费用补偿要求：

（1）工艺设备调整工作压缩 3 天，增加赶工费 10000 元；要求合理。

（2）塔式起重机闲置 10 天损失费：1600 元／天（含运行费 300 元／天）×10 天＝16000 元；要求不合理。

（3）设备钢架制作工作停工 10 天造成其他有关机械闲置、人员窝工等综合损失费15000 元；要求合理。

建设单位应补偿施工单位的总费用：10000＋（1600－300）×3＋15000＝28900 元。

【案例 2H320060-2】

一、背景

某安装公司承接一商业中心的建筑智能化工程的施工。工程包括：建筑设备监控系统、安全技术防范系统、公共广播系统、防雷与接地和机房工程。

安装公司项目部进场后，了解商业中心建筑的基本情况、建筑设备安装位置、控制方式和技术要求等，依据监控产品进行深化设计。再依据商业中心工程的施工总进度计划，编制了建筑智能化工程施工进度计划（表 2H320063），该进度计划在报安装公司审批时被否定，要求重新编制。

项目部根据施工图纸和施工进度编制了设备、材料供应计划。在材料送达施工现场时，施工人员按验收工作的规定，对设备、材料进行验收，还对重要的监控器件进行复检，均符合设计要求。

项目部依据工程技术文件和智能建筑工程质量验收规范，编制了建筑智能化系统检测方案，该检测方案经建设单位批准后实施，分项工程、子分部工程的检测结果均符合规范规定，检测记录的填写及签字确认符合要求。

序号	工作内容	5月			6月			7月			8月			9月		
		1	11	21	1	11	21	1	11	21	1	11	21	1	11	21
1	建筑设备监控系统施工	━━━━━━━━━														
2	安全技术防范系统施工			━━━━━━━━━━━━━━━												
3	公共广播系统施工						━━━━━━━━━									
4	机房工程施工								━━━━━━━							
5	系统检测										━━━					
6	系统试运行调试											━━━				
7	验收移交													━━━		

建筑智能化工程施工进度计划　　表 2H320063

在工程的质量验收中，发现机房和弱电井的接地干线搭接不符合施工质量验收规范要求，监理工程师对 40×4 镀锌扁钢的焊接搭接（图 2H320063-2）提出整改要求，项目部返工后，通过验收。

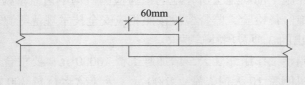

图 2H320063-2　40×4 镀锌扁钢焊接搭接示意图

二、问题

1. 项目部编制的施工进度计划为什么被安装公司否定？这种表示方式的施工进度计划有哪些欠缺？

2. 材料进场验收及复检有哪些要求？验收工作应按哪些规定进行？

3. 绘出正确的扁钢焊接搭接示意图。扁钢与扁钢搭接至少几面施焊？

4. 本工程系统检测合格后，需填写几个子分部工程检测记录？检测记录应由谁来做出检测结论和签字确认？

三、分析与参考答案

1. 项目部编制的施工进度计划被安装公司否定的理由：施工进度计划中缺少防雷与接地的工作内容；施工程序有错，系统检测应在系统试运行合格后进行。

这种表示方式（横道图）的施工进度计划不能反映工作所具有的机动时间，不能反映影响工期的关键工作、关键线路，也就无法反映整个施工过程的关键所在，因而不便于施工进度控制人员抓住主要矛盾，不利于施工进度的动态控制。

2. 材料进场验收及复检的要求：必须根据进料计划、送料凭证、质量保证书或产品合格证进行材料的验收。要求复检的材料应有取样送检证明报告。验收工作应按质量验收规范和计量检测规定进行。

3. 正确的扁钢焊接搭接示意图如图 2H320063-3 所示：

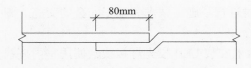

图 2H320063-3　正确的 40×4 镀锌扁钢焊接搭接示意图

40×4 镀锌扁钢的焊接搭接长度，不应小于扁钢宽度的 2 倍，40×2 ＝ 80mm，扁钢搭接应至少三面施焊。

4. 本工程系统检测合格后，需填写 5 个子分部工程检测记录。检测记录应由检测负责人做出检测结论，由监理工程师或项目专业技术负责人签字确认。

【案例 2H320060-3】

一、背景

某安装公司承接一高层建筑外墙亮化（泛光照明）工程。建筑高度为 180m，有 3 个透空段，建筑结构已完工，外幕墙正在施工；建筑泛光照明工程由 LED 点源灯、LED 投光灯、控制模块、配电箱、电缆、线槽和镀锌电线管组成。施工图纸标明：LED 点源灯安装在外幕墙上，LED 投光灯安装在透空段平台上，配电箱和控制模块安装在室内，灯具电缆需穿过幕墙接到 LED 点源灯，进入点源灯的电缆采用柔性导管保护。

安装公司项目部进场后，依据合同、施工图、规范和幕墙施工进度计划等编制了泛光照明工程施工方案、施工进度计划（图 2H320063-4 中细实线）和劳动力计划（图 2H320063-5）。方案中 LED 点源灯的安装选用吊篮施工，按进度计划租赁 4 台吊篮。

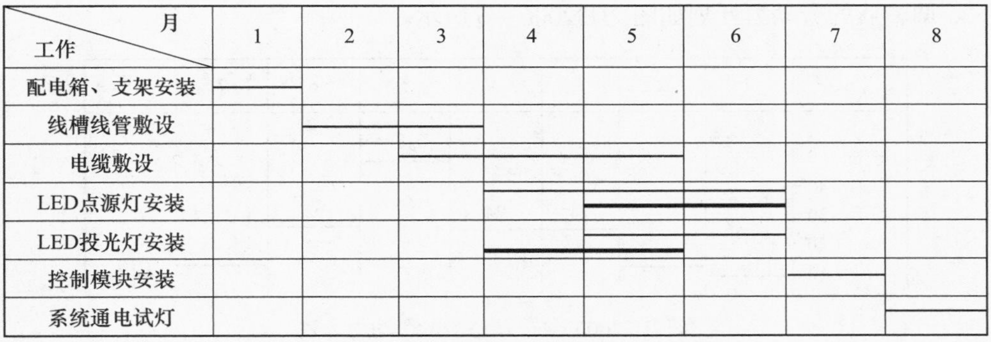

工作 ＼ 月	1	2	3	4	5	6	7	8
配电箱、支架安装	─							
线槽线管敷设		──						
电缆敷设			────					
LED点源灯安装				───	═══	──		
LED投光灯安装				───	═══	──		
控制模块安装							──	
系统通电试灯								──

图 2H320063-4　泛光照明工程施工进度计划

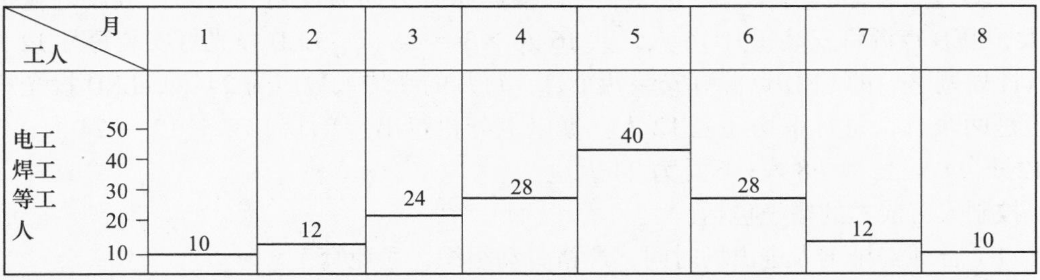

工人 ＼ 月	1	2	3	4	5	6	7	8
电工焊工等工人	10	12	24	28	40	28	12	10

图 2H320063-5　泛光照明工程劳动力计划

因工程变化，建筑幕墙到 4 月底才能完工，安装公司调整了 LED 点源灯和 LED 投光灯的作业进度计划（图 2H320063-4 中粗实线）和劳动力计划，作业人员增加到 24 人，增加 2 台吊篮作业，同时进行了施工技术和施工安全的交底。施工中质量检查，存在以下问题：

问题 1：透空段平台上安装 LED 投光灯接线盒使用室内接线盒，接到灯具的金属柔性导管长度有 2m 以上，并将金属柔性导管作为 LED 投光灯的接地导体。

问题 2：外幕墙上的 LED 点源灯的金属柔性导管穿越外幕墙时没有做防水处理，灯具与金属柔性导管的连接用胶布粘贴，并且个别电缆保护层内的导线有外露现象。

经过整改，质量问题得到解决。

二、问题

1. 针对该工程吊篮施工方案，应制定哪些安全技术措施和主要的应急预案？

2. 泛光照明工程施工进度计划的编制应考虑哪些因素？

3. 画出调整后的劳动力计划，并说明项目部应如何控制人工成本。

4. 问题 1 中，LED 投光灯的施工质量问题应如何整改？

5. 问题 2 中，LED 点源灯的施工质量问题应如何整改？

三、分析与参考答案

1. 应制定的安全技术措施有高处作业安全技术措施、安全用电安全技术措施、机械操作安全技术措施。应编制吊篮高空作业的应急预案。

2. 泛光照明工程施工进度计划的编制应考虑的因素有：以幕墙施工进度为依据来制订泛光照明的进度计划；进度计划要符合连续施工的要求；要注意保证施工重点，兼顾一般；要全面考虑施工中各种不利因素的影响。

3. 调整后的劳动力计划如图 2H320063-6 所示。

工人 \ 月	1	2	3	4	5	6	7	8
电工 50 焊工 40 等工 30 人 20 10	10	12	24	24	48	24	12	10

图 2H320063-6　调整后的劳动力计划

劳动力变化的只有 4、5、6 三个月，根据原有劳动力计划表得知，敷设电缆每月 12 人，LED 点源灯安装每月 16 人，共 16 人 ×3 = 48 人，LED 投光灯安装每月 12 人。

计划调整后的 LED 点源灯安装两个月，每月的平均人数应为 24 人，LED 投光灯安装还是两个月，每月平均还是 12 人。据以上分析得出：4 月为 12 + 12 = 24 人；5 月为 12 + 24 + 12 = 48 人；6 月为 24 人。

控制人工成本的措施包括：

（1）合理安排工人进出场时间，严格劳动组织，避免窝工。

（2）严格劳动定额管理，实行计件工资。

（3）强化工人技术素质的培训，提高劳动生产率。

4. 问题 1 中，LED 投光灯的接线盒应采用防护等级不小于 IPX5 的防水接线盒，盒盖防水密封垫应齐全、完整。金属柔性导管与 LED 投光灯连接的长度不宜大于 1.2m，并且金属柔性导管不应作为接地保护导体的接续导体。

5. 问题 2 中，外幕墙上的 LED 点源灯的柔性导管穿越外幕墙时应设置防水套管，且应做好防水处理；LED 点源灯壳体与金属柔性导管的连接应采用专用接头，电缆应采用金属柔性导管保护，电缆内导线不得外露。

2H320070　机电工程施工质量管理

2H320071　施工质量预控

一、机电工程项目质量管理的特点

1. 施工中存在交叉施工。各专业、工种、施工单位需要相互协调配合。

2. 施工中要与不同单位协调配合。如土建、装饰、设备制造厂等。

3. 要进行系统的调试运行及各项功能参数的检测。

二、机电工程质量计划的编制

1. 项目质量计划编制的原则

以项目策划为依据，将企业管理手册、程序文件的原则要求转化为项目的具体操作要求，是质量策划的一部分。

2. 项目质量计划与施工组织设计、施工方案的联系与区别

（1）联系：目标是一致的，均是确保项目工程的管理目标符合合同及相关法规的要求，符合项目策划的要求；管理的对象是一致的，即是同一个工程项目。

（2）区别：性质不同，关注点不同，编制的内容不同，编制的依据不同，审批的途径不同，关注的相关方不同。

3. 质量计划编制的中心内容

（1）目标的展开。质量目标和质量要求。

（2）明确岗位职责。质量管理体系和管理职责。

（3）确定过程以及针对所确定的过程规定具体的控制方法。质量管理与协调的程序。

（4）法律法规和标准规范。

（5）质量控制点的设置与管理。

（6）为达到质量目标和质量要求必须采取的其他措施，如更新检验技术、研究新的工艺方法和设备、用户的监督、验证等。

（7）相关岗位应完成的记录。项目质量文件管理。

三、机电安装工程项目施工过程的质量控制

施工质量控制按全过程分为三个阶段：事前控制、事中控制、事后控制。

1. 事前控制

施工前准备阶段的质量控制，是对投入参与施工项目的人、机、料、法、环和资源条件的控制。

（1）施工准备质量控制：包括施工机具、检测器具质量控制；工程设备材料、半成品及构件质量控制；质量保证体系、施工人员资格审查、操作人员培训等管理控制；质量控

制系统组织的控制；施工方案、施工计划、施工方法、检验方法审查的控制；工程技术环境监督检查的控制；新工艺、新技术、新材料审查把关控制等。

（2）严格控制图纸会审及技术交底的质量、施工组织设计交底的质量、分项工程技术交底的质量。

2. 事中控制

施工过程中对所有的与工程最终质量有关的各个环节，包括对施工过程的中间产品（工序产品或分项、分部工程产品）的质量控制。

（1）施工过程质量控制。包括工序控制（一般工序控制和特殊工序控制）；工序之间交接检查的控制；隐蔽工程质量控制；调试和检测、试验等过程控制。

（2）设备监造控制。指大型特殊的设备必须派人到工厂监造。

（3）中间产品控制。在机电工程施工中比较多，比如锅炉及压力容器安装，实际是对中间产品进行组对的继续制造过程，这项质量控制尤为重要。

（4）分项、分部工程质量验收或评定的控制。

（5）设计变更、图纸修改、工程洽商等施工变更的审查控制。

3. 事后控制

对通过施工过程所完成的具有独立的功能和使用价值的最终产品（单位工程或工程项目）及其有关方面（如质量文档）的质量进行控制，也就是已完工工程项目的质量检验验收控制。

（1）竣工质量检验控制。包括联动试车及运行，验收文件审核签认，竣工总验收、总交工。

（2）工程质量评定。包括单位工程、单项工程、整个项目的质量评定。

（3）工程质量文件审核与建档。这是最为重要的质量控制，要真实、准确。

（4）回访和保修。是一种工程质量保修制度，是反馈工程质量的最直接的真实评价。

四、机电工程施工质量的预控

施工质量的预控是直接影响工程施工进度控制、质量控制、成本控制三大目标能否顺利实现的关键。工程质量预控就是针对所设置的质量控制点或分项、分部工程，事先分析在施工中可能发生的质量问题和隐患，分析可能的原因，提出相应的预防措施和对策，实现对工程质量的主动控制。

机电工程项目施工质量预控主要内容包括：机电工程项目施工质量策划、工序质量预控等。

（一）机电工程项目施工质量策划

1. 确定质量目标

（1）明确基本要求和质量目标、工作控制要点。机电工程项目的质量目标应先进、可行，并要分解落实，确保质量方针目标的实施和检查。对主要分项分部工程、功能性施工项目、关键与特殊工序、现场主要管理工作等要明确基本要求和质量目标及控制要点。

（2）质量目标要层层分解、落实。落实到每个分项、每个检验批、每个工序，落实到每个部门、每个班组、每个负责人。

（3）质量管理原则：以单位工程优良合格保证群体单项工程优良合格，以分部工程优良合格保证单位工程优良合格，以分项工程优良合格保证分部工程优良合格，以检验批优良合格保证分项工程优良合格，以工序优良合格保证检验批优良合格。

2. 建立组织机构

建立科学、高效的组织机构是工程项目成功的组织保证，也是项目经理的重要职责。组织机构的建立包括组织设计和人员的配备。

（1）选择适合本工程项目实际的项目组织形式。组织设计要根据合同约定并符合工程项目组织机构的设计原则。

（2）人员选配要重视整体效应。工程项目管理班子的组成，不仅要注意个人的素质和能力，更要重视管理班子的整体性。

3. 制定项目经理部各级人员、部门的岗位职责

项目经理在进行质量策划时应明确制定各级人员的岗位职责，机电工程施工现场一般有：项目经理、项目总工程师（项目技术负责人）、现场专业施工员（技术员）、工程管理部、技术部、质量部和物资管理部等。

4. 建立质量保证体系和控制程序

建立施工现场的质量保证体系和编制各专业的质量控制程序。机电工程施工现场质量控制程序一般有工艺、焊接、质量检验、理化及无损检测、材料设备、热处理等。

5. 编制施工组织设计（施工方案）与质量计划

6. 机电综合管线设计的策划

对于复杂机电工程，系统及管路数量繁多，占据较大空间，管道设备的合理排布对工程质量、进度、成本以及今后的运行维修都有较大影响，目前随着机电工程的不断发展，综合管线的深化（BIM）设计为机电工程技术策划的首要任务。

例如，一般机电工程涵盖通风与空调、给水排水及供暖、强电、建筑电气、智能建筑等多项分部工程，管道包括风管、水管、电缆管等，当管道交叉时，上下左右及跨越排布在施工前应明确，一般自上而下应为电、风、水管。由于风管的截面最大，一般在管道综合排布时应首先考虑风管的标高和走向，但同时要考虑大口径水管的布置，尽量避免风管和水管多次交叉。一般布置原则是水管让风管、小管让大管、有压管让无压管。

（二）工序质量预控

工序质量控制的方法一般有质量预控、工序分析、质量控制点设置三种，以质量预控为主。

1. 质量预控

质量预控是指施工技术人员和质量检验人员事先对工序进行分析，找出在施工过程中可能或容易出现的质量问题，从而提出相应的对策，采取质量预控措施予以预防。质量预控包括：质量计划预控与施工组织设计（施工方案）预控、施工准备预控、施工生产要素预控。

（1）质量计划预控与施工组织设计（施工方案）预控

质量计划预控是对围绕制定项目的质量目标，依据质量体系运行的管理方法，明确相关职责、管理要求及控制措施等的控制。施工组织设计（施工方案）预控是对围绕制定项目的质量目标，依据施工组织设计（施工方案）用以指导施工过程的质量管理和控制活动。

（2）施工准备预控

施工准备预控是对工程项目开工前的全面施工准备，各分部分项工程施工前的施工准

备，冬、雨期等季节性施工准备等的控制。施工准备包括：项目管理人员准备、劳动力组织准备、施工现场准备、物资准备、技术准备等内容。

（3）施工生产要素预控

施工生产要素主要是指：人员选用、材料使用、操作机具、检验器具、操作工艺、施工环境。

1）施工人员的控制：工程质量是人生产劳动的结果体现，人的思想、责任心、质量观、业务能力、技术水平等直接影响到工程质量，对人的因素的控制十分关键。专业施工队在施工前将起重工、电工、电焊工等各工种的上岗证报监理备案，要求各工种持证上岗，无证不得上岗。

2）材料因素的控制：材料包括原材料、成品、半成品、构配件、仪器仪表、生产设备等，是工程项目的物质基础，也是工程项目实体的组成部分。材料因素的控制主要是采购、进货检查和验收、储存保管、发放使用等方面的管理。

3）施工机具和检测器具的控制：施工机具和检测器具的选用，必须综合考虑施工现场条件、施工工艺和方法、施工机具和检测器具的性能，施工组织与管理、技术经济等各种因素。

4）施工方法和操作工艺的控制：施工方法和操作工艺的制定应从以下几个方面考虑，必须结合工程实际和企业自身能力综合考虑；力求施工方法技术可行、经济合理、工艺先进、措施得力、操作方便；有利于提高工程质量，加快施工进度、降低工程成本。

5）施工环境因素的控制：影响工程项目施工质量的环境因素较多，有工程技术环境、工程管理环境、作业劳动环境等。项目经理部应针对工程的特点和环境条件，拟订控制方案及措施。如制订季节性保证施工质量的措施，在组织立体交叉作业时，精密设备或洁净室安装时对施工场所的空气洁净度所采取的控制措施，对噪声、粉尘的控制措施等。

2. 工序分析

（1）对工序的关键或对重要质量特性起支配性作用的各个要素的全部活动进行分析。对这些支配性要素，要制定成标准，加以重点控制。

（2）工序分析的步骤：第一步是用因果分析图法书面分析；第二步进行试验核实，可根据不同的工序用不同的方法，如优选法等；第三步是制定标准进行管理，主要应用系统图法和矩阵图法。

3. 质量控制点设置

（1）质量控制点是指对工程的性能、安全、寿命、可靠性等有严重影响的关键部位或对下道工序有严重影响的关键工序。

（2）质量控制点的确定原则：质量控制点的确定应以现行国家或行业工程施工质量验收规范、工程施工及验收规范、工程质量检验评定标准中规定应检查的项目作为依据，引进项目或国外承包工程可参照国家规定结合特殊要求拟订质量控制点并与用户协商确定。质量控制点确定的一般原则：

1）施工过程中的关键工序或环节，如电气装置的高压电器和电力变压器、钢结构的梁柱板节点、关键设备的基础、压力试验、垫铁设置等。

2）工序的关键质量特性，如焊缝的无损检测，设备安装的水平度和垂直度偏差等。

3）施工中的薄弱环节或质量不稳定的工序，如焊条烘干、坡口处理等。

4）质量特性的关键因素，如管道安装的坡度、平行度的关键因素是施工人员，冬季焊接施工的焊接质量关键因素是环境温度等。

5）对后续工程（后续工序）施工质量或安全有重大影响的工序、部位或对象。

6）采用新工艺、新技术、新材料的部位或环节。

7）隐蔽工程。

（3）质量控制点的划分：根据各控制点对工程质量的影响程度，分为A、B、C三级。

1）A级控制点：影响装置、设备的安全运行、使用功能或运行后出现质量问题时必须停车才可处理或合同协议有特殊要求的质量控制点，必须由施工、监理和业主三方质检人员共同检查确认并签证。

2）B级控制点：影响下道工序质量的质量控制点，由施工、监理双方质检人员共同检查确认并签证。

3）C级控制点：对工程质量影响较小或开车后出现问题可随时处理的次要质量控制点，由施工方质检人员自行检查确认。

（4）质量控制点的编制：

1）质量控制点编制依据包括国家或行业工程施工质量验收规范、工程施工及验收规范、工程质量检验评定标准、项目实际情况、用户的有关要求。

2）施工质量控制点明细表应报业主确认后方可执行；施工质量控制点明细表中的质量控制点和检查等级可根据业主的需要进行适当增减和调整；质量控制点明细表应包括：控制系统和控制环节的名称及责任人，控制点的名称和编号以及控制级别和责任人，记录表编号及名称等。质量检查记录表格应报业主认可。

五、质量预控方案

1. 质量预控方案编制

通过对影响施工质量的因素特性分析，编制质量预控方案（或质量控制图）及质量预防措施，并在施工过程中加以实施。质量预控方案可以针对一个分部、分项工程、施工过程（如：管道焊接）或过程中容易出现的某个质量问题（如：焊接裂纹）来制定。

2. 质量预控方案的内容

主要包括：工序（过程）名称、可能出现的质量问题、提出的质量预控措施三部分。质量预控方案的表达形式有：文字表达形式、表格表达形式、预控图表达形式三种。

六、机电工程协调施工的质量控制

1. 机电工程与装饰装修专业的配合

（1）参与装饰装修单位的图纸会审，要审核标高，确定机电末端的安装位置，达到装饰装修效果调整有关设备安装位置和方式。

例如，机电末端包括各类风口、烟感、温感、消防喷洒头、灯具、视频探头等装置。

（2）特别注意装饰装修设计图纸对原建筑平面的改变，是否会涉及机电末端位置的变化，是否对防火分区、防火门产生影响。

（3）积极为装饰装修单位创造施工作业面，并及时做好机电末端装置的收口工作。

（4）保护好装饰装修单位的施工成果，做好成品保护工作。

2. 机电专业之间的配合

（1）空调风管、水管、给水排水专业、电气专业及建筑智能等机电专业之间的管道、桥架、电缆等是否产生干涉。

（2）各专业安装的末端装置的位置是否符合设计施工规范要求，是否美观。

（3）机电专业管道的交接部位是否连接到位。例如，空调水系统补水管道是否连接到位，空调机房是否设置了冷凝水的排水管道等。

（4）各系统设备接线的具体位置是否与电气动力配线出线位置一致。

（5）设备电机的起动方式是否与设备电机相位一致，容量与图纸是否一致。

（6）各机电专业为楼宇自控系统提供相关参数。其他机电设备订货前积极与建筑智能系统承包商协调，确认各个信号点及控制点接口条件，保证各接口点与系统的信号兼容，保障楼宇系统方案的实现。

（7）协助楼宇自控系统安装单位的电动阀门、风阀驱动器和传感器的安装。

（8）消防系统的联动调试工作，包括消防给水系统调试、火灾报警系统联动调试、防排烟系统的联动调试等内容。

七、机电工程质量保证措施

1. 建立健全工程质量保证体系和各项质量管理制度，对工程的全过程实行有效的质量控制。

2. 严格执行有关施工与验收规范、规程、技术法规等，严禁颠倒工序，减少质量通病的发生。

3. 接受各级质量监督检查部门的监督指导。

4. 关键工序编制作业指导书，如管道设备的试压、冲洗，通风空调工程风量分配，电气功能性试验等。

5. 强化质量意识，严格工序控制，按照施工图纸施工，认真贯彻落实施工组织设计、施工方案、技术交底及工艺标准等技术文件。

6. 各级质量检查员到岗到位，及时纠正、指导，及时发现质量问题或质量隐患，重要工序坚持旁站式管理。项目经理带队定期或不定期组织项目质量联合检查，检查后及时召开质量分析会，指出质量隐患、问题，分析原因，明确措施，增强质量意识。对工程质量好的进行奖励，对质量差的进行处罚，并限期整改。

7. 施工中所用的设备、材料、成品、半成品要严格质量控制，按要求进行质量检验、复试，合格后方可使用。

8. 在施工全过程中坚持自检、互检并加强过程检查，对不合格品进行整改，对重复发生或关键的质量问题制定纠正措施，制定预防措施以免再次发生。

9. 隐蔽工程在隐蔽前进行专门的质量检查，未达到合格标准不得进行下一道施工工序。

10. 各项安装记录、检验记录、评定报告要随工程进度按实际情况填写。

2H320072　施工工序质量检验

工序质量检验是指质量检查人员利用一定的方法和手段，对工序操作及其完成产品的质量进行实物的测定、查看和检查，并将所测得的结果同该工序的操作规程规定的质量特性和技术标准进行比较，从而判断是否合格。

一、检验试验计划（卡）的编制要求

1. 检验试验计划（卡）

（1）它是质量计划（或施工方案）中的一项重要内容，是整个工程项目施工过程中质量检验的指导性文件，是施工和质量检验人员执行检验和试验操作的依据。

（2）在检验试验计划（卡）中明确给出工序质量检验一般包括的内容，如标准、度量、比较、判定处理和记录等。

2. 检验试验计划的编制依据和主要内容

（1）编制依据：设计图纸、施工质量验收规范、合同规定内容。

（2）主要内容：检验试验项目名称；质量要求；检验方法（专检、自检、目测、检验设备名称和精度等）；检测部位；检验记录名称或编号；何时进行检验；责任人；执行标准。

二、现场质量检查的内容和方法

1. 现场质量检查的内容

包括：开工前的检查，工序交接检查，隐蔽工程的检查，停工后复工的检查，分项、分部工程完工后检查，成品保护的检查。

2. 工程项目质量检验的三检制

（1）"三检制"是工序交接检查，对于重要的工序或对工程质量有重大影响的工序应严格执行"三检制"。未经监理工程师（或建设单位技术负责人）检查认可，不得进行下道工序施工。

（2）"三检制"是指操作人员的"自检""互检"和专职质量管理人员的"专检"相结合的检验制度。它是施工企业确保现场施工质量的一种有效的方法。

1）自检是指由操作人员对自己的施工作业或已完成的分项工程进行自我检验，实施自我控制、自我把关，及时消除异常因素，以防止不合格品进入下道作业。

2）互检是指操作人员之间对所完成的作业或分项工程进行的相互检查，是对自检的一种复核和确认，起到相互监督的作用。互检的形式可以是同组操作人员之间的相互检验，也可以是班组的质量检查员对本班组操作人员的抽检，同时也可以是下道作业对上道作业的交接检验。

3）专检是指质量检验员对分部工程施工班组完成的作业或分项工程进行检验，用以弥补自检、互检的不足。

4）实行三检制，要合理确定好自检、互检和专检的范围。一般情况下，原材料、半成品、成品的检验以专职检验人员为主，生产过程的各项作业的检验则以施工现场操作人员的自检、互检为主，专职检验人员巡回抽检为辅。成品的质量必须进行终检认证。

3. 现场质量检查的方法

现场质量检查的方法主要有目测法、实测法、试验法等。

（1）目测法。凭借感官进行检查，也称观感质量检验。

（2）实测法。通过实测数据与施工规范、质量验收标准的要求及允许偏差值进行对照，以此判断质量是否符合要求。

（3）试验法。通过必要的试验手段对质量进行判断的检查方法。主要包括：理化试验、无损检测、试压、试车等。

2H320073   施工质量问题和质量事故的处理

一、工程质量事故问题的划分和定义

1. 质量不合格。凡工程产品没有满足某个规定的要求为质量不合格。没有满足某个预期使用要求或合理的期望（包括安全性方面）要求，为质量缺陷。

2. 质量问题。质量问题是指工程质量不符合规定要求，包括质量缺陷、质量不合格和质量事故等。

凡是工程质量不合格，必须进行返修、加固或报废处理，造成直接经济损失不大的，为质量问题，由企业自行处理。

3. 质量事故。凡是工程质量不合格，必须进行返修、加固或报废处理，造成直接经济损失较大的为质量事故。

质量事故是质量问题的特殊情况，是指由于建设、勘察、设计、施工、监理等单位违反工程质量有关法律法规和工程建设标准，使工程产生结构安全、重要使用功能等方面的质量缺陷，造成人身伤亡或者重大经济损失的事故。

二、工程质量事故分级

根据《关于做好房屋建筑和市政基础设施工程质量事故报告和调查处理工作的通知》（建质〔2010〕111号）的规定，工程质量事故分为4个等级：特别重大事故，重大事故，较大事故，一般事故。

三、质量事故的特点

工程项目质量事故具有复杂性、严重性、可变性、多发性等特点。

1. 复杂性

工程质量事故影响因素复杂，一个质量问题往往是由多方面因素造成的，给质量事故的分析、判断和处理造成复杂化。

2. 严重性

工程质量事故后果严重，通常会影响整个工程项目的施工进度、延长工期、增加施工费用，造成经济损失；严重时给工程项目造成隐患，影响安全和正常使用；更严重的造成建筑物倒塌，造成人员和财产的严重损失以及恶劣的社会影响。

3. 可变性

有些质量事故具有一定的潜伏性和可变性，建设之初质量尚可，但经过一定时间的使用后，质量问题得以发现，从一般的质量缺陷逐渐演变成严重的质量事故。

4. 多发性

工程的质量问题具有多发性，同一类型的问题在同一个工程或者不同工程多次出现、重复发生。

四、质量事故处理程序

1. 事故报告

施工现场发生质量事故时，施工负责人（项目经理）应按规定时间和程序，及时向企业报告事故状况。报告内容为：质量事故发生的时间、地点、工程项目名称及工程的概况；质量事故状况的描述；质量事故现场勘察笔录、证物照片、录像、证据资料、调查笔录等；质量事故的发展变化情况等。

工程质量事故发生后，事故现场有关人员应当立即向工程建设单位负责人报告；工程建设单位负责人接到报告后，应于 1 小时内向事故发生地县级以上人民政府住房和城乡建设主管部门及有关部门报告。

情况紧急时，事故现场有关人员可直接向事故发生地县级以上人民政府住房和城乡建设主管部门报告。

事故报告应包括下列内容：

（1）事故发生的时间、地点、工程项目名称、工程各参建单位名称；

（2）事故发生的简要经过、伤亡人数（包括下落不明的人数）和初步估计的直接经济损失；

（3）事故的初步原因；

（4）事故发生后采取的措施及事故控制情况；

（5）事故报告单位、联系人及联系方式；

（6）其他应当报告的情况。

事故报告后出现新情况，以及事故发生之日起 30 日内伤亡人数发生变化的，应当及时补报。

2. 现场保护

质量问题出现后，要做好现场保护，如焊缝裂纹，不要急于返修，要等到处理结论批准后再处理。对于那些可能会进一步扩大，甚至会发生人、财、物损伤的质量问题，要及时采取应急保护措施。

3. 事故调查

由项目技术负责人为首组建调查小组，参加人员应是与事故直接相关的专业技术人员、质检员和有经验的技术工人等。调查内容包括现场调查和收集资料。

住房和城乡建设主管部门应当按照有关人民政府的授权或委托，组织或参与事故调查组对事故进行调查，并履行下列职责：

（1）核实事故基本情况，包括事故发生的经过、人员伤亡情况及直接经济损失；

（2）核查事故项目基本情况，包括项目履行法定建设程序情况、工程各参建单位履行职责的情况；

（3）依据国家有关法律法规和工程建设标准分析事故的直接原因和间接原因，必要时组织对事故项目进行检测鉴定和专家技术论证；

（4）认定事故的性质和事故责任；

（5）依照国家有关法律法规提出对事故责任单位和责任人员的处理建议；

（6）总结事故教训，提出防范和整改措施；

（7）提交事故调查报告。

4. 撰写质量事故调查报告

质量事故调查与分析后，应整理撰写成"质量事故调查报告"，其内容包括：工程概况：质量事故有关部分的工程情况；质量事故情况：事故发生时间、性质、现状及发展变化的情况；是否需要采取临时应急保护措施；事故调查中的数据资料；事故原因分析的初步判断；事故涉及人员与主要责任者的情况等。

事故调查报告应当包括下列内容：

（1）事故项目及各参建单位概况；

（2）事故发生经过和事故救援情况；

（3）事故造成的人员伤亡和直接经济损失；

（4）事故项目有关质量检测报告和技术分析报告；

（5）事故发生的原因和事故性质；

（6）事故责任的认定和事故责任者的处理建议；

（7）事故防范和整改措施。

事故调查报告应当附具有关证据材料。事故调查组成员应当在事故调查报告上签名。

5. 事故处理报告

事故处理后，应提交完整的事故处理报告，其内容包括：事故调查的原始资料、测试数据；事故原因分析、论证；事故处理依据；事故处理方案、方法及技术措施；检查复验记录；事故处理结论；事故处理附件（包括质量事故报告、调查报告、质量事故处理方案、质量事故处理实施记录、检测记录、验收资料等）。

五、质量事故部位的处理方式

工程发生施工质量事故部位处理方式有：返工处理、返修处理、限制使用、不作处理、报废处理五种情况。

1. 返工处理

当工程质量缺陷经过修补处理后不能满足规定的质量标准要求，或不具备补救可能性则必须采取返工处理。

2. 返修处理

对于工程某些部分的质量虽未达到规定的规范、标准或设计的要求，存在一定的缺陷，但经过修补后可以达到要求的质量标准，又不影响使用功能或外观的要求，可采取返修处理。

3. 限制使用

当工程质量缺陷按返修方法处理后，无法保证达到规定的使用要求和安全要求，而又无法返工处理的情况下，可按限制使用处理。

4. 不作处理

对于某些工程质量问题虽然达不到规定的要求或标准，但其情况不严重，对工程的使用和安全影响很小，经过分析、论证和设计单位认可后，可不作专门处理。

5. 报废处理

当采取上述办法后，仍不能满足规定的要求或标准，则必须按报废处理。

【案例 2H320070-1】

一、背景

某施工单位承担某市 2 号地铁 A 地铁站的机电总承包工程，总建筑面积为 $11220m^2$（其中站厅层公共区面积为 $2965m^2$，站台层公共区面积为 $1415m^2$）。机电工程包括通风空调、给水排水、消防、建筑电气、强电、建筑智能等。为给地铁车站站厅及站台内乘客提供过渡性舒适环境，通常在车站环控机房内设置空调柜机，其中公共区具有面积大、人员流量大等因素，需采用大功率风量空调柜进行公共区温度平衡。2 号地铁 A 地铁站设计客流量以远期 2042 年客流量控制，其设计客流量为 19000 人／小时，其中换乘客流量为 12700 人／小时，本站共有 8 台空调柜机组。

业主与施工单位签订合同约定，工程的质量奖项目标为获得市级优质工程奖，并要求项目编制质量计划。为达到这一目标，施工单位选派了一名优秀的项目经理承担此项工程施工任务。

其中工程制冷供热分包给一家专业公司，制冷供热采用冷热电三联供技术，照明采用智能控制系统，大厅地面采用地板辐射冷、热双供技术。工程空调风管最大管达到 3000mm×1200mm，大管径水管道为 φ529，车站上方机电工程管道排布密集。

二、问题

1. 项目经理在施工前应做哪些质量策划？

2. 针对本案例背景的施工关键点，空调机组应编制哪些确保质量的预控方案？

3. 本工程质量计划编制的主要内容有哪些？

4. 针对本案例的总体质量目标的实现，质量管理原则应是什么？

5. 电梯、空调机组安装工程施工技术交底的重点内容有哪些？

三、分析与参考答案

1. 项目经理在施工前应做的质量策划有：建立工程项目的质量管理体系；确定先进可行的质量目标；建立完善的组织机构；明确项目经理部各级人员和部门的职责；组织编制先进合理的质量计划或施工组织设计、施工方案。

2. 根据本案例工程的背景资料，三联供机组的安装、地板辐射供暖供冷管道敷设、机电工程综合管线的合理排布、大管道风管的安装及加固、大管径水管的焊接等应作为关键技术加以控制。因此，应编制三联供机组的运输就位方案、地板辐射供暖供冷管道敷设方案、机电工程综合管线排布设计方案、大尺寸风管安装及加固方案、大管径水管安装方案等质量预控方案。应采取的预控措施有：对实施关键技术的人员、施工机具、材料、方法与工艺、环境等进行控制。

3. 质量计划编制的主要内容包括：

（1）质量目标及展开。

（2）依据质量目标明确岗位职责。

（3）确定过程以及针对所确定的过程规定具体的控制方法。

（4）为达到质量目标必须采取的其他措施，如更新检验技术、研究新的工艺方法和设备、用户的监督、验证等。

（5）相关岗位应完成的记录。

4. 质量管理原则是：以单位工程合格保证单项工程合格，以分部工程合格保证单位工程合格，以分项工程合格保证分部工程合格，以检验批合格保证分项工程合格，以工序合格保证检验批工程合格。

5. 机电工程项目中电梯安装工程施工技术交底的重点内容有：电梯导轨支架的位置、测量确定方法，导轨吊装和调整的方法与质量要求，钢丝绳的绳头做法，轿厢的安装步骤，层门的安装位置控制，承重梁的安装要求，曳引机的吊装过程，控制柜和电气系统的质量标准，扶梯运输吊装的安全保护措施，安装位置的放线测量，质量通病预防办法，成品保护。

空调机组安装施工技术交底的重点内容有：空调机组安装位置、空调机组吊装运输的安全措施、机组安装位置的测量放线、安装质量标准、质量通病预防办法及成品保护等。

【案例 2H320070-2】

一、背景

某安装公司中标某焦化项目钢结构厂房安装工程。工程内容包括厂房钢结构制作安装和厂房内设备框架制作安装，其中钢结构的制作委托加工厂加工，现场只进行钢结构的安装。构件之间的连接方式为先用大六角头螺栓紧固后再进行焊接。施工工期 45 天。

项目部施工管理及作业人员的配置情况：管理人员 8 人，司机 5 人，起重指挥 2 人，司索工 2 人，焊工 10 人，临时电工 2 人。

安装公司进场后编制了工程的施工组织设计、各项施工及检验方案。主要吊装、运输机械计划：一台 200t 汽车起重机，一台 450t 履带起重机，一辆 17m 板车。

钢结构吊装方案中，钢立柱采用 200t 吊车辅助直立后 450t 履带起重机单机就位的吊装工艺，钢梁采用单主吊直接就位法。钢构件的吊装采用钢丝绳吊索捆绑构件后挂入吊车吊钩的吊装方法，在钢丝绳捆绑处进行保护措施以免构件受损。经计算最重构件吊装时吊索的安全系数为 4.8。焊缝检验方案的内容包括检验批的划分、抽样检验的抽样方法、检验时机及相应的验收标准。该两个方案在监理工程师审核后被退回，原因是钢丝绳安全系数不符合要求，焊缝检验方案的内容有缺失。

钢结构安装方案中按一条螺栓、一个螺母和一个垫圈配套制定了高强度螺栓采购计划。

钢结构施工质量的验收按程序进行。

二、问题

1. 本工程中超过一定规模的危险性较大的分部分项工程是什么？超危大工程安全专项方案在实施前有什么管理要求？

2. 监理工程师退回钢结构安装方案的做法是否正确？说明理由。

3. 焊缝检验方案的内容是否有缺失？缺失的内容是什么？

4. 高强度螺栓的采购计划存在什么问题？说明理由。

5. 钢结构工程施工质量验收的程序是什么？

6. 工程中特种设备作业人员有哪些？

三、分析与参考答案

1. 本工程中超过一定规模的危险性较大的分部分项工程是 450t 履带起重机的安拆。超危大工程安全专项方案实施前必须经过专家论证，论证意见为"通过"的，论证后即可实施。论证意见为"修改后通过"的应按专家意见修改、补充方案后实施。论证意见为"不通过"的，应修改完善方案，再次论证通过后方可实施。

2. 监理工程师退回钢结构安装方案的做法是正确的，因为方案中钢丝绳吊索的安全系数小于规范要求，捆绑吊索的安全系数必须大于或等于 6。

3. 焊缝检验方案的内容有缺失，缺失的内容有：检验项目、检验方法。

4. 高强度螺栓的采购中垫圈数量少了一半,高强度大六角头螺栓连接副应由一个螺栓、一个螺母和两个垫圈组成。

5. 钢结构工程施工质量验收应按检验批、分项工程、分部工程、单位工程依次进行。

6. 工程中的特种设备作业人员有:履带起重机司机和起重指挥。

【案例 2H320070-3】

一、背景

甲公司承接了某电厂循环水管道安装工程,由乙公司实行监理,施工范围为主厂房至冷却塔、水泵房至主厂房二根 DN1620 钢管安装及土方开挖与回填。管道设计压力为 0.25MPa,90° 弯头采用"三节两头平"斜接弯头,45°、60° 弯头采用"二节两头平"的斜接弯头,管道采用埋地平行敷设,现场原始地面标高为 ±0.000m,管道布置及45°、60° 弯头形式如图 2H320073 所示。

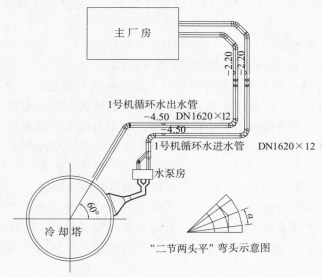

图 2H320073 循环水管道现场布置示意图

施工前,甲公司组织相关技术人员编制了循环水管道的沟槽开挖、管道安装、管道焊接、管道水压试验及冲洗等详细施工方案,并按规定程序通过审批。在方案中项目部按照对工程质量的影响程度,设置了 A、B、C 三级质量控制点,其中管道沟槽开挖标高控制、管道焊接质量控制设置为 B 级控制点,管道水压试验及冲洗设置为 A 级控制点。

在甲公司项目部精心组织下,工程进展顺利,最后如期实现工程竣工验收,工程质量符合设计文件及施工规范等的相关规定。

二、问题

1. 循环水管道沟槽开挖施工方案的编审程序有哪些要求?

2. 斜接弯头制作有哪些技术要求?

3. 试计算 DN1620×12 循环水管道试验压力是多少。

4. 请说明项目部将管道沟槽开挖标高控制设置为 B 级控制点,管道水压试验及冲洗设置为 A 级控制点的理由。

三、分析与参考答案

1. 其部分区域沟槽开挖深度超过 5m，对照危大工程范围，该工程属于超过一定规模的危险性较大的分部分项工程，按照《危险性较大的分部分项工程安全管理规定》（住房和城乡建设部令第 37 号）的规定，循环水管道沟槽开挖施工方案的编审程序：（1）由施工单位（甲公司）组织工程技术人员编制；（2）由施工单位（甲公司）技术负责人审核签字、加盖单位公章；（3）由乙公司总监理工程师审查签字、加盖执业印章；（4）施工单位（甲公司）组织召开专家论证会对专项施工方案进行论证，通过后方可实施。

2. 斜接弯头制作技术要求：（1）公称尺寸大于 400mm 的斜接弯头，其内侧的最小宽度不得小于 50mm。（2）斜接弯头的焊接接头应采用全焊透焊缝。当公称尺寸大于或等于 600mm 时，宜在管内进行封底焊。（3）当公称尺寸大于 1000mm 时，斜接弯头的周长允许偏差为 ±6mm。

3. 根据液压试验的规定，埋地钢管道的试验压力应为设计压力的 1.5 倍，并不得低于 0.4MPa。

管道试验压力 $P = 0.25 \times 1.5 = 0.375\text{MPa} < 0.4\text{MPa}$。

所以，DN1620×12 循环水管道试验压力为 0.4MPa。

4. 根据质量控制点的划分，各控制点对工程质量的影响程度，分为 A、B、C 三级。A 级控制点：影响装置、设备的安全运行、使用功能或运行后出现质量问题时必须停车才可处理或合同协议有特殊要求的质量控制点，必须由施工、监理和业主三方质检人员共同检查确认并签证；B 级控制点：影响下道工序质量的质量控制点，由施工、监理双方质检人员共同检查确认并签证；C 级控制点：对工程质量影响较小或开车后出现问题可随时处理的次要质量控制点，由施工方质检人员自行检查确认。

项目部将管道沟槽开挖标高控制设置为 B 级控制点的理由是：沟槽开挖标高偏差超过规范规定，将会影响下道工序质量——管道安装；管道水压试验及冲洗设置为 A 级控制点的理由是：管道水压试验及冲洗如达不到规范规定，将影响后续相关机组设备的安全运行。

2H320080 机电工程施工安全管理

2H320081 施工现场职业健康安全管理要求

一、职业健康和安全管理实施要求

1. 职业健康安全是指影响或可能影响工作场所内的员工或其他工作人员（包括临时工和承包方员工）、访问者或任何其他人员的健康安全的条件和因素。

2. 项目部应建立职业健康安全管理机构和责任制，项目经理是职业健康安全管理第一责任人，施工队长、班组长是管理人员，负责本施工队、本班组的职业健康安全管理工作。实行总承包和分包的施工项目由总承包单位统一负责施工现场的职业卫生管理，检查分包单位职业病危害防治措施。

3. 项目部应根据施工规模配备专职职业健康安全管理人员，建筑工程、装饰工程按建筑面积配备；土木工程、线路管道、设备安装按照总造价配备；分包单位应根据作业人数配备专职或兼职职业卫生管理人员。

二、项目部施工安全实施要点

1. 根据企业安全生产管理制度，实施施工现场安全生产管理

（1）制定项目安全管理目标，建立安全生产组织与责任体系，明确安全生产管理职责，实施责任考核；

（2）配置满足安全生产、文明施工要求的费用、从业人员、设施、设备、劳动防护用品及相关的检测器具；

（3）编制安全技术措施、方案、应急预案；

（4）落实施工过程的安全生产措施，组织安全检查，整改安全隐患；

（5）组织施工现场场容场貌、作业环境和生活设施安全文明达标；

（6）确定消防安全责任人，制定用火、用电、使用易燃易爆材料等各项消防安全管理制度和操作规程，设置消防通道、消防水源，配备消防设施和灭火器材，并在施工现场入口处设置明显标志；

（7）组织事故应急救援抢险；

（8）对施工安全生产管理活动进行必要的记录，保存应有的资料。

2. 建立健全安全生产责任体系

（1）项目经理应为工程项目安全生产第一责任人，应负责分解落实安全生产责任，实施考核奖惩，实现项目安全管理目标；

（2）工程项目总承包单位、专业承包和劳务分包单位的项目经理、技术负责人和专职安全生产管理人员，应组成安全管理组织，并应协调、管理现场安全生产，项目经理应按规定到岗带班指挥生产；

（3）总承包单位、专业承包和劳务分包单位应按规定配备项目专职安全生产管理人员，负责施工现场各自管理范围内的安全生产日常管理；

（4）工程项目部其他管理人员应承担本岗位管理范围内的安全生产职责；

（5）分包单位应服从总承包单位管理，并应落实总承包项目部的安全生产要求；

（6）施工作业班组应在作业过程中执行安全生产要求；作业人员应严格遵守安全操作规程，并应做到不伤害自己、不伤害他人和不被他人伤害。

3. 项目部各类人员安全生产职责

（1）项目专职安全生产管理人员应按规定到岗，并应履行下列主要安全生产职责：

1）对项目安全生产管理情况应实施巡查，阻止和处理违章指挥、违章作业和违反劳动纪律等现象，并应做好记录；

2）对危险性较大的分部分项工程应依据方案实施监督并做好记录；

3）应建立项目安全生产管理档案，并应定期向企业报告项目安全生产情况。

（2）项目总工程师对本工程项目的安全生产负技术责任。

1）工程项目施工前，应组织编制施工组织设计、专项施工方案（措施），内容应包括工程概况、编制依据、施工计划、施工工艺、施工安全技术措施、检查验收内容及标准、计算书及附图等；

2）按规定对施工组织设计、专项施工方案（措施）进行审批、论证、交底、验收、检查。

（3）施工员对所管辖劳务队（或班组）的安全生产负直接领导责任。

（4）作业队长的安全职责包括：向作业人员进行安全技术措施交底，组织实施安全技术措施；对项目现场安全防护装置和设施进行验收；对作业人员进行安全操作规程培训，提高作业人员的安全意识，避免产生安全隐患；当发生重大安全事故时，应组织保护现场，采取措施降低损失，立即上报并参与事故调查处理。

（5）班组长的安全职责包括：安排施工生产任务时，向本工种作业人员进行安全措施交底；严格执行本工种安全技术操作规程，拒绝违章指挥；作业前应对本次作业所使用的机具、设备、防护用具及作业环境进行安全检查，消除安全隐患，检查安全标牌是否按照规定设置，标识方法和内容是否正确完整；组织班组开展安全活动，召开上岗前安全生产会；每周应进行安全讲评。

（6）操作工人的安全职责包括：认真学习并严格执行安全技术操作规程，不违规作业；自觉遵守安全生产规章制度，执行安全技术交底和有关安全生产规定；服从安全监督人员的指导，积极参加安全活动；爱护安全设施；正确使用防护用具；对不安全作业提出意见，拒绝违章指挥。被派遣劳动者与本单位从业人员具有相同的安全生产权利和义务。

（7）承包人对分包人的安全生产责任应包括：审查分包人的安全施工资格和安全生产保证体系，不应将工程分包给不具备安全生产条件的分包人；在分包合同中应明确分包人安全生产责任和义务；对分包人提出安全管理要求，并认真监督检查；对违反安全规定冒险蛮干的分包人，应令其停工整改；承包人应统计分包人的伤亡事故，按规定上报，并按分包合同约定协助处理分包人的伤亡事故。

（8）分包人安全生产责任应包括：分包人对其所承担工作任务相关的安全工作负责，认真履行分包合同规定的安全生产责任；遵守承包人的相关安全生产制度，服从承包人的安全生产管理，及时向承包人报告伤亡事故并参与调查，处理善后事宜。

（9）实习学生的安全生产责任包括：接受生产经营单位的安全生产教育和培训，遵守安全操作规程，正确使用生产经营单位提供的必要的劳动防护用品，服从安全生产监督人员的指导。

三、安全技术交底制度

1. 安全技术交底制

（1）工程开工前，工程技术人员要将工程概况、施工方法、安全技术措施等向全体职工详细交底。

（2）分项、分部工程施工前，工长（施工员）向所管辖的班组进行安全技术措施交底。

（3）两个以上施工队或工种配合施工时，工长（施工员）要按交叉施工安全技术措施的要求向班组长进行交叉作业的安全技术交底。

（4）专项施工方案实施前，编制人员或项目技术负责人应向施工现场管理人员进行交底。施工现场管理人员应向作业人员进行安全交底，并由双方和项目专职安全生产管理人员签字确认。

（5）班组长要认真落实安全技术交底，每天要对工人进行施工要求、作业环境的安全交底。

（6）安全技术交底可以分为：施工工种安全技术交底，分项、分部工程施工安全技术交底，采用新技术、新设备、新材料、新工艺施工的安全技术交底。

2. 安全技术交底记录

（1）工长（施工员）进行书面交底后，应保存安全技术交底记录和所有参加交底人员的签字。

（2）交底记录由安全员负责整理归档。

交底人及安全员应对安全技术交底的落实情况进行检查，发现有违反安全规定的情形应立即采取整改措施，安全技术交底记录一式三份，分别由工长、施工班组和安全员留存。

3. 安全技术交底主要内容

（1）工程项目和分部分项的概况；

（2）本施工项目的施工作业特点和危险点；

（3）针对危险点的具体预防措施；

（4）作业中应遵守的操作规程及注意事项；

（5）发现事故隐患应采取的措施；

（6）发生事故后应采取的避难、应急、急救措施。

四、安全检查

1. 事故隐患和事故的关系

（1）事故隐患是事故的基础，没有事故隐患就没有事故，事故是事故隐患的结果，但并不是有事故隐患就一定有事故，这里既有积累的问题，也有概率的问题。

（2）事故是既成事实，无法挽回，只能作为前车之鉴；而事故隐患还有补救的余地，积极消除事故隐患，可以避免事故。

（3）事故隐患与危险源不是等同的概念。事故隐患实质是有危险的、不安全的、有缺陷的"状态"，这种状态可在人或物上表现出来，如穿越马路行人闯红灯、超载吊装违章行为分别会触发车辆误撞、起重机械失稳的危险源产生事故；也可表现在管理的程序、内容或方式上，如检查不到位、制度的不健全、培训不到位等事故隐患。危险源是在一定的触发因素作用下发生事故，是发生安全事故的直接原因。一般来说，事故隐患使危险源安全风险升高，对于存在事故隐患的危险源一定要及时加以整改，否则随时都可能导致事故。

2. 事故隐患

（1）安全生产事故隐患，是指生产经营单位违反安全生产法律、法规、规章、标准、规程和安全生产管理制度的规定，或者因其他因素在生产经营活动中存在可能导致事故发生的物的危险状态、人的不安全行为和管理上的缺陷。

（2）事故隐患分为一般事故隐患和重大事故隐患。一般事故隐患，是指危害和整改难度较小，发现后能够立即整改排除的隐患。重大事故隐患，是指危害和整改难度较大，应当全部或者局部停产停业，并经过一定时间整改治理方能排除的隐患，或者因外部因素影响致使生产经营单位自身难以排除的隐患。

（3）施工单位项目负责人应根据工程的特点组织制定安全施工措施，消除检查中发现的安全事故隐患。安全施工措施是针对施工安全的专门措施，每个施工现场、每个不同作业环境都不相同，这就需要项目负责人针对工程的特点，组织相关人员制定该工程施工措施，以保证安全施工，并对施工过程中随时出现的安全事故隐患，及时采取相应措施加以解决，消除安全事故隐患。

五、职业健康检查

1. 检查分类

按照劳动者接触的职业病危害因素，职业健康检查分为以下六类：

（1）接触粉尘类；

（2）接触化学因素类；

（3）接触物理因素类；

（4）接触生物因素类；

（5）接触放射因素类；

（6）其他类（特殊作业等）。

2. 实施要点

（1）用人单位工作场所存在职业病目录所列职业病的危害因素的，应当及时、如实向所在地安全生产监督管理部门申报危害项目，接受监督。

（2）用人单位应当设置或者指定职业卫生管理机构或者组织，配备专职或者兼职的职业卫生管理人员，负责本单位的职业病防治工作。

（3）《职业健康检查管理办法》所称职业健康检查是指医疗卫生机构按照国家有关规定，对从事接触职业病危害作业的劳动者进行的上岗前、在岗期间、离岗时的健康检查。

六、消防安全检查

1. 检查方式

施工过程中，施工现场的消防安全负责人应定期组织消防安全管理人员对施工现场的消防安全进行检查。

2. 检查内容

（1）可燃物及易燃易爆危险品的管理是否落实；

（2）动火作业的防火措施是否落实；

（3）用火、用电、用气是否存在违章操作，电、气焊及保温防水施工是否执行操作规程；

（4）临时消防设施是否完好有效；

（5）临时消防车道及临时疏散设施是否畅通。

2H320082 施工现场危险源辨识

一、项目危险源辨识范围

1. 项目施工危险源辨识的重要性

危险源辨识是项目建设施工安全管理的首要工作，只有在前期将潜在危险源被成功识别，评价工作才有效果。

2. 危险源与事故隐患

（1）危险源，是指可能导致人身伤亡或者财产损失的一种根源、状态、行为或者组合。

（2）危险源应由三个要素构成：潜在危险性、存在条件和触发因素。

1）危险源的潜在危险性是指一旦触发事故，可能带来一定的危害程度或损失大小（或危险源可能释放的能量强度或危险物质量的大小）。

2）危险源的存在条件是指危险源所处的物理、化学状态和约束条件状态。例如，物质的压力、温度、化学稳定性，盛装压力容器的坚固性，周围环境障碍物等情况。

3）触发因素虽然不属于危险源的固有属性，但它是危险源转化为事故的外因，而且每一类型的危险源都有相应的敏感触发因素。如易燃、易爆物质，热能是其敏感的触发因素，又如压力容器，压力升高是其敏感的触发因素。一定的危险源总是与相应的触发因素相关联。在触发因素的作用下，危险源转化为危险状态，继而转化为事故。

（3）危险源管理不当才是隐患，才会导致事故，例如，手持磨光机打磨焊缝，该工序属于一个危险源，如果加上一个防护罩后，能量得到控制，不会发生事故，如果防护罩失效或者取消了，这种行为属于管理缺陷，属于事故隐患的范畴。

（4）"安全隐患"不是法规使用的术语，应采用法规中使用的"事故隐患"术语。

二、危险源的种类

1. 危险源分类

《职业健康安全管理体系 要求及使用指南》GB/T 45001—2020 中，危险源分为物理危险源、化学危险源、生物危险源、社会心态危险源四大类。

2. 危险源分级

（1）高处作业分级是以四个区段高度为基础，按是否存在直接引起坠落的客观危险因素为依据，高处作业高度在 2m 至 5m 时，称为一级高处作业；高处作业高度在 5m 以上至 15m 时，称为二级高处作业；高处作业高度在 15m 以上至 30m 时，称为三级高处作业；高处作业高度在 30m 以上时，称为特级高处作业。特殊高处作业包括以下几个类别：

1）在阵风风力六级以上的高处作业称为强风高处作业。

2）在高温或低温环境下的高处作业称为异温高处作业。

3）降雪时进行的高处作业称为雪天高处作业。

4）降雨时进行的高处作业称为雨天高处作业。

5）室外完全采用人工照明时进行的高处作业称为夜间高处作业。

6）在接近或接触带电体条件下的高处作业称为带电高处作业。

7）在无立足点或无牢靠立足点条件下的高处作业称为悬空高处作业。

8）对突发灾害事故进行抢救的高处作业称为抢救高处作业。

例如：三级雪天高处作业是指在降雪天气条件下，于 15m 至 30m 作业高度的高处作业。

（2）生产性粉尘分级是综合评估其健康性危害、劳动者接触程度等的基础上，根据粉尘中游离二氧化硅含量、工作场所空气中粉尘的职业接触比值和劳动者的体力劳动强度等要素的权重数。

（3）噪声分级是按国家职业卫生标准划分。

3. 重大危险源

（1）重大危险源是指长期的或者临时的生产、搬运、使用或者储存危险品，且危险品的数量等于或者超过临界量的单元（包括场所和设施）。

（2）按照重大危险源的种类和能量在意外状态下可能发生事故的最严重后果，重大危险源分为以下四级：

1）一级重大危险源：可能造成特别重大事故的；

2）二级重大危险源：可能造成重大事故的；

3）三级重大危险源：可能造成较大事故的；

4）四级重大危险源：可能造成一般事故的。

（3）重大危险源辨识标准规定了辨识重大危险源的依据和方法，以及计算重大危险源辨识临界量和最大量的方法。

（4）申报备案：生产经营单位要对本单位的重大危险源进行登记建档，建立重大危险源管理档案，并按照国家和地方有关部门重大危险源申报登记的具体要求，在每年3月底前将有关材料报送当地县级以上人民政府安全生产监督管理部门备案。

4. 施工安全重大危险源的主要类型及成因

（1）施工安全重大危险源分类

1）施工场所重大危险源

存在于分部、分项（工序）工程施工、施工装置运行过程和物质的重大危险源：脚手架（包括落地架、悬挑架、爬架等）、基坑、卸料平台、支撑、塔式起重机、物料提升机、施工电梯安装与运行，局部结构工程或临时建筑（工棚、围墙等）失稳，造成坍塌、倒塌意外；高度大于2m的作业面（包括高空、洞口、临边作业），因安全防护设施不符合或无防护设施、人员未配系防护绳（带）等造成人员踏空、滑倒、失稳等意外；工程材料、构件及设备的堆放与搬（吊）运等发生高空坠落、堆放散落、撞击人员等意外；施工用易燃易爆化学物品临时存放或使用不符合、防护不到位，造成火灾或人员中毒意外；工地饮食因卫生不符合，造成集体中毒或疾病。

《危险性较大的分部分项工程安全管理规定》（住房和城乡建设部令第37号）中"危大工程"均属于施工场所重大危险源的危险因素。

2）施工场所及周围地段重大危险源

（2）施工安全重大危险源的主要危害

建设施工安全重大危险源，主要有以下类型：坍塌、倒塌、高处坠落、火灾、爆炸等。可能造成的危害（事故）较大。

三、危险源的辨别

1. 危险源辨识依据

（1）《危险化学品重大危险源辨识》GB 18218—2018；

（2）《职业健康安全管理体系　要求及使用指南》GB/T 45001—2020；

（3）《建设项目工程总承包管理规范》GB/T 50358—2017中"13 项目安全、职业健康与环境管理"；

（4）《生产过程危险和有害因素分类与代码》GB/T 13861—2022。

2. 危险源辨识要求

（1）项目安全管理应进行危险源辨识和风险评价，制订安全管理计划，并进行控制。

（2）项目职业健康管理应进行职业健康危险源辨识和风险评价，制订职业健康管理计划，并进行控制。

3. 危险源辨识基本方法

（1）对于不同的行业，其所用危险源辨识方法可能会有非常大的差异，有的仅需使用简单方法，而有的却要使用复杂的、带有大量文件的量化分析。

（2）对于不同的危险源，也可能需使用不同的评价方法，例如，对于长期接触化学品的岗位，其风险评价方法可能不同于从事设备安全或办公室工作的岗位。

（3）每个组织宜选择与其范围、性质和规模相适宜的方法，该方法能确保数据可靠，并能确保数据在详尽性、复杂性、及时性、成本和可利用性方面满足组织的需求。

（4）国内外已经开发出的危险源辨识方法有几十种之多，如安全检查表、预危险性分析、危险和操作性研究、故障类型和影响性分析、事件树分析、故障树分析、LEC 法、储存量比对法等。项目施工危险源辨识常采用"安全检查表"方法。

4. 危险源辨识实施要点

（1）工程总承包项目的主要活动和设施的危险源辨识：

1）项目的常规活动，如正常的施工活动；

2）项目的非常规活动，如加班加点、抢修活动等；

3）所有进入作业场所人员的活动，包括项目部成员、项目分包人、监理及项目发包人代表和访问者的活动；

4）作业场所内所有的设施，包括项目自有设施、项目分包人拥有的设施、租赁的设施等。

（2）编制危险源清单有助于辨识危险源，及时采取措施，减少事故的发生。

清单在项目初始阶段进行编制。清单的内容一般包括：危险源名称、性质、风险评价和可能的影响后果，需采取的对策或措施。

四、危险和有害因素

1. 分类

按可能导致生产过程中危险和有害因素的性质进行分类。生产过程危险和有害因素共分为四大类，分别是"人的因素""物的因素""环境因素"和"管理因素"。

2. 危险和有害因素与危险源

（1）危险因素是构成危险源的物质基础。它表示劳动生产过程的物质条件（如工具、设备、机械、产品、劳动场所、环境等）的固有危险性质和它本身潜在的破坏能量。

（2）危险因素所固有的危险性质，还决定了它受管理缺陷和外界条件激发转化为危险源的难易程度，这种难易程度称为危险因素的感度。感度愈高，危险因素愈容易转化为危险源；结构和能量容易发生形变和转化的物质，也容易转化为危险源。

2H320083 施工安全技术措施

一、施工安全技术措施的制定

（一）相关法规标准规定

1.《建设工程安全生产管理条例》中规定：

（1）建设工程施工前，施工单位负责项目管理的技术人员应当对有关安全施工的技术要求向施工作业班组、作业人员作出详细说明，并由双方签字确认。

（2）施工单位应当将施工现场的办公、生活区与作业区分开设置，并保持安全距离；办公、生活区的选址应当符合安全性要求。职工的膳食、饮水、休息场所等应当符合卫生标准。施工单位不得在尚未竣工的建筑物内设置员工集体宿舍。

（3）施工现场临时搭建的建筑物应当符合安全使用要求。施工现场使用的装配式活动房屋应当具有产品合格证。

2.《建筑施工组织设计规范》GB/T 50502—2009。

3.《建设工程施工现场消防安全技术规范》GB 50720—2011。

4.《企业安全生产费用提取和使用管理办法》（财企〔2012〕16号）。

（二）实施要点

1. 施工安全管理计划

（1）安全管理计划可参照《职业健康安全管理体系　要求及使用指南》GB/T 45001—2020，在施工单位安全管理体系的框架内编制。

（2）安全管理计划应包括下列内容：

1）确定项目重要危险源，制定项目职业健康安全管理目标；

2）建立有管理层次的项目安全管理组织机构并明确职责；

3）根据项目特点，进行职业健康安全方面的资源配置；

4）建立具有针对性的安全生产管理制度和职工安全教育培训制度；

5）针对项目重要危险源，制定相应的安全技术措施；对达到的危险性较大的分部（分项）工程和特殊工种的作业应制订专项安全技术措施的编制计划；

6）根据季节、气候的变化，制定相应的季节性安全施工措施；

7）建立现场安全检查制度，并对安全事故的处理做出相应规定。

2. 施工现场及生活区平面布置

《建设工程施工现场消防安全技术规范》GB 50720—2011中规定，下列临时用房和临时设施应纳入施工现场总平面布局：

（1）施工现场的出入口、围墙、围挡。

（2）场内临时道路。

（3）给水管网或管路和配电线路敷设或架设的走向、高度。

（4）施工现场办公用房、宿舍、发电机房、变配电房、可燃材料库房、易燃易爆危险品库房、可燃材料堆场及其加工场、固定动火作业场等。

（5）临时消防车道、消防救援场地和消防水源。

3. 施工安全技术措施费

（1）按照"企业提取、政府监管、确保需要、规范使用"的原则进行管理。

（2）建设工程施工企业以建筑安装工程造价为计提依据。电力工程、城市轨道交通工程为2.0%，市政公用工程、冶炼工程、机电安装工程、化工石油工程、港口与航道工程、公路工程、通信工程为1.5%。

（3）建设工程施工企业提取的安全费用列入工程造价，在竞标时，不得删减，列入标外管理。

（4）总承包单位应当将安全费用按比例直接支付分包单位并监督使用，分包单位不再重复提取。

二、吊装作业的安全技术措施

（一）法规标准的应用

1.《特种设备安全监察条例》中规定：特种设备在投入使用前或者投入使用后 30 日内，特种设备使用单位应当向直辖市或者设区的市的特种设备安全监督管理部门登记。登记标志应当置于或者附着于该特种设备的显著位置。

2.《建设工程安全生产管理条例》中规定：施工单位应当在施工组织设计中编制安全技术措施和施工现场临时用电方案，对达到一定规模的危险性较大的分部分项工程编制专项施工方案，并附具安全验算结果，经施工单位技术负责人、总监理工程师签字后实施，由专职安全生产管理人员进行现场监督；施工单位采购、租赁的安全防护用具、机械设备、施工机具及配件，应当具有生产（制造）许可证、产品合格证，并在进入施工现场前进行查验。

3.《建筑施工起重吊装工程安全技术规范》JGJ 276—2012（以下简称 JGJ 276）。

4.《大型设备吊装安全规程》SY/T 6279—2016（以下简称 SY/T 6279）。

5. 石油化工相关规范、规程：

（1）《石油化工大型设备吊装工程规范》GB 50798—2012（以下简称 GB 50798）；

（2）《石油化工工程起重施工规范》SH/T 3536—2011（以下简称 SH/T 3536）；

（3）《石油化工大型设备吊装工程施工技术规程》SH/T 3515—2017（以下简称 SH/T 3515）。

（二）起重实施要点

1. 起重吊装规范标准应用

（1）JGJ 276 适用于工业与民用建筑施工中的起重吊装作业。

（2）SH/T 3536 对石油化工起重用的起重机械、桅杆、地锚、索具、吊具、吊点等作出了规定，并将起重施工作业划分为重大及一般两个等级，重大等级的吊装还应执行 SH/T 3515。

（3）GB 50798 中规定：吊装工程技术准备应包括吊装规划和方案的编制。

（4）SY/T 6279 内容较 SH/T 3536 更细腻，其中规定：编制人员应具有工程师资格，审核人员应具有高级工程师资格，批准人应为企业技术负责人或其授权人员。大型设备吊装方案或吊装技术措施（统称"吊装技术措施"）应经过审核、批准。如需对吊装技术措施进行更改，应按原审批程序重新进行审批。首次采用新工艺、新方法时，应由企业技术负责人组织进行评审、批准。

2. 技术准备

（1）属于危险性较大的分部分项工程的起重吊装作业，应编制安全专项方案。

（2）大型设备吊装前向当地气象部门了解掌握吊装时的天气情况、办理吊装作业许可、做好联合检查，应对参与吊装作业人员进行信号传递演练。

3. 操作要求

（1）流动式起重机吊装过程中，应重点监测以下部位的变化情况：

吊点及吊索具受力；起升卷扬机及变幅卷扬机；超起系统工作区域；起重机吊装主要参数仪表显示变化情况（吊臂长度、工作半径、仰角、载荷及负载率等）；吊装安全距离；起重机水平度及地基变化情况等。

（2）对起吊物进行移动、吊升、停止、安装时的全过程应用旗语或通用手势信号进行指挥，信号不明不得起动，上下相互协调联系应采用无线通信设备（如：对讲机）。

（3）已安装好的结构构件，未经有关设计和技术部门批准不得用作受力支承点和在构件上随意凿洞开孔。不得在其上堆放超过设计荷载的施工荷载。

（4）设备就位后，应及时固定。经吊装指挥确认同意后，方可拆除吊装索具。

（5）吊装结束后，应及时清理现场。

三、主要施工机械和临时用电安全管理

1. 主要施工机械的安全隐患及防护措施

施工机械应按其技术性能、参数的要求正确使用，缺少安全装置或安全装置已失效的施工机械不得使用；严禁拆除施工机械上的自控机构、力矩限位器及监测、指示仪表、报警器等安全信号装置；施工机械的调试和故障的排除应由专业人员进行，且严禁在运行状态下进行排障作业。

2. 临时用电的检查验收标准及准用程序

（1）根据国家的有关标准、规范和施工现场的实际负荷情况，编制施工现场"临时用电施工组织设计"，由施工企业总工程师批准，报监理和业主审批后，协助业主向当地电业部门申报用电方案。

（2）按照电业部门批复的方案及《施工现场临时用电安全技术规范》JGJ 46—2005 进行设备、材料的采购和施工；对临时用电施工项目进行检查、验收，并向电业部门提供相关资料，申请送电；电业部门进行检查、验收和试验，同意送电后方可送电使用。

（3）临时用电检查验收的主要内容

临时用电工程必须由持证电工施工。检查内容包括：接地与防雷、配电室与自备电源、各种配电箱及开关箱、配电线、变压器、电气设备安装，电气设备调试，接地电阻测试记录等。

（4）临时用电工程的定期检查

检查工作应按分部、分项工程进行，对不安全因素，必须及时处理，并履行复查验收手续。

2H320084 施工安全应急预案

一、机电工程施工安全事故应急预案

（一）法规标准

1.《中华人民共和国职业病防治法》规定，用人单位应建立、健全职业病危害事故应急救援预案。

2.《建设工程安全生产管理条例》对应急救援规定有：

（1）施工单位应当制定本单位生产安全事故应急救援预案，建立应急救援组织或者配备应急救援人员，配备必要的应急救援器材、设备，并定期组织演练。

（2）施工单位应当根据建设工程施工的特点、范围，对施工现场易发生重大事故的部位、环节进行监控，制定施工现场生产安全事故应急救援预案。实行施工总承包的，由总承包单位统一组织编制建设工程生产安全事故应急救援预案，工程总承包单位和分包单位按照应急救援预案，各自建立应急救援组织或者配备应急救援人员，配备救援器材、设备，并定期组织演练。

3.《生产安全事故应急条例》规定，生产经营单位应当针对本单位可能发生的生产安全事故的特点和危害，进行风险辨识和评估，制定相应的生产安全事故应急救援预案，并向本单位从业人员公布。

4.《安全生产事故应急预案管理办法》（原安全生产监管总局令第 88 号）中规定，生产经营单位应急预案分为：综合应急预案、专项应急预案、现场处置方案。

（二）实施要点

1. 应急预案体系

生产经营单位的应急预案体系主要由综合应急预案、专项应急预案和现场处置方案组成。生产经营单位应根据本单位组织管理体系、生产规模、危险源的性质以及可能发生的事故类型确定应急预案体系，并可根据本单位的实际情况，确定是否编制专项应急预案，风险因素单一的小微型生产经营单位可只编写现场处置方案。

2. 应急救援预案

（1）生产经营单位应急预案编制程序包括成立应急预案编制工作组、资料收集、风险评估、应急能力评估、编制应急预案和应急预案评审 6 个步骤。

（2）综合应急预案是生产经营单位应急预案体系的总纲，主要从总体上阐述事故的应急工作原则，包括生产经营单位的应急组织机构及职责、应急预案体系、事故风险描述、预警及信息报告、应急响应、保障措施、应急预案管理等内容。

（3）专项应急预案是生产经营单位为应对某一类型或某几种类型事故，或者针对重要生产设施、重大危险源、重大活动等内容而制定的应急预案。专项应急预案主要包括事故风险分析、应急指挥机构及职责、处置程序和措施等内容。

3. 应急处置方案

（1）现场处置方案是生产经营单位根据不同事故类别，针对具体的场所、装置或设施所制定的应急处置措施，主要包括事故风险分析、应急工作职责、应急处置和注意事项等内容。生产经营单位应根据风险评估、岗位操作规程以及危险性控制措施，组织本单位现场作业人员及安全管理等专业人员共同编制现场处置方案。

（2）施工现场项目部专项施工方案内容应包括应急处置措施。

二、机电工程预防重大危险源事故的实施要求

（一）预防高处坠落事故的实施要求

1. 重大危险源

"高处作业"和"洞口、临边处作业"等。

2. 有害因素

无安全技术防护措施；安全网、安全带使用不满足要求；安全技术交底与安全培训相对滞后。

3. 预防措施

（1）有稳固的立足处；必须有防护栏、盖板、安全网、防护门等防护设施，且应齐全、可靠、有效，并经验收合格后标识清晰方可使用。

（2）编制危大工程专项施工方案，贯彻落实《危险性较大的分部分项工程安全管理规定》。

（二）预防触电事故的实施要求

1. 重大危险源

临时用电线路、配电箱、开关箱、设备等。

2. 有害因素

未达到三级配电、两级保护；未提供用电防护用品；电线敷设不满足要求；临时用电管理较混乱；电工无证操作等。

3. 预防措施

（1）施工现场临时用电必须符合《施工现场临时用电安全技术规范》JGJ 46—2005 的规定要求；

（2）电工作业应正确穿戴防护用品；

（3）当工程外侧边缘与外电高压线的距离小于安全距离时，必须增设保护屏障、围栏或保护网，施工机械设备和钢管脚手架严禁碰触高压电线；

（4）各类机电设备、手持电动工具必须经过漏电开关，进行有效的接地、接零，电焊机双线到位，室外机械设备增设雨雪篷；

（5）使用的各类型电线电缆如有破损老化要及时清除和采取保护措施；

（6）禁止使用未接零和灯杆未做绝缘的照明设备。

（三）预防物体打击事故的实施要求

1. 重大危险源

高处落物、锤击等。

2. 有害因素

野蛮拆卸、未设置警示标志或专人监护、未正确穿戴劳动保护用品等。

3. 预防措施

（1）安全帽、劳保鞋等劳动保护用品验收合格；

（2）施工现场的入口处、作业场所悬挂相应的警示标志；

（3）项目部安全部门负责日常检查，相关部门负责项目施工现场监督。

三、伤亡事故发生时的应急措施

施工现场伤亡事故发生后，项目部应立即启动"事故应急预案"。

（1）首先抢救伤员，立即联系急救医院，争取抢救时间。

（2）应迅速排除险情，采取必要措施防止事故进一步扩大。

（3）保护事故现场，划出隔离区，做出隔离标识，并有人看护事故现场。确因抢救伤员和排险要求，而必须移动现场物品时，应当做出标记和书面记录，妥善保管有关证物；现场各种物件的位置、颜色、形状及其物理、化学性质等尽可能保持事故结束时的原来状态；必须采取一切可能的措施，防止人为或自然因素的破坏。

根据《中华人民共和国安全生产法》的规定，企业应认真履行安全生产主体责任，做到"四到位"，即安全投入到位、安全培训到位、基础管理到位、应急救援到位。

2H320085　施工现场安全事故处理

一、生产安全事故等级的划分

1. 生产安全事故

根据生产安全事故造成的人员伤亡或者直接经济损失，生产安全事故一般分为 4 个等级：特别重大事故、重大事故、较大事故、一般事故。

2. 特种设备事故

根据特种设备事故造成的人员伤亡或直接经济损失，特种设备事故一般分为4个等级：特别重大事故、重大事故、较大事故、一般事故。

二、事故报告

1. 事故报告程序

（1）事故发生后，事故现场有关人员应立即向本单位负责人报告；单位负责人接到报告后，应当于1个小时内向事发地县级以上人民政府安全生产监督管理部门和负有安全生产监督管理职责的有关部门报告。

（2）情况紧急时，事故现场有关人员可以直接向事发地县级以上人民政府安全生产监督管理部门和负有安全生产监督管理职责的有关部门报告。

2. 报告事故的内容

（1）事故发生单位概况；

（2）事故发生的时间、地点以及施工现场情况；

（3）事故的简要经过；

（4）事故已经造成或者可能造成的伤亡人数（包括下落不明的人数）和初步估计的直接经济损失；

（5）已经采取的措施；

（6）其他应报告的情况。

三、事故调查

特别重大事故由国务院或由国务院授权有关部门组织事故调查组进行调查；重大事故、较大事故、一般事故分别由省级、市级、县级人民政府负责调查；未造成人员伤亡的一般事故，县级人民政府也可委托事故发生单位组织调查组进行调查。

四、事故处理及其法律责任

事故调查处理应当按照科学严谨、依法依规、实事求是、注重实效的原则，及时、准确地查清事故原因，查明事故性质和责任，总结事故教训，提出整改措施，并对事故责任者提出处理意见。有关机关按照事故调查的人民政府的批复，依照法律及行政法规规定的权限和程序，对事故发生单位和有关人员进行行政处罚；事故发生单位应按照批复，对本单位负有事故责任的人员进行处理。负有事故责任的人员涉嫌犯罪的，依法追究刑事责任。

【案例 2H320080-1】

一、背景

某石化公司油库扩建项目中，A公司中标运行储罐区相邻预留场地新增6台5000m³制作安装及机泵、工艺管道、电气装置、自动化仪表等全部机电安装工程。开工前，根据报业主批准的施工组织设计中的规定，采用彩钢板将运行储罐区域与新建区隔离成2.6m高的临时防火墙；对辨识出施工中存在的危险源火灾、爆炸、临时用电设施漏电、起重吊装失稳等进行了风险评价，编制了事故应急处置预案。

项目部采用液压顶升倒装法进行储罐的安装，在罐本体组焊完成且水压试验合格后，罐壁内、外搭设脚手架进行壁板表面防腐施工。新增管线与原有管线碰头选在该厂的冬季检修期间进行。

在 4 号罐体试压合格后，施工队安排一名工人排放罐体内试压用水，结果因未打开透气孔而使储罐发生抽瘪变形，项目部及时向业主领导做了报告，及时组织矫正了变形，业主同意让步接受，事后 A 公司现场安全检查发现后，提请公司对项目经理进行了通报批评。在进行储罐外壁防腐时，脚手架发生垮塌，造成 3 人重伤。

二、问题

1. A 公司施工中，可能存在的危险源还有哪些？

2. 发生储罐变形的安全事故处理的四不放过原则的具体内容是什么？

3. 生产经营单位的安全管理四到位的具体内容是什么？造成 3 人重伤的安全事故，生产经营单位是否负有责任？

4. 按照劳动者接触的职业病危害因素，本项目涉及哪几类职业健康危害？

三、分析与参考答案

1. 可能存在危险源还有：受限空间作业、高处坠物、高处作业、粉尘区内作业、焊缝射线检测、脚手架失稳等。

2. 事故处理的四不放过原则是：

（1）事故原因未查明不放过；

（2）事故责任人没处理不放过；

（3）职工没得到教育不放过；

（4）没有制定防范措施不放过。

3. 根据《安全生产法》的规定，企业应认真履行安全生产主体责任，做到"四到位"，即安全投入到位、安全培训到位、基础管理到位、应急救援到位。

生产经营单位委托生产技术管理服务机构为其提供服务的，安全生产责任仍由本单位负责。

4. 按照劳动者接触的职业病危害因素，本项目涉及以下几类职业健康危害：

（1）接触粉尘类（喷砂除锈等产生大量粉尘）；

（2）接触化学因素类（油漆、溶剂等化学试剂）；

（3）接触物理因素类（焊接烟尘等）；

（4）接触放射因素类（射线探伤）；

（5）其他类（特殊作业等）。

【案例 2H320080-2】

一、背景

A 机电安装公司总承包了某石化厂的机电安装工程，经建设单位同意后，把防腐保温及给水排水工程分包给具有相应专业承包资质的 B 公司。在开工前，A 公司项目经理部组织各部门及各分包单位签订了安全生产责任书，明确了各单位及相关人员的安全责任。同时，对危险性较大的分部分项工程进行统计，均要求编制了详细的专项施工方案。

施工中为了吊装两台大型设备，项目部租赁了 500t 履带起重机，在 500t 履带起重机进场的当天，突降大暴雨，卸车时吊臂杆碰撞损伤，未能完成履带起重机的组装。A 公司被迫停工 3 天，并花修理费 3 万元。A 公司向建设单位提出费用和工期索赔。

500t 履带起重机组装后，进行空试起钩、落钩、变幅、回转及行走测试，测试结果合格，项目部随即使用该设备正式吊装。

500t 履带起重机在吊装作业中，转臂突然失控，致使 B 公司高空作业的两名工人坠落，发生一人重伤、一人运往医院途中死亡的安全事故。

二、问题

1. A 公司对于 B 公司的安全生产责任有哪些？

2. 试分析 A 公司向建设单位的索赔结果。

3. 500t 履带起重机进场，A 公司应检查哪些内容？

4. 500t 履带起重机吊装时，对地基有何要求？

5. 伤亡事故发生时，应有哪些应急措施？

三、分析与参考答案

1. A 公司对 B 公司的安全责任有：

（1）审查其安全资质及安全保证体系。

（2）分包合同中应明确其安全生产责任和义务。

（3）对其提出要求，并实施监督、检查；对违反规定者令其停工整改。

（4）对其伤亡事故，按规定上报并协助对事故的处理。

2. 在卸车前就应关注天气变化情况，在突遇暴雨的情况下，现场卸车人员应停止卸车，采取临时保护措施以防意外发生。从背景中不能得出此次暴雨为不可抗力的结论。故本次事故是 A 公司和设备出租方的责任（具体责任划分以其之间的租赁合同条款的规定为依据），建设单位应驳回 A 公司的费用索赔和工期索赔请求。

3. 应检查内容如下：

（1）检查吊车的使用档案、说明书等；

（2）认真检查其安全装置，包括力矩限位器、报警器等安全信号装置；

（3）带负荷试吊，并做各种动作试验，包括转向、变幅、起落钩、行走等；

（4）操作人员必须持证上岗。

4. 500t 履带起重机吊装时，对地基的要求如下：

（1）必须在水平坚硬地面上进行吊装作业。吊车的工作位置（包括吊装站位置和行走路线）的地基应根据其他地质情况或测定的地面耐压力为依据，采用合适的方法（一般施工场地的土质地面可采用开挖回填夯实的方法）进行处理。

（2）地面处理后，应做地耐力测试，应满足吊车对地基的要求。

5. 应急措施包括：

（1）立即启动"高空坠落伤亡事故应急处置方案"。

（2）有组织，听指挥，立即抢救伤员，争取抢救时间，并立即联系急救医院。

（3）排除险情，防止事故进一步扩大。

（4）保护事故现场。

（5）立即向本单位负责人报告；若情况紧急，可直接向当地政府安全生产监督管理部门和负有安全生产监督管理职责的有关部门报告。

【案例 2H320080-3】

一、背景

A 公司建设风电场项目装机容量为 100MW，设计安装 46 台单机容量为 2.2MW 的风力发电机组，负责设备采购运输到现场。单台设备由塔筒（分三段到场）、机舱、发电机、轮毂、叶片等组成，风机机组轮毂中心高度为 152 m。B 公司中标施工总承包所有建筑安装工程，经 A 公司同意后，将风电场项目每个单机划分建筑、安装两个单位工程，单机之间公用工程划分为建筑、安装两个单位工程；与 C 公司签订了风电场电缆直埋专业分包施工合同。

图 2H320085　机舱吊装

B 公司成立项目经理部，及时对风力发电设备吊装工艺进行了研究，根据风机塔筒，机组超高、超大、超重的情况，制定专项吊装方案。此外，项目地处农田、河道及藕塘区，针对运输道路、作业环境较为复杂的具体情况，对吊装过程辨识出危险源有：起重机倾倒、机舱吊装就位脱钩作业、螺栓或工具高空坠落等，编制了专项施工方案，并组织专家论证会审议通过。采用履带起重机主吊，100t 汽车起重机作为辅助吊装机械，如图 2H320085 所示。

二、问题

1. 机舱吊装就位脱钩作业危险源的有害因素主要包括哪些？该危险源可能引发的事故后果是什么？

2. 安装过程水平度、垂直度、塔筒法兰间隙检测使用哪些计量器具？

3. 风电场项目的每一个电气装置分部工程应划分的分项工程有哪些？

4. C 公司直埋电缆施工时，应在哪些明显的方位标注或标桩？

5. 履带起重机的使用有哪些要求？

三、分析与参考答案

1.（1）未正确使用安全带；机舱顶部湿滑；作业人员有恐高症、心脏病史；风力大等。

（2）可能引发的事故后果是：作业人员高处坠落后伤亡。

2. 使用水平仪控制设备水平度，使用经纬仪控制塔筒的垂直度，使用塞尺检测塔筒法兰的间隙。

3. 每一个电气装置分部工程应划分的分项工程有：电气设备分项工程、电气线路分项工程。

4. 在直线段每隔 50～100m 处、电缆接头处、转弯处、进入建筑物处等。

5. 履带起重机使用单位对在用特种设备应当至少每月进行一次自行检查，并做出记录。特种设备使用单位对在用特种设备进行自行检查和日常维护保养时发现异常情况的，应当及时处理。

履带起重机使用单位应当对在用特种设备的安全附件、安全保护装置、测量调控装置及有关附属仪器仪表进行定期校验、检修，并做出记录。特种设备组装完成后，必须经相关规定的试验合格，才能投入使用。

【案例 2H320080-4】

一、背景

A 公司建设 26 层公寓楼 5 栋（编号 1～5 号），B 公司与 A 公司签订了施工总承包合同，其中约定将每栋楼 2 部电梯均由制造商 C 公司的子公司 D 安装，D 公司声明服从 B 公司对现场安全生产管理，并与 B 公司订立了合同。D 公司履行电梯安装告知手续后，根据审批的施工方案进行安装作业；5 号楼电梯安装进入自检试运行阶段，尽管 D 公司现场专职安全员在电梯门口放置了"正在试运行，非工作人员禁止进入电梯"的警告标志，仍然有 5 名同工地非电梯安装作业人员自乘电梯至 5 层，电梯故障坠落至底层，造成 1 人重伤、4 人轻伤的安全事故。D 公司项目经理立即向公司主管领导进行了事故报告。事故发生主要原因是 D 公司现场安全管理缺失，在未取得准用许可证，办理交工验收手续前，自检试运行阶段未设专人监护或门口上锁等硬防护有效措施，存在自由进入电梯的重大安全隐患。

1 号楼竣工验收合格交接后三个月，A 公司对通风和空调效能提出了质疑，要求 B 公司补充其效能试验报告。B 公司回复，施工单位对通风和空调系统无生产负荷联合试运转及调试合格后，即可进入竣工验收。

二、问题

1. 电梯安装过程中，除电梯故障自坠落外，还有哪些危险源？

2. 按背景内容，向检验机构报验要求监督检验前，应实施哪些检验程序？

3. D 公司项目经理的事故报告内容主要包括哪些？

4. D 公司项目经理上报事故后，应如何采取事故应急处置？

5. 该项目通风和空调系统带生产负荷综合效能试验与调整应如何组织完成？

三、分析与参考答案

1. 危险源还包括：底坑有杂物或不平整、井道内作业（导轨、部件安装）、未封闭门洞口、临时用电设施等。

2. D 公司自检运行结束后，整理并向 C 公司提供自检记录，由 C 公司负责进行校验和调试；校验和调试符合要求，向检验机构报验要求监督检验。

3. 事故报告内容主要包括：

（1）事故发生单位概况；

（2）事故发生的时间、地点以及施工现场情况；

（3）事故的简要经过；

（4）事故已经造成或者可能造成的伤亡人数（包括下落不明的人数）和初步估计的直接经济损失；

（5）已经采取的措施；

（6）其他应报告的情况。

4. 立即启动事故应急处置预案；立即安排切断电梯电源；立即安排打开底层电梯门；有失去行动能力伤员别急于拉拽移动，立即拨打 120 求助救援；向 B 公司项目经理进行事故报告，疏导救援路线，保护现场并采取措施防止次生事故发生等。

5. 通风和空调系统带生产负荷综合效能试验与调整，应在已具备生产试运行的条件下进行，由 A 公司负责，设计单位、B 公司配合。综合效能试验与调整的项目，应由 A 公司根据工程性质、生产工艺要求进行确定。

2H320090 机电工程施工现场管理

2H320091 沟通协调

一、内部沟通协调

通报信息，随时掌握工程进展的情况；及时发现并解决现场需协调解决的问题；调整部署下一步的施工任务；协调人际关系，及时消除矛盾与分歧，使项目部成为统一指挥、统一部署、团结和谐、协调发展的有战斗力的团队。

（一）内部沟通协调的主要对象

1. 项目部所设置的各个部门

例如，工程管理部门、质量监督部门、安全监督部门、技术部门、经营管理部门、人力资源管理部门、劳务管理部门、材料设备管理部门、财务部门、后勤及保卫部门。

2. 项目部各专业施工队

3. 各专业分包队伍

（二）内部沟通协调的主要内容

1. 施工进度计划的协调

（1）进度计划协调的环节

包括进度计划编排、组织实施、计划检查、计划调整，这四个环节循环以推进项目运行。

（2）进度计划协调的内容

进度计划的协调，包含各专业施工活动。施工进度计划的编制和实施中，各专业之间的搭接关系和接口的进度安排、计划实施中相互间协调与配合、设备材料的进场时机等，都应通过内部协调沟通，从而达到高效有序，确保施工进度目标的实现。

2. 施工生产资源配备的协调

（1）人力资源的合理配备，人员岗位分工及相互协作。

（2）设备和材料的有序供应，根据项目总体进度安排，协调相应加工订货周期和到场时间。

（3）施工机具的优化配置，配备满足工程需要的施工机具，科学有效地提高生产效率。

（4）资金的合理分配，资金配备的协调。

3. 工程质量管理的协调

包括工程质量的监督与检查；质量情况的定期通报及奖惩；质量标准产生异议时的沟通与协调；质量让步处理及返工的协调；组织现场样板工程的参观学习及问题工程的现场评议；质量过程的沟通与协调。

4. 施工安全与卫生及环境管理的协调

包括安全责任制的建立和分工；管理情况的定期通报与奖惩；安全培训与安全教育及考核；违规违章作业的查处；隐患监督整改；绿色施工教育、体检等。

5. 施工现场的交接与协调

（1）机电与土建、装饰专业的交接与协调。包括预留预埋、预留孔洞、设备基础、机电末端装置与装饰接口位置和形式、作业面交换与交叉作业、临水临电的使用、脚手架使用等。

（2）专业施工顺序与施工工艺的协调。包括机电综合管线排布、工艺流程、施工工序等。

（3）技术协调。包括设计要求、各专业技术衔接、联动功能要求、设备参数核实、系统联合调试功能的实现等。

6. 工程资料的协调

机电工程资料按专业工程、分项工程、分部工程（单位工程）进行整理，汇总组卷，要协调各不同专业的工程资料，形成整体机电工程资料。

（三）内部沟通协调的主要方法

定期召开协调会；不定期的部门会议或专业专题会议及座谈会；工作任务目标考核考绩，工作完成情况汇报制度；利用巡检深入班组随时交流与沟通；定期通报现场信息；内部参观典型案例并进行评议；利用工地宣传工具与员工沟通等。

（四）内部协调管理的形式和措施

1. 协调管理形式

（1）例行的管理协调会。主要对例行检查后发现的管理偏差进行通报沟通，讨论措施进行纠正，避免类似情况再次发生。

（2）建立协调调度室或设立调度员。主要对项目的执行层（包括作业人员）在施工中所需生产资源需求、作业工序安排、计划进度调节等实行即时调度协调。

（3）项目经理或授权的其他领导人指令。主要对突发事项、急需处理事项以指令形式进行管理协调。

2. 内部协调管理措施

措施是使协调管理取得实效的保证，主要有：

（1）制度措施。项目部有健全的规章制度、明的责任和义务，使协调管理有章可循，各类人员、各级组织的责任明确，则协调后的实施能落实到位。

（2）教育措施。使项目部全体员工明白工作中的管理协调是从全局利益出发，可能对局部利益或小部分人利益发生损害，也要服从协调管理的指示。

（3）经济措施。对协调管理中受益者要按规定收取费用，给予受损者适当补偿。

二、外部沟通协调

（一）外部沟通协调的主要对象

1. 有直接或间接合同关系的单位

业主（建设单位、管理单位）、监理单位、材料设备供应单位、施工机械出租单位等。

2. 有洽谈协商记录的单位

设计单位、土建单位、其他安装工程承包单位、供水单位、供电单位。

3. 工程监督检查单位

安监、质监、特检、消防、环保、海关（若有引进的设备、材料）、劳动和税务单位。

4. 经委托的检验、检测、试验单位

各类机电材料、设备的检测、防雷接地检测、消防检测、水质检测、空气检测、节能检测等单位。

5. 项目驻地生活相关单位

居民（村民）、公安、医疗、电力等单位。

（二）外部沟通协调的主要内容

1. 与建设单位的沟通与协调

包括：现场临时设施；技术质量标准的对接，技术文件的传递程序；工程综合进度的协商与协调；业主资金的安排与施工方资金的使用；业主提供的设备、材料的交接、验收的操作程序；设备安装质量、重大设备安装方案的确定；合同变更、索赔、签证；现场突发事件的应急处理。

2. 与监理单位的沟通与协调

包括：了解监理工程师的管辖范围和权力；严格执行监理工程师的决定；与监理工程师（或委托代表）保持密切联系，随时沟通现场施工中的进度、质量、安全及现场变更、发生的费用，随时征求他们对施工中的意见，并随时按监理工程师意见修正，以取得监理工程师的信任。

3. 与设计单位的沟通与协调

包括：交图顺序及日期的协调；设计交底与存在问题的及时反馈；设计变更（变更设计）的处理；技术和质量要求和标准存在异议时的协商与沟通；质量让步处理时的协商与沟通；材料代用的协商与沟通；施工中新材料、新技术应用的协商与沟通。

4. 与设备材料供货单位的沟通与协调

包括：交货顺序与交货期；交货状态（散件还是撬装等）；技术标准、技术参数和产品要求的符合性确认；批量材料订购价格；设备或材料质量；相关技术文件、出厂验收资料；新设备、新工艺的沟通，现场技术指导等。

5. 与土建单位的沟通与协调

包括：综合施工进度的平衡及进度的衔接与配合；交叉施工的协商与配合；吊装及运输机具、周转材料等相互就近使用与协调；重要设备基础、预埋件、吊装预留孔洞的相互配合与协调；土建施工质量问题的反馈及处理意见的协商；土建工程交付安装时的验收与交接。

6. 与地方相关部门的沟通与协调

包括：与公安、消防、交通、金融、保险、环保、水电、通信、卫生、劳动、税务、海关（若有引进设备、材料）、安全、质监、特检等单位和当地居民（村民）等保持良好关系，取得支持。了解地方法规、费用等情况，发生问题及时协调处理。

（三）外部沟通的主要方法

1. 对于与建设单位、监理单位、总承包单位、分包单位、设备材料供应单位的沟通协调，由于双方具有合同约定的明确的权利义务关系，沟通协调应以会议座谈为主，个别交流沟通为辅，平等协商、相互沟通、求得共识。

2. 对于与设计单位、土建单位、其他安装单位、供水、供电等单位的沟通协调，尽管双方没有合同关系，但其与业主单位存在合同关系。沟通协调也应以会议座谈为主、个别交流沟通为辅，平等协商、相互沟通、求得共识。但协调会议应尽量邀请业主或发包人参加，在协调中应主动为对方负责办理的事项提供尽可能的工作便利，这样容易达到协调的目的，也利于施工的顺利进行。

3. 对于与安监、质监、特检、消防、环保、海关、劳动和税务等对工程施工具有行政监督职能的单位的沟通协调，项目部应主动履行告知义务，积极配合其监督检查活动，为其监督检查提供工作和生活上的方便，认真落实检查发现的整改事项，并将结果及时反馈。

4. 对于与工程所在地的居民（村民）、公安、卫生等单位的沟通协调，主要是为求得其对工程施工和员工生活的支持，应定期走访，征求意见，发现对方有困难时，为其提供力所能及的帮助。采取有效措施尽可能降低施工对周边单位和居民的影响。

（四）外部沟通的效果

外部沟通要建立畅通的沟通渠道，保证沟通的有效性。在项目实践中，采用适当的沟通方式，运用有效的沟通技巧，对于重大问题的沟通或者多方之间的沟通，必须要求信息接受方对信息的沟通结果进行确认和复述，以确保信息的正确和有效。

（五）沟通记录

1. 通过会议、往来文件、联系单、告知书等方式进行沟通时，应做好记录。

2. 将相关记录发至相关单位，明确各方协调内容，并应保存相关文件。

2H320092　分包管理

一、项目部对分包队伍管理的要求

1. 总承包单位按照总承包合同的约定对建设单位负责

按《中华人民共和国建筑法》规定，建筑工程总承包单位按照总承包合同的约定对建设单位负责，分包单位按照分包合同的约定对总承包单位负责，总承包单位和分包单位就分包工程对建设单位承担连带责任。

2. 对分包单位的考核与管理

总承包单位应从资质条件、技术装备、技术管理人员资格以及履约能力等方面对分包单位进行考核与管理，确定满足工程要求的分包单位。

3. 强化分包队伍的全过程管理

总承包单位的工程项目部应按要求强化分包队伍的全过程管理。分包合同不能解除总承包单位任何义务与责任。分包单位的任何违约或疏忽，均会被业主视为违约行为。因此，总承包单位必须重视并指派专人负责对分包方的管理，保证分包合同和总承包合同的履行。

4. 不得再次把工程转包

严格规定分包单位不得再次把工程转包给其他单位。

二、项目部对分包队伍管理的原则和重点

1. 管理原则

分包单位向总承包单位负责，一切对外有关工程施工活动的联络传递，如向发包方、设计、监理、监督检查机构等的联络，除经总承包方授权同意外，均应通过总承包方进行。

2. 管理重点

特种作业人员培训取证、施工进度计划安排、质量安全监督考核、文明施工管理、甲供物资分配、进度款审核支付、竣工验收考核、竣工结算编制和工程资料移交以及重大质量事故和重大工程安全事故的处理。

三、管理制度与监督考核

1. 分包管理制度

总承包单位应建立分包的管理制度，明确管理责任、管理流程、管理内容和各项规定要求。管理制度的内容包括工程进度管理、质量管理、安全管理、材料供应、人员管理、过程签证、施工管理等。

2. 分包管理监督与考核

总承包单位在项目实施过程中，应对分包单位实施监督与考核，采取听取分包单位工作汇报、工程联合监督检查、工作联系单、协调会、综合考核评定等方式。

四、项目部对分包队伍协调管理的内容

1. 工程分包单位

（1）协调管理的范围。在分包合同中有界定。

（2）协调管理的原则。是分包向总承包负责，一切对外有关工程施工活动的联络传递，如向发包单位、设计、监理、监督检查机构等的联络，除经总承包单位授权同意外，均应通过总承包单位进行。

（3）协调管理的重点。有施工进度计划安排、施工问题的协调、甲供物资分配、质量安全制度制定、资金使用调拨、临时设施布置、竣工验收考核、竣工结算编制和工程资料移交等，还有重大质量事故和重大工程安全事故的处理。

2. 劳务分包单位

（1）协调管理的范围。除作业质量和作业安全由劳务作业承包单位为主自行负责外，其他施工活动的管理均由总承包单位负责。

（2）协调管理的原则。分包单位向总承包单位负责，不发生向外的有关施工活动的任何联络和传递，即使对作业质量、作业安全有关的向外联络传递亦需经总承包单位同意签证确认后实施。

（3）协调管理的重点。作业计划的安排、作业面的调整、施工物资的供给、质量管理制度和安全管理制度的执行、劳务费用的支付、分项工程的验收及其资料的形成和生活设施的安排。

五、项目部对分包队伍协调管理的形式

1. 定期召开协调会议。分包单位参加总承包单位定期召开的协调会议，提出需协调解决的问题和建议，经沟通取得共识后，会后分头实施。

2. 实时协调处理事项。总承包单位负责分包管理的人员在现场、在作业面实时协调处理发现的事项。

3. 专题协商妥善处理。分包单位在施工中发生必须协调处理的事项，应即时向总承包单位管理层或分包管理人员反馈，并引起重视，总承包单位应立即专题协商并取得妥善处理。

2H320093　现场绿色施工措施

一、绿色施工原则

绿色施工是指工程建设中，在保证质量、安全等基本要求的前提下，通过科学管理和技术进步，最大限度地节约资源与减少环境负面影响的施工活动，实现"四节一环保"

（节能、节材、节水、节地和环境保护）。

1. 实施目标管理。实施绿色施工，应建立绿色施工管理体系和管理制度，实施目标管理。

2. 优化总体方案。实施绿色施工，应进行总体方案优化，在规划、设计阶段充分考虑绿色施工的总体要求，为绿色施工提供基础条件。

3. 过程监督管理。实施绿色施工，应对施工策划、材料采购、现场施工、工程验收等各阶段进行控制，加强对整个施工过程的管理和监督。

二、绿色施工职责

1. 建设单位

（1）在编制工程概算和招标文件时，应明确绿色施工的要求，并提供包括场地、环境、工期、资金等方面的条件保障。

（2）向施工单位提供建设工程绿色施工的设计文件、产品要求等相关资料，保证资料的真实性和完整性。

（3）建立工程项目绿色施工的协调机制。

2. 设计单位

（1）按国家现行有关标准和建设单位的要求进行工程绿色施工设计。

（2）协助、支持、配合施工单位做好建筑工程绿色施工的有关设计工作。

3. 监理单位

（1）对建筑工程绿色施工承担监理责任。

（2）审查绿色施工组织设计、绿色施工方案或绿色施工专项方案，并在实施过程中做好监督检查工作。

4. 施工单位

（1）施工单位是建筑工程绿色施工的实施主体，组织绿色施工的全面实施。

（2）总承包单位对绿色施工负总责。

（3）总承包单位应对专业承包单位的绿色施工实施管理，专业承包单位应对工程承包范围的绿色施工负责。

（4）施工单位应建立以项目经理为第一责任人的绿色施工管理体系，制定绿色施工管理制度，负责绿色施工的组织实施，进行绿色施工教育培训，定期开展自查、联检和评价工作。

（5）绿色施工组织设计、绿色施工方案或绿色施工专项方案编制前，应进行绿色施工影响因素分析，并据此制定实施对策和绿色施工评价方案。

三、绿色施工要点

绿色施工总体上由绿色施工管理、环境保护、节材与材料资源利用、节水与水资源利用、节能与能源利用、节地与施工用地保护六个方面组成。

（一）绿色施工管理

绿色施工管理包括组织管理、规划管理、实施管理、评价管理和人员安全与健康管理五个方面。

（二）环境保护技术要点

1. 扬尘控制

（1）运送土方、垃圾、设备及建筑材料等时，不应污损道路。运输容易散落、飞扬、流漏的物料的车辆，应采取措施封闭严密。施工现场出口应设置洗车设施，保持开出现场车辆的清洁。

（2）现场道路、加工区、材料堆放区宜及时进行地面硬化。

（3）土方作业阶段，采取洒水、覆盖等措施，达到作业区目测扬尘高度小于1.5m，不扩散到场区外。

（4）对易产生扬尘的堆放材料应采取覆盖措施；对粉末状材料应封闭存放。

（5）建（构）筑物机械拆除前，做好扬尘控制计划。

（6）拆除爆破作业前应做好扬尘控制计划。

（7）不得在施工现场燃烧废弃物。

（8）管道和钢结构预制应在封闭的厂房内进行喷砂除锈作业。

2. 噪声与振动控制

（1）在施工场界对噪声进行实时监测与控制，现场噪声排放不得超过国家标准《建筑施工场界环境噪声排放标准》GB 12523—2011的规定。

（2）尽量使用低噪声、低振动的机具，采取隔声与隔振措施。

3. 光污染控制

（1）夜间电焊作业应采取遮挡措施，避免电焊弧光外泄。

（2）大型照明灯应控制照射角度，防止强光外泄。

4. 水污染控制

（1）在施工现场应针对不同的污水，设置相应的处理设施。

（2）污水排放应委托有资质的单位进行废水水质检测，提供相应的污水检测报告。

（3）保护地下水环境。采用隔水性能好的边坡支护技术。

（4）对于化学品等有毒材料、油料的储存地，应有严格的隔水层设计，做好渗漏液收集和处理。

5. 土壤保护

（1）保护地表环境，防止土壤侵蚀、流失。因施工造成的裸土应及时覆盖。

（2）污水处理设施等不发生堵塞、渗漏、溢出等现象。

（3）防腐保温用油漆、绝缘脂和易产生粉尘的材料等应妥善保管，对现场地面造成污染时应及时进行清理。

（4）对于有毒有害废弃物应回收后交有资质的单位处理，不能作为建筑垃圾外运。

（5）施工后应恢复施工活动破坏的植被。

6. 建筑垃圾控制

（1）制订建筑垃圾减量化计划。

（2）加强建筑垃圾的回收再利用，力争建筑垃圾的再利用和回收率达到30%。碎石类、土石方类建筑垃圾应用作地基和路基回填材料。

（3）施工现场生活区应设置封闭式垃圾容器，施工场地生活垃圾实行袋装化，及时清运。

7. 地下设施、文物和资源保护

（1）施工前应调查清楚地下各种设施，做好保护计划，保证施工场地周边的各类管道、管线、建筑物、构筑物的安全。

（2）进行地下工程施工或基础挖掘时，如发现化石、文物、电缆、管道、爆炸物等，应立即停止施工，及时向有关部门报告，按有关规定妥善处理后，方可继续施工。

（三）节材与材料资源利用技术要点

1. 图纸会审时，应审核节材与材料资源利用的相关内容。

2. 应用 BIM 技术优化安装工程的预留、预埋、管线路径等方案，优化钢板、钢筋和钢构件下料方案。

3. 推广使用预拌混凝土和商品砂浆。推广使用高强钢筋和高性能混凝土。推广钢筋专业化加工和配送。

4. 采用"三维建模、BIM 技术、工厂化预制、模块化安装"等先进施工技术，精密设计、建造，提高材料利用率。

（四）节水与水资源利用技术要点

1. 提高用水效率

（1）施工中采用先进的节水施工工艺。

（2）施工现场机具、设备、车辆冲洗、喷洒路面、绿化浇灌等不宜使用自来水。现场混凝土施工宜优先采用中水搅拌、中水养护，有条件的项目应收集雨水养护；处于基坑降水阶段的项目，宜优先采用地下水作为混凝土搅拌用水、养护用水。

（3）施工现场供水管网和用水器具不应有渗漏。

（4）现场机具、设备、车辆冲洗用水应设立循环用水装置。施工现场办公区、生活区的生活用水应采用节水系统和节水器具。

（5）施工现场应建立可再利用水的收集处理系统。雨量充沛地区的大型施工现场宜建立雨水收集利用系统。

（6）施工现场分别对生活用水与工程用水确定用水定额指标，凡具备条件的应分别计量管理，并进行专项计量考核。

2. 用水安全

在非传统水源和现场循环再利用水的使用过程中，应制定有效的水质检测与卫生保障措施，确保避免对人体健康、工程质量以及周围环境产生不良影响。

（五）节能与能源利用技术要点

1. 节能措施

（1）制定合理施工能耗指标，提高施工能源利用率。

（2）优先使用国家、行业推荐的节能、高效、环保的施工设备和机具。

（3）施工现场分别设定生产、生活、办公和施工设备的用电控制指标，定期进行计量、核算、对比分析。

（4）在施工组织设计中，合理安排施工顺序、工作面，以减少作业区域的机具数量，相邻作业区充分利用共有的机具资源。

（5）根据当地气候和自然资源条件，充分利用太阳能等可再生能源。

2. 机械设备与机具

（1）建立施工机械设备管理制度，开展用电、用油计量，完善设备档案，及时做好维修保养工作。

（2）选择功率与负载相匹配的施工机械设备，采用节电型机械设备。

（3）合理安排工序，提高各种机械的使用率和满载率。

3. 生产、生活及办公临时设施

（1）利用场地自然条件，使生产、生活及办公临时设施获得良好的日照、通风和采光。

（2）临时设施宜采用节能、隔热材料。

（3）合理配置供暖、空调、风扇数量。

4. 施工用电及照明

临时用电宜优先选用节能灯具，采用声控、光控等节能照明灯具。

（六）节地与施工用地保护技术要点

1. 临时用地指标

根据施工规模及现场条件等因素合理确定临时设施。施工平面布置应合理、紧凑。

2. 临时用地保护

（1）对施工方案进行优化，减少土方开挖和回填量，最大限度地减少对土地的扰动。

（2）建设临时占地应尽量使用荒地、废地。生态薄弱地区施工完成后，应进行地貌恢复。

（3）保护施工用地范围内原有绿色植被。

3. 施工总平面布置

（1）施工总平面布置应做到科学、合理，充分利用原有建筑物、构筑物、道路、管线为施工服务。

（2）施工现场搅拌站、仓库、加工厂、作业棚、材料堆场等布置应尽量靠近已有交通线路或即将修建的正式或临时交通线路，缩短运输距离。

（3）加大管道、钢结构的工厂化预制深度，节省现场临时用地。

（4）施工现场道路按照永久道路和临时道路相结合的原则布置。

（5）临时设施布置应注意远近结合（本期工程与下期工程），努力减少大量临时建筑拆迁和场地搬迁。

四、绿色施工要求

（一）一般规定

1. 机电安装工程施工前应对各专业管线、末端设施布置与装饰配合进行综合分析，并绘制综合管线图。

2. 机电安装工程的临时设施安排应与工程总体部署协调。

3. 机电安装工程应采用低能耗的施工机械。

（二）专业要求

1. 管线的预埋和预留、机电末端装置安装应与土建及装饰相互配合，工序合理。

2. 除锈、防腐宜在工厂内完成，现场涂装时应采用无污染、耐候性好的材料。

3. 管道的加工优先采用工厂化预制，管道连接宜采用机械连接方式。

4. 供暖散热器片组装应在工厂内完成。

5. 设备安装产生的油污应随即清理。

6. 管道试验及冲洗用水应有组织排放，处理后重复利用。

7. 预制风管下料宜按照先大口径管道、后小管料，先长料、后短料的顺序进行。

8. 电线导管暗敷设应线缆最短，选用节能型电线、电缆和灯具，并应进行节能测试。

9. 线路连接宜采用免焊接头和机械压接方式。

10. 不间断电源安装应采取防止电源液泄漏的措施，废旧电池应回收。

五、绿色施工评价

（一）评价体系

1. 评价阶段

绿色施工评价阶段宜按以下阶段进行：地基与基础工程、结构工程、装饰工程、机电安装工程。

2. 评价要素

绿色施工每个阶段应按以下五个要素进行评价：环境保护、节材与材料资源利用、节水与水资源利用、节能与能源利用、节地与土地资源保护。

3. 评价指标

绿色施工每个要素由若干项评价指标构成，评价指标按其重要性和难易程度可分为以下三类：控制项、一般项、优选项。

4. 评价等级

根据控制项的符合情况和一般项、优选项得分进行评价，绿色施工每个要素的评价等级可分为以下三个档次：不合格、合格、优良。

5. 评价频次

绿色施工项目自评次数每月不应少于 1 次，且每阶段不应少于 1 次。

6. 单位工程绿色施工等级及判定标准

根据国家标准《建筑工程绿色施工评价标准》GB/T 50640—2010 的计分标准、计算公式、要素权重系数，计算出单位工程绿色施工总得分，判定出单位工程绿色施工等级。

（二）评价组织、程序与资料

1. 评价组织

（1）单位工程绿色施工评价应由建设单位组织，项目部和监理单位参加。

（2）单位工程施工阶段评价应由监理单位组织，建设单位和项目部参加。

（3）单位工程施工批次评价应由施工单位组织，建设单位和监理单位参加。

（4）项目部应组织绿色施工的随机检查，并对目标的完成情况进行评估。

2. 评价程序

（1）单位工程绿色施工评价应先批次评价，再阶段评价，最后进行单位工程的绿色施工评价。

（2）单位工程绿色施工评价应在工程竣工前申请。

（3）评价时先听取项目部的实施情况报告，再检查相关技术和管理资料，综合确定评价等级。

3. 评价资料

单位工程绿色施工评价资料应包括：

（1）反映绿色施工要求的图纸会审记录；

（2）施工组织设计的专门绿色施工章节、施工方案的绿色施工要求；

（3）绿色施工技术交底和实施记录；

（4）绿色施工要素评价表；

（5）绿色施工批次评价表；

（6）绿色施工阶段评价表；

（7）单位工程绿色施工评价汇总表；

（8）单位工程绿色施工总结报告；

（9）单位工程绿色施工相关方验收及确认表；

（10）反映绿色施工评价要素水平的照片和音像资料。

六、发展绿色施工的"四新技术"

1. 绿色施工的"四新技术"包括新技术、新设备、新材料与新工艺。

2. 发展适合绿色施工的资源利用与环境保护技术，对落后的施工方案进行限制或淘汰，鼓励绿色施工技术的发展，推动绿色施工技术的创新。

3. 大力发展现场监测技术、低噪声的施工技术、"工厂化预制，模块化安装"的施工技术、现场环境参数检测技术、自密实混凝土施工技术、清水混凝土施工技术、新型模板及脚手架技术等的研究与应用。

4. 加强信息技术应用，如绿色施工的虚拟现实技术、三维建模的工程量自动统计、绿色施工组织设计数据库建立与应用系统、数字化工地、基于电子商务的工程材料、设备与物流管理系统等。通过应用信息技术，进行精密规划、设计、精心建造和优化集成，实现与提高绿色施工的各项指标。

2H320094 现场文明施工管理

一、施工现场通道及安全防护措施

1. 场区人行道应标识清楚，并与主路之间采取隔离措施。

2. 消防通道必须建成环形或足以能满足消防车回车条件，且宽度不小于 3.5m。

3. 所有施工场点标识出人行通道并用隔离布带隔离。

4. 所有临时楼梯必须按规定要求制作安装，两边扶手用安全网防护。

5. 高 2m 以上平台必须安装护栏。

6. 所有吊装区必须设立警戒线，并用隔离布带隔离，标识明显。

7. 所有高处作业必须挂安全网，做安全护栏，并设置踢脚板防止坠物，靠人行道和马路一侧要用安全网封闭。

8. 施工通道处应有必要的照明设施。

二、施工材料管理措施

1. 材料库房保持干燥、清洁，通风良好。

2. 材料堆场应场地平整，并尽可能做硬化处理，保持排水及道路畅通，堆场清洁卫生，防雨设施到位。

3. 施工材料应根据不同特点、性质、用途规范布置和码放，并严格执行码放整齐、限宽限高、上架入箱、规格分类、挂牌标识等规定。

4. 场内材料应做好标识，注明"进场待验收""已验收合格""废料"等信息。

5. 钢材按规格、型号、种类分别整齐码放在垫木上，并与土壤隔离，标识醒目清楚。

6. 材料库房和堆场应配备必要的消防器材。

7. 易燃易爆及有毒有害物品应专人管理并单独存放，并应做好警告标识，与生活区和施工区保持规定安全距离。

三、施工机具的管理措施

1. 手动施工机具（如手动葫芦、千斤顶等）和静置型施工机具（如卷扬机、电焊机等），出库前保养好后应整齐排放在室内。

2. 机动车辆（如吊车、汽车、叉车、挖掘机、装载机等）应整齐排放在规划的停车场内，不得随意停放或侵占道路。

3. 机动车辆实施一人一机，每天进行日检保养，确保性能良好及外观清洁。

4. 施工机具指定专人定期保养维护，确保性能安全可靠、外观清洁卫生，集中放置的施工机具要排列整齐。

四、施工现场临时用电管理措施

施工现场临时用电管理应执行"2H331020 建设用电及施工的相关规定"中的有关内容。

1. 临时用电有方案和管理制度，临时用电由持证电工专人管理，电工个人防护整齐。

2. 配电箱和控制箱选型、配置合理，箱体整洁、安装牢固。

3. 配电系统和施工机具采用可靠的接地保护，配电箱和控制箱均设两级漏电保护。

4. 电动机具电源线压接牢固，绝缘完好，无乱拉、扯、压、砸现象；电焊机一、二次线防护齐全，焊把线双线到位，无破损。

5. 配电线路架设和照明设备、灯具的安装、使用应符合规范要求。

五、场容管理措施

场容管理范围包含出入口、围墙围挡、场内道路、材料设备堆场、办公区、生活区、库房内环境、施工区域。场容管理措施见表 2H320094。

场容管理措施　　　　　　　　　　　　　　表 2H320094

管理范围	管理要求
出入口	（1）入口处均应设大门，并设有门卫室； （2）为使大型设备进出方便，大门以设立电动折叠门为宜； （3）大门处应设置企业标志，主现场入口处应有标牌； （4）消防入口应有明显标志
围墙围挡	（1）施工现场围墙、围挡的高度不低于 1.8m； （2）围挡设置应符合项目所在地城市管理部门的要求； （3）围墙、围挡应定期清理，保持干净整洁
场内道路	（1）施工现场场地平整，道路坚实畅通； （2）机动车和行人应分道通行； （3）道路应有排水措施； （4）道路宜采用永临结合，适度硬化，宜采用可周转预制道路
材料设备堆场	配备足够的消防器材和消火栓，并在上风口设置紧急出口
办公区	（1）办公区应与施工区分开设置； （2）办公室应配置充足的卫生设施并保持清洁； （3）配备足够的消防器材，并在上风口设置紧急出口
生活区	（1）生活区应配备足够的消防器材和消火栓，并在上风口设置紧急出口； （2）生活区应设置足够的卫生设施，并保持清洁； （3）生活区应设封闭垃圾站，每天清理并保持清洁无异味； （4）冬冷夏热地区的项目，生活区应配置必要的供暖和制冷设施

续表

管理范围	管理要求
库房内环境	（1）库房内物资应堆码整齐并有标识； （2）库房内应严禁烟火； （3）库房内应配置必要的照明设施； （4）库房内应配备足够的消防器材或设施，并在上风口设置紧急出口
施工区域	（1）施工地点和周围清洁整齐，做到随时清理，工完场清； （2）严格成品保护措施，严禁损坏污染成品、堵塞管道； （3）施工现场禁止随意堆放垃圾，应严格按照规划地点分类堆放，定期清理并按规定分别处理； （4）施工材料和机具按规定地点堆放，并严格执行材料机具管理制度； （5）配备足够的消防器材和消火栓，并在上风口设置紧急出口

六、现场管理人员及施工作业人员的行为管理

1. 进入现场必须穿工作服，并按规定佩戴各类安全防护用品；

2. 出入现场必须走安全通道；

3. 严禁工作时戏耍打闹；

4. 严禁酒后作业；

5. 严禁在非吸烟区吸烟；

6. 禁止其他一切不文明行为。

【案例 2H320090-1】

一、背景

某大型商业项目，包括一栋 7 层的大型购物娱乐场所，一栋 24 层的酒店，地下连通，共 4 层，总建筑面积 24 万 m²。业主通过招标方式确定 A 公司承担机电总承包，合同范围包括：通风空调、建筑给水排水和建筑电气工程。A 公司经业主同意，将消防水工程发包给 B 公司，消防电工程发包给 C 公司，地下室变配电所发包给某电力工程公司，电梯工程由电梯制造厂商负责安装。

机电工程施工总工期为 18 个月，业主负责配电箱柜、组合空调机组、制冷机组、水泵、电梯等大型设备的供货，其他材料设备由施工方采购。为方便施工管理，业主授权 A 公司按合同文件与其他公司签订分包合同。业主负责采购的设备按施工计划到达现场后，由 A 公司负责组织各分包单位进行开箱检查，检查合格后进行二次搬运至设备安装点就位安装。其中组合式空调机组由送风段、表冷段、加湿段、回风段、热交换段等组成，各段尺寸大，设备运输分段到达现场，由 A 公司组织二次运输，并负责在设备厂家指导下组装安装。

A 公司为确保工期要求，制订了详细的进度计划，明确了机电各专业的施工节点工期，在 B、C 公司进场后对其进行了进度计划的交底，B、C 公司按机电工程总体进度，编制进度计划。

工程在消防验收阶段，为确保消防检测及消防验收的顺利通过，A 公司组织建立消防验收领导小组，协调土建、机电各相关专业，召开协调会解决技术、施工问题，最终消防检测各项功能满足要求，消防验收顺利通过。

在工程进行中，发生了以下事件：

（1）组合式空调机组进场组装后，发现有一台机组的基础长度小20cm，和土建单位协商后，将设备基础做加长处理。

（2）质量监督机构在监督检查时，发现个别喷淋头与装饰吊顶装饰面贴覆不严密，消防电专业个别线路未安装在线槽内，要求进行整改。

（3）给水管道材质为镀锌钢管，系统设计工作压力为1.0MPa。在临近冬季进行水压试验，管道试验后气压吹扫时个别弯头部位未吹扫干净，有水存留，冬季温度过低，导致管道被冻坏，出现漏水，分包队伍及时更换了管件，再次试验合格。

二、问题

1. A公司项目部对B、C公司进行总体进度计划的交底内容是什么？

2. A公司项目部在施工现场与土建、装饰单位交接协调包括哪些内容？

3. 本工程应向哪些单位进行委托检测？

4. 本工程应与空调机组设备供货商协调哪些方面的内容？

5. 本工程给水管道压力试验前的条件是什么？试验压力、合格标准是什么？

三、分析与参考答案

1. A公司对B、C公司进行总体进度计划交底是为确保机电工程的总工期要求，在制订总体进度计划时充分考虑对各工程分包单位提出施工节点工期要求，B、C公司应依据总承包部署的施工总工期要求，编制本专业详细的进度计划。B、C公司进场时间滞后于机电总承包单位，总承包单位对B、C公司进行施工进度计划实施前的交底，交底内容包括：明确进度控制点（关键线路、关键工作），交代施工用人力资源和物资供应保障情况，确定各专业队伍和分包方的分工、交叉作业和工序衔接关系及时间点，介绍安全技术措施要领和工程质量目标、安全目标、环保目标、绿色施工要求等。

2. 机电与土建、装饰专业的交接与协调的内容包括：

（1）预留预埋要与土建协调时间安排、施工顺序、预留预埋位置确定、预留标高尺寸等。

（2）与土建单位协调设备基础位置、尺寸、高度、减振处理等，确保基础符合设备安装要求。

（3）与土建单位协调系统临水临电的使用、脚手架搭设的使用和操作工序的衔接。

（4）与装饰单位协调工序施工搭接顺序，机电风口、灯具、喷洒头、报警装置、烟感、温感等末端装置与装饰的定位安装协调，以及末端装饰的安装形式等。

3. 本工程机电需委托检测的单位包括：机电材料检测、设备检测、消防检测、防雷接地检测、电梯检测、水质检测、空气检测、节能检测等单位。

4. 本工程空调机组是业主负责采购，物资供应商供货到现场，A公司负责二次运输安装就位，因空调机组分段到场，各功能段连接顺序必须符合功能要求，A公司应在厂家指导下进行组装。与空调机组供货厂家沟通协调的内容包括：交货顺序与日期的协调，设备质量，相关产品技术文件，出厂验收资料，现场技术指导等。

5. 本工程属于建筑机电管道工程，给水管道的试验压力应在管道系统安装完成，经外观检查合格，管道固定牢固，确保不再进行开孔、焊接作业的基础上进行。本工给水管道采用镀锌钢管，系统设计工作压力为 1.0MPa，试验压力为工作压力的 1.5 倍，为 1.5MPa。合格标准是：在试验压力下稳压 10min，压力降不应大于 0.02MPa，再将压力降至工作压力进行检查，不渗不漏为合格。

【案例 2H320090-2】

一、背景

某安装公司承接某化工厂新建乙炔装置项目，安装公司将其中的管道、槽、罐防腐工程分包给某防腐公司，将槽、罐制作安装分包给某容器厂，其余主体工程自行施工。

进场施工后，由于与这两家分包单位长期合作，加上项目部管理人员紧缺，项目部在给两家分包单位明确了施工任务后放手让其自行组织施工，其施工范围涉及与发包方、设计、监理、监督检查机构等的联络都交由分包方自行处理，项目部只负责资金把控。

储罐的结构形式为内浮盘拱顶罐，罐体安装完成后，容器厂对罐体进行了充水试验，并在充水前后对罐体进行检查，均符合要求。管道安装完毕后，项目部将管道移交给防腐公司进行内外防腐，防腐公司施工完毕后，项目部在进行压力试验时发现有两处焊接部位出现泄漏，其中一处属于业主供货的设备随机管道，安装公司将该管段重新焊接并探伤合格后通知防腐公司重新防腐。防腐公司就此两处返工向业主提出索赔。

管道安装过程中，特检站进行了监督检验，对管道出厂合格证明、无损检测单位资格和检测结果以及压力试验记录进行了认真检查，对焊缝探伤比例提出了质疑。质监站对安装质量进行了检查，对存在的质量问题提出了整改意见，安监站对安全防护措施进行了检查，对发现的安全隐患提出了整改意见。

二、问题

1. 项目部对分包单位的管理存在哪些问题？
2. 防腐公司针对两处管道的返工向业主提出的索赔是否合理？说明原因。
3. 项目部管道安装施工程序存在什么问题？
4. 项目部在与特检站、质监站和安监站的沟通协调中应注意哪些问题？
5. 本工程在进行储罐的充水试验时对罐体进行检查的内容是什么？

三、分析与参考答案

1. 项目部不能以包代管，应强化服务意识，协助分包队伍对管理技术人员进行培训取证，加强技术指导；加强过程监管，制定质量、安全、进度等考核管理办法，严格奖惩；加强沟通协调，督促分包单位整改在施工过程中存在的问题，解决分包单位在施工过程中遇到的困难。应坚持分包单位向总承包单位负责的原则，一切对外有关工程施工活动的联络传递，如向发包方、设计、监理、监督检查机构等的联络，均应通过项目部进行。

2. 首先，防腐公司和业主没有合同关系，不能直接向业主索赔，应该向安装公司索赔，再由安装公司向业主索赔。其次，业主供货的设备随机管道一般以成品的形式供货，通常都经过了压力测试并完成防腐。在现场进行的管道系统试压过程中出现设备随机管道泄漏的情况，必须查出原因，若非安装公司责任，则可由安装公司向业主索赔费用和工期。另一处是安装公司自身原因造成的，应自行承担损失，应由安装公司补偿防腐公司相关费用和工期。

3. 管道安装应遵循如下程序：管道、支架预制→附件、法兰加工、检验→管段预制→管道安装→管道系统检验→管道系统试验→防腐绝热→系统清洗→资料汇总、绘制竣工图→竣工验收。本例中项目部把管道系统试验放在了防腐工作之后，造成了防腐工作不必要的返工。同时，在管道系统强度试验和严密性试验前进行焊缝防腐，也影响试验的准确性。

4. 特检站、质监站和安监站属于具有强制行政职能的工程监督检查单位，项目部应主动履行告知义务，积极配合其监督检查活动，为其监督检查提供工作和生活上的方便，认真落实检查发现的整改事项，并将结果及时反馈。

5. 储罐充水试验时，应检查：罐底严密性；罐壁强度及严密性；固定顶的强度、稳定性及严密性；内浮盘的升降试验及严密性；基础的沉降观测。

【案例 2H320090-3】

一、背景

某安装公司承接一 12 万 t 级的粮食存储和转运基地的机电设备安装工程，基地位于南方某沿海地区码头，储粮建筑主要有计量塔、卸船码头转接塔、装船码头转接塔、进仓转接塔、出仓转接塔、进仓栈桥、出仓栈桥、汽车发放站、钢筋混凝土立筒仓、钢筋混凝土浅圆仓等。机电工程包括 2 条能力为 2000t/h 的进仓生产作业线和 2 条能力为 1000t/h 的出仓生产作业线。

作业线的机械设备种类多，带式输送机 40 台，输送长度为 8000 多延长米。钢立柱、钢栈桥制作安装，各类储存仓内的给水排水、电气、通风空调等机电系统安装，工作量较大，设备采购数量大，工程施工工期紧，交叉作业多，带式输送机各部件包装运输至现场后由安装公司负责现场组装安装，包括设备组装、皮带安装等工序，安装工程单独编制了带式输送机的安装方案，明确了施工方案和技术要求，确保设备安装精度。

为确保码头周边施工环境，建设单位的招标文件中明确了绿色施工的要求，在项目管理过程中由专人负责绿色施工的协调工作。安装公司项目部建立了以项目经理为第一责任人的绿色施工管理体系，对本工程绿色施工组织全面实施。

安装公司在距离项目 1km 的临时租用地内采用周转式活动房，建办公、食堂、浴室和职工宿舍等用房，并采取以下管理措施：

（1）设置了密闭式垃圾容器进行垃圾分类收集，定期清理，对可回收垃圾进行回收。

（2）生活用水采用节水系统和节水器具，并在食堂、宿舍区、办公区分别安装了水表、电表进行计量。

（3）办公区设置了电池、墨盒回收箱，统一处理。

二、问题

1. 本工程绿色施工由哪些方面组成？安装公司项目部在办公、职工宿舍的管理措施中涉及了绿色施工的哪些方面？

2. 本工程建设在码头，对水污染应采取哪些控制措施？安装公司对本工程绿色施工还应履行哪些职责？

3. 按照绿色施工的要求，本工程环境保护的技术要点包括哪些方面？

4. 本工程带式输送机安装如何进行调整？常用设备找正的方法有哪些？

5. 带式输送机械安装的一般程序是什么？组装安装要求有哪些？

三、分析与参考答案

1. 本工程绿色施工由绿色施工管理、环境保护、节材与材料资源利用、节水与水资源利用、节能与能源利用、节地与施工用地保护六个方面组成。安装公司项目部在办公、职工宿舍的管理措施中涉及了绿色施工及环境保护、节水与水资源利用、节能与能源利用三个方面。

2. 本工程建设对水污染控制的措施应包括：在施工现场对生产污水、生活污水设置相应的处理措施；污水排放前应委托有资质的单位进行废水水质检测，提供相应的污水检测报告；对化学品、油料等的储存地设置隔水层，做好渗漏液收集和处理。

安装公司对绿色施工还应履行的职责包括：制定项目绿色施工管理制度。进行绿色施工培训，定期开展自检、联检和评价。组织编制绿色施工组织设计、绿色施工方案或绿色施工专项方案。进行绿色施工影响因素分析，制定绿色施工实施对策和评价方案。

3. 本工程环境保护技术要点包括：扬尘控制、噪声控制、光污染控制、水污染控制、土壤保护、垃圾控制六个方面。

4. 带式输送机安装调整包括：（1）设备定位；（2）设备调整：对设备安装的水平度（找平）、坐标位置（找正）、高度（找标高）进行综合调整，皮带安装（按要求进行皮带接头的粘结），通过调整拉紧机构的顶丝防止皮带跑偏，用专用工具多次反复完成调整。

常用设备找正的方法有钢丝挂线法、放大镜观察接触法、导电接触讯号法、经纬仪精密全站仪测量法。

5. 带式输送机设备安装的一般程序为：施工准备→设备开箱检查→基础测量放线→基础检查验收→垫铁设置→设备吊装就位→设备安装调整→设备固定与灌浆→零部件清洗与装配→润滑与设备加油→设备试运转→工程验收。

解体设备现场组装安装的要求有：

（1）对于解体设备应先将底座就位固定后，再进行上部设备部件的组装。

（2）解体设备装配精度符合要求，包括各运动部件之间的相对运动精度、配合面之间的配合精度和接触质量。

（3）对于解体设备应进行拆卸、清洗与装配。

2H320100　机电工程施工成本管理

2H320101　施工成本控制的依据

一、机电工程费用项目组成

机电工程费用项目组成，可按建筑安装工程费用构成要素或按工程造价组成内容划分。

（一）按工程费用构成要素划分

建筑安装工程费包括：人工费、材料费、机械费、企业管理费、利润、规费、税金。

1. 人工费

人工费是指按工资总额构成规定，支付给从事建筑安装工程施工的生产工人和附属生产单位工人的各项费用。

2. 材料费

材料费是指施工过程中耗费的原材料、辅助材料、构配件、零件、半成品或成品、工程设备的费用。

3. 机械费

机械费是指施工作业所发生的施工机械、仪器仪表使用费，包括施工机械使用费和仪器仪表使用费。

（1）施工机械使用费，是指施工机械作业所发生的机械使用费。施工机械使用费是以施工机械台班耗用量与施工机械台班单价的乘积表示。施工机械台班单价由折旧费、检修费、维护费、安拆费及场外运费、人工费、燃料动力费、养路费及税费组成。

（2）仪器仪表使用费，是指工程施工所需仪器仪表的使用费。仪器仪表使用费是以仪器仪表台班耗用量与仪器仪表台班单价的乘积表示。仪器仪表台班单价由折旧费、维护费、校验费和动力费组成。

4. 企业管理费

企业管理费是指建筑安装企业组织施工生产和经营管理所需的费用。内容包括：管理人员工资、办公费、差旅交通费、固定资产使用费、工具用具使用费、劳动保险费、检验试验费、夜间施工增加费、工程定位复测费、工会经费、职工教育经费、财产保险费、财务费、税金和其他等。

5. 利润

利润是指施工企业完成所承包工程获得的盈利。

6. 规费

规费是指按国家法律、法规规定，由省政府和省级有关权力部门规定必须缴纳或计取的，应计入建筑安装工程造价内的费用。内容包括：社会保险费、住房公积金。

7. 税金

税金是指国家税法规定的应计入建筑安装工程造价内的建筑服务增值税。

（二）按工程造价组成内容划分

建筑安装工程费包括：分部分项工程费、措施项目费、其他项目费、规费、税金。

1. 分部分项工程费

分部分项工程费，是指根据设计规定，按照施工验收规范、质量评定标准的要求，完成构成工程实体所耗费或发生的各项费用，由人工费、材料费、机械费、企业管理费和利润构成。

2. 措施项目费

措施项目费，是指为完成工程项目施工，按照安全操作规程、文明施工规定的要求，发生于该工程施工前和施工过程中技术、生活、安全、环境保护等方面的各项费用。由施工技术措施项目费和施工组织措施项目费构成。

（1）施工技术措施项目费

施工技术措施项目费，包括大型机械设备进出场及安拆费、脚手架工程费、专业工程施工技术措施项目费、其他施工技术措施费。

（2）施工组织措施项目费

施工组织措施项目费，包括安全文明施工费（如：环境保护费、文明施工费、安全施工费、临时设施费）、提前竣工增加费、二次搬运费、冬雨期施工增加费、行车（行人）干扰增加费、特殊地区施工增加费。

3. 其他项目费

其他项目费包括暂列金额、暂估价、计日工、总承包服务费、专业工程结算价、索赔与现场签证费、优质工程增加费等。

二、机电工程项目施工成本计划

机电工程项目施工成本计划是以货币形式预先规定施工项目进行中的生产费用、成本水平，确定对比项目总投资应实现的计划成本降低额与降低率，提出保证成本计划实施的主要措施方案。施工项目成本计划一经确定，就应按成本管理层次、有关成本项目以及项目进展的阶段对成本计划加以分解，层层落实到部门、班组，并制订各级成本实施方案。

（一）项目施工成本计划的编制依据

成本计划是目标成本的一种表达形式，是建立项目成本管理责任制、开展成本控制和核算的基础，是进行成本费用控制的主要依据，其编制依据为：

1. 已签订的合同文件；

2. 项目管理实施规划，施工组织设计；

3. 相关设计文件；

4. 价格信息；

5. 相关定额；

6. 类似项目的成本资料；

7. 其他相关资料等。

（二）成本计划编制程序

项目管理机构通过系统的成本策划，按成本组成、项目结构和工程实施阶段分别编制项目成本计划。

项目成本计划编制的程序：

1. 预测项目成本；

2. 确定项目总体成本目标；

3. 编制项目总体成本计划；

4. 项目管理机构与组织的职能部门根据责任成本范围，分别确定自己的成本目标，并编制相应的成本计划；

5. 针对成本计划制定相应的控制措施；

6. 由项目管理机构与组织的职能部门负责人分别审批相应的成本计划。

（三）项目施工成本计划的内容

1. 对预算造价进行二次分解

根据工程特点及合同条款的约定，对预算造价进行二次分解，理清预算书中实耗成本和费用。如综合单价中人工费、材料费、机械费等均为现场实际发生的成本，各种规费及税金则为费用。

2. 制订项目降低成本计划

（1）制订项目降低成本计划表

一般由两个表组成，即降低成本技术组织措施计划表和降低成本计划表。降低成本计划表是根据降低成本技术组织措施计划表和间接费用降低额编制。

（2）降低直接成本计划

施工项目降低直接成本计划主要反映工程成本的预算价值、计划降低额和计划降低率。间接成本计划主要反映施工现场管理费用的计划数、预算收入和降低额。

（3）降低成本技术组织措施

降低成本技术组织措施主要是从技术、组织、管理方面采取措施，如推广新技术、新材料、新结构、新工艺，加强材料、机械管理，采用现代管理技术等来降低成本，对所采用的技术组织措施预测经济效益，编制降低成本的技术组织措施表。

（四）编制施工成本计划的方法

施工项目成本计划工作主要是在项目经理负责下，在成本预测、决策基础上进行的。编制的关键前提是确定目标成本。目标成本通常以项目成本总降低额和降低率来定量地表示。项目成本目标的方向性、综合性和预测性，决定了必须选择科学的成本计划编制方法。

1. 按成本构成编制成本计划的方法

机电工程按成本构成要素划分，建筑安装工程费由人工费、材料（包含工程设备）费、机械费、企业管理费、利润、规费和增值税组成。

施工成本可以按成本构成分解为人工费、材料费、机械费和企业管理费等。

2. 按项目结构编制成本计划的方法

大中型工程项目通常是由若干单项工程构成的，每个单项工程包括了多个单位工程，每个单位工程又是由若干个分部分项工程所构成。可以把项目总成本分解到单项工程和单位工程中，再进一步分解到分部工程和分项工程中。编制分项工程的成本支出计划，从而形成详细的成本计划表。

3. 按工程实施阶段编制成本计划的方法

按工程实施阶段编制成本计划，可以按实施阶段，如机场、主体、安装、装修等或按月、季、年等实施进度进行编制。按实施进度编制成本计划，通常可在项目进度的网络图的基础上进一步扩充得到，在编制网络图时，一方面确定完成各项工作所需花费的时间，另一方面确定完成这一工作的成本支出计划，同时考虑进度控制和成本支出计划对项目花费要求。

编制成本计划的方式并不是相互独立的，在实践中，往往将几种方法结合起来使用。

2H320102 施工成本计划的实施

一、项目成本控制的原则

施工成本控制应遵循成本最低化原则、全面成本控制原则、动态控制原则、责权利相结合的原则。

1. 成本最低化原则

施工项目成本控制的根本目的在于通过各种手段，降低施工项目成本，以达到最低目标成本的要求。

2. 全面成本控制原则

全面成本控制是指全企业、全员和全过程的成本控制。项目成本的全员控制有一个系统的实质性内容，包括各部分、各单位的责任网络和班组经济核算等，应做到成本控制人人有责、人人参与的状态，使施工项目成本自始至终置于有效控制之下。

3. 动态控制原则

施工项目是一次性的，成本控制应强调项目的中间控制，即动态控制，因为施工准备阶段的成本控制只是根据施工组织设计的具体内容确定目标成本、编制成本计划、制定成本控制方案，为了有效地控制施工成本，施工过程中的动态控制至关重要。

4. 责权利相结合的原则

公司应对项目部签订责任书，在项目施工过程中，项目部应对各部门、各班组在成本控制中的业绩进行定期的检查和考评，实行有奖有罚。只有真正做好责权利相结合，成本控制才能收到预期效果。

二、项目成本控制的依据和程序

（一）成本控制的依据

1. 合同文件

成本控制要以合同为依据，围绕降低工程成本目标，从预算收入和实际支出研究节约成本、增加收益的有效途径，使利润最大化。

2. 成本计划

成本计划是成本控制方案，包括成本控制目标和控制措施，是成本控制的指导性文件。

3. 进度报告

进度报告提供了对应时间节点的实际工作量、实际支出情况等信息，有助于发现计划与实际偏差，分析偏差原因，找出实施过程中存在的问题，避免损失。

4. 工程变更与索赔资料

在项目的实施过程中，由于各方面的原因，工程变更与索赔是很难避免的。成本管理人员应当通过对变更与索赔中各类数据的计算、分析，及时掌握变更情况，预判可能带来的成本变化。

5. 各种资源的市场信息

根据各种资源的市场价格信息和项目的实施情况，计算项目的成本偏差，估计成本的发展趋势。

（二）成本控制的程序

1. 确定项目成本管理分层次目标

在工程开工之初，项目管理机构应根据公司与项目签订的责任文件确定项目的成本管理目标，并根据工程进度计划确定月度成本计划目标。

2. 采集成本数据，监测成本形成过程

在施工过程中定期收集成本支出情况数据，将实际发生与目标进行对比分析，监控成本归集。

3. 找出偏差，分析原因

施工过程是一项复杂的活动，成本的发生和形成是很难按预定的目标进行的，过程中需要及时分析偏差产生的原因，找到问题的根源，确定主要原因。

4. 制定对策，纠正偏差

过程控制的目的就在于不断纠正成本形成过程中的偏差，使成本在可控的范围之内，针对偏差原因及时制定对策和实施对策进行纠偏。

5. 调整改进成本管理方法

选用施工成本管理方法应遵循实用性、灵活性、坚定性、创新性原则，针对成本变化环境进行调查分析，判断成本管理方法的可行性，根据内外部环境情况变化灵活运用，克服各种干扰，创造新方法，改进老方法。

三、项目成本控制的内容

（一）以项目施工成本形成过程作为控制对象

施工项目现场管理机构应对项目成本进行全面、全过程的控制，控制一般包括以下几个阶段：

1. 投标阶段

根据工程概况和招标文件，结合企业技术装备水平和建筑市场进行成本预测，根据竞争对手的情况提出投标决策意见。以投标报价为依据确定项目的成本目标，并下达给现场施工项目部。

2. 施工准备阶段

（1）制定科学先进、经济合理的施工方案。

（2）根据企业下达的成本目标，以分部分项工程实物工程量为基础，结合劳动定额、材料消耗定额和技术组织措施的节约计划，在优化的施工方案的指导下编制明细而具体的成本计划，并按照部门、施工队和班组的分工进行分解。

（3）间接费用的编制与落实。根据项目建设时间的长短和参加建设人数的多少，编制间接费用预算，并进行明细分解，为今后的成本控制和绩效考评提供依据。

3. 施工阶段

（1）加强施工任务单和限额领料单的管理。

（2）将施工任务单和限额领料单的结算资料与施工预算进行核对分析。

（3）做好月度成本原始资料的搜集和整理，正确计算月度成本，分析月度预算成本与实际成本的差异。

（4）在月度成本核算的基础上实行责任成本核算。

（5）经常检查对外经济合同的履行情况，不符合要求时，应根据合同规定向对方索赔；对缺乏履约能力的单位，要采取断然措施，立即中止合同，并另找可靠的合作单位，以免影响施工，造成经济损失。

（6）定期检查各责任部门和责任者的成本控制情况。

（7）加强施工过程中信息收集，为项目签证及后期结算提供强有力的依据。

4. 竣工验收阶段

（1）精心安排，干净利落地完成工程竣工收尾工作。

（2）重视竣工验收工作，顺利交付使用，在验收以前要准备好验收所需要的各种书面资料送建设单位备查；对验收中建设单位提出的意见，应根据设计要求和合同内容认真处理，如涉及费用，应请建设单位签证，列入工程结算。

（3）及时办理工程结算。一般来说，工程结算价等于原施工图预算加增减账。

在工程结算时为防止遗漏，在办理工程结算前要求项目预算员进行一次认真全面的核对，并整理汇总之前收集的全部资料，对照合同条款，编制工程结算书。

5. 工程保修阶段

在工程保修期间，应由公司管理部门或项目部指定保修工作的责任者，并责成保修责任者根据实际情况提出保修计划（包括费用计划），以此作为控制保修费用的依据。

（二）以项目施工的职能部门、作业队组作为成本控制对象

项目施工成本费用一般都发生在各个部门、作业队组，因此，应以部门、作业队组作为成本控制对象，接受项目部和公司管理部门的指导、监督、检查和考评。

（三）以分部分项工程作为项目成本的控制对象

1. 一般应根据项目的分部分项工程实物量，参照施工预算定额，结合项目管理的技术和业务素质以及技术组织措施编制施工预算，作为分部分项工程成本的依据。

2. 在实际工作中，有时是边设计、边施工的情况，工程开工以前不能一次编制出整个项目的施工预算。但应根据出图情况编制分段施工预算，这种分段施工预算是成本控制的对象。

四、项目施工成本控制的方法

项目施工成本控制的方法有很多，企业和施工项目部应根据自身情况和实际需求，针对具体的工程要采取与之相适应的控制手段和控制方法。

（一）以施工图控制成本

以施工图控制成本，实行"以收定支"，或者叫"量入为出"，这是项目施工成本控制中最有效的方法之一。具体的处理方法如下：

1. 人工费的控制

例如，预算定额规定的人工费单价为84元，合同规定人工费补贴为100元/工日，人工费预算收入为184元/工日，项目部与施工队签订劳务合同时，应将人工费单价定在184元以下，剩余部分考虑用于定额外人工费和关键工序的激励费。

2. 材料费的控制

在实行按"量价分离"方法计算工程造价的条件下，项目材料管理人员有必要经常关注材料市场价格的变动，并积累系统详实的市场信息；主要材料消耗数量的控制，则应通过"限额领料单"去落实。

3. 施工机械使用费的控制

$$施工图预算中的机械使用费＝工程量 \times 定额台班单价 \qquad （2H320102-1）$$

实际的机械使用率使用很难达到预算定额的取定水平，再加上预算定额所设定的施工机械原值和折旧率有滞后性，使得施工图预算的机械使用费往往小于实际发生的机械使用费，造成机械使用费超支。可通过与发包方协商，在合同中明确增加机械费补贴来增加机械费预算收入，控制机械费成本。

（二）安装工程费的动态控制

1. 人工成本的控制

加强劳动定额管理，提高劳动生产率，降低工程耗用人工工日，是控制人工费支出的主要方法。

（1）制定先进合理的企业内部劳动定额，严格执行劳动定额，并将安全生产、文明施工及零星用工下达到作业队进行控制。坚持按劳分配原则，提高劳动力效率，实行奖励制度。

（2）提高工人的技术水平和作业队的组织管理水平。加强技术培训，提高工人技术水平和熟练操作程度，提高作业工效。

（3）实行弹性需求的劳务管理制度。

2. 材料成本的控制

加强材料采购成本的管理，同样检查"量价分离"原则，从量差和价差两个方面控制；加强材料消耗的管理，参照定额，从限额发料和现场消耗两个方面控制。

3. 工程设备成本的控制

机电安装工程如包括工程设备采购，因包括设备采购成本、设备交通运输成本和设备质量成本等，占成本份额大，必须进行重点控制，尽可能降低采购、运输成本，减少设备仓储保管费用。

4. 施工机具费的控制

按施工方案和施工技术措施中规定的机种和数量安排使用；提高施工机械的利用率和完好率；严格控制对外租赁施工机械，严格控制机械设备进出场时间。

（三）工期成本的动态控制

工期成本的分析就是将计划工期成本和实际工期成本进行比较，然后应用因素分析法分析各种因素的变动对工期成本的影响程度。

为了以最少的投入得到最优的项目进度计划，使工程项目取得最佳的经济效益，常采用工期－费用优化法：

1. 首先计算网络计划中各项工作的时间参数，确定关键工作和关键线路。

2. 估计各项工作的正常费用、最短持续时间及其对应的费用，并计算工作的费用率。

3. 若只有一条关键线路，则找出费用率最小的关键工作为压缩对象；若有两条及以上的关键线路，则要找出各条关键线路上费用率总和最小的工作组合作为压缩对象。

4. 分析压缩工期时的约束条件，确定所有对象可能压缩的时间，压缩后计算出总的直接费用的增加值和间接费用的减少值。

5. 比较直接费用的增加值和间接费用的减少值，如果前者大于后者，可按以上步骤继续压缩；如果前者小于后者，则可停止压缩工期。这种方法是用逐渐增加费用来减少工期，所以亦称为最低费用加快法。

（四）施工成本偏差控制

1. 偏差控制法的基本原理。施工成本偏差的控制法是在成本计划的基础上，通过对比分析找出实际成本与计划成本之间的偏差，分析产生偏差的原因及变化趋势，采取措施以减少或消除偏差，实现目标成本的一种科学管理方法。

2. 施工成本偏差有两种：一是实际偏差，即项目的实际成本与计划成本之间的差异；二是计划偏差，即项目的计划成本与预算成本之间的差异。其计算公式如下：

$$实际偏差＝计划成本－实际成本 \qquad （2H320102-2）$$

$$计划偏差＝预算成本－计划成本 \qquad （2H320102-3）$$

计划偏差反映成本事前预控所要达到的目标。实际偏差反映施工项目成本控制的实际。实际偏差为正值且越大越好，若为负差，则说明成本控制存在缺陷和问题。

2H320103   降低施工成本的措施

一、机电工程项目考核成本、项目计划成本（目标成本）、项目实际成本

1. 项目考核成本。企业下达给项目部的成本是项目考核成本，是根据企业的有关定额经过评估、测算而下达的用于考核的成本。它是考核工程项目成本支出的重要尺度。

2. 项目计划成本。在考核成本基础上，根据工程项目的技术特征、自然地理特征、劳动力素质、设备情况等，由企业法人代表和项目经理签订的内部承包合同规定的标准成本。它是控制项目成本支出的标准，也是成本管理的目标。

3. 项目实际成本。施工过程中实际发生的可以列入成本支出的费用总和，是项目施工活动中各种消耗的综合反映。

4. 成本降低额或超支额。计划成本与实际成本相比较体现了该项目的成本降低额或超支额；考核成本与计划成本相比较体现了该项目部完成企业下达的成本指标的情况。

5. 成本降低率＝（计划成本－实际成本）/计划成本。

二、降低机电工程项目施工成本的主要措施

1. 降低项目成本的组织措施

成本管理是全企业的一项综合性的活动，为使项目成本消耗保持在最低限度，实现对项目成本的有效控制。首先，组建强有力的工程项目部，配备经验丰富、能力强的项目经理。其次，项目部应将成本责任分解落实到各个岗位、落实到专人，对成本进行全过程、全员、动态管理，形成一个分工明确、责任到人的成本管理责任体系。最后，确定合理的工作流程，在科学管理的基础之上，完善各项规章制度，明确各项工作要求，准确、完整地传递相关信息。

2. 降低项目成本的技术措施

技术措施是降低成本的保证，在工程施工过程采用先进的技术措施，通过技术措施与经济措施相结合的方式，以技术优势来取得经济效益，降低项目成本。

（1）制定先进合理的施工方案和施工工艺

施工准备阶段制定先进合理的施工方案和施工工艺，合理布置施工现场，提高工程施工过程建筑工业化水平，以达到缩短工期、提高质量、降低成本。

（2）积极推广应用新技术

在施工过程中积极推广应用各种降低消耗、提高工效的新技术、新工艺、新材料、新设备，有效降低项目成本。

（3）加强技术、质量检验

在施工过程中加强技术、质量检验力度，严把质量关，提高工程质量，杜绝或减少工程返工，减少浪费，降低项目成本。

3. 降低项目成本的经济措施

（1）控制人工费用。一是通过改善劳动组织结构，减少窝工浪费，提高劳动生产率；二是加强劳动纪律管理，并通过各种激励手段，增强员工劳动的积极性，提高工作效率；三是加强员工的技术教育和培训工作，提升员工的工作水平；四是严格控制非生产人员比例，压缩非生产和辅助用工费用。

（2）控制材料费用。材料费用占工程成本的比例很大，降低项目成本的潜力最大。一是制订合理的材料采购计划，减少仓储，节约采购费用；二是完善材料采购、运输、收发、保管等方面工作管理，减少各个环节的损耗；三是合理堆放现场材料，避免和减少二次搬运和摊销损耗；四是严格材料进场验收和限额领料控制制度，减少浪费；五是建立材料消耗台账，严格控制材料使用和消耗，及时回收和再利用材料余料；六是及时向建设或设计单位提出合理的材料代用建议，降低项目成本。

（3）控制机械费用。加强机械设备使用与管理。一是正确选配和合理利用机械设备；二是提高机械设备的完好率和利用率，提升机械设备的工作效率和使用效率；三是加强机械设备的管理，定期对机械设备进行保养维护，减少机械设备维护保养费用。

（4）控制间接费及其他直接费。间接费是项目管理人员和企业的其他职能部门为该工程项目所发生的全部费用。一是合理确定管理幅度与管理层次，精简管理机构，减少业务费用的开支；二是合理调度资金，减少资金使用费和其他不必要的费用支出；三是合理规划、严格控制其他直接费的开支，如现场临时设施费、二次搬运费、生产工具使用费、检验试验费和场地清理费等。

4. 降低项目成本的合同措施

（1）选用适当的合同结构模式。在施工项目组织的模式中，有多种合同结构模式，在使用时，必须对其进行分析、比较，要选用适合于工程规模、性质和特点的合同结构模式。

（2）采用严谨的合同条款。在合同条文中应细致考虑影响成本、效益的相关因素，特别是潜在风险因素，通过对引起成本变动的风险因素的识别和分析，采取必要的风险对策。

（3）全过程的合同控制。采取合同措施控制项目成本，应贯穿在从合同谈判、合同签署、合同履行到合同终结的整个过程中。

【案例 2H320100-1】

一、背景

某安装公司承包一酒店机电安装工程，建筑工程由某建筑公司承包。工程内容包括建筑电气、建筑给水排水及通风空调工程等，合同造价为 2900 万元，主要设备（变压器、配电柜、空调机组、水泵、控制柜等）由建设单位采购，其他设备、材料均由安装公司采购。

经安装公司成本管理部门测算，下达给项目部考核成本为 2500 万元。项目部按照内部签订的承包合同要求，结合工程技术特点以及项目部人员、设备等资源状况，按照现行建筑安装工程费用进行分析测算，确定项目的计划成本为 2400 万元。

项目部进场后，根据工程特点，采取各项有效措施降低项目成本，控制人工费用、材料费用和机械费用，强调项目的合同管理，重点是对降低项目成本各项经济措施得以有效实施，项目成本降低率达 6%，取得了较好的经济效益。

施工前，对作业人员进行技术交底，深化施工图，重点对机房的水泵设备及管路（图 2H320103）的材料选用及安装要求进行讲解，使给水系统、空调水系统的设备及管路安装按设计要求完成，并对室内给水系统（PP-R 塑料管）、热水系统（铜管）按规范要求进行水压试验。

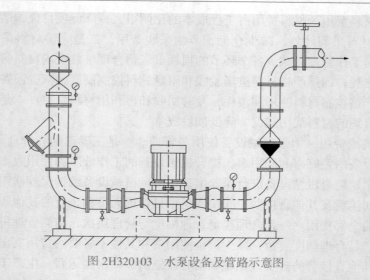

图 2H320103   水泵设备及管路示意图

安装公司承接的工程完工后，对所承包的工程进行自检，并按相应规范规定的程序进行验收，将工程质量控制资料整理完整，向建设单位提交竣工报告，申请竣工验收。

二、问题

1. 本工程项目的实际成本是多少？

2. 降低项目成本措施中，还应控制哪些费用？如何实施？

3. 分别指出图 2H320103 中的管道组成件和管道支承件。

4. 写出室内给水和热水系统的管道水压试验的检验方法。

5. 建设单位收到工程竣工报告后，应如何组织工程的竣工验收？

三、分析与参考答案

1. 成本降低率＝（计划成本－实际成本）/计划成本

　　　实际成本＝计划成本－计划成本 × 成本降低率

　　　　　　＝ 2400－2400×6%

　　　　　　＝ 2256 万元

2. 降低项目成本的措施中，还应控制间接费及其他直接费。

实施：减少业务费用的开支，减少资金使用费和其他不必要的费用支出，严格控制其他直接费的开支，如现场临时设施费、二次搬运费、生产工具使用费、检验试验费和场地清理费等。

3. 管道组成件：管子、异径管（同心、偏心）、法兰、密封件、紧固件、阀门（止回阀）、软接头、疏水器、压力表等。

管道支承件：吊杆、松紧螺栓、支撑杆等。

4. 室内给水、热水系统管道水压试验的检验方法：

（1）室内给水系统：在试验压力下稳压 1h 压力降不超过 0.05MPa，然后在工作压力 1.15 倍状态下稳压 2h，压力降不超过 0.03MPa，连接处不得渗漏。

（2）热水供应系统：在系统试验压力下 10min 内压力降不大于 0.02MPa，然后降至工作压力检查，压力应不降，不渗不漏。

5. 建设单位收到工程竣工报告后，由建设单位项目负责人组织监理、施工、设计、勘察等单位项目负责人进行单位工程验收，经检查合格，办理交竣工验收手续及有关事宜。

【案例 2H320100-2】

一、背景

某安装公司中标一机床厂的钢结构厂房制作安装及机电安装工程，在编制质量预控措施时，安装公司重点抓住工序质量控制，除设置质量控制点外，还认真地进行了工序分析，即严格按照第一步书面分析、第二步试验核实、第三步制定标准的三个步骤，并分别采用各自的分析控制方法，从而有效地控制了工程施工质量。

安装公司在钢结构厂房安装时，由于搭建脚手架的地基下沉，发生脚手架倒塌事故，造成 2 人死亡、5 人重伤、直接经济损失 800 万元。经相关部门调查确认，安装公司主要负责人未能依法履行安全生产管理职责导致本次事故发生，并按国家现行的安全事故等级划分规定，对安装公司及其主要负责人进行了处罚。

在设备螺纹连接件装配时，施工班组遇到有预紧力规定要求的紧固螺纹连接，经技术交底和反复实践，施工人员熟练掌握各种紧固方法的操作技能，圆满完成了所有螺纹连接的紧固工作。

在项目施工成本控制中，安装公司采用了"施工成本偏差控制"法。实施过程中，计划成本是 9285 万元，预算成本是 9290 万元，实际成本是 9230 万元，施工成本控制取得了较好的效果。

二、问题

1. 工序分析的三个步骤中，分别采用的是哪种分析方法？

2. 本工程安全事故属于哪个等级？对安装公司及其主要负责人应进行怎样的处罚？

3. 有预紧力规定要求的螺纹连接常用的紧固方法有哪几种？

4. 列式计算本工程施工成本的实际偏差，并简述项目成本控制的常用方法还有哪些。

三、分析与参考答案

1. 工序分析的方法：第一步是用因果分析图法书面分析；第二步进行试验核实，可根据不同的工序用不同的方法，如优选法等；第三步是制定标准进行管理，主要应用系统图法和矩阵图法。

所以，第一步：因果分析图法；第二步：优选法；第三步：系统图法（或矩阵图法）。

2. 本工程安全事故属于一般事故。一般事故是指造成 3 人以下死亡，或者 10 人以下重伤，或者 100 万元以上 1000 万元以下直接经济损失的事故。

发生生产安全事故，对负有责任的生产经营单位除要求其依法承担相应的赔偿等责任外，由安全生产监督管理部门依照规定处以罚款，发生一般事故的，处 20 万元以上50 万元以下的罚款。事故发生单位主要负责人未依法履行安全生产管理职责导致事故发生的，依照规定处以罚款，发生一般事故的，处上一年年收入 30% 的罚款；构成犯罪的，依法追究刑事责任。

本工程安全事故属于一般事故。对安装公司处以 20 万元以上 50 万元以下罚款，对主要负责人处上一年年收入 30% 的罚款。

3. 有预紧力规定要求的螺纹连接，常用的紧固方法有：定力矩法、测量伸长法、液压拉伸法、加热伸长法。

4. 施工成本偏差有两种，一是实际偏差，即项目的实际成本与计划成本之间的差异；二是计划偏差，即项目的计划成本与预算成本之间的差异。其计算公式如下：实际偏差＝计划成本－实际成本，计划偏差＝预算成本－计划成本。

常用的成本控制方法有：以施工图控制成本、安装工程费动态控制、工期成本动态控制和施工成本偏差控制。

实际偏差＝9285－9230＝55万元。常用的成本控制方法还有：以施工图控制成本（或人、材、机费用静态控制），安装工程费动态控制，工期成本动态控制。

【案例 2H320100-3】

一、背景

某机电施工单位承接一项炼油厂的塔体群安装工程，工程内容包括：各类塔体就位、各类管道、自动控制和绝热工程等。其中最高塔体为 42m，最重塔体 102t。合同工期为 3 个月，合同约定：如果工期延误每一天应罚 10000 元，如提前每一天奖励 5000 元。

该项目部对承建工程内容进行分析，认为工程重点应是各类塔体吊装就位，为此制定了两套塔体吊装方案。第一套方案采用桅杆起重机吊装，经测算施工时间需要 50 天，劳动力日平均 30 人，预算日平均工资 50 元，机械台班费需 20 万元，其他费用 25000 元，另外需要新购置钢丝绳和索具费用 30000 元；第二套方案采用两台 100t 汽车起重机抬吊，但需要市场租赁，其租赁费 10000 元／（日·台），经测算现场共需 16 天，而人工费可降低 70%，其他费用可降低 30%。

该项目部注重项目成本各阶段的控制，重点突出、吊装方案选取得当，因此该工程项目提前 8 天完成全部施工任务。

二、问题

1. 项目部对该工程应编制哪些类型的施工组织设计？

2. 试分析两种吊装方案，该项目部宜选用哪种方案？

3. 试述选用方案中的起重机在使用时，应考虑哪些问题？

4. 简述塔体设备的安装程序。

三、分析与参考答案

1. 本工程项目的机电安装工程应编制单位工程施工组织设计和专业技术施工方案，即：塔体群吊装施工方案。

2. 两种方案经济分析计算：

第一套方案测算成本＝50×30×50＋200000＋25000＋30000＝330000 元

第二套方案测算成本＝50×30×50×（1－70%）＋10000×2×16＋25000×（1－30%）
＝360000 元

定量比较：第二套方案成本要高于第一套方案成本 30000 元。

定性分析：本工程工期为三个月，合同约定奖与罚关系，如采用第一套方案会影响后续工序施工，加大人力资源投入，可能因工期延期而罚款；如采用第二套方案，吊装工期大大缩短，工人劳动强度减小，所以技术效率高，机械化施工程度好，后续工序施工比较宽松，可将工期提前完成。

结论：该项目部宜选定第二套方案。

3. 选用的是两台起重机抬吊，计算载荷时要考虑不均衡载荷和动载荷的影响，而且对吊车站位处的地基要进行处理和试验。

4. 塔体设备安装程序为：吊装就位→找平找正→灌浆抹面→内件安装→防腐保温→检查封闭。

2H320110 机电工程项目试运行管理

2H320111 试运行条件

一、机电工程项目试运行阶段划分

试运行（又称试运转、试车）目的是检验单台设备和生产装置（或机械系统）的制造、安装质量、机械性能或系统的综合性能，能否达到生产出合格产品的要求。按试运行阶段划分为单机试运行、联动试运行、负荷试运行（或称投料试运行、试生产）三个阶段。前一阶段试运行是后一阶段试运行的准备，后一阶段的试运行必须在前一阶段完成后进行。

1. 单机试运行

单机试运行是模拟负荷试运行，指现场安装的单台驱动装置、机器（机组）的空负荷运转或以空气、水等替代设计的工作（生产）介质进行的模拟负荷试运行。例如，压缩机应进行空负荷试运行（试运转）和空气负荷试运行（试运转），空负荷试运行的目的是检查各运动部件在空负荷下运转是否正常，空负荷试运行后进行以空气为介质的空气负荷试运行以考核安装的质量。而泵不允许无介质空运转，因而泵的单机试运行宜采用清水为介质，试运行合格后可办理交工验收。

单机试运行属于工程施工安装阶段的工作内容。确因受介质限制或必须带负荷才能运转而不能进行单机试运行的单台设备，按规定办理批准手续后，可留待负荷试运行阶段一并进行。中小型单体设备工程一般可只进行单机试运行。

2. 联动试运行

联动试运行，指对试运行范围内的机器、设备、管道、电气、自动控制系统等，在各自达到试运行标准后，以水、空气作为介质进行的模拟运行。联动试运行适于成套设备系统的大型工程，例如，炼油化工工程、连续机组的机电工程等。

3. 负荷试运行

负荷试运行，是指对指定的整个装置（或生产线）按设计文件规定的介质（原料）打通生产流程，进行指定装置的首尾衔接的试运行，以检验其除生产产量指标外的全部性能，并生产出合格产品。负荷试运行是试运行的最终阶段，自装置接受原料开始至生产出合格产品、生产考核结束为止。

二、机电工程项目试运行责任分工及参加单位

1. 单机试运行责任分工及参加单位

（1）单机试运行由施工单位负责。工作内容包括：负责编制试运行方案，并报建设单

位、监理审批；组织实施试运行操作，做好测试、记录并进行单机试运行验收。

（2）参加单位：施工单位、监理单位、设计单位、建设单位、重要机械设备的生产厂家。对于门式及桥式起重机等特种设备的试运行，施工单位应邀请特种设备监督管理单位派人参加。

2. 联动试运行责任分工及参加单位

（1）由建设单位（业主）组织、指挥。建设单位工作内容包括：负责及时提供各种资源，审批联动试运行方案；选用和组织试运行操作人员；实施试运行操作。

（2）调试单位的工作内容：编制联动试运行方案、按照批准后的联动试运行方案指挥联动试运行。

（3）施工单位工作内容：负责岗位操作的监护，处理试运行过程中机器、设备、管道、电气、自动控制等系统出现的问题并进行技术指导。

（4）联动试运行参加单位：建设单位、生产单位、施工单位、调试单位以及总承包单位（若该工程实行总承包）、设计单位、监理单位、重要机械设备的生产厂家。

（5）若建设单位要委托施工单位（或总承包单位）组织联动试运行，可签订合同进行约定。施工单位（或总承包单位）在联动试运行时代替建设单位（业主）负责组织、实施试运行的全部工作，并承担自己在试运行过程中的辅助职能。

3. 负荷试运行责任分工及参加单位

（1）由建设单位（业主）负责组织、协调和指挥。

（2）除合同另有规定外，负荷试运行方案由建设单位组织生产部门和调试单位、设计单位、总承包／施工单位共同编制，由生产部门负责指挥和操作或由调试单位指挥、生产单位负责操作。

三、机电工程项目试运行前应具备的条件

（一）单机试运行前应具备的条件

1. 有关分项工程验收合格

机械设备及其附属装置、管线、电气设备、控制设备等已按设计文件和有关规程规范的要求全部安装完毕并验收合格，包括：

（1）机械设备的安装水平已调整至允许范围；

（2）与安装有关的几何精度经检验合格。

2. 施工过程资料齐全，包括：

（1）各种产品的合格证书或复验报告；

（2）施工记录、隐蔽工程记录和各种检验、试验合格文件；

（3）与单机试运行相关的电气和仪表调校合格资料等。

3. 资源条件已满足

试运行所需要的动力、材料、机具、检测仪器等符合试运行的要求。

4. 技术措施已到位

（1）润滑、液压、冷却、水、气（汽）和电气等系统符合系统单独调试和主机联合调试的要求。

（2）编制的试运行方案或试运转操作规程已经批准。

5. 准备工作已完成

（1）试运行组织机构已经建立，操作人员经培训、考试合格，熟悉试运行方案和操作规程，能正确操作。记录表格齐全，保修人员就位。

（2）对人身或机械设备可能造成损伤的部位，相应的安全实施和安全防护装置设置完善。

（3）试运行机械设备周围的环境清扫干净，不应有粉尘和较大的噪声。

（4）消防道路畅通，消防设施的配置符合要求。

（二）联动试运行前应具备的条件

1. 工程质量验收合格

试运行范围内的工程已按设计文件规定的内容全部建成并按施工验收规范的标准检验合格。

2. 工程中间交接已完成

（1）"三查四定"（三查：查设计漏项、未完工程、工程质量隐患；四定：对查出的问题定任务、定人员、定时间、定措施）的问题整改消缺完毕，遗留尾项已处理完。

（2）影响投料的设计变更项目已施工完。

（3）现场清洁，施工用临时设施已全部拆除，无杂物，无障碍。

3. 单机试运行全部合格

试运行范围内的机械设备，除必须留待负荷试运行阶段进行试运行的以外，单机试运行已全部完成并合格。

4. 工艺系统试验合格

（1）试运行范围内的设备和管道系统的内部处理及耐压试验、严密性试验已经全部合格。

（2）试运行范围内的电气系统和仪表装置的检测系统、自动控制系统、联锁及报警系统等符合规范规定。

5. 技术管理要求已完成

（1）试运行方案和生产操作规程已经批准。

（2）工厂的生产管理机构已经建立，各级岗位责任制已经制定，有关生产记录报表已配备。

（3）试运行组织机构已经建立，参加试运行人员已通过生产安全考试合格。

（4）试运行方案中规定的工艺指标、报警及联锁整定值已确认并下达。

6. 资源条件已满足

试运行所需燃料、水、电、汽、工业风和仪表风等可以确保稳定供应，各种物资和测试仪表、工具皆已备齐。

7. 准备工作已完成

（1）试运行现场有碍安全的机器、设备、场地、走道处的杂物，均已清理干净。

（2）应急预案已编制审批完成并经过预演。

（3）按设计文件的要求加注试运行用润滑油（脂）。

（4）设备入口处按规定装设过滤网（器）。

（5）布置必要的安全防护设施和消防器材。

（三）负荷试运行前应具备的条件

1. 联动试运行已完成

（1）设备处于完好备用状态，管道介质名称、流向标识齐全。

（2）机器、设备及主要的阀门、仪表、电气皆已标明了位号和名称。

（3）仪表、仪器经调试具备使用条件，联锁调校完毕，准确可靠。

（4）岗位用工器具已配齐。

2. 制度和技术文件已完善

（1）各项生产管理制度已落实、岗位分工明确，各工种人员岗前培训合格，已掌握要领，会排除故障。

（2）经批准的负荷试运行方案已向生产人员交底，事故处理应急方案已经制定并落实。

3. 资源条件已具备

（1）保运工作已落实，备品备件齐全，供排水、供电、仪表控制已平稳、正常运行。

（2）原材料、燃料、化学药品、润清油（脂）等，已按设计文件和试运行方案规定的规格数量准备齐全，经化验合格，并能确保连续稳定供应。

（3）环保、安全、消防、急救系统已完善，现场保卫、生活后勤服务已落实。

（4）通信联络系统、储运系统、运销系统、生产调度系统运行正常可靠。试运行指导人员和专家已到现场。

2H320112 试运行要求

一、机电工程项目单机试运行

（一）单机试运行的主要范围及目的

1. 主要范围

单机试运行的范围包括：驱动装置、传动装置、单台机械设备（机组）及其辅助系统（如电气系统、润滑系统、液压系统、气动系统、冷却系统、加热系统、检测系统等）和控制系统（如设备启停、换向、速度等自动化仪表就地控制、计算机 PLC 程序远程控制、联锁、报警系统等）。

2. 目的

单机试运行主要考核单台设备的机械性能，检验机械设备的制造、安装质量和设备性能等是否符合规范和设计要求。

（二）单机试运行方案

1. 单机试运行方案的内容：工程概况或试运行范围；编制依据和原则；目标与采用标准；试运行前必须具备的条件；组织指挥系统；试运行程序与操作要求、进度安排；试运行资源配置；环境保护设施投运安排；安全与职业健康要求；试运行预计的技术难点和采取的应对措施。

2. 单机试运行方案编审：试运行方案由施工项目总工程师组织编制，经施工企业总工程师审定，报建设单位或监理单位批准后实施。

（三）常用机械设备单机试运行要求

1. 风机

（1）离心通风机试运转要求：

1）启动前应关闭进气调节门。

2）点动电动机，电动机旋转方向应正确，各部位应无异常现象和摩擦声响。

3）风机启动达到正常转速后，应在调节门开度为 0°～5° 时进行小负荷运转。

4）小负荷运转正常后，应逐渐开大调节门，但电动机电流不得超过额定值，直至规定的负荷，轴承达到稳定温度后，连续运转时间不应少于 20min。

5）具有滑动轴承的大型风机，负荷试运转2h后应停机检查轴承，轴承应无异常现象；当合金表面有局部研伤时应进行修整，再连续运转不应少于 6h。

6）高温离心通风机进行高温试运转时，其升温速率不应大于 50℃/h；进行冷态试运转时，其电机不得超负荷运转。

7）试运转中，在轴承表面测得的温度不得高于环境温度 40℃，轴承振动速度有效值不得超过 6.3mm/s；矿井用离心通风机振动速度有效值不得超过 4.6mm/s。

8）风机的安全和联锁报警与停机控制系统应经模拟试验，其动作应灵敏、正确、可靠，并应记录实测数值备查。

（2）轴流通风机试运转要求：

1）启动时各部位应无异常现象。

2）启动在小负荷运转正常后，应逐渐增加风机的负荷，在规定的转速和最大出口压力下，直至轴承达到稳定温度后，连续运转时间不应少于 20min。

3）轴流通风机启动后调节叶片时，电流不得大于电动机的额定电流值；轴流通风机运行时，严禁停留于喘振工况内。

4）试运转中，应进行安全和联锁报警与停机控制系统模拟试验，其动作应灵敏、正确、可靠，并应记录实测数值备查。

5）试运转中，一般用途轴流通风机在轴承表面测得的温度不得高于环境温度 40℃；电站式轴流通风机和矿井式轴流通风机，滚动轴承正常工作温度不应超过 70℃，瞬时最高温度不应超过 95℃，温升不应超过 60℃；滑动轴承的正常工作温度不应超过 75℃。

6）轴流通风机的振动速度有效值应符合表 2H320112-1 的要求：

轴流通风机的振动速度有效值　　　　　　　　　　表 2H320112-1

轴流通风机类型	振动速度有效值（mm/s）
电站、矿井用轴流通风机	刚性≤ 4.6；挠性≤ 7.1
暖通空调用轴流通风机	≤ 5.6
一般用途、其他型轴流通风机	≤ 6.3

7）应检查管道的密封性，停机后应检查叶顶间隙。

（3）罗茨和叶氏鼓风机试运转要求：

1）启动前应全开鼓风机进气和排气口阀门。

2）进气和排气口阀门应在全开的条件下进行空负荷运转，运转时间不得少于 30min。

3）空负荷运转正常后，应逐步缓慢地关闭排气阀，直至排气压力调节到设计升压值时，电动机的电流不得超过其额定电流值。

4）负荷试运转中，不得完全关闭进气和排气口阀门，不应超负荷运转，并应在逐步卸荷后停机，不得在满负荷下突然停机。

5）负荷试运转中，鼓风机应在规定的转速和压力下各部位温度稳定后，连续运转不少于2h；其轴承温度不应超过95℃，润滑油温度不应超过65℃，振动速度有效值不应大于11.2mm/s。

（4）离心鼓风机试运转

1）离心鼓风机试运转程序

离心鼓风机试运转时，应先试驱动机、增速器，后试整机。整机的试运转应先将进气节流门开至10°～15°进行小负荷试运转，然后进行负荷试运转。

2）离心鼓风机的整机试运转

① 启动润滑、密封和控制油系统，应符合随机技术文件的规定。无规定时，应符合下列要求：

a. 轴承润滑油的进油温度宜为40±5℃，启动时的油温不应低于25℃；轴承的进油压力宜为0.1～0.15MPa，当油压小于0.08MPa时应报警，并应启动辅助油泵；当油压下降到0.05MPa时应停机。

b. 浮环密封油参与整机试运转的正常进油温度应为40±5℃；油压高于气封压力的压差应为50kPa；当采用高位罐压差的系统时，高位罐液面高于或低于正常液位150mm时应报警，低于250mm时应过低报警，低于300mm时应停机。

c. 轴承和轴承箱的油温温升不应超过28℃，轴承出口温度不应超过82℃。

d. 控制油系统应按规定进行调整。

② 电动机带动的主机，点动检查转子与定子，其应无摩擦和异常声响。

③ 小负荷试运转中，其动作应灵敏、正确、可靠；小负荷连续运转后，应停机检查各轴承、轴颈的润滑情况，当有磨损时应及时修整；对有齿轮变速器的机组，应检测齿轮的接触斑点，当不符合要求时，应按规定进行调整。

④ 小负荷试运转的时间，应符合随机技术文件的规定。

⑤ 小负荷试运转无误后，应按随机技术文件的规定进行负荷试运转；负荷试运转的开始阶段，主机的排气应缓慢升压，并应逐步达到工况；轴承润滑油温度和轴承振动稳定后，应连续运行2h。

⑥ 不得在喘振区域内运转；启动时，不得在临界转速附近运转。

⑦ 试运转中应进行检查，并应符合下列要求：

a. 冷却系统的进口压力和进、出口温度不应超过随机技术文件的规定。

b. 轴承温度和轴承排油温度应符合随机技术文件的规定；无规定时，应符合表2H320112-2的规定。

c. 轴颈处测得未滤波的轴振动双振幅值，或采用接触式测振仪在轴承壳上检测轴承振动速度有效值，应符合随机技术文件的规定；无规定时，应符合表2H320112-3的规定。

d. 各级排气压力和温度应符合随机技术文件的规定。

⑧ 停机后20min或轴承回油温度降到低于40℃后，应停止油泵工作；停机后的盘车，应符合随机技术文件的规定。

⑨ 试运转完毕，应将各有关装置调整到准备启动状态。

轴承温度和轴承排油温度　　　　表 2H320112-2

轴承形式	滚动轴承	滑动轴承
轴承体温度	≤环境温度+40℃	≤70℃
轴承的排油温度	—	≤进油温度+28℃
轴承合金层温度	—	≤进油温度+50℃

轴承壳振动速度有效值和轴振动双振幅值　　　　表 2H320112-3

轴承壳振动速度有效值（mm/s）	≤4.0
轴振动双振幅值（μm）	$\leqslant 25.4\sqrt{\dfrac{12000}{N}}$，且不应超过 50

（5）轴流鼓风机试运转

1）轴流鼓风机试运转要求：

① 启动前应将排气阀关闭，打开放空阀，静叶角度应调整到最小工作角度或静叶关闭的启动状态。

② 由透平机驱动的主机，应按升速曲线分阶段升速，不得在轴系的各临界转速附近停留运转。

③ 主机启动达到额定转速后，静叶宜调节到最小工作角；不应在静叶关闭的启动状态下停留运转较长的时间。

④ 在试运转中应进行下列检查，并应符合试运转的技术要求：

a. 冷却水的流量和压力，不应低于最低值；

b. 冷却器出口温度，不应高于规定的最高温度值；

c. 轴承节流圈前的油压，不应低于最低值；

d. 润滑油过滤器进、出口的压力差，不应超过规定值；

e. 放风阀和旁通阀在喘振出现前应及时、正确地开启；在未测定和整定防喘振曲线前，不得靠近性能曲线上的喘振区运行；

f. 轴承温度和轴承的排油温度，应符合本书表 2H320112-2 的规定；

g. 轴承振动速度有效值，不应大于 6.3mm/s；

h. 风机运转速度，不应超过最高速度；

i. 试运转中的各项检查和实测数值，应记录清楚。

2）机组的停机应符合下列要求：

① 停机前应将静叶角度调节到最小工作角或静叶关闭状态，并应打开放空阀和关闭排气阀。

② 停机后，应慢速盘动转子，直到轴承与主机排气侧之间的主轴温度低于 50℃时，润滑油泵再停机。

2. 压缩机

（1）无润滑压缩机试运转

1）无润滑压缩机的试运转，应按随机技术文件规定的介质和程序进行：

① 运转中活塞杆表面温度、各级排气温度、排液温度应符合随机技术文件的规定；无油冷却液应供应正常。

② 运转中活塞杆表面的刮油情况应良好，曲轴箱和十字头的润滑油不得带入填函和汽缸内。

③ 在逐级升压过程中，应待排气温度达到稳定状态、填函密封良好、无卡阻等现象后，再将压力逐级升高。

2）施工完毕或试运转暂停期间，应在吸气管内通入无油干燥氮气，并应缓慢转动压缩机，经放空阀排出，使氮气吹尽汽缸内的水分后关闭吸、排气管阀门，并应防止生锈；汽缸夹套内的冷却水应放空。

（2）螺杆压缩机试运转

1）螺杆式压缩机空负荷试运转要求：

① 启动油泵在规定的压力下运转不应少于 15min。

② 单独启动驱动机，其旋转方向应与压缩机相符；驱动机与压缩机连接后，盘车应灵活、无阻滞。

③ 启动压缩机并运转 2～3min，无异常现象后再连续运转，连续运转时间不应少于 30min；停机时，润滑油泵应在压缩机停转 15min 后再停止运转；停泵后，应清洗各进油口的过滤网。

④ 再次启动压缩机，应连续进行吹扫，吹扫时间不应少于 2h；轴承温度应符合随机技术文件的规定。

2）螺杆式压缩机空气负荷试运转要求：

① 各种检测仪表和有关阀门的开启或关闭应灵敏、正确、可靠。

② 启动压缩机空负荷运转不应少于 30min。

③ 应缓慢关闭旁通阀，并应按随机技术文件规定的升压速率和运转时间，逐级升压试运转；应在前一级升压运转期间无异常现象后，再将压力逐渐升高；升压至额定压力下连续运转的时间不应少于 2h。

④ 在额定压力下连续运转中应检查下列各项，并应每隔 0.5h 记录一次。

a. 润滑油压力、温度和各部分的供油情况；

b. 各级吸、排气的温度和压力；

c. 各级进、排水的温度和冷却水的供水情况；

d. 各轴承的温度；

e. 电动机的电流、电压、温度；

f. 螺杆式压缩机升温试验运转，应符合随机技术文件的规定；

g. 螺杆式压缩机试运转合格后，应彻底清洗润滑系统，并应更换润滑油。

（3）离心式压缩机和轴流式压缩机试运转

1）离心式压缩机试运转

① 压缩机增速器轮齿静态接触迹线长度不应小于齿长的 65%，动态接触斑点长度不应小于齿长的 60%。

② 试运转的压缩介质应采用空气，当压缩介质不是空气时，应符合随机技术文件的规定。

③ 具有浮环密封的压缩机，当采用空气进行试运转时，应取出浮环座及内外浮环，并应更换预先准备的梳齿形试车密封；进油管高位罐液面的气管应通大气。

④ 汽轮机或发动机驱动的压缩机在启动时，应按随机技术文件的规定分阶段升速。

⑤ 试运转的开始阶段，主机的排气应缓慢升压，每 5min 升压不得大于 0.1MPa，并应逐步达到工况；轴承润滑油温度和轴承振动稳定后，应连续运行 4～8h。

⑥ 轴承壳振动速度有效值应小于等于 6.3mm/s；轴振动双振幅值应符合表 2H320112-3 的规定。

2）轴流式压缩机试运转

试运转中，汽轮机驱动的压缩机应加速至跳闸转速后，在最高连续转速下轴承温度和振动达到稳定后应连续运行 2h；电机驱动的压缩机在 100% 转速下轴承温度和振动稳定后，应连续运转 2h。

3. 泵

（1）泵试运转基本要求

1）试运转的介质宜采用清水；当泵输送介质不是清水时，应按介质的密度、相对密度折算为清水进行试运转，流量不应小于额定值的 20%；电流不得超过电动机的额定电流。

2）润滑油不得有渗漏和雾状喷油；轴承、轴承箱和油池润滑油的温升不应超过环境温度 40℃，滑动轴承的温度不应大于 70℃；滚动轴承的温度不应大于 80℃。

3）泵试运转时，各固定连接部位不应有松动；各运动部件运转应正常，无异常声响和摩擦；附属系统的运转应正常；管道连接应牢固、无渗漏。

4）泵的静密封应无泄漏；填料函和轴密封的泄漏量不应超过随机技术文件的规定。

5）润滑、液压、加热和冷却系统的工作应无异常现象。

6）泵的安全保护和电控装置及各部分仪表应灵敏、正确、可靠。

7）泵在额定工况下连续试运转时间不应少于表 2H320112-4 规定的时间；高速泵及特殊要求的泵试运转时间应符合随机技术文件的规定。

泵在额定工况下连续试运转时间　　　　　　　表 2H320112-4

泵的轴功率（kW）	连续试运转时间（min）
＜ 50	30
50～100	60
100～400	90
＞ 400	120

8）系统在试运转中应检查下列各项，并应做好记录。

① 润滑油的压力、温度和各部分供回油情况；

② 吸入和排出介质的温度、压力；

③ 冷却水的供回水情况；

④ 各轴承的温度、振动；

⑤ 电动机的电流、电压、温度。

（2）离心泵试运转

1）高温泵在高温条件下试运转前的检查

① 试运转前应进行泵体预热，温度应均匀上升，每小时温升不应超过 50℃；泵体表面与工作介质进口的工艺管道的温差，不应超过 40℃。

② 预热时应每隔 10min 盘车半圈，温度超过 150℃时，应每隔 5min 盘车半圈。

③ 泵体机座滑动端螺栓处和导向键处的膨胀间隙，应符合随机技术文件的规定。

④ 轴承部位和填料函的冷却液应接通。

⑤ 应开启入口阀门和放空阀门，并应排出泵内气体；应在预热到规定温度后，再关闭放空阀门。

2）低温泵在低温介质下试运转前的检查

① 预冷前应打开旁通管路。

② 管道和蜗室内应按工艺要求进行除湿处理。

③ 预冷时应全部打开放空阀门，宜先用低温气体进行冷却，然后再用低温液体冷却，缓慢均匀地冷却到运转温度，直到放空阀口流出液体，再将放空阀门关闭。

④ 应放出机械密封腔内空气。

3）离心泵启动

① 离心泵应打开吸入管路阀门，并应关闭排出管路阀门；高温泵和低温泵应符合随机技术文件的规定。

② 泵的平衡盘冷却水管路应畅通；吸入管路应充满输送液体，并应排尽空气，不得在无液体情况下启动。

③ 泵启动后应快速通过喘振区。

④ 转速正常后应打开出口管路的阀门，出口管路阀门的开启不宜超过 3min，并应将泵调节到设计工况，不得在性能曲线驼峰处运转。

4）泵试运转

① 机械密封的泄漏量不应大于 5mL/h，高压锅炉给水泵机械密封的泄漏量不应大于 10mL/h；填料密封的泄漏量不应大于表 2H320112-5 的规定，且温升应正常；杂质泵及输送有毒、有害、易燃、易爆等介质的泵，密封的泄漏量不应大于设计的规定值。

填料密封的泄漏量　　　　　　　　表 2H320112-5

设计流量（m³/h）	$Q \leqslant 50$	$50 < Q \leqslant 100$	$100 < Q \leqslant 300$	$300 < Q \leqslant 1000$	$Q > 1000$
泄漏量（mL/min）	15	20	30	40	60

注：设计流量为 Q。

② 工作介质相对密度小于 1 的离心泵用水进行试运转时，控制电动机的电流不得超过额定值，且水流量不应小于额定值的 20%；用有毒、有害、易燃、易爆颗粒等介质进行运转的泵，其试运转应符合随机技术文件的规定。

③ 低温泵不得在节流情况下运转。

5）停泵

① 离心泵应关闭泵的入口阀门，待泵冷却后应再依次关闭附属系统的阀门。

② 高温泵的停机操作应符合随机技术文件的规定；停机后应每隔20～30min盘车半圈，并应直到泵体温度降至50℃为止。

③ 低温泵停机，当无特殊要求时，泵内应经常充满液体；吸入阀和排出阀应保持常开状态；采用双端面机械密封的低温泵，液位控制器和泵密封腔内的密封液应保持为泵的灌泵压力。

④ 输送易结晶、凝固、沉淀等介质的泵，停泵后，应防止堵塞，并应及时用清水或其他介质冲洗泵和管道。

⑤ 应放净泵内积存的液体。

4. 输送设备

（1）输送设备试运转的程序

应由部件至组件，由组件至单机，由单机至全输送线；且应先手动后机动，从低速至高速，由空负荷逐渐增加负荷至额定负荷按步骤进行。

（2）空负荷试运转规定

1）驱动装置运行应平稳。

2）链条传动的链轮与链条应啮合良好、运行平稳、无卡阻现象。

3）所有滚轮和行走轮在轨道上应接触良好、运行平稳。

4）运动部分与壳体不应有摩擦和撞击现象。

5）减速器油温和轴承温升不应超过随机技术文件的规定，润滑和密封应良好。

6）空负荷试运转的时间不应少于1h，且不应少于2个循环；可变速输送设备最高速空负荷试运转时间不应少于全部试运转时间的60%。

（3）负荷试运转规定

1）当数台输送机联合试运转时，应按物料输送反方向顺序启动设备。

2）负荷应按随机技术文件规定的程序和方法逐渐增加，直到额定负荷为止；额定负荷下连续运转时间不应少于1h，且不应少于1个工作循环。

3）各运动部分的运行应平稳，无晃动和异常现象。

4）润滑油温和轴承温度不应超过随机技术文件的规定。

5）安全联锁保护装置和操作及控制系统应灵敏、正确、可靠。

6）停车前应先停止加料，且应待输送机卸料口无物料卸出后停车；当数台输送机联合运转时，其停车顺序应与启动顺序方向相反。

5. 起重机

（1）起重机空载试运转

1）各机构、电气控制系统及取物装置在规定的工作范围内，应正常动作；各限位器、安全装置、联锁装置等执行动作应灵敏、可靠；操作手柄、操作按钮、主令控制器与各机构的动作应一致。

2）起升机构和取物装置上升至终点和极限位置时，其减速终点开关和极限开关的动作应准确、可靠、及时报警断电。

3）小车运行至极限位置时，其终点低速保护、极限后报警和限位应准确、可靠。

4）大车运行应符合下列规定：

① 移动时应有报警声或警铃声。

② 移动至大车轨道端部极限位置时，端部报警和限位应准确、可靠。

③ 两台起重机间的防撞限位装置应有效、可靠。

④ 供电的集电器与滑触线应接触良好、无掉脱和产生火花。

⑤ 供电电缆卷筒应运转灵活，电缆收放应与大车移动同步，电缆缠绕过程不得有松弛；电缆长度应满足大车移动的需要，电缆卷筒终点开关应准确、可靠。

⑥ 大车运行与夹轨器、锚定装置、小车移动等联锁系统应符合设计要求。

5）起重机空载试运转应分别进行各档位下的起升、小车运行、大车运行和取物装置的动作试验，次数不应少于 3 次。

（2）起重机静载试运转

1）起重机的静载试验应符合下列规定：

① 起重机应停放在厂房柱子处。

② 将小车停在起重机的主梁跨中或有效悬臂处，无冲击地起升额定起重量 1.25 倍的荷载距地面 100～200mm 处，悬吊停留 10min 后，应无失稳现象。

③ 卸载后，起重机的金属结构应无裂纹、焊缝开裂、油漆起皱、连接松动和影响起重机性能与安全的损伤，主梁无永久变形。

④ 主梁经检验有永久变形时，应重复试验，但不得超过 3 次。

⑤ 小车卸载后开到跨端或支腿处，检测起重机主梁的实有上拱度或悬臂实有上翘度，其值不应小于相关规定。

2）起重机静载试验后，应以额定起重量在主梁跨中和有效悬臂处检测起重机的静刚度，静刚度值应符合随机技术文件的规定，其检测应符合下列规定：

① 将空载小车开到跨端或支腿处，在主梁跨中或有效悬臂处应定出测量基准点。

② 再将小车开至主梁跨中或有效悬臂处，应起升额定起重量的荷载距离地面 200mm，并应待荷载静止后检测。

③ 起重机主梁或悬臂的静刚度值，应以测量基准点垂直向下移动的距离计算。

（3）起重机动载试运转

1）各机构的动载试运转应分别进行；当有联合动作试运转要求时，应符合随机技术文件的规定。

2）各机构的动载试运转应在全行程上进行；试验荷载应为额定起重量的 1.1 倍；累计起动及运行时间，电动的起重机不应少于 1h，手动的起重机不应少于 10min；各机构的动作应灵敏、平稳、可靠，安全保护、联锁装置和限位开关的动作应灵敏、准确、可靠。

3）门式起重机大车运行时，荷载应在跨中。

4）柱式悬臂起重机在任何工况下，不应有悬臂自主回转和小车失控运行。

5）卸载后，起重机的机构、结构应无损坏、永久变形、连接松动、焊缝开裂和油漆起皱，液压系统和密封处应无渗漏。

（四）辅助系统调试要求

1. 电气和操作控制系统调试

（1）机械设备的内部接线和外部接线，应正确无误；保护接地应有明显标志，并不得在柜内与电源中性线直接相接。

（2）电器设备的绝缘电阻应符合随机技术文件的规定；测量时所选用的兆欧表的电压，应符合被测绝缘电阻的要求，并应断开有关电路及元件等措施。

（3）输入电源的电压及频率，设备的变压器、变频器和整流器等输入与输出的交流和直流电压，应符合随机技术文件的规定。

（4）电气系统的过电压、过电流、欠电压保护和保护熔断器的规格、容量等，应符合设计规定，并应将其调整和整定至规定的保护范围之内。

（5）主轴驱动单元电动机的旋转方向、制动功能，应与操纵控制方向和制动要求相符合。

（6）操作控制系统单独模拟试验符合要求。

（7）机械设备的数控系统的试验符合要求。

2. 润滑系统调试

（1）润滑系统的润滑油（脂），其性能、规格和数量应符合随机技术文件的规定。

（2）润滑系统的试验应符合下列要求：

1）在额定工作压力下，各元件结合面及管路接口等应无渗漏现象。

2）应将调节压力阀的压力调到额定压力的 1.1 倍下连续运转 5min 然后分别将压力调至额定压力、中间压力和最低压力，检查供油压力波动值，其允许偏差为被测压力的 ±5%。

3）在额定压力和额定转速下，干油集中润滑装置的给油量在 5 个工作循环中，每个给油孔，每次最大给油量的平均值，不得低于随机技术文件规定的调定值。稀油集中润滑装置的给油量，用量杯重复三次检测出油口 3min 的流量；其流量偏差应为公称值的 −5%～＋10%。

4）供油间歇时间和间歇次数试验，应符合下列要求：

① 采用间歇时间控制时，应将时间控制器调至长、中、短三个预置数，并用计时器记录实测值与预置数之差，其允许偏差为 ±5s；

② 采用间隙次数控制时，应将计数器调至高、中、低三个预置数，并用触点开关或其他仪表测试，实测次数应与预置次数相吻合。

5）在额定工作压力和最大流量下，连续运转 24h，其压力和流量的波动值均应为额定值的 ±5%。

6）润滑系统与主机运动的联动试验，应符合下列要求：

① 主驱动装置启动、运行和停止制动时，其润滑系统的启动、油压、流量和停止等联锁应正确、灵敏和可靠，并应符合随机技术文件的规定；

② 油压过高、过低的警示讯号和正常油压的显示，应正确、灵敏和可靠；

③ 油温显示、高温和低温警示讯号，应正确、灵敏和可靠；

④ 将油箱底部排油孔油塞旋松，待油液降至最低油位线时，其报警装置应能及时发出报警讯号。

3. 液压系统调试

（1）液压系统用的液体品种、规格及性能，应符合随机技术文件的规定，并应经过滤后再充入系统内；充液体时，应开启系统内的排气口，并应把系统内的空气排除干净。

（2）安全阀、保压阀、压力继电器、控制阀、蓄能器和溢流阀等应按随机技术文件规定进行调整，其工作性能应符合主机的技术要求；其动作应正确、灵敏和可靠。

（3）液压设备的活塞、柱塞、滑块、工作台等移动件和装置，在规定的行程和速度范围内移动，不应有振动、爬行和停滞现象；换向和泄压不得有不正常的冲击现象。液压元件的动作和动作顺序，应正常、正确和可靠。

（4）液压系统负荷试验，应符合下列要求：

1）调节压力阀和流量阀，应逐步开启，无异常后，应在系统工作压力和额定负载下连续运转，其时间不应少于 0.5h。

2）液压系统压力应采用不带阻尼 1.5 级的压力表测量，其波动值应符合表 2H320112-6 的规定。

液压系统压力允许波动值（MPa） 表 2H320112-6

系统公称压力	$P \leqslant 6.3$	$6.3 < P \leqslant 10$	$10 < P \leqslant 16$	$P > 16$
允许波动值	±0.2	±0.3	±0.4	±0.5

注：P 为系统公称压力。

3）液压系统的油温应在其热平衡后进行测量，其温升不应大于 25℃，正常工作温度应为 30～60℃。

注：油温达到热平衡是指温升幅度不大于 2℃/h。

4. 气动、冷却系统调试

（1）气动系统经压力试验其管路接头、结合面和密封处等，应无漏气现象。

（2）调试前应用洁净干燥的压缩空气对系统进行吹扫，吹扫气体压力宜为工作压力的 60%～70%，吹扫时间不应少于 15min，且出口处白布上应无可见污迹。

（3）在工作压力和流量下，对系统的操纵、控制机构应进行不少于 5 次重复试验。其安全阀、压力调节阀、分配阀等阀件和执行元件的动作、功能、动作顺序及信号显示等，均应符合随机技术文件的规定和主机的要求，并应正确、灵敏和可靠。

（4）试验用的介质，其性能、规格和充灌数量，应符合随机技术文件的规定。

（5）在系统工作压力下，应无渗漏和与其他管系发生互相渗漏的现象。

（6）在额定负荷和工作压力下，连续运行时间不应少于 30min，其冷、热交换达到平衡时，进出口介质的温度应稳定在规定的范围内。

（7）在额定负荷下，对系统的启动、运行、停止及其操纵控制不应少于 5 次重复试验，其动作应正确无误；温度、压力、流量调节及其显示，均应正确、灵敏、可靠。

5. 加热系统调试

（1）电路的相间和对地绝缘电阻值，不应小于 1MΩ。

（2）电加热系统的高温、过流保护应调整至规定的范围，且其动作和显示均应正确、灵敏、可靠。

（3）在额定负荷下，应按低、中、高温进行加热试验；达到设定的加热温度后，持续加热时间：低、中温不应少于 30min，高温不应少于 1h。

（4）加热系统的手动调节和自动调节，其实测温度与调节温度显示值的允许偏差，宜为调节温度显示值的 ±3%。

（5）在额定负荷下系统的保温和绝热层表面温度，不应高于设计的规定。

（6）高温和高压的安全保护应调整至规定的保护范围，其动作应正确、灵敏、可靠。

6. 机械设备动作试验

（1）机械设备的动作试验，应在其润滑、液压、气（汽）动、加热、冷却和电气等系统单独模拟调试合格后方可进行。

（2）润滑、液压、气（汽）动、加热和冷却系统分别启动后，应对相关的联锁、安全保护、警示讯号和报警停机等进行试验，其动作应正确、灵活、可靠。

（3）机械设备动作试验应按生产工艺、操作程序或规程及随机技术文件的规定进行。

（4）数控设备应试验其进给坐标的启程保护、手动数据输入、坐标位置显示、程序序号指示和检索以及程序暂停、程序结束、程序消除、单步进给、直线插补、位置补偿和间隙补偿等功能的可靠性和动作的灵活性。

（5）机械设备的安全、保护、防护装置的功能试验，应符合随机技术文件的规定。

（五）单机试运行结束后应及时完成的工作

单机试运行结束后应及时处理的事项往往被忽视，而造成人身或设备事故，如管路冻裂、蓄势腔的剩余压力未泄压或释放伤人等，应引起重视。应及时完成的工作有：

1. 切断电源和其他动力源。

2. 放气、排水、排污和防锈涂油。

3. 对蓄势器和蓄势腔及机械设备内剩余压力卸压。

4. 对润滑剂的清洁度进行检查，清洗过滤器；必要时更换新的润滑剂。

5. 拆除试运行中的临时装置和恢复拆卸的设备部件及附属装置。对设备几何精度进行必要的复查，各紧固部件复紧。

6. 清理和清扫现场，将机械设备盖上防护罩。

7. 整理试运行的各项记录。试运行合格后由参加单位在规定的表格上共同签字确认。

例如，压缩机空气负荷单机试运行后，应排除气路和气罐中的剩余压力，清洗过滤器和更换润滑油，排除进气管及冷凝收集器和汽缸及管路中的冷凝液；需检查曲轴箱时，应在停机 15min 后再打开曲轴箱。

例如，离心泵试运行后，应关闭泵的入口阀门，待泵冷却后再依次关闭附属系统的阀门；输送易结晶、凝固、沉淀等介质的泵，停泵后应防止堵塞，并及时用清水或其他介质冲洗泵和管道；放净泵内积存的液体。

二、机电工程项目联动试运行

（一）联动试运行的主要范围及目的

1. 主要范围

联动试运行的范围：单台机械设备（机组）或成套生产线及其辅助设施，包括电气系统、润滑系统、液压系统、气动系统、冷却系统、加热系统、自动控制系统、联锁系统、报警系统等。

2. 目的

联动试运行主要考核联动机组或整条生产线的电气联锁，检验机械设备全部性能和制造、安装质量是否符合规范和设计要求。

（二）联动试运行前应完成的准备工作

1. 完成联动试运行范围内工程的中间交接。

2. 编制、审定试运行方案。

3. 按设计文件要求加注试运行用润滑油（脂）。

4. 机器入口处按规定装设过滤网（器）。

5. 准备能源、介质、材料、工机具、检测仪器等。

6. 布置必要的安全防护设施和消防器材。

（三）联动试运行应符合的规定

1. 必须按照试运行方案及操作规程精心指挥和操作。

2. 试运行人员必须按建制上岗，服从统一指挥。

3. 不受工艺条件影响的仪表、保护性联锁、报警皆应参与试运行，并应逐步投用自动控制系统。

4. 划定试运行区域，无关人员不得进入。

5. 认真做好记录。

（四）联动试运行应达到的标准

1. 试运行系统应按设计要求全面投运，首尾衔接地稳定连续运行并达到规定时间。

2. 参加试运行的人员应掌握开车、停车、事故处理和调整工艺条件的技术。

3. 联动试运行后，参加试运行的有关单位、部门对联动试运行结果进行分析评定，合格后填写"联动试运行合格证书"。

"联动试运行合格证书"内容包括：工程名称；装置、车间、工段或生产系统名称；试运行时间；试运行情况；试运行结果评定；附件；建设单位盖章，现场代表签字确认；设计单位盖章，现场代表签字确认；施工单位盖章，现场代表签字确认。

三、机电工程项目负荷试运行

（一）负荷试运行的要求

1. 负荷试运行方案由建设单位组织生产部门和设计单位、调试单位、总承包／施工单位共同编制，由建设单位生产部门负责指挥和操作。合同另有规定时，按合同规定执行。

2. 负荷试运行必须统一指挥，严禁越级指挥，参加负荷试运行人员必须遵守各项纪律和有关制度，无证人员不得进入试运行区。

3. 安全联锁装置必须按设计文件的规定投用。因故停用时应经授权人批准，记录在案，限期恢复，停用期间应派专人进行监护。

4. 必须按负荷试运行方案规定进行操作，循序渐进，实行监护操作制度。

5. 岗位操作人员应和仪表、电气、机械人员保持密切联系。总控人员应和其他岗位操作人员密切配合、紧密合作。

6. 必须按负荷试运行方案的规定和试运行的需要测定数据，做好记录。

（二）负荷试运行应达到的标准

1. 生产装置连续运行，生产出合格产品，一次投料负荷试运行成功。

2. 负荷试运行的主要控制点正点到达。

3. 不发生重大设备、操作、人身事故，不发生火灾和爆炸事故。

4. 环保设施做到"三同时"，不污染环境。

5. 负荷试运行不得超过试车预算,经济效益好。

（三）建设工程项目竣工验收

项目完成后,承包人应自行组织有关人员进行检查评定,合格后向发包人提交工程竣工报告;规模小且比较简单的,可进行一次性项目竣工验收。规模较大且比较复杂的项目,可以分阶段验收。有关承发包当事人应在《工程竣工验收报告》签署验收意见,签名并盖单位公章。

（四）工程移交

工程进行投料试车产出合格产品,并经过合同规定的性能考核期后,由总承包单位和建设单位签订"工程交接证书",作为工程移交的凭据。它标志着合同施工任务的全部完成,工程正式移交建设单位。"工程质量接受意见"栏由建设单位依据设计文件、合同规定的施工内容和试车情况阐明接收意见;"工程质量监督意见"栏内,可根据项目所在地具体情况填写,内容为监督单位工程质量的结论评语。

【案例 2H320110-1】

一、背景

A 公司将某综合体机电安装工程以机电总承包的形式进行公开招标,通过各单位的竞标,最终 B 公司中标,工程由 C 公司实行监理。为了加快工程施工进度,经 A 公司同意,B 公司将工程中的自动喷水灭火系统分包给 D 公司负责施工。经各建设方共同努力,工程进展顺利,按计划完成喷淋系统的各项安装工作。工程进入系统调试工作,D 公司组织了相关人员进行了消防水泵调试、稳压泵调试、报警阀调试,完成后计划交付 A 公司组织进行系统联动试验。但 A 公司认为 D 公司还有部分系统调试工作未完成,同时对自动喷水灭火系统的末端试水装置的施工提出异议,现场实际安装情况如图 2H320112-1 所示,并要求整改。D 公司接受 A 公司的意见,立即组织人员按施工规范要求对末端试水装置的施工进行整改,并完成相关的系统调试工作,交付 A 公司进行联动试验。最后,在 A 公司的精心组织下,完成了系统的联动试验工作,各项性能指标均符合相关规定,工程验收合格。

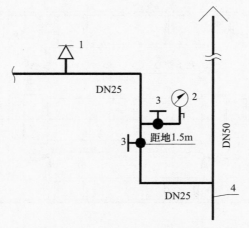

图 2H320112-1 末端试水装置安装示意图
1—最不利点喷头;2—压力表组;3—球阀;4—排水管

二、问题

1. 请问末端试水装置安装存在哪些质量问题？并说明理由。

2. A 公司认为 D 公司还有哪些系统调试工作未完成？

3. 消防水泵调试的目的是什么？

4. 自动喷水灭火系统联动试验除了组织者 A 公司外，参加的单位还应有哪些？

三、分析与参考答案

1. 末端试水装置安装存在的质量问题：（1）末端试水装置缺少试水接头；（2）末端试水装置的出水与排水管直接连接；（3）排水总管的管径偏小。

理由：按照《自动喷水灭火系统设计规范》GB 50084—2017 规定：末端试水装置由试水阀、压力表以及试水接头组成；末端试水装置的出水，应取孔口出流方式排入排水管道，排水立管宜设伸顶通气管，且管径不应小于 75mm。

2. A 公司认为 D 公司还有未完成的系统调试工作有：水源测试、排水设施调试。

3. 消防水泵调试的目的是考核消防水泵的机械性能，检验消防水泵的制造、安装质量和设备性能等是否符合规范和设计要求。

4. 自动喷水灭火系统联动试验运行除了组织者 A 公司外，参加的单位还应有：施工单位（D 公司）、调试单位、总承包单位（B 公司）、设计单位、监理单位（C 公司）、重要机械设备的生产厂家。

【案例 2H320110-2】

一、背景

A 单位承担某电厂燃气发电的汽轮机－发电机组的安装工程。汽轮机散件到货。项目部在施工中，实行三检制，合理划分了材料、分项工程、施工工序的检验主体责任。钳工班在汽轮机转子穿装就位后对其进行了调整找正，如图 2H320112-2 所示，测量了转子轴颈圆柱度、推力盘不平度后，将清洗干净的各部件装配到下缸体上，检测了转子与下缸体定子的各间隙值及转子的弯曲度等。将缸体上盖一次完成扣盖，并按技术人员交底单中的终紧力矩，一次性完成上、下缸体的紧固工序。项目部专检人员在巡察过程中，紧急制止了该工序的作业。

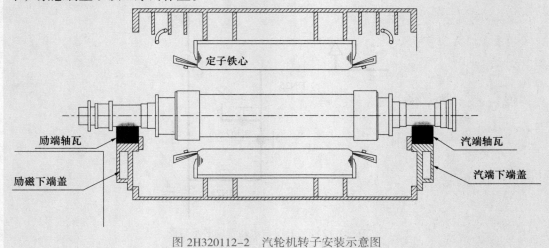

图 2H320112-2　汽轮机转子安装示意图

在机组油冲洗过程中，临时接管的接头松脱，润滑油污染了部分地坪，项目部人员采用煤灰覆盖在污油上面的方法处理施工现场环境。

项目部组织检查了实体工程和分项工程验收，均符合要求，填写了验收记录和验收结论。项目部总工程师编制了试运行方案，报 A 单位总工程师审批后便开始实施。但监理工程师认为试运行方案审批程序不对，试运行现场环境不符合要求，不同意试运行。后经 A 单位项目部整改，达到要求，试运行工作得以顺利实施。

二、问题

1. 汽轮机转子还应有哪些测量？

2. 写出汽缸扣盖的正确安装工序。

3. 在分项工程检验中，专检有什么作用？分项工程的验收记录及验收结论应由谁来填写？

4. A 单位项目部如何整改才能达到试运行要求？

三、分析与参考答案

1. 汽轮机转子还应测量轴颈圆度和不柱度、转子径向跳动、转子端面（轴向）跳动和转子水平度。

2. 正确的安装工序为：上下缸体正式扣合前应进行试扣，试扣检验端面无问题后，在接合面涂一层耐高温汽缸密封胶，上下缸体的紧固螺栓应按规定的顺序进行对称预紧，然后按规定力矩和顺序进行最终紧固。

3. "三检制"是指操作人员的"自检""互检"和专职质量管理人员的"专检"相结合的检验制度。它是施工企业确保现场施工质量的一种有效的方法。

专检是指质量检验员对分部、分项、检验批工程进行检验，用以弥补自检、互检的不足。分项、检验批工程的验收中，专检可以弥补自检、互检的不足。

分项工程验收记录应由施工单位质量检验员填写，验收结论应由监理单位或建设单位填写。

4. 按机电工程项目试运行前应具备的条件整改：试运行方案报 A 单位总工程师审批后实施不对。试运行方案报 A 单位总工程师审批后，还应报建设单位、监理单位审批后才能实施。施工环境应清理干净，不能有油污，不能有粉尘。

【案例 2H320110-3】

一、背景

B 施工单位承接的工业安装项目中，包装车间内设计有一台通用桥式起重机。桥式起重机跨度 22.5m，额定载荷 16t。

由于业主订货原因，起重机进场时，车间已封闭，起重机不能利用吊车吊装就位。项目部采取措施进行了起重机的整体就位和安装工作。

设备安装完成后，按照起重机试运转要求，完善了试运转前的各项准备工作。在起重机静载试验卸载后发现主梁油漆有起皱现象。经检测主梁发生了永久变形。小车卸载后开到跨端处，检测起重机主梁的实有上拱度为 21.5mm。

工程交工时发现起重机的竣工档案中有以下资料：（1）开工报告；（2）设备开箱检验、接收记录；（3）设计变更和修改等有关资料；（4）轨道安装施工质量检查记录；

（5）起重机有关的几何尺寸复查和安装检查记录；（6）重要部位的焊接、高强度螺栓连接紧固的检验记录；（7）起重机的试运转记录。

二、问题

1. 起重机就位采取了怎样的吊装方法？简述该吊装系统的组成。

2. 在起重机的安装过程中，参与工程施工的特种作业人员有哪些？

3. 起重机主梁的实际上拱度是否符合规范要求？

4. 施工单位的工程竣工档案中还缺哪几种资料？

三、分析与参考答案

1. 由于车间封闭，不可能利用起重机进行起重机的整体吊装就位，施工单位采用了普遍采用的直立单桅杆整体吊装或直立双桅杆整体吊装法，进行了起重机的整体吊装就位。桅杆吊装系统是由金属桅杆、卷扬机、滑轮组（滑车组）、导向滑轮（滑车）、缆风绳、牵引绳和地锚组成完成的吊装和稳定系统。

2. 参与施工的特种作业人员有：起重工、起重机械作业人员（机械安装）、起重机司机、起重机械作业人员（电气安装）。

3. 按规范要求，主梁的实际上拱度不得小于 $\dfrac{0.7S}{1000} = \dfrac{0.7 \times 22.5 \times 1000}{1000} = 15.75\mathrm{mm}$，实测的起重机主梁的实有上拱度为 15.75mm，符合规范要求。

4. 因为起重机属于机电类特种设备，竣工档案除了背景中的那些资料外，还应有：特种设备安装改造维修告知书（单）、特种设备作业人员证的复印件、施工单位的起重机械安装许可证、施工单位的起重机自检报告、特种设备监督检验部门的特种设备监督检验报告、起重机安全部件的型式试验报告的原件或复印件、制造厂的起重机制造许可证、起重机出厂合格证、高强度螺栓及连接副的抽样检验记录。

2H320120　机电工程施工结算与竣工验收

2H320121　施工结算规定的应用

一、竣工结算的类型和工程计价的依据

1. 施工结算的类型

（1）施工单位和建设单位之间工程价款的结算。

（2）施工单位与其分包单位之间的往来结算。

（3）施工单位与材料、设备供应商之间的结算。

（4）施工单位内部之间的结算。

（5）施工单位与银行和税务部门的结算。

2. 竣工结算编制依据

（1）工程合同（包括补充协议）。

（2）计价规范。

（3）已确认的工程量、结算合同价款及追加或扣减的合同价款。

（4）投标文件（包含已标价工程量清单）。

（5）建设工程设计文件及相关资料。

（6）其他依据。

3. 工程计价的依据

（1）分部分项工程量。包括项目建议书、可行性研究报告、设计文件等。

（2）人工、材料、机械等实物消耗量。包括投资估算指标、概算定额、预算定额等。

（3）工程单价。包括人工单价、材料价格和机械台班费等。

（4）设备单价。包括设备原价、设备运杂费、进口设备关税等。

（5）施工组织措施费、间接费和工程建设其他费用。主要是相关的费用定额和指标。

（6）政府规定的税费。

（7）物价指数和工程造价指数。

二、工程预付款及期中支付

1. 工程预付款

（1）预付款的支付。按《建设工程施工合同（示范文本）》GF—2017—0201约定执行。

（2）预付款用于承包人为合同工程购置材料和工程设备，组织施工机械和人员进场等。

（3）工程预付款的抵扣，除专用条款另有约定外，预付款在进度款付款中同比例扣回。

2. 安全文明施工费相关规定

（1）安全文明施工费的内容和使用范围

安全文明施工费的内容和使用范围，应符合国家现行有关文件和计价规范的规定。

（2）安全文明施工费的支付

1）除专用合同条款另有约定外，发包人应在工程开工的28天内预付不低于当年施工进度计划的安全文明施工费总额的50%，其余部分应与进度款同期支付。

2）发包人没有按时支付安全文明施工费的，承包人可以催告发包人支付，发包人在付款期满的7天内仍未支付的，承包人有权暂停施工。

（3）安全文明施工费应专款专用

承包人对安全文明施工费应专款专用，在财务账目中应单独列项备查，不得挪作他用，否则，发包人有权要求其限期改正，逾期未改正的，造成的损失和延误的工期应由承包人承担。

3. 工程进度款相关规定

（1）发包人和承包人应按照合同约定的时间、程序和方法，根据工程计量结果，办理期中价款结算，支付进度款。

（2）进度款计算原则如下：

1）已标价工程量清单中的单价项目，承包人应按工程计量确认的工程量与综合单价计算，综合单价发生调整的，以承发包双方确认调整的综合单价计算进度款。

2）已标价工程量清单中的总价项目应按合同约定的进度款支付分解方法分解。

3）发包人提供的甲供材料，应按照发包人签约提供的单价和数量列入当期应扣减的金额中，从进度款支付中扣除；承包人现场签证和经发包人确认的索赔金额应列入当期应增加的金额中，增加到进度款支付中。

4）进度款支付比例。进度款支付的比例按照合同约定，按期中结算价款总额计算。

（3）进度款支付申请内容包括：

1）累计已完成的合同价款。

2）累计已实际支付的合同价款。

3）本周期合计完成的合同价款：本周期已完成的单价项目金额；本周期应支付的总价项目金额；本周期已完成的计日工价款；本周期应支付的安全文明施工费；本周期应增加的金额。

4）本周期合计应扣减的金额：本周期应扣回的预付款；本周期应扣减的金额。

5）本周期实际应支付的合同价款。

4. 进度款审核与支付

（1）发包人应在收到承包人进度款支付申请后的 14 天内，根据计量结果和合同约定对申请内容予以核实，确认后向承包人出具进度款支付证书。

（2）若发包人逾期未签发进度款支付证书，则视为承包人提交的进度款支付申请已被发包人认可，承包人可向发包人发出催告付款的通知，发包人应在收到通知的 14 天内，按照承包人支付申请的金额向承包人支付进度款。

（3）发包人应在签发进度款支付证书后的 14 天内，向承包人支付进度款。

（4）发包人未按前款规定支付进度款的，承包人可催告发包人支付，并有权获得延迟支付的利息；发包人在付款期满后的 7 天内仍未支付的，承包人可在付款期满的第 8 天起暂停施工。发包人应承担由此增加的费用和延误的工期，向承包人支付合理利润，并承担违约责任。

三、工程竣工结算

1. 工程进度款的结算方式

一般工程进度款的结算方式包括定期结算、分段结算、竣工后一次性结算、目标结算、约定结算、结算双方约定的其他结算方式。政府主管部门明确要求全面推行施工过程结算。

2. 工程竣工结算的前提条件

（1）该项目已完工，并已验收签证，交工资料已整理汇总完毕，经有关方面签字认可。

（2）根据全部的施工图编制的施工图预算已编制完毕。

（3）设计变更和现场变更所发生的技术核定单和现场用工签证手续已办理完毕。

（4）因建设单位原因造成施工单位人员窝工、机具闲置、工期延误等经济索赔已得到建设单位认可。

（5）在施工过程中有关工程造价的政策性调整文件收集完整，相应应予调整的工程造价已编制完毕。

3. 工程竣工结算的编制

（1）工程竣工结算分类：单位工程竣工结算、单项工程竣工结算和建设项目竣工总结算。

（2）计价办法。根据工程承揽的方式和合同约定的不同，竣工结算计价办法分为定额计价和工程量清单计价两种方式。

（3）工程竣工结算价款：

工程竣工结算价款＝合同价款＋施工过程中调整预算或合同价款调整数额

－预付及已结算工程价款－质量保证金　　　　　（2H320121）

4. 工程竣工结算的审查

核对合同条款，检查隐蔽验收记录，落实设计变更签证，按图核实工程数量，核实单价，核查各项费用计取，修正各种计算错误。

5. 索赔价款结算

发承包人未能按合同约定履行自己的各项义务或发生错误，给另一方造成经济损失的，由受损方按合同约定提出索赔，索赔金额按合同约定计算和支付。

2H320122　竣工验收工作程序和要求

一、工程交付竣工验收的范围与分类

（一）工程交付竣工验收的范围

1. 新建、扩建、改建的建设工程

按批准的设计文件所规定的内容建成，符合竣工验收条件的，建设单位应当组织设计、施工、工程监理等有关单位进行竣工验收。

2. 特殊情况工程

工程施工虽未全部按设计要求完成，也可以进行验收。例如，因少数非主要设备或某些特殊材料短期内不能解决，虽然工程内容尚未全部完成，但已经可以投产或使用的工程项目。

（二）工程交付竣工验收的分类

1. 按照工程规模、性质和被验收的对象划分

（1）建设项目的竣工验收

建设项目的竣工验收是动用验收。建设单位在建设项目批准的设计文件规定的内容全部建成后，向使用单位（国有资金建设的项目向国家）交工的过程。

（2）施工项目竣工验收

承包人按施工合同完成全部任务，经检验合格，由发包人组织验收的过程。施工项目竣工验收可按施工单位自检的竣工预验和正式验收的阶段进行。住宅项目竣工验收前，应先进行分户验收，未组织分户验收或分户验收不合格，不得组织竣工验收。

2. 按建设项目达到竣工验收条件的验收方式划分

（1）项目中间验收

（2）单项工程竣工验收

（3）全部工程竣工验收

一般包括验收准备、预验收和正式验收三个阶段。规模较小、施工内容简单的工程，也可一次进行全部项目的竣工验收。

3. 按相关专业的管理要求划分

（1）专项验收

专项验收是根据建设项目（工程）竣工验收管理办法，建设工程竣工后，相应的建设行政职能部门要分项对工程竣工进行专项验收，主要包括规划、消防、环保、绿化、市容、交通、水务、人防、卫生防疫、交警、防雷等专项验收。

（2）机电工程专项验收

1）消防验收；

2）人防设施验收；

3）环境保护验收；

4）防雷设施验收；

5）卫生防疫检测。

二、竣工验收的依据

1. 指导建设管理行为的依据

（1）国家、各行业有关法律、法规、规定；

（2）施工质量验收规范、规程、质量验收评定标准；

（3）环境保护、消防、节能、抗震等有关规定。

2. 工程建设中形成的依据

（1）上级主管部门批准的可行性研究报告、初步设计、调整概算及其他有关设计文件；

（2）施工图纸、设备技术资料、设计说明书、设计变更单及有关技术文件；

（3）工程建设项目的勘察、设计、施工、监理及重要设备、材料招标投标文件及其合同；

（4）引进或进口设备和合资项目的相关文件资料。

三、竣工验收的组织

1. 机电工程施工项目竣工验收由项目建设单位组织。

2. 建设单位组织相关单位组成验收小组。

3. 建设单位在接到承包商申请后，要及时组织监理单位、设计单位、施工单位及使用单位等有关单位组成验收小组，依据设计文件、施工合同和国家颁发的有关标准规范，进行验收。

四、施工项目竣工的程序

1. 施工单位竣工验收的准备工作

（1）做好施工项目竣工验收前的收尾工作；

（2）组织技术人员整理竣工资料；

（3）组织相关人员编制竣工结算；

（4）准备工程竣工通知书、报告、验收证明书、保修证书；

（5）组织好工程自检；

（6）准备好质量评定的各项资料。

2. 施工项目竣工验收的阶段

（1）竣工预验

（2）正式验收

1）正式验收分为两个阶段，包括单项验收和全部验收。第一阶段是单项验收，是指一个总体工程中，一个单项（专业）已经完成初步验收，施工单位提出"竣工申请报告"，说明工程完成情况、验收准备、设备试运行情况等，便可组织正式验收。第二阶段是全部验收，是指工程的各个单项工程（专业）全部完成，达到竣工验收标准，可进行整个工程的竣工验收。

2）全部验收工作首先要由建设单位会同设计单位、施工单位、监理单位进行验收准备。准备的主要内容有：整理汇总技术资料、竣工图，装订成册，分类编目；核实工程量并评定质量等。

3）正式验收经竣工验收各方复检或抽检确认符合要求后，可办理正式验收交接手续，竣工验收各方要审查竣工验收报告，并在验收证书上签字，完成正式验收工作。

五、竣工验收的要求与实施

1. 竣工验收必备文件

（1）主管部门审批、修改、调整的文件；有效的验收规范及齐全的质量验收标准。

（2）完整并经核定的工程竣工资料。

（3）有勘察、设计、施工、监理等单位签署确认的工程质量合格文件。

（4）工程中使用的主要材料和构配件的进场证明及现场检验报告。

（5）施工单位签署的工程保修书。

2. 竣工验收的条件

（1）主体工程、辅助工程和公用设施，基本按设计文件要求建成，能够满足生产或使用的需要。

（2）生产性项目的主要工艺设备及配套设施，经联动负荷试车合格（或试运行合格），形成生产能力，能够生产出设计文件中规定的合格产品。

（3）环境保护、消防、劳动安全卫生符合规定。

（4）经批准编制完成竣工决算报告。

（5）建设项目的档案资料齐全、完整，符合建设项目档案验收规定。

3. 应及时办理竣工验收的建设项目（工程）

（1）有的建设项目基本符合竣工验收标准，只是零星土建工程和少数非主要设备未按设计规定内容全部建成，但不影响正常生产。

（2）有的项目投产初期一时不能达到设计能力所规定的产量。

（3）有些建设项目或单项工程已形成部分生产能力或实际上生产方面已经使用。

4. 竣工资料的移交

（1）竣工工程技术资料

1）工程前期及竣工文件材料。

2）工程项目合格证，施工试验报告。

3）施工记录资料。包括图纸会审记录、设计变更单、隐蔽工程验收记录；定位放线记录；质量事故处理报告及记录；特种设备安装检验及验收检验报告；分项工程使用功能检测记录等。

4）单位工程、分部工程、分项工程质量验收记录。

5）竣工图：项目竣工图是项目竣工验收，以及项目今后进行维修、改扩建等的重要依据；必须真实、准确地反映项目竣工时全部实际情况；要做到图物相符、技术数据可靠；应坚持核校审的制度，签字手续完备，加盖竣工图章，整理符合档案管理的要求。

（2）竣工资料的移交

1）各有关单位（包括设计、施工、监理单位）建立的工程技术档案。

2）凡是列入技术档案的技术文件、资料，都必须经有关技术负责人正式审定。所有的资料文件都必须如实反映工程实施的实际情况，工程技术档案必须严格管理，不得遗失损坏，技术资料按《建设工程文件归档规范》（2019 年版）GB/T 50328—2014 执行。

【案例 2H320120—1】

一、背景

某安装公司承包了某医院住院大楼的机电安装工程，包括给水排水、电气、通风空调、智能化等工程。采用工程量清单计价，固定单价合同，签约合同价 5000 万元，其中含暂列金额 500 万元。合同于 6 月 16 日签订，合同约定：工程的设备、材料由业主指定品牌，安装公司组织采购，预付款 20%，业主在收到预付款支付申请后按规定时间支付，计划开工日期为 7 月 1 日。安装公司和业主签订了工程保修合同。

安装公司在合同签订当天向业主提交了预付款支付申请，业主一直未提出异议。安装公司项目部如约开工，但直到 7 月 7 日业主也未支付预付款，其间安装公司项目部曾多次催促业主。由于资金未及时到位，造成材料不能及时到场，影响了工程的施工。7 月 8 日项目经理发出指令停止施工，业主于 7 月 10 日才向安装公司项目部支付预付款。安装公司项目经理于 7 月 11 日重新组织施工。停工期间，安装公司项目部 50 人窝工，一批机械设备停置。为此，安装公司向业主提出了费用和工期索赔。费用以人工工资 150 元／工日、设备租赁费用 2000 元／天计算。

安装公司在装饰工程施工完成后，进行喷淋管道试压，结果一处管道卡箍爆裂，导致石膏板吊顶等部分装饰损坏。

门诊楼竣工后还没来得及验收，应业主要求，安装公司便将门诊楼提前移交业主投入使用。安装公司向业主提交了竣工结算文件，业主以大楼没有验收且局部存在质量问题为由，拒绝办理竣工结算。

二、问题

1. 安装公司没有收到预付款，项目经理发出指令停工是否合理？说明理由。

2. 订立合同后，安装公司向业主申请的预付款应该是多少？

3. 安装公司只考虑直接损失，不考虑利润，应提出的索赔费用和工期分别是多少？

4. 安装公司在装饰工程施工完成后进行喷淋管道试压的做法是否合理？简述理由。

5. 业主拒绝办理竣工结算是否合理？说明理由。

三、分析与参考答案

1. 安装公司项目负责人发出指令停工是合理的。

理由：按照《建设工程施工合同（示范文本）》GF—2017—0201，预付款的支付按专用合同条款约定执行，但至迟应在开工日期 7 天前支付。发包人逾期支付预付款超过 7 天的，承包人有权向发包人发出要求预付的催告通知，发包人收到通知后 7 天内仍未支付的，承包人有权暂停施工。

安装公司在合同签订当天（6月16日）向业主提交了预付款支付申请，业主一直未提出异议，并在7月1日、7月7日仍未支付预付款，安装公司曾多次催告业主，资金仍未及时到位，安装公司可以暂停施工。

2. 安装公司本工程合同约定预付款比例为20%。作为包工包料的工程，预付款额度应该是扣除暂列金额后合同价的20%，即：（5000−500）×20% = 900万元。

3. 安装公司只考虑直接损失，不考虑利润，应向业主提出工期和费用的索赔如下：停工时间为7月8日—10日，工期索赔共3天；费用索赔=（150×50＋2000）×3 = 2.85万元。

4. 安装公司在装饰工程施工完成后进行喷淋管道试压的做法不合理。理由：管道试压应在装饰工程施工前完成。

5. 业主拒绝办理竣工结算不合理。按照《建设工程工程量清单计价规范》GB 50500—2013关于竣工结算的规定，竣工未验收但实际投入使用的工程，其质量争议应按工程保修合同执行，竣工结算应按合同约定办理。

【案例2H320120-2】

一、背景

A施工单位承接北方某高档酒店机电安装工程，工程范围包括通风空调、给水排水、消防、电气、建筑智能工程。其中，通风空调工程冷源采用冰蓄冷系统，空调末端采用风机盘管加新风系统，大堂设置地板辐射供暖系统，埋地管材采用PE-RT耐热增强聚乙烯管。消防工程设置自动喷淋、消火栓系统和防排烟系统等，排烟风管采用镀锌钢板法兰连接（图2H320122）。网络服务机房设置德国原装进口的恒温恒湿空调机组。机电工程施工工期为2年，项目完工时间为2018年12月31日，该楼供暖系统已经运行。

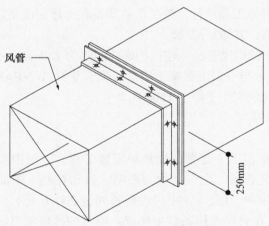

图2H320122　排烟风管法兰连接示意图

在工程组织竣工验收时，验收人员检查发现了以下几个问题：

（1）因业主采购的洗衣设备延迟到场，酒店地下洗衣房的蒸汽管道工程未按约定的时间连接到位，业主方对A单位进行罚款。

（2）酒店未进行带冷源的系统联合调试。

（3）进口的恒温恒湿空调机组竣工资料的产品说明书为德语版。

（4）大堂的地板辐射供暖系统的 PE-RT 耐热增强聚乙烯管道只提供了一次压力试验的记录。

二、问题

1. 业主对 A 单位进行罚款是否合理？说明理由。

2. 酒店工程未进行带冷源的联合试运转，是否可以进行竣工验收？说明理由。

3. 竣工资料中进口的恒温恒湿空调机组的产品资料是否符合要求？应如何处理？

4. 大堂供暖的 PE-RT 管道只提供了一次压力试验记录是否合理？说明理由。

5. 图 2H320122 中排烟风管法兰连接的螺栓间距是否合理？说明理由

三、分析与参考答案

1. 业主对施工单位 A 因酒店洗衣房蒸汽管道工程未按期完成而进行罚款是不合理的。因为洗衣机房的洗衣设备是业主采购，设备到场延迟才造成 A 单位未将蒸汽管道连接到位，责任不在 A 单位，故业主方的罚款不合理。

2. 工程可以进行竣工验收。因酒店工程竣工时是 12 月份，正值北方地区冬季，不具备空调冷源的试运转条件，故只做带热源的试运转即符合要求；可以在验收报告中注明系统未进行带冷源的试运转，待室外温度条件合适时完成。

3. 竣工资料中进口的恒温恒湿空调机组的产品说明书为德语版，没有中文标识，不符合要求。施工单位应提供中文说明书，如没有，应积极与设备供应商联系，获取中文说明书，保证物业今后的运行。

4. 酒店大堂地板辐射供暖系统的 PE-RT 管道，只提供了一次压力试验记录，不符合塑料埋地管道技术规范的要求。

采用地板辐射供暖系统时，埋地塑料管必须进行两次试压。第一次试压是在埋地管安装完成后、土建垫层施工前进行，第二次试压是在土建完成垫层施工后进行。试压应确保埋地管道不渗不漏，并做好记录。

5. 图 2H320122 中排烟风管法兰连接的螺栓间距为 250mm，不合理。排烟风管属中压系统矩形风管，《通风与空调工程施工质量验收规范》GB 50243—2016 规定：中压系统矩形风管法兰螺栓间距应小于等于 150mm。

【案例 2H320120-3】

一、背景

某安装工程公司承包了一套燃油加热炉安装工程，工程内容包括加热炉、燃油供应系统、钢结构、工艺管道、电气动力与照明、自动控制、辅助系统等。工程采用固定总价合同，合约额 3000 万元（含甲供设备暂列金 200 万元），工程预付款 100 万元，质量保修金 90 万元。在合同专用条款中约定：钢材的价格随市场波动时，价格变化率在 ±5% 以内不予调整；超过 5% 时，只对超出部分进行调整。合同中 H 型钢材价格为 5000 元 /t，共 400t。

工程履约过程中，建设单位按约定支付了工程预付款。安装工程公司负责的燃油泵进口管道上的阀门和法兰到货延迟，为了不影响单机试运行的进度，阀门和法兰到场后，安装工程公司马上安排管道和法兰的施焊,阀门同时安装就位。

工程履约过程中,H 型钢的市场价格上涨为 5400 元 /t。因设计变更工程价款调增 50 万元。

安装完成后,项目总工程师组织编写了加热炉、燃油泵等动力设备的试运行方案,报建设单位进行了审批,并按照方案,组织了单机试运行和联动试运行。

安装工程公司项目部在分项、分部工程质量验收评定合格后,填写工艺管道工程质量验收记录,并做了检查评定结论。

工程竣工后,安装工程公司按期提交了工程竣工结算书,向建设单位提交的竣工工程主要的工程技术资料有:工程前期及竣工文件材料;工程项目合格证,施工试验报告;单位工程、分部工程、分项工程质量验收记录和竣工图。建设单位提出技术资料不全需补充。

二、问题

1. 阀门在安装前应进行哪些检查?燃油泵的进口管道焊缝检测有何要求?

2. 指出安装工程公司项目部组织试运行的不妥之处,并予以纠正。

3. 工艺管道工程质量验收记录的检查评定结论填写的主要内容有哪些?

4. 请计算说明 H 型钢的合同价款是否予以调整?如不考虑其他未提及的因素,请计算本工程竣工结算价款应是多少?

5. 安装工程公司项目部应补充哪些竣工工程技术资料?

三、分析与参考答案

1. 阀门在安装前应检查的内容有:(1)按设计文件核对其型号;(2)检查外观质量,阀门应完好,开启机构应灵活,阀杆应无歪斜、变形、卡涩现象,标牌应齐全;(3)阀门应进行壳体压力试验和密封试验,压力试验应合格;(4)检查阀门填料,其压盖螺栓应留有调节余量。

燃油泵的进口管道焊缝要求是 100% 射线检测。

2. 安装工程公司项目部组织试运行的不妥之处和纠正措施如下:

(1)安装工程公司项目总工程师组织编写的试运行方案直接报建设单位不妥;纠正:安装工程公司项目总工程师组织编写的试运行方案,应先报安装工程公司总工程师审定后,再报建设单位批准后实施。

(2)安装工程公司项目部组织联动试运行不妥;纠正:按联动试运行责任分工,应由建设单位组织、指挥联动试运行。

3. 工艺管道工程质量验收记录的检查评定结论填写的主要内容有:分项工程名称、检验项目数、安装工程公司项目部(施工单位)检查评定结论。

4.(1)H 型钢的价格变化幅度为:$(5400-5000)÷5000 = 8\% > 5\%$,故按照合同专用条款的约定,H 型钢的合同价款应予以调整。

(2)工程竣工结算价款=合同价款+施工过程中合同价款调整额-预付及已结算工程价款-质量保修金=$(3000-200)+(8\%-5\%)×5000×400÷10000+50-100-90 = 2666$ 万元。

5. 安装工程公司项目部应补充的竣工工程技术资料有：施工记录资料。包括图纸会审记录、设计变更单、隐蔽工程验收记录；定位放线记录；质量事故处理报告及记录；特种设备安装检验及验收检验报告；分项工程使用功能检测记录等。

2H320130 机电工程保修与回访

2H320131 保修的实施

一、保修的责任范围

按照《建设工程质量管理条例》的规定，建设工程实行质量保修制度，建设工程在保修范围和保修期限内发生质量问题时，施工单位应当履行保修义务，并对造成的损失承担赔偿责任。总承包单位依法将建设工程分包给其他单位的，分包单位应当按照分包合同的约定对其分包工程的质量向总承包单位负责，总承包单位对分包工程的质量承担连带责任。保修的期限应当按照建筑物合理寿命年限内正常使用、维护使用者合法权益的原则确定。

在签订合同时，应同时签订在保修范围和保修期限内的保修合同。

1. 质量问题确实是由于施工单位的施工责任或施工质量不良造成的，施工单位负责修理并承担修理费用。

2. 质量问题是由双方的责任造成的，应协商解决，商定各自的经济责任，由施工单位负责修理。

3. 质量问题是由于建设单位提供的设备、材料等质量不良造成的，应由建设单位承担修理费用，施工单位协助修理。

4. 质量问题发生是因建设单位（用户）责任，修理费用或者重建费用由建设单位负担。

5. 涉外工程的修理按合同规定执行，经济责任按以上原则处理。

二、保修期限

根据《建设工程质量管理条例》的规定，建设工程在正常使用条件下的最低保修期限为：

1. 建设工程的保修期自竣工验收合格之日起计算。

2. 电气管线、给水排水管道、设备安装工程保修期为2年。

3. 供热和供冷系统为2个供暖期或供冷期。

4. 其他项目的保修期由发包方与承包方约定。

根据《建筑工程五方责任主体项目负责人质量终身责任追究暂行办法》的规定，参与新建、扩建、改建的建筑工程的建设单位项目负责人、勘察单位项目负责人、设计单位项目负责人、施工单位项目经理、监理单位总监理工程师等，按照国家法律法规和有关规定，在工程设计使用年限内对工程质量承担相应责任，称为建筑工程五方责任主体项目负责人质量终身责任。

三、保修工作程序

1. 保修证书

（1）在工程竣工验收的同时，由施工单位向建设单位发送机电安装工程保修证书。

（2）主要内容包括：工程简况，设备使用管理要求，保修范围和内容，保修期限，保修情况记录（空白），保修说明，保修单位名称、地址、电话、联系人等。

2. 检查修理

（1）建设单位（用户）要求检查和修理时，可以用口头或书面方式通知施工单位的有关保修部门，说明情况，要求派人前往检查修理。

（2）施工单位必须尽快地派人前往检查，并会同建设单位做出鉴定，提出修理方案，并尽快组织人力、物力，按用户要求的完成期限进行修理。

3. 保修工程验收

在发生问题的部位或项目修理完毕后，要在保修证书的"保修记录"栏内做好记录，并经建设单位验收签认，以表示修理工作完成。

四、投诉的处理

1. 对于用户的投诉，应迅速及时处理，切勿拖延。

2. 认真调查分析，尊重事实，做出适当处理。

3. 对各项投诉都应给予热情、友好的解释和答复，即使投诉内容有误，也应耐心做出说明，切忌态度简单生硬。

2H320132　回访的实施

一、工程回访

工程竣工验收交付使用后，在规定的期限内，由施工单位主动到建设单位或用户进行回访，对工程确由施工造成的无法使用或达不到生产能力的部分，应由施工单位负责修理，使其恢复正常。

二、工程回访计划

1. 在投标文件中根据招标文件要求编制回访计划，以反映企业服务意识，增大中标率。

2. 工程项目即将竣工验收时，项目部应针对项目的特点及合同的要求，编制具体工程回访计划。

3. 工程回访计划主要的工作内容：

主管回访保修业务的部门；回访保修的执行单位；回访的对象（发包人或使用人）及其工程名称；回访时间安排和主要内容；回访工程的保修期限等。

4. 工程回访的内容：

（1）了解工程使用或投入生产后工程质量的情况，听取各方面对工程质量和服务的意见。

（2）了解所采用的新材料、新技术、新工艺、新设备的使用效果。

（3）向建设单位提出保修期后的维护和使用等方面的建议和注意事项，处理遗留问题，巩固良好的合作关系。

三、工程回访的参加人员和回访时间

1. 工程回访参加人员：由项目负责人，技术、质量、经营等有关方面人员组成。

2. 工程回访时间：一般在保修期内进行，可分阶段进行，也可根据需要随时进行回访。

四、工程回访的方式

1. 季节性回访

（1）冬季回访：如冬季回访锅炉房及供暖系统运行情况。

（2）夏季回访：如夏季回访通风空调制冷系统运行情况。

2. 技术性回访

（1）主要了解在工程施工过程中所采用的新材料、新技术、新工艺、新设备等的技术性能和使用后的效果，发现问题应采取措施，及时加以补救和解决。

（2）总结经验，获取科学依据，不断改进完善，为进一步推广创造条件。这类回访可定期也可不定期地进行。

3. 保修期满前的回访

一般是在保修即将届满前进行回访。

4. 信息传递方式回访

采用邮件、电话、传真或电子信箱等。

5. 座谈会方式回访

由建设单位组织座谈会或意见听取会。

6. 巡回式回访

察看机电安装工程使用或投入生产后的运转情况。

五、工程回访的要求

1. 回访过程必须认真实施，做好回访记录，必要时写出回访纪要。

2. 回访中发现的施工质量缺陷，如在保修期内要采取措施，迅速处理；如已超过保修期，要协商处理。

六、用户投诉的处理

1. 对用户的投诉应迅速及时处理，并应给予友好的解释和答复。

2. 对投诉有误的，也要耐心做出说明，切忌态度简单生硬。

【案例 2H320130–1】

一、背景

A 施工单位于 2020 年 5 月承接某科研单位办公楼机电安装项目，合同约定保修期为一年。工程内容包括：给水排水、电气、消防、通风空调、建筑智能化系统。其中：办公楼试验中心采用一组（5 台）模块式水冷机组作为冷源，计算机中心采用水冷机组回收余热作为热源；空调供回水采用同程式系统。在各层回水管的水平干管上设置由建设单位推荐、A 施工单位采购的新型压力及流量自控式平衡调节阀；试验中心的纯水系统由建设单位指定 B 单位分包施工，纯水水处理设备由建设单位供应；大楼采用楼宇自控系统对通风空调、电气、消防等建筑设备进行控制。

2021 年 4 月，建设单位组织对建筑智能化系统进行了验收，工程验收文件包括：竣工图纸、设计变更和工程洽商记录、设备材料进场检验记录和设备开箱检验记录、分项工程质量验收记录、试运行记录、系统检测记录以及培训记录和培训资料。2021 年 5 月，项目通过整体验收。

2021 年 7 月，计算机中心空调水管上的平衡调节阀出现故障，3~5 层计算机中心机房不制冷，建设单位通知 A 施工单位进行维修，A 施工单位更换了平衡调节阀，但以保修期满为由，要求建设单位承担维修费用。

2021 年 9 月，试验中心的纯水处理设备本体发生故障，需要更换，B 分包单位完成了维修任务，也要求建设单位承担维修费用。

二、问题

1. 建筑设备监控系统是建筑智能化工程的什么工程？验收文件还应包括哪些？

2. A 施工单位要求建设单位承担维修费用是否合理？说明理由。

3. 平衡调节阀更换前应做什么试验？试验有何要求？举例说明。

4. 维修完成后应进行什么性质的回访？

5. B 分包单位要求建设单位承担维修费用是否合理？说明理由。

三、分析与参考答案

1. 建筑设备监控系统是建筑智能化工程的子分部工程，其验收文件还应包括：中央管理工作站软件的安装手册、使用和维护手册，控制器箱内接线图。

2. 按《建设工程质量管理条例》规定，不合理。理由是：建设工程实行质量保修制度，《建设工程质量管理条例》规定的最低保修期限，供热与供冷系统为 2 个供暖期、供冷期，而本工程 A 施工单位和建设单位关于整个工程保修期为一年的合同约定，违背了国家法律法规的强制性规定，当属无效，A 施工单位应对建设工程的施工质量负责，履行保修义务并承担保修费用，故以保修期满为由，要求建设单位承担维修费用是不合理的。

3. 阀门安装前，应做强度和严密性试验。

试验要求：应在每批（同牌号、同型号、同规格）数量中抽查 10%，且不少于 1 个。对于安装在主干管上起切断作用的闭路阀门，应逐个做强度和严密性试验。例如，给水、排水、供热及供暖管道阀门的强度试验压力为公称压力的 1.5 倍；严密性试验压力为公称压力的 1.1 倍；试验压力在试验持续时间内应保持不变，且壳体填料及阀瓣密封面无渗漏。

4. 本工程采用了新材料、新技术、新工艺、新设备，所以维修完成后应进行技术性回访。

5. 按《建设工程质量管理条例》规定，B 分包单位要求建设单位承担维修费用是合理的。理由是：该纯水水处理设备是建设单位供应，水处理设备本体故障的质量问题应由建设单位负责，B 分包单位有义务协助维修，维修费用应由建设单位承担。

【案例 2H320130-2】

一、背景

某施工单位中标一地铁机电总承包工程，合同包含所有机电管线、设备安装等内容。合同约定供电设备由建设单位采购、施工单位安装。

施工中，遭遇百年不遇的暴雨灾害，造成已安装的供电设备损坏而无法使用，重新购买需 65 万元，安拆费用 9.8 万元。施工单位 5 名施工人员在抢险时负伤，所需医疗费及补偿费 128 万元；租赁设备损坏赔偿费 7 万元。洪灾发生后，因清淤工作导致施工机械闲置费 3 万元，现场卫生防疫费 4.3 万元，管理费增加 2 万元。预计工程清理、修复费用 325 万元。

施工人员在某空气处理机组安装就位后，对设备的冷凝水实施有组织的排放（图 2H320132）。项目部质量员检查，对设备吊架螺母及冷凝水管的安装提出整改要求，整改后通过验收。

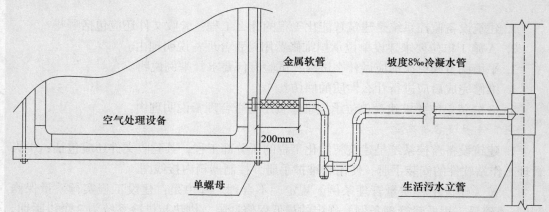

图 2H320132   空气处理机组的冷凝水管安装示意图

施工人员在系统加药清洗结束、离心泵停止后，切断供电电源，将机房门关闭落锁后，准备撤离施工现场时，被监理工程师发现制止，要求完成停泵工作方可撤离。

工程竣工后，施工单位按合同要求递交竣工资料及质量保修书，保修书明确了工程概况，保修内容，设备使用管理要求，保修单位名称、地址、电话、联系人。建设单位提出保修书内容不全，要求补充。

二、问题

1. 计算施工单位在洪灾后可索赔的费用及自身应承担的费用。

2. 图 2H320132 的设备吊架螺母及冷凝水管安装应如何整改？

3. 监理工程师制止施工人员撤离施工现场是否合理？离心泵停止运转后还需做哪些后续工作？

4. 施工单位递交的质量保修书需补充哪些内容？

三、分析与参考答案

1. 施工单位在洪灾后可索赔的费用：9.8 ＋ 325 ＝ 334.8 万元

　　　　　　自身应承担的费用：128 ＋ 7 ＋ 4.3 ＋ 2 ＋ 3 ＝ 144.3 万元

2. 图 2H320132 中整改内容：空气处理设备吊架应采取双螺母且并紧安装；空气处理设备金属软管长度不大于 150mm；冷凝水应间接排入生活污水管。

3. 监理工程师制止班组撤离施工现场合理。

离心泵停止运转后的后续工作：关闭泵的入口阀门，待泵冷却后依次关闭附属系统阀门，放尽泵内积存液体。

4. 施工单位递交的质量保修书还应增加的内容：保修范围，保修期限，保修情况记录（空白），保修说明。

【案例 2H320130-3】

一、背景

2020 年 1 月，某施工单位承包某工业厂房机电工程项目，工程内容包括：厂房内通风除尘、空调、消防、电气、给水排水、蒸汽锅炉、蒸汽管道、纯水系统等。其中，中央空调冷冻机组、蒸汽锅炉、纯水处理设备及管道材料等为进口，由建设单位采购；纯水处理系统由建设单位指定的专业设计单位设计。整个机电工程于 2021 年 5 月通过竣工验收，施工单位向建设单位发送机电安装工程保修证书，并将回访纳入售后部门的工作计划，制订了回访工作计划。竣工验收后出现下列问题：

问题一：厂房内通风除尘系统运行一年，空气洁净度始终达不到设计要求，通过检查排除了设备材料和设计原因。建设单位要求施工单位按设计图纸对通风除尘系统进行整改，并承担全部整改费用。

问题二：纯水系统运行半年，水质经过化验一直达不到标准要求，建设单位要求施工单位整改并承担其费用，但施工单位经过仔细检查证明是设计错误造成的，因此施工单位答复可以进行整改保修，拒绝承担维修费用。

问题三：消防自动喷水灭火系统安装完成后，做了消防水泵调试、报警阀调试、排水设施调试。建设单位技术负责人提出消防自动喷水灭火系统调试缺项。

问题四：在保修期内，计算机房的风机盘管发生严重漏水，使建筑装修及计算机均遭到损失，经查，断裂的风机盘管柔性软管及其固定件由施工单位采购供应，属不合格产品，为此建设单位向施工单位发出质量投诉。

二、问题

1. 工程保修证书以及工程的回访工作计划主要包括哪些内容？

2. 在问题一中，建设单位的要求是否合理？为什么？

3. 在问题二中，A 施工单位的做法正确吗？为什么？

4. 在问题三中，消防自动喷水灭火系统安装完成后，调试还应补充哪几项？

5. 在问题四中，施工单位接到投诉应如何处理？

三、分析与参考答案

1. 工程保修证书的内容主要包括：工程简况，设备使用管理要求，保修范围和内容，保修期限，保修情况记录（空白），保修说明，保修单位名称、地址、电话、联系人等。工程回访工作计划内容包括：主管回访保修业务的部门；回访保修的执行单位；回访的对象（发包人或使用人）及其工程名称；回访时间安排和主要内容；回访工程的保修期限。

2. 在问题一中，建设单位的要求是合理的。根据工程质量保修的规定，承包人未按照标准、规范和设计要求施工造成的质量缺陷，应由承包人负责修理并承担经济责任。

3. 在问题二中，施工单位的做法正确。根据工程质量保修的规定，由于设计造成的质量缺陷，应由设计单位承担经济责任。当由 A 施工单位修理时，费用应由建设单位承担，建设单位可按合同约定向设计方索赔。

4. 在问题三中，消防自动喷水灭火系统安装完成后，调试还应补充水源测试、稳压泵调试、联动试验。

5. 在问题四中，用户的投诉，应迅速及时处理，切勿拖延；并会同用户认真调查分析，尊重事实，更换不合格的风机盘管柔性软管及其固定件，修理或更换损坏的建筑装修及计算机；对各项投诉都应给予热情、友好的解释和答复，即使投诉内容有误，也应耐心做出说明，切忌态度简单生硬。

2H330000 机电工程项目施工相关法规与标准

2H331000 机电工程项目施工相关法律规定

2H331010 计量的相关规定

2H330000
看本章精讲课
配套章节自测

2H331011 施工计量器具使用的管理规定

一、施工计量器具检定划分

计量器具检定工作应当按照经济合理、就地就近的原则进行。检定工作按其检定的必要程序和我国依法管理的形式分为强制检定和非强制检定。

1. 强制检定

强制检定是指计量标准器具与工作计量器具必须按检定周期送由法定或授权的计量检定机构检定。强制检定的计量器具范围有：

（1）社会公用计量标准器具。

（2）部门和企业、事业单位使用的最高计量标准器具。

（3）用于贸易结算、安全防护、医疗卫生、环境监测等方面的列入计量器具强制检定目录的工作计量器具。

2. 非强制检定

非强制检定的计量器具可由使用单位依法自行定期检定，本单位不能检定的，可送有权开展量值传递工作的计量检定机构进行检定。

3. 施工计量器具检定范畴

（1）列入《中华人民共和国强制检定的工作计量器具目录》的在施工中的工作计量器具。如用于安全防护的压力表、电能表（单相、三相）、测量互感器（电压互感器、电流互感器）、绝缘电阻测量仪、接地电阻测量仪、声级计等。

（2）施工单位建立的最高计量标准器具。

（3）列入《中华人民共和国依法管理的计量器具目录》的计量器具。如电压表、电流表、欧姆表、相位表等。

二、施工计量器具管理基本要求

计量器具投入使用后，就进入依法使用的阶段。为保证使用中的计量器具的量值准确可靠，施工单位应严格按照《中华人民共和国计量法》（以下简称《计量法》）相关规定进行检定，并做好以下基础工作。

1. 明确单位负责计量工作的职能机构、配备适应的专（兼）职计量管理人员。

2. 规定本单位管理的计量器具明细目录，建立在用计量器具的管理台账，制定具体的检定实施办法和管理规章制度。

3. 根据生产、科研和经营管理的需要，配备相应的计量标准器具、检测设施和检定人员。

4. 根据计量检定规程，结合实际使用情况，合理安排好每种计量器具的检定周期。

5. 对由本单位自行检定的计量器具，要制订周期检定计划，按时进行检定；对本单位不能检定的计量器具和强检器具，要落实送检单位，按时送检或申请来现场检定，杜绝任何未经检定的、经检定不合格的或者超过检定周期的计量器具流入工作岗位。

三、施工计量器具使用的管理规定

1. 对属于强制检定范围的计量器具应定期进行强制检定，未按照规定申请检定或者检定不合格的，企业不得使用。

2. 企业、事业单位建立本单位各项最高计量标准，须向与其主管部门同级的人民政府计量行政部门申请考核。乡镇企业向当地县级人民政府计量行政部门申请考核。经考核符合《中华人民共和国计量法实施细则》（以下简称《计量法实施细则》）规定条件并取得考核合格证的，企业、事业单位方可使用，并向其主管部门备案。

3. 非经国务院计量行政部门批准，任何单位和个人不得拆卸、改装计量基准，或者自行中断其计量检定工作。

4. 非强制检定计量器具的检定周期，由企业根据计量器具的实际使用情况，本着科学、经济和量值准确的原则自行确定。

5. 企业、事业单位计量标准器具的使用，必须具备下列条件：

（1）经计量检定合格；

（2）具有正常工作所需要的环境条件；

（3）具有称职的保存、维护、使用人员；

（4）具有完善的管理制度。

6. 任何单位和个人不得经营销售残次计量器具零配件，不得使用残次零配件组装和修理计量器具；不准在工作岗位上使用无检定合格印、证或者超过检定周期以及经检定不合格的计量器具。

7. 计量器具修理应委托在相应修理项目上取得《修理计量器具许可证》的企业、事业单位或个体工商户。

四、施工计量器具的等级与检定标记

计量器具经检定机构检定后出具的检定印、证，是评定计量器具的性能和质量是否符合法定要求的技术判断和结论。

1. 计量器具检定印、证包括的内容

（1）检定证书：证明计量器具已经过检定，并符合相关法定要求的文件。

（2）不合格通知书（检定结果通知书）：说明计量器具被发现不符合或不再符合相关法定要求的文件。

（3）检定标记：施加于测量仪器上证明其已经检定并符合要求的标记。

（4）封印标记：用于防止对测量仪器进行任何未经授权的修改、再调整或拆除部件等的标记。

2. 检定或校准证书的信息

检定和校准证书应包括足够信息，如检定或校准单位、被检单位（用户）、受检计量器具（名称、器号、型号与规格、准确度）、检定或校准的技术依据、结论或环境条件、结果、日期、签发日期、有效日期，以及检定和校准主要标准器和配套设备信息与使用注意事项。

3. 计量器具准确度等级

（1）准确度等级：符合一定的计量要求，使误差保持在规定极限内的计量器具的等别或级别。

"等"与"级"是计量器具的主要特性指标之一。"级"根据示值误差大小确定，表明示值的档次，按计量器具的标称值使用；"等"根据扩展不确定大小确定，表明测量结果扩展不确定度的档次，按该计量器具检定证书上给出的实际值使用。计量器具"等"与"级"的举例见表 2H331011。

计量器具"等"与"级"的举例　　　　　　表 2H331011

划分类型	举例
按级别	精密压力表：0.25 级、0.4 级、0.6 级
按等别	标准活塞压力计：1 等、2 等、3 等
既按级别，又按等别	量块：0~4 级；1~6 等

（2）计量器具等级符号

1）在用绝对值误差的形式给出计量器具允许误差的情况下，级别的表示有：拉丁文大写字母（如 A、B、C、M、F）、罗马数字（如 Ⅰ、Ⅱ、Ⅲ）、阿拉伯数字（如 0、1、2、3）等。以上这些表示方法中，某级别的允许误差在有关检定规程或其他技术文件中规定，只根据这些符号是得不出的。

2）在用引用误差和相对误差的形式给出计量器具允许误差的情况下，其级别的符号即其数值，按有关技术规范的规定，往往用其百分数，而略去其百分号 %。因此，通过级别的数值，可以直接了解其允许误差的引用误差或相对误差。如 1.5 级压力表，允许误差按测量上限给出的引用误差为 1.5%。

3）对两个或两个以上的测量范围的计量仪器，可以分别规定两个或两个以上的相应的准确度级别。

五、计量管理的法律责任

根据《计量法》《计量法实施细则》以及有关法律法规的规定，在使用计量器具中违反法律法规的，按以下规定处罚。

1. 部门和企业、事业单位的各项最高计量标准，未经有关人民政府计量行政部门考核合格而开展计量检定的，责令其停止使用，可并处 1000 元以下的罚款。

2. 属于强制检定范围的计量器具，未按照规定申请检定和属于非强制检定范围的计量器具未自行定期检定或者送其他计量检定机构定期检定的，以及经检定不合格继续使用的，责令其停止使用，可并处 1000 元以下的罚款。

3. 制造、销售、使用以欺骗消费者为目的的计量器具的单位和个人，没收计量器具和全部违法所得，可并处 2000 元以下的罚款；构成犯罪的，对个人或者单位直接责任人员，依法追究刑事责任。

4. 使用不合格计量器具或者破坏计量器具准确度和伪造数据，给国家和消费者造成损失的，责令其赔偿损失，没收计量器具和全部违法所得，可并处 2000 元以下的罚款。

5. 伪造、盗用、倒卖强制检定印、证的，没收其非法检定印、证和全部违法所得，可并处 2000 元以下的罚款；构成犯罪的，依法追究刑事责任。

2H331012 施工现场计量器具的管理程序

一、建立计量器具管理制度

1. 明确本单位负责计量工作的职能机构，配备相适应的、具有资质的专业管理人员。

2. 建立《计量器具管理目录》《计量室检定工作管理制度》《日常维护管理制度》《施工现场使用计量器具的管理办法》等制度和管理办法，规定计量器具的分类、检定周期及管理要求；规定对计量检定试验室的环境和检定人员要求；规定计量标准器周期检定、使用、维护和保养管理要求，以及计量检定记录及证书核验等；对于目前尚无检验规程的仪器、设备，应编写有关的"暂行校验方法"的基本要求，作为施工企业对计量器具规范管理的依据。

3. 施工现场项目经理部应认真执行企业的计量工作管理制度。

二、计量器具选择

1. 应与所承揽的工程项目的内容、检测要求以及所确定的施工方法和检测方法相适应。

例如，所选用计量器具的量程、精度和记录方式，适应的范围和环境，必须满足被测对象及检测内容的计量要求，使被测对象在量程范围内。检测器具的测量极限误差必须小于或等于被测对象所能允许的测量极限误差。

2. 所选用的计量器具和测量设备，必须具有计量检定证书或计量检定标记。

3. 所选用的计量器具和测量设备，在技术上是适用的，操作培训是较容易的，坚实耐用易于携带，检定地点在工程所在地附近的，使用时其比对物质和信号源易于保证。尽量不选尚未建立检定规程的测量器具。

三、实施计量器具检定

1. 依据国家对强制检定的计量器具检定周期的规定，以及企业自有的计量管理制度，对检测器具进行周期检定、校验，以防止检测器具的自身误差而造成工程质量不合格。

2. 由本单位自行检定的计量器具，应制订检定计划，并按计划进行检定。没有国家承认的标准基准时，本单位可根据国家现行标准或测量设备制造厂家提供的使用说明，制定核准认定的标准，进行定期核准。

四、分类管理计量器具

推荐采用广泛应用于企业管理的、"突出重点，兼顾一般"的 ABC 分类管理方法。根据计量器具的性能、使用地点、使用性质及使用频度，将计量器具划分为 A、B、C 三类，并采取相应的管理措施和色标标志。

（一）A 类计量器具

1. A 类计量器具范围

（1）施工企业最高计量标准器具和用于量值传递的工作计量器具。例如，一级平晶、零级刀口尺、水平仪检具、直角尺检具、百分尺检具、百分表检具、千分表检具、自准直仪、立式光学计、标准活塞式压力计等。

（2）列入国家强制检定目录的工作计量器具。例如，用于安全防护的压力表、电能表、接地电阻测量仪、声级计等。

2. A 类计量器具管理办法

（1）属于企业最高计量标准器具，按照《计量法》的有关规定，送法定或者授权的计量检定机构，定期检定。

（2）属于强制检定的工作计量器具，可本着就地就近原则，送法定或者授权的计量检定机构检定。

（3）大型试验设备的校准、检定，联系法定或者授权的计量检定机构定期来试验室现场校验。

（二）B 类计量器具

1. B 类计量器具范围

用于工艺控制、质量检测及物资管理的计量器具。例如，卡尺、千分尺、百分表、千分表、水平仪、直角尺、塞尺、水准仪、经纬仪、测厚仪；温度计、温度指示调节仪；压力表、测力计、转速表、砝码、硬度计、万能材料试验机、天平；电压表、电流表、欧姆表、电功率表、功率因数表；电桥、电阻箱、检流计、万用表、标准电信号发生器；示波器、阻抗图示仪、电位差计、分光光度计等。

2. B 类计量器具管理办法

B 类计量器具可由所属企业计量管理部门定期检定校准。企业计量管理部门无权检定的项目，可送交法定或者授权的计量检定机构检定。

（三）C 类计量器具

1. C 类计量器具范围

（1）计量性能稳定，量值不易改变，低值易耗且使用要求精度不高的计量器具。如钢直尺、弯尺、5m 以下的钢卷尺等。

（2）与设备配套，平时不允许拆装指示用计量器具。如电压表、电流表、压力表等。

（3）非标准计量器具。如垂直检测尺、游标塞尺、对角检测尺、内外角检测尺等。

2. C 类计量器具管理办法

对新购入的 C 类计量器具，经库管员验货、验证合格后即可发放使用。对使用中的 C 类计量器具，由计量管理人员到现场巡视，发现损坏的及时更换。

对于拆装不便的设备所属的指示用仪表，可在设备检修同步进行，用已经检定合格的仪表直接比对、核准、确认合格，在设备鉴定记录上注明：仪表名称、编号、状态。

平时加强计量器具维护保养，随坏随换，保证计量器具处于良好工作状态。定期送所属企业计量管理部门校准或校验。

五、施工现场计量器具管理程序

计量器具的管理程序应符合量值传递、量值测量、量值分析的要求，保证施工过程中记录的质量特性的检测数据可靠、有效。管理程序如图 2H331012 所示。

六、项目部对计量器具的管理

（一）施工现场计量器具的使用要求

1. 工程开工前，项目部应根据项目质量计划、施工组织设计、施工方案对检测设备的精度要求和生产需要，编制《计量检测设备配备计划书》。建立项目部计量器具的目录和检定周期台账档案。

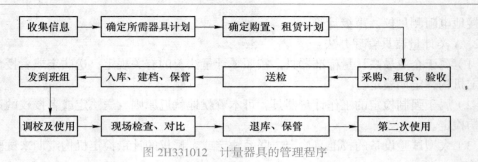

图 2H331012   计量器具的管理程序

2. 施工现场使用的计量器具，无论是企业自有的、租用的或是由建设方提供的，均需按照建立的管理制度进行管理，并按周期检定校准，保证计量器具准确度已知，以便检测结果能作为证实产品质量符合要求的依据。

3. 使用计量器具前，应检查其是否完好，若不在检定周期内、检定标识不清或封存的，视为不合格的计量检测设备，不得使用。每次使用前，应对计量检测设备进行校准对零检查后，方可开始计量测试。使用中若发现计量检测设备偏离标准状态，应立即停用，重新校验核准。如出现损坏或性能下降时，应及时进行修理和重新检定。

4. 使用计量标准时必须严格按该设备使用说明操作，用完擦拭干净、断电，并加盖仪器罩，使仪表处于非工作状态。

5. 项目经理部必须设专（兼）职计量管理员对施工使用的计量器具进行现场跟踪管理。工作内容包括：

（1）建立现场使用计量器具台账。施工用计量检测设备登记表登记内容包括：计量器具名称、规格、数量、领用人、计量器具编号、检定日期、下次检定日期、使用状态。

（2）负责现场使用计量器具周期送检。依据计量检定规程，按规定的检定周期，结合实际使用情况，合理安排送检计量器具，确保计量器具使用前已按规定要求检定合格。在用的计量器具必须经过检定且有检定合格证书方准使用。经检定不合格的计量器具、超周期未检的计量器具及未上账的计量器具禁止使用。

（3）负责现场巡视计量器具的完好状态。例如，控制钢卷尺质量，防止因钢卷尺示值不准确造成的工程质量事故。对施工过程使用的定位放线用钢卷尺，使用前必须进行校准，以保证测量结果的有效性、可靠性。使用中的钢卷尺，若有自卷或制动式钢卷尺拉出、收缩经常卡住，有阻滞失灵现象；尺带表面镀铬、镍或涂塑大面积脱皮或氧化；分度、断线或不清楚；尺带扭曲或折断；尺盒严重残缺等情况之一的应停止使用，由工程项目部计量管理员办理报废手续。

6. 施工过程中使用的专用或自制检具（如模具、样板等）用作检验手段时，使用前由现场质量检查员和专业技术人员按有关要求加以检验，并做好检验记录，记录交工程项目部计量管理员保存，随竣工资料归档。

7. 计量器具应在适宜的环境下工作（如温度、湿度、振动、屏蔽、隔声等），必要时，应采取措施，消除或减少环境对测量结果的影响，保证测量结果的准确可靠。对使用中的各类计量器具，不允许随意摔打磕碰、损伤。

（二）施工现场计量器具的保管、维护和保养制度

1. 计量器具的验货、验证。例如，新购入的钢卷尺必须有 CMC 计量器具生产许可证

标志及批准生产编号；备有出厂合格证；钢卷尺的尺盒或尺带上有标明制造厂（或厂商）、全长和型号；尺带两边必须平滑，不得有锋口或毛刺，分度线均匀明晰，不得有垂线现象，尺盒应无残缺等。

2. 对租用的或由"甲方"（建设方或总承包方）提供的计量器具，应附带该设备的有效期内检定合格印、证方可以使用。如不具备时，该设备必须经过检定，证明合格后才能使用，记入"施工用检测设备登记表"，并注"租用"或"甲供"标记。

3. 计量检测设备应有明显的"合格""禁用""封存"等标志，标明计量器具所处的状态。

（1）合格：为周检或一次性检定能满足质量检测、检验和试验要求的精度。

（2）禁用：经检定不合格或使用中严重损坏、缺损的。

（3）封存：根据使用频率及生产经营情况，暂停使用的。

4. 检测器具应分类存放、标识清楚，针对不同要求采取相应的防护措施，如防火、防潮、防振、防尘、防腐、防外磁场干扰等，确保其处于良好的技术状态。封存的计量器具重新启用时，必须经检定合格后，方可使用。

5. 对电容类仪器、仪表，应经常检查绝缘性能和接地，对长期不使用的电器仪表要定期检查、通电、排潮，防止霉烂。

6. 精度较高，纳入固定资产管理的计量仪器设备，如：精密分析天平、砝码等，X射线探伤机、超声波探伤仪、超声波测厚仪等，应由具备相应资格的人员合理使用，用完遵照该设备使用说明书规定做好维护、保养工作。

7. 计量检测设备在安装和搬运过程中，应采取相应的保护措施，避免准确度偏移，确保符合规定要求。

（三）计量器具使用人员的要求

计量器具的使用人员应经过培训并具有相应的资格，熟悉并掌握计量检测设备的性能、结构及相应的操作规程、使用要求和操作方法，使用前核对检定标识与设备是否相符、是否在有效期内、是否处于合格状态。使用时按规定进行正确操作，做好测量过程及数据记录。

2H331020　建设用电及施工的相关规定

2H331021　建设用电的规定

一、用电手续的规定

申请新装用电、临时用电、增加用电容量、变更用电和终止用电，应当依照规定的程序办理手续。

（一）新装、增容与变更用电规定

任何单位需新装用电或增加用电容量、变更用电都必须事先到供电企业用电营业场所提出申请，办理手续。具体规定有：

1. 供电企业的用电营业机构统一归口办理用户的用电申请和报装接电工作。包括用电申请书的发放及审核、供电条件勘查、供电方案及批复、有关费用收取、受电工程设计的审核、施工中间检验、供用电合同（协议）签约、装表接电等项业务。

2. 用户申请新装或增加用电时，应向供电企业提供用电工程项目批准的文件及有关的用电资料。包括用电地点、电力用途、用电性质、用电设备、用电设备清单、用电负荷、保安电力、用电规划等，并依照供电企业规定如实填写用电申请书及办理所需手续。

新建受电工程项目在立项阶段，用户应与供电企业联系，就工程供电的可能性、用电容量和供电条件等达成意向性协议，方可定址，确定项目。

未按前项规定办理的，供电企业有权拒绝受理其用电申请。

如因供电企业供电能力不足或政府规定限制用电项目，供电企业可通知用户暂缓办理。

3. 供电企业对已受理的用电申请，应尽快确定供电方案，在以下期限内正式书面通知用户。

低压电力用户最长不超过 10 天；高压单电源用户最长不超过 1 个月；高压双电源用户最长不超过 2 个月。若不能如期确定供电方案时，供电企业应向用户说明原因。用户对供电企业答复的供电方案有不同意见时，应在 1 个月内提出意见，双方可再行协商确定。用户应根据确定的供电方案进行受电工程设计。

4. 供电方案的有效期，是指从供电方案正式通知书发出之日起至交纳供电贴费并受电工程开工日为止。高压供电方案的有效期为 1 年，低压供电方案的有效期为 3 个月，逾期注销。

用户遇有特殊情况，需延长供电方案有效期的，应在有效期到期前 10 天向供电企业提出申请，供电企业应视情况予以办理延长手续。

5. 变更用电的规定。有下列情况之一者，为变更用电。用户需变更用电时，应事先提出申请，并携带有关证明文件，到供电企业用电营业场所办理手续，变更供用电合同。

（1）减少合同约定的用电容量（简称减容）；
（2）暂时停止全部或部分受电设备的用电（简称暂停）；
（3）临时更换大容量变压器（简称暂换）；
（4）迁移受电装置用电地址（简称迁址）；
（5）移动用电计量装置安装位置（简称移表）；
（6）暂时停止用电并拆表（简称暂拆）；
（7）改变用户的名称（简称更名或过户）；
（8）一户分列为两户及以上的用户（简称分户）；
（9）两户及以上用户合并为一户（简称并户）；
（10）合同到期终止用电（简称销户）；
（11）改变供电电压等级（简称改压）；
（12）改变用电类别（简称改类）。

（二）用户办理用电手续的规定

1. 如果总承包合同约定，工程项目的用电申请由承建单位负责或仅施工临时用电由承建单位负责申请，则施工总承包单位需携带建设项目受电工程设计文件和有关资料，到工程所在地管辖的供电部门，依法按程序、制度和收费标准办理用电申请手续。

例如，高压供电的用户应提供：受电工程设计及说明书；用电负荷分布图；负荷组成、性质及保安负荷；影响电能质量的用电设备清单；主要电气设备一览表；节能篇及主要生产设备、生产工艺耗电及允许中断供电时间；高压受电装置一、二次接线图与平面布置图；用电功率因数计算及无功补偿方式；继电保护、过电压保护及电能计量装置的方式；隐蔽工程设计资料；配电网络布置图；自备电源及接线方式；供电企业认为必须提供的其他资料。低压供电的用户应提供负荷组成和用电设备清单。

2. 如果工程项目地处偏僻，虽用电申请已受理，但自电网引入的线路施工和通电尚需一段时日，而工程又急需开工，则总承包单位通常是用自备电源（如柴油发电机组）先行解决用电问题。此时，总承包单位要告知供电部门并征得同意，同时要妥善采取安全技术措施，防止自备电源误入市政电网。

例如，某送变电工程公司承建了一变电站建设工程，该公司携带施工用电设计规划到工厂所在地供电部门办理了用电申请并获得批准，但变电站地处偏僻，自电网引入的线路施工和通电还需要一段时间，而工程又急需开工，则该公司决定先用柴油发电机组解决用电问题。该公司及时把此方案告知了当地供电部门并获得了批准，同时该公司在当地供电部门指导之下积极采取安全技术措施，以防自备电源误入市政电网。

3. 如果仅为申请施工临时用电，那么，施工临时用电结束或施工用电转入建设项目电力设施供电，则总承包单位应及时向供电部门办理终止用电手续。

4. 办理申请用电手续时要签订协议或合同，规定供电和用电双方的权利和义务，用户有保护供电设施不受危害，确保用电安全的义务，同时还应明确双方维护检修的界限。

二、用电计量装置及其规定

用电计量装置包括计费电能表（有功、无功电能表及最大需量表）和电压、电流互感器及二次连接线导线。

用户使用的电力电量，以计量检定机构依法认可的用电计量装置的记录为准。用户受电装置的设计、施工安装和运行管理，应当符合现行国家标准或者电力行业标准。

（一）用电计量装置使用规定

1. 用电计量装置的量值指示是电费结算的主要依据，依照有关法规规定该装置属于强制检定范畴，应由省级计量行政主管部门依法授权的检定机构进行检定合格，方为有效。

2. 用电计量装置的设计应征得当地供电部门认可，施工单位应严格按施工设计图纸进行安装，并符合相关现行国家标准或行业标准要求。安装完毕应由供电部门检查确认。

3. 供电企业在新装、换装及现场校验后应对用电计量装置加封，并请用户在工作凭证上签章。

例如，某机电工程公司施工现场临时用电工程安装完毕后，随即向当地供电公司申请供电，供电公司检查了该临时用电工程，并告知施工企业不能送电，因为该工程使用的用电计量装置没有法定检定机构进行检定合格的证明。经调查得知临时用电工程安装时，施工人员低价购买了电度表，而该电度表没有省级计量行政主管部门依法授权的检定机构进行检定合格的证明，供电公司依电力法律规定不予供电是正确的。

（二）用电计量与电费计收规定

1. 用电计量装置原则上应装在供电设施的产权分界处。如产权分界处不适宜装表的，对专线供电的高压用户，可在供电变压器出口装表计量；对公用线路供电的高压用户，可在用户受电装置的低压侧计量。当用电计量装置不安装在产权分界处时，线路与变压器损耗的有功与无功电量均须由产权所有者负担。

2. 对 10kV 及以下电压供电的用户，应配置专用的电能计量柜（箱）；对 35kV 及以上电压供电的用户，应有专用的电流互感器二次线圈和专用的电压互感器二次连接线，并不得与保护、测量回路共用。电压互感器专用回路的电压降不得超过允许值。超过允许值时，应予以改造或采取必要的技术措施予以更正。

3. 在用户受电点内难以按电价类别分别装设用电计量装置时，可装设总的用电计量装置，然后按其不同电价类别的用电设备容量的比例或实际可能的用电量，确定不同电价类别用电量的比例或定量进行分算，分别计价。

4. 临时用电的用户，应安装用电计量装置。对不具备安装条件的，可按其用电容量、使用时间、规定的电价计收电费。

三、用电安全规定

电力消费有其特殊性，消费过程中一旦发生安全事故，会影响整个电网安全，所以确保用电安全至关重要。

（一）用电安全规定

用户用电不得危害供电、用电安全和扰乱供电、用电秩序。施工单位在施工过程中应遵守用电安全规定，不允许有以下行为：

1. 擅自改变用电类别。

2. 擅自超过合同约定的容量用电。

3. 擅自超过计划分配的用电指标。

4. 擅自使用已经在供电企业办理暂停使用手续的电力设备，或者擅自启用已经被供电企业查封的电力设备。

5. 擅自迁移、更动或者擅自操作供电企业的用电计量装置、电力负荷控制装置、供电设施以及约定由供电企业调度的用户受电设备。

6. 未经供电企业许可，擅自引入、供出电源或者将自备电源擅自并网。

（二）临时用电的安全管理

施工现场的临时用电关系到施工安全和用电安全，是一项极为普遍且极为重要的工作。施工单位应严格按照《中华人民共和国电力法》（以下简称《电力法》）、《施工现场临时用电安全技术规范（附条文说明）》JGJ 46—2005 和国家有关部门的规定，重视对临时用电的安全管理。

1. 临时用电的准用程序

（1）施工单位应根据国家有关标准、规范和施工现场的实际负荷情况，编制施工现场"临时用电施工组织设计"，并协助业主向当地电业部门申报用电方案。

（2）按照电业部门批复的方案及《施工现场临时用电安全技术规范（附条文说明）》JGJ 46—2005 进行临时用电设备、材料的采购和施工。

（3）对临时用电施工项目进行检查、验收，并向供电部门提供相关资料，申请送电。

（4）经供电部门检查、验收和试验，同意送电后送电开通。

例如，某电力施工企业为确保工期，在向当地供电部门申报临时用电方案的同时，进行用电设备、用电材料的采购。结果适得其反，因所采购的电气设备属于淘汰设备，临时用电方案未予批复，从而使工程工期拖延和造成费用增加。

2. 临时用电施工组织设计的编制

（1）临时用电应编制临时用电施工组织设计，或编制安全用电技术措施和电气防火措施。

（2）临时用电施工组织设计应由电气技术人员编制，项目部技术负责人审核，经相关部门审核并经具有法人资质的企业技术负责人批准后实施。

（3）临时用电施工组织设计的主要内容应包括：现场勘测；确定电源进线、变电所、配电室、配电装置、用电设备位置及线路走向；进行负荷计算；选择变压器；设计配电系统：设计配电线路、选择导线或电缆，设计配电装置、选择电器，设计接地装置，绘制临时用电工程图纸，包括用电工程总平面图、配电装置布置图、配电系统接线图、接地装置设计图；设计防雷装置；确定防护措施；制定安全用电措施和电气防火措施。

3. 临时用电的检查验收

（1）临时用电工程必须由持证电工施工。临时用电工程安装完毕后，由安全部门组织检查验收，参加人员有主管临时用电安全的项目部领导、有关技术人员、施工现场主管人员、临时用电施工组织设计编制人员、电工班长及安全员。必要时请主管部门代表和业主的代表参加。

（2）临时用电工程检查内容包括：架空线路、电缆线路、室内配线、照明装置、配电室与自备电源、各种配电箱及开关箱、配电线路、变压器、电气设备安装、电气设备调试、接地与防雷、电气防护等。

（3）检查情况应做好记录，并要由相关人员签字确认。

（4）临时用电工程应定期检查。施工现场每月一次，基层公司每季度一次。基层公司检查时，应复测接地电阻值，对不安全因素，必须及时处理，并应履行复查验收手续。

（5）临时用电安全技术档案应由主管现场的电气技术人员建立与管理。其中的"电工维修记录"可指定电工代管，并于临时用电工程拆除后统一归档。

例如，某机电安装企业为强化安全生产重新修订了企业安全检查制度，其中规定，对公司所属施工项目的临时用电工程应定期检查，各个施工现场每季度检查一次，公司每半年检查一次，以确保用电安全。但在随后当地政府组织的安全联合检查活动中，却被指出该制度的不妥之处：违背了电力法律规定，施工现场应每月检查一次，公司应每季度检查一次。该企业接受批评及时依法修改了安全检查制度中的相关内容。

4. 临时用电安全技术要求

（1）临时用电工程专用的电源中性点直接接地的 220V/380V 三相四线制低压电力系统，必须符合下列规定：采用三级配电系统，采用 TN-S 接零保护系统，采用二级漏电保护系统。

（2）在施工现场专用变压器供电的 TN-S 接零保护系统中，电气设备的金属外壳必须与保护零线 PE 连接。

（3）当施工现场与外电线路共用同一供电系统时，电气设备的接地、接零保护必须与原系统一致。

（4）PE 线材质与相线应相同，其最小截面符合表 2H331021 的规定。

（5）PE 线上严禁装设开关或熔断器，严禁通过工作电流，且严禁断线。

PE 线最小截面　　　　　　　　　　　　　　表 2H331021

相线芯线截面 S（mm^2）	PE 线最小截面（mm^2）
$S \leqslant 16$	S
$16 < S \leqslant 35$	16
$S > 35$	$S/2$

（6）TN-S 系统中，PE 线必须在配电室、总配电箱等处重复接地，接地电阻不应大于 10Ω。

（7）配电柜或配电线路停电维修时，应挂接地线，并悬挂"禁止合闸、有人工作"停电标志牌。停送电必须由专人负责。

（8）配电箱的电器安装板上必须分设 N 线端子板和 PE 线端子板。N 线端子板必须与金属电器安装板绝缘，PE 线端子板必须与金属电器安装板做电气连接。

（9）两级漏电保护器的额定动作电流和额定动作时间应作合理配合，使之具有分级分段保护功能。末级开关箱的漏电开关的额定动作电流不应大于 30mA，额定动作时间不应大于 0.1s。

（10）电缆线路应采用埋地或架空敷设，严禁沿地面明设，并应避免机械损伤和介质腐蚀。埋地电缆路径应设方位标志。

2H331022　电力设施保护区施工作业的规定

一、电力设施保护主体和职责

1. 电力设施保护主体

电力设施保护的主体有：电力管理部门、公安部门、电力企业及人民群众等。

2. 电力设施保护主体的职责

（1）国务院电力管理部门对电力设施的保护负责监督、检查、指导和协调。

（2）县以上地方各级电力管理部门要监督、检查和贯彻执行法规的各项要求；开展保护电力设施的宣传教育工作；会同有关部门及沿电力线路各单位，建立群众护线组织并健全责任制；会同当地公安部门，负责所辖地区电力设施的安全保卫工作。

（3）各级公安部门负责依法查处破坏电力设施或哄抢、盗窃电力设施器材的案件。

（4）电网经营企业、供电企业和发电企业负责电力设施保护的日常工作。对危害电力设施安全的行为，电力企业有权制止并可以劝其改正、责其恢复原状、强行排除妨害，责令赔偿损失、请求有关行政主管部门和司法机关处理，以及采取法律法规或政府授权的其他必要手段。

二、电力设施保护范围和保护区

1. 发电设施、变电设施的保护范围

（1）发电厂、变电站、换流站、开关站等厂、站内的设施。

（2）发电厂、变电站外各种专用的设施及其有关辅助设施。

（3）水力发电厂使用的通信设施及其有关辅助设施。

2. 电力线路设施的保护范围

（1）架空电力线路：杆塔、基础、拉线、接地装置、导线、避雷线、金具、绝缘子、登杆塔的爬梯和脚钉，导线跨越航道的保护设施，巡（保）线站，巡视检修专用道路、船舶和桥梁，标志牌及其有关辅助设施。

（2）电力电缆线路：架空、地下、水底电力电缆和电缆联结装置，电缆管道、电缆隧道、电缆沟、电缆桥，电缆井、盖板、人孔、标石、水线标志牌及其有关辅助设施。

（3）电力线路上的电器设备：变压器、电容器、电抗器、断路器、隔离开关、避雷器、互感器、熔断器、计量仪表装置、配电室、箱式变电站及其有关辅助设施。

（4）电力调度设施：电力调度场所、电力调度通信设施、电网调度自动化设施、电网运行控制设施。

3. 电力线路保护区

（1）架空电力线路保护区：新建架空电力线路导线边线向外侧水平延伸并垂直于地面所形成的两平行面内的区域，在一般地区各级电压导线的边线延伸距离见表 2H331022。

各级电压导线的边线延伸距离　　　　表 2H331022

电压（kV）	延伸距离（m）
1～10	5
35～110	10
154～330	15
500	20

在厂矿、城镇等人口密集地区，架空电力线路保护区的区域可略小于上述规定。但各级电压导线边线延伸的距离，不应小于导线边线在最大计算弧垂及最大计算风偏后的水平距离和风偏后距建筑物的安全距离之和。

（2）发电设施附属的输油、输灰、输水管线的保护区依本条规定确定。

（3）电力电缆线路保护区：地下电缆为电缆线路地面标桩两侧各 0.75m 所形成的两平行线内的区域；海底电缆一般为线路两侧各 2 海里（港内为两侧各 100m）；江河电缆一般不小于线路两侧各 100m（中、小河流一般不小于各 50m）所形成的两平行线内的水域。

三、电力设施保护范围和保护区内规定

（一）电力设施保护范围和保护区内作业准许规定

1. 在电力设施周围进行爆破及其他可能危及电力设施安全的作业时，应当按照国务院有关电力设施保护的规定，经批准并采取确保电力设施安全的措施后，方可进行作业。

2. 任何单位和个人需要在依法划定的电力设施保护区内进行可能危及电力设施安全的作业时，应当经电力管理部门批准并采取安全措施后方可进行作业。

3. 在下列机电工程施工活动中，任何单位或个人必须经县级以上地方电力管理部门批准，并采取安全措施后，方可进行作业。

（1）在架空电力线路保护区内进行农田水利基本建设工程及打桩、钻探、开挖等作业。

（2）起重机械的任何部位进入架空电力线路保护区进行施工。

（3）小于导线距穿越物体之间的安全距离，通过架空电力线路保护区。

（4）在电力电缆线路保护区内进行作业。

4. 根据《电力法》和《电力设施保护条例实施细则》规定，任何单位或个人在电力设施保护范围和保护区内不得进行以下施工作业：

（1）在电力电缆沟内禁止同时埋设其他管道。未经电力企业同意，不准在地下电力电缆沟内埋设输油、输气等易燃易爆管道。管道交叉通过时，有关单位应当协商，并采取安全措施，达成协议后方可施工。

（2）任何单位和个人不得在距电力设施周围 500m 范围内（指水平距离）进行爆破作业。因工作需要必须进行爆破作业时，应当按国家颁发的有关爆破作业的法律法规，采取可靠的安全防范措施，确保电力设施安全，并征得当地电力设施产权单位或管理部门的书面同意，报经政府有关管理部门批准。在规定范围外进行的爆破作业必须确保电力设施的安全。

（3）任何单位或个人不得在距架空电力线路杆塔、拉线基础外缘的下列范围内进行取土、打桩、钻探、开挖或倾倒酸、碱、盐及其他有害化学物品的活动。

35kV 及以下电力线路杆塔、拉线周围 5m 的区域；66kV 及以上电力线路杆塔、拉线周围 10m 的区域。

5. 电力设施周围挖掘作业的规定：

（1）不得取土的范围。为了防止架空电力线路杆塔基础遭到破坏，根据各电压等级确定杆塔周围禁止取土的范围。35kV 的禁止取土范围为 4m；110～220kV 的禁止取土范围为 5m；330～500kV 的禁止取土范围为 8m。

（2）取土的坡度。为了防止将杆塔基础掏空或垂直取土的现象发生，取土后所形成的坡面与地平线之间的夹角，一般不得大于 45°，特殊情况由县级以上地方电力主管部门另定。例如，沙地取土时，坡度应当更小一些。

（二）电力设施保护区内或附近施工作业的要求

1. 认真进行图纸会审

在电力设施保护区内施工作业，往往发生在建设项目红线范围外，因为规划设计建设项目时，要考虑避开保护区或迁移电力设施。如无法避开或迁移，则设计的总图要明确标示电力设施保护区的范围，这在图纸会审中要加以注意。

2. 编制施工方案

（1）发生在电力设施保护区内安装作业，主要是开挖地下管沟和大件吊装或卸载，以及爆破作业等。因此，制定施工方案前先要摸清周边电力设施的实情，如地下电缆的位置和标高，空中架空线路的高度和电压等级，爆破点距离电力设施的距离等，然后编制施工方案。

（2）在编制施工方案时，尽量邀请电力管理部门或电力设施管理部门派员参加，以便方案更加切实可行。

（3）在施工方案中应专门制定保护电力设施的安全技术措施，并写明要求。在作业时请电力设施的管理部门派员监管。

（4）施工方案编制完成报经电力管理部门批准后执行。

例如，某施工企业承建一工程，该工程施工时需要进行爆破作业，经调查得知该爆破点附近有地下电缆，为确保施工正常进行，该施工企业及时与地下电缆管理部门沟通，获得了地下电缆埋设的准确位置；在制定爆破施工方案时邀请地下电缆管理部门派员参加，并在施工方案中专门制定保护电力设施的安全技术措施，施工方案编制完成后报当地电力管理部门获得了批准；实施爆破施工时，该施工企业又邀请地下电缆管理部门指派专人现场监管。由于措施得当，爆破作业顺利完成。

2H331030　特种设备的相关规定

2H331031　特种设备的法定范围

一、特种设备的定义

按《中华人民共和国特种设备安全法》，特种设备是指对人身和财产安全有较大危险性的锅炉、压力容器（含气瓶）、压力管道、电梯、起重机械、客运索道、大型游乐设施、场（厂）内专用机动车辆，以及法律、行政法规规定的其他特种设备。国家对特种设备实行目录管理。特种设备目录由国务院负责特种设备安全监督管理的部门制定，报国务院批准后执行。军事装备、核设施、航空航天器、铁路机车、海上设施和船舶以及矿山井下使用的特种设备、民用机场专用设备的安全监察不适用于《特种设备安全监察条例》。房屋建筑工地和市政工程工地用起重机械、场（厂）内专用机动车辆的安装、使用的监督管理，由建设行政主管部门依照有关法律法规的规定执行。

二、特种设备种类

特种设备包括：锅炉、压力容器、压力管道、电梯、起重机械、客运索道、大型游乐设施、压力管道元件、安全附件、场（厂）内专用机动车辆。

（一）锅炉

1. 锅炉：是指利用各种燃料、电或者其他能源，将所盛装的液体加热到一定的参数，并通过对外输出介质的形式提供热能的设备，其范围规定为设计正常水位容积大于或者等于30L，且额定蒸汽压力大于或者等于0.1MPa（表压）的承压蒸汽锅炉；出口水压大于或者等于0.1MPa（表压），且额定功率大于或者等于0.1MW的承压热水锅炉；额定功率大于或者等于0.1MW的有机热载体锅炉。

2. 锅炉类别及品种见表2H331031-1。

机电工程锅炉类别及品种　　　　　　　　　　　表2H331031-1

类　别	品　　种
承压蒸汽锅炉	—
承压热水锅炉	—
有机热载体锅炉	有机热载体气相炉、有机热载体液相炉

3. 锅炉安装许可分为两个级别：A级锅炉的许可范围：额定出口压力大于2.5MPa的蒸汽和热水锅炉；B级锅炉的许可范围：额定出口压力小于等于2.5MPa的蒸汽和热水锅炉、有机热载体锅炉。

（二）压力容器

1. 压力容器：是指盛装气体或者液体，承载一定压力的密闭设备，其范围规定为最高工作压力大于或者等于0.1MPa（表压）的气体、液化气体和最高工作温度高于或者等于标准沸点的液体、容积大于或者等于30L且内直径（非圆形截面指截面内边界最大几何尺寸）大于或者等于 150mm 的固定式容器和移动式容器；盛装公称工作压力大于或者等于 0.2MPa（表压），且压力与容积的乘积大于或者等于 1.0MPa·L 的气体、液化气体和标准沸点等于或者低于 60℃液体的气瓶、氧舱。

2. 压力容器类别及品种见表 2H331031-2。

机电工程压力容器类别及品种   表 2H331031-2

类别	品　种
固定式压力容器	超高压容器、第三类压力容器、第二类压力容器、第一类压力容器
移动式压力容器	铁路罐车、汽车罐车、长管拖车、罐式集装箱、管束式集装箱
气瓶	无缝气瓶、焊接气瓶、特种气瓶
氧舱	医用氧舱、高气压舱

3. 根据危险程度，压力容器划分为 I、II、III 类，等同于表 2H331031-2 中第一、二、三类压力容器，其中超高压容器归为第 III 类压力容器。

4. 压力容器的范围包括压力容器本体、安全附件及仪表。例如，压力容器本体中的主要受压元件，包括筒节（含变径段）、球壳板、非圆形容器的壳板、封头、平盖、膨胀节、设备法兰，热交换器的管板和换热管，M36 以上（含 M36）螺栓以及公称直径大于或者等于 250mm 的接管和管法兰等；压力容器安全附件，包括直接连接在压力容器上安全阀、爆破片装置、易熔塞、紧急切断装置、安全联锁装置；压力容器的仪表，包括直接连接在压力容器上的压力、温度、液位等测量仪表。

（三）压力管道

1. 压力管道：是指利用一定的压力，用于输送气体或者液体的管状设备。其范围规定为最高工作压力大于或者等于 0.1MPa（表压），介质为气体、液化气体、蒸汽或者可燃、易爆、有毒、有腐蚀性、最高工作温度高于或者等于标准沸点的液体，且公称直径大于或者等于 50mm 的管道。公称直径小于 150mm，且其最高工作压力小于 1.6MPa（表压）的输送无毒、不可燃、无腐蚀性气体的管道和设备本体所属管道除外。

2. 压力管道类别及品种见表 2H331031-3。

机电工程压力管道类别及品种   表 2H331031-3

类别	品　种
长输管道	输油管道、输气管道
公用管道	燃气管道、热力管道
工业管道	工艺管道、动力管道、制冷管道

3. 压力管道的分类：压力管道分为长输管道、公用管道和工业管道三类。

（1）长输（油气）管道，是指在产地、储存库、使用单位之间的用于输送（油气）商品介质的管道。

（2）公用管道，是指城市或者乡镇范围内的用于公用事业或者民用的燃气管道和热力管道。

（3）工业管道，是指企业、事业单位所属的用于输送工艺介质的工艺管道、公用工程管道及其他辅助管道。包括火力发电厂用于输送蒸汽、汽水两相介质的动力管道；工业制冷系统中输送制冷剂介质的制冷管道。

4. 压力管道范围包括管道组成件（如：管子、管件、法兰、阀门、密封件、紧固件、过滤器、节流装置等），管道支撑件（如：吊杆、弹簧支吊架、平衡锤、松紧螺栓、鞍座、垫板、滑动支座、吊耳、卡环、管夹等），连接接头（如：管道元件间、管道与设备、管道与非受压元件的连接接头等），管道安全保护装置（如：安全阀、爆破片、阻火器、紧急切断装置等）。

（四）电梯

1. 电梯：是指动力驱动，利用沿刚性导轨运行的箱体或者沿固定线路运行的梯级（踏步），进行升降或者平行运送人、货物的机电设备，包括载人（货）电梯、自动扶梯、自动人行道等。非公共场所安装且仅供单一家庭使用的电梯除外。

2. 电梯类别及品种见表 2H331031-4。

电梯类别及品种　　　　　　　　　　　表 2H331031-4

类别	品种
曳引与强制驱动电梯	曳引驱动乘客电梯、曳引驱动载货电梯、强制驱动载货电梯
液压驱动电梯	液压乘客电梯、液压载货电梯
自动扶梯与自动人行道	自动扶梯、自动人行道
其他类型电梯	防爆电梯、消防员电梯、杂物电梯

（五）起重机械

1. 起重机械：是指用于垂直升降或者垂直升降并水平移动重物的机电设备。其范围规定为额定起重量大于或者等于 0.5t 的升降机；额定起重量大于或者等于 3t（或额定起重力矩大于或者等于 40t·m 的塔式起重机，或生产率大于或者等于 300t/h 的装卸桥），且提升高度大于或者等于 2m 的起重机；层数大于或者等于 2 层的机械式停车设备。

2. 起重机械类别及品种见表 2H331031-5。

起重机械类别及品种　　　　　　　　　表 2H331031-5

类别	品种
桥式起重机	通用桥式起重机、防爆桥式起重机、绝缘桥式起重机、冶金桥式起重机、电动单梁起重机、电动葫芦桥式起重机
门式起重机	通用门式起重机、防爆门式起重机、轨道式集装箱门式起重机、轮胎式集装箱门式起重机、岸边集装箱起重机、造船门式起重机、电动葫芦门式起重机、装卸桥、架桥机
塔式起重机	普通塔式起重机、电站塔式起重机
流动式起重机	轮胎起重机、履带起重机、集装箱正面吊运起重机、铁路起重机
门座式起重机	门座起重机、固定式起重机
升降机	施工升降机、简易升降机
缆索式起重机	—
桅杆式起重机	—
机械式停车设备	—

3. 房屋建筑工地和市政工程工地用起重机械、场（厂）内专用机动车辆的安装、使用的监督管理，由建设行政主管部门依法进行。其租赁、安装、拆卸、使用及其监督管理应符合《建筑起重机械安全监督管理规定》（建设部令第 166 号）的规定。

（六）客运索道

客运索道，是指动力驱动，利用柔性绳索牵引箱体等运载工具运送人员的机电设备，包括客运架空索道、客运缆车、客运拖牵索道三种类别。非公用客运索道和专用于单位内部通勤的客运索道除外。

（七）大型游乐设施

大型游乐设施，是指用于经营目的，承载乘客游乐的设施，其范围规定为设计最大运行线速度大于或者等于 2m/s，或者运行高度距地面高于或者等于 2m 的载人大型游乐设施。包括观览车类、滑行车类、架空游览车类、陀螺类、飞行塔类、转马类、自控飞机类、赛车类、小火车类、碰碰车类、滑道类、水上游乐设施、无动力游乐设施等类别。用于体育运动、文艺演出和非经营活动的大型游乐设施除外。

（八）压力管道元件

纳入《特种设备目录》的压力管道元件类别及品种见表 2H331031-6。

压力管道元件类别及品种　　　　　　　　　　表 2H331031-6

类别	品　　种
压力管道管子	无缝钢管、焊接钢管、有色金属管、球墨铸铁管、复合管、非金属材料管
压力管道管件	非焊接管件（无缝管件）、焊接管件（有缝管件）、锻制管件、复合管件、非金属管件
压力管道阀门	金属阀门、非金属阀门、特种阀门
压力管道法兰	钢制锻造法兰、非金属法兰
补偿器	金属波纹膨胀节、旋转补偿器、非金属膨胀节
压力管道密封元件	金属密封元件、非金属密封元件
压力管道特种元件	防腐管道元件、元件组合装置

（九）安全附件

安全附件品种包括安全阀、爆破片装置、紧急切断阀、气瓶阀门。

（十）场（厂）内专用机动车辆

场（厂）内专用机动车辆，是指除道路交通、农用车辆以外仅在工厂厂区、旅游景区、游乐场所等特定区域使用的专用机动车辆，包括机动工业车辆、非公路用旅游观光车辆。

2H331032　特种设备制造、安装改造及维修的规定

一、特种设备生产许可制度

（一）《特种设备安全法》相关要求

1. 国家按照分类监督管理的原则对特种设备生产（包括设计、制造、安装、改造、修理）实行许可制度。特种设备生产单位应当经过负责特种设备安全监督管理的部门许可，方可从事生产活动。

2. 锅炉、气瓶、氧舱、客运索道、大型游乐设施的设计文件，应当经负责特种设备安全监督管理的部门核准的检验机构鉴定，方可用于制造。

3. 移动式压力容器、气瓶充装单位应当经省、自治区、直辖市的特种设备安全监督管理部门许可，方可从事充装活动。

4. 特种设备安全工作应当坚持安全第一、预防为主、节能环保、综合治理的原则。

5. 特种设备生产、经营、使用单位及其主要负责人对其生产、经营、使用的特种设备安全负责。

（二）《特种设备安全监察条例》相关要求

1. 锅炉、压力容器、电梯、起重机械、客运索道、大型游乐设施及其安全附件、安全保护装置的制造、安装、改造单位，以及压力管道元件（管子、管件、阀门、法兰、补偿器、安全保护装置等）的制造单位和场（厂）内专用机动车辆的制造、改造单位，应当经国务院特种设备安全监督管理部门许可，方可从事相应的活动。

2. 锅炉、压力容器、电梯、起重机械、客运索道、大型游乐设施、场（厂）内专用机动车辆的修理单位，应当有与特种设备修理相适应的专业技术人员和技术工人以及必要的检测手段，并经省、自治区、直辖市特种设备安全监督管理部门许可，方可从事相应的修理活动。

3. 锅炉、压力容器、起重机械、客运索道、大型游乐设施的安装、改造、维修以及场（厂）内专用机动车辆的改造、维修活动，必须由取得许可的单位进行。

4. 电梯的安装、改造、维修，必须由电梯制造单位或者其通过合同委托、同意的取得许可的单位进行。电梯制造单位对电梯质量以及安全运行涉及的质量问题负责。电梯制造单位委托其他单位进行电梯安装、改造、修理的，应当对其安装、改造、修理进行安全指导和监控，并按照安全技术规范的要求进行校验和调试。电梯制造单位对电梯安全性能负责。

二、特种设备安装、改造、修理许可

（一）承压类特种设备

1. 长输管道安装（GA1、GA2）许可由国家市场监督管理总局实施。

2. 锅炉安装（含修理、改造）（A、B）、公用管道安装（GB1、GB2）、工业管道安装（GC1、GC2、GCD）的许可由省级市场监督管理部门实施。锅炉安装（含修理、改造）的许可参数级别见表2H331032-1，压力管道安装许可参数级别见表2H331032-2。

3. 固定式压力容器安装不单独进行许可，各类气瓶充装无需许可。

4. 压力容器制造单位可以设计、安装与其制造级别相同的压力容器和与该级别压力容器相连接的工业管道（易燃易爆有毒介质除外，且不受长度、直径限制）；任一级别安装资格的锅炉安装单位或压力管道安装单位均可进行压力容器安装。

5. 压力容器改造和重大修理由取得相应级别制造许可的单位进行，不单独进行许可。

锅炉安装许可参数级别   表2H331032-1

许可参数	许可范围	备注
A	额定出口压力大于2.5MPa的蒸汽和热水锅炉	A级覆盖B级。A级锅炉安装覆盖GC2、GCD级压力管道安装
B	额定出口压力小于等于2.5MPa的蒸汽和热水锅炉；有机热载体锅炉	B级锅炉安装覆盖GC2级压力管道安装

压力管道安装许可参数级别　　　表 2H331032-2

许可级别	许可范围	备注
GA1	（1）设计压力大于或等于 4.0MPa（表压，下同）的长输输气管道； （2）设计压力大于或等于 6.3MPa 的长输输油管道	GA1 级覆盖 GA2 级
GA2	GA1 级以外的长输管道	—
GB1	燃气管道	—
GB2	热力管道	—
GC1	（1）输送《危险化学品目录》中规定的毒性程度为急性毒性类别 1 介质、急性毒性类别 2 气体介质和工作温度高于其标准沸点的急性毒性类别 2 液体介质的工业管道； （2）输送《石油化工企业设计防火标准》GB 50160—2008（2018 年版）、《建筑设计防火规范》GB 50016—2014（2018 年版）中规定的火灾危险性为甲、乙类可燃气体或者甲类可燃液体（包括液化烃），并且设计压力大于或者等于 4.0MPa 的工艺管道； （3）输送流体介质，并且设计压力大于或等于 10.0MPa，或者设计压力大于或者等于 4.0MPa 且设计温度高于或者等于 400℃的工艺管道	GC1 级、GCD 级覆盖 GC2 级
GC2	（1）GC1 级以外的工艺管道； （2）制冷管道	—
GCD	动力管道	—

（二）起重机械

1. 起重机械安装（含修理）许可由国家市场监督管理总局授权省级市场监管部门或由省级市场监管部门实施。

2. 起重机械安装（含修理）的许可参数级别见表 2H331032-3。

起重机械安装（含修理）许可参数级别　　　表 2H331032-3

设备类别	许可参数级别		备注
	A	B	
桥式、门式起重机	200t 以上	200t 及以下	A 级覆盖 B 级，岸边集装箱起重机、装卸桥纳入 A 级许可
流动式起重机	100t 以上	100t 及以下	A 级覆盖 B 级
门座起重机	40t 以上	40t 及以下	A 级覆盖 B 级
机械式停车设备	不分级		
塔式起重机、升降机			
缆索起重机			
桅杆起重机			

注：t 指起重机械的额定起重量单位。

（三）电梯

1. 电梯安装（含修理）许可由国家市场监督管理总局授权省级市场监管部门或由省级市场监管部门实施。

2. 电梯安装（含修理）的许可参数级别见表2H331032–4。

电梯安装（含修理）许可参数级别　　　　表 2H331032–4

设备类别	许可参数级别			备注
	A1	A2	B	
曳引驱动乘客电梯（含消防员电梯）	$v > 6.0\text{m/s}$	$2.5\text{m/s} < v \leqslant 6.0\text{m/s}$	$v \leqslant 2.5\text{m/s}$	A1 级覆盖 A2 级和 B 级。A2 级覆盖 B 级
曳引驱动载货电梯和强制驱动载货电梯（含防爆电梯中的载货电梯）	不分级			
自动扶梯与自动人行道				
液压驱动电梯				
杂物电梯（含防爆电梯中的杂物电梯）				

注：v 指的是电梯的额定速度。

三、特种设备的生产

（一）特种设备制造、安装、改造、修理单位应当具备的条件

1. 具有法定资质。

2. 具有与许可范围相适应的资源条件，并满足生产需要。按照《特种设备生产和充装单位许可规则》TSG 07—2019，其具体资源条件要求有：

（1）人员，包括管理人员、技术人员、检测人员、作业人员等。

（2）工作场所，包括场地、厂房、办公场所、仓库等。

（3）设备设施，包括生产（充装设备）、工艺装备、检测仪器、试验装置等。

（4）技术资料，包括设计文件、工艺文件、施工方案、检测规程等。

（5）法规标准，包括法律、法规、规章、安全技术规范及相关标准。

3. 建立并且有效实施与许可范围相适应的质量保证体系。

按照《特种设备生产和充装单位许可规则》TSG 07—2019 的要求，建立与许可范围相适应的质量保证体系，并且保持有效实施。

4. 具备保障特种设备安全性能的技术能力。

（二）特种设备安装、改造、修理告知

1. 告知依据

（1）特种设备安装、改造、修理的施工单位应当在施工前将拟进行的特种设备安装、改造、修理情况书面告知直辖市或者设区的市级人民政府负责特种设备安全监督管理的部门。

（2）特种设备安装、改造、维修的施工单位应当在施工前将拟进行的特种设备安装、

改造、维修情况书面告知直辖市或者设区的市的特种设备安全监督管理部门，告知后即可施工。

2. 告知的规定

（1）告知性质

实施施工告知的目的是让特种设备安全监督管理部门及时获取现场施工的信息，方便开展现场安全监察，督促施工单位申报监督检验。施工告知不是行政许可，施工单位告知后即可施工。

（2）告知内容及方式

告知内容：施工单位办理特种设备安装改造维修告知，只需填写"特种设备安装改造维修告知书"（表2H331032-5），提交给办理使用登记的特种设备安全监督管理部门，同时抄送给实施监督检验的特种设备检验机构。接收告知的特种设备安全监督管理部门不得要求施工单位补充告知书内容以外的其他信息，不得要求提供除特种设备许可证书复印件以外的其他材料。

告知方式：施工单位可以采用派人送达、挂号邮寄或特快专递、网上告知、传真、电子邮件等方式进行安装改造维修告知。施工单位采用传真、电子邮件方式告知的，应采用有效方式与接收告知的特种设备安全监督部门确认告知书是否收到。特种设备安全监督管理部门收到施工告知后，应予以签收。有条件当场签收的，应当场予以签收；无法当场签收的，应于2个工作日内予以签收；逾期不签收的，视为施工告知生效，施工单位可以施工。

特种设备安装改造维修告知书   表 2H331032-5

施工单位：_____（加盖公章）   告知书编号：_____

设备名称		型号（参数）	
设备代码		制造编号	
设备制造单位全称		制造许可证编号	
设备地点		安装改造维修日期	
施工单位全称			
施工类别	安装□ 改造□ 维修□ 许可证编号		许可证有效期
联系人	电话	分别填固定和移动电话	传真
地址		邮编	
使用单位全称			
联系人	电话		传真
地址		邮编	

注：1. 告知单按每台设备填写；

2. 施工单位应提供特种设备许可证书复印件（加盖单位公章）。

（3）告知的注意事项

特种设备安全监督管理部门应公布接收告知机构的地址、邮编、电话、传真或电子邮件及联系人姓名。特种设备安全监督管理部门应当创造条件，建立施工单位网上告知的平台，采取网上方式接收告知。施工单位按照规定的内容、方式、程序办理施工告知后，即可施工。

特种设备安全监督管理部门不得将施工告知纳入行政许可审批范围，不准设立告知收费项目进行收费，也不得因告知原因对施工单位进行处罚，违者由上一级特种设备安全监督管理部门进行处理。

施工单位对告知书内容的真实性负责，告知书内容应完整、准确。告知书内容失实、错误或关键项目填写不完整的，应通知施工单位对告知书内容进行修改，施工单位修改告知书的行为视为重新办理施工告知。

3. 长输管道安装告知

承担跨省长输管道安装的安装单位，应当向国家市场监督管理总局履行告知手续；承担省内跨市长输管道安装的安装单位，应当向省级质量技术监督部门履行告知手续。

（三）特种设备出厂（竣工）

1. 特种设备出厂时，应当随附安全技术规范要求的设计文件、产品质量合格证明、安装及使用维护保养说明、监督检验证明等相关技术资料和文件。

2. 特种设备安装、改造及重大修理过程中及竣工后，应当经相关检验机构监督检查，未经检验或检验不合格者，不得交付使用。安装、改造、修理的施工单位应当在验收后30日内将相关技术资料和文件移交特种设备使用单位。特种设备使用单位应当将其存入该特种设备的安全技术档案。移交的安全技术档案应当至少包括以下内容：

（1）特种设备的设计文件、产品质量合格证明、安装及使用维护保养说明、监督检验证明等相关技术资料和文件，以及安装技术文件和资料。

（2）高耗能特种设备的能效测试报告。

四、关于撬装式承压设备系统或机械设备系统（以下简称"设备系统"）的使用登记

国家市场监督管理总局特种设备安全监察局关于《固定式压力容器安全技术监察规程》TSG 21—2016 的实施意见（质检特函〔2016〕46号）：

1. 安装在"设备系统"上的压力容器和压力管道，应当由具有相应资质的单位设计、制造，并依据相应安全技术规范要求经过制造监督检验。

2. 包含压力容器或压力管道的"设备系统"（如解体安装的压缩机等），其制造单位应当持有相应级别的压力容器制造许可证、压力管道元件制造许可证或压力管道安装许可证，系统经过制造监督检验（其中安全技术规范中未规定制造监督检验的压力管道元件可参照安装监督检验的要求进行）。

3. "设备系统"中的压力管道可作为压力容器附属装置一并按照压力容器办理使用登记；只有压力管道的，按照压力管道办理使用登记。

4. "设备系统"由使用单位直接申请办理使用登记，不需要办理压力容器或压力管道安装告知和安装监督检验。

五、违反《特种设备安全法》的法律责任及规定的处罚

1. 对未经许可从事特种设备生产活动的法律责任及处罚

（1）违反《特种设备安全法》规定，未经许可从事特种设备生产活动的，责令停止生产，没收违法制造的特种设备，处 10 万元以上 50 万元以下罚款；

（2）有违法所得的，没收违法所得；

（3）经实施安装、改造、修理的，责令恢复原状或者责令限期由取得许可的单位重新安装、改造、修理。

2. 特种设备生产单位违反《特种设备安全法》规定的法律责任及行政处罚

（1）违反《特种设备安全法》规定，特种设备生产单位有下列行为之一的：

1）不再具备生产条件、生产许可证已经过期或者超出许可范围生产的。

2）明知特种设备存在同一性缺陷，未立即停止生产并召回的。应负的法律责任及行政处罚是：责令限期改正；逾期未改正的，责令停止生产，处 5 万元以上 50 万元以下罚款；情节严重的，吊销生产许可证。

（2）特种设备生产单位涂改、倒卖、出租、出借生产许可证的，责令停止生产，处 5 万元以上 50 万元以下罚款；情节严重的，吊销生产许可证。

3. 施工前未履行"书面告知"手续的法律责任及处罚

违反《特种设备安全法》规定，特种设备安装、改造、修理的施工单位在施工前未书面告知负责特种设备安全监督管理的部门即行施工的，责令限期改正；逾期未改正的，处 1 万元以上 10 万元以下罚款。

4. 电梯制造单位违反《特种设备安全法》规定的法律责任及行政处罚

违反《特种设备安全法》规定，电梯制造单位有下列情形之一的：

（1）未按照安全技术规范的要求对电梯进行校验、调试的。

（2）对电梯的安全运行情况进行跟踪调查和了解时，发现存在严重事故隐患，未及时告知电梯使用单位并向负责特种设备安全监督管理的部门报告的。应负的法律责任及行政处罚是：责令限期改正；逾期未改正的，处 1 万元以上 10 万元以下罚款。

2H332000 机电工程项目施工相关标准

2H332010 工业安装工程施工质量验收统一要求

2H332011 工业安装工程施工质量验收的项目划分和验收程序

一、工业安装工程施工质量验收的划分

1. 按《工业安装工程施工质量验收统一标准》GB/T 50252—2018，工业安装工程验收的项目为：土建工程、钢结构工程、设备工程、管道工程、电气工程、自动化仪表工程、防腐蚀工程、绝热工程、炉窑砌筑工程九项。

2. 工业安装工程施工质量验收应划分为单位工程、分部工程和分项工程。

3. 单位工程应按区域、装置或工业厂房、车间（工号）进行划分。

（1）较大的单位工程可划分为若干个子单位工程。

（2）当一个专业工程规模较大，具有独立施工条件或独立使用功能时，也可单独构成单位工程或子单位工程。

（3）具有独立施工条件或使用功能的专业安装工程，允许单独划分为一个或若干个子单位工程，如工程量大、施工工期长的大型裂解炉、汽轮机等设备工程。

4. 分部工程应按土建、钢结构、设备、管道、电气、自动化仪表、防腐蚀、绝热和炉窑砌筑专业划分。

较大的分部工程可划分为若干个子分部工程。例如管廊工程、一座高炉、一座裂解炉。

5. 分项工程划分应符合相关专业施工质量验收标准的规定。

综合各专业分项工程划分的常规做法。分项工程以台（套）机组（如设备、电气装置等）、类别、材质、用途、系统（如自动化仪表工程中各系统）、工序等进行划分。

6. 当一个单位工程中仅有某一专业分部工程时，该分部工程应为单位工程。当一个分部工程中仅有一个分项工程时，该分项工程应为分部工程。

一个单位工程中仅有某一专业分部工程，系指以该专业工程为主体，且工程量大、施工周期长的分部工程，如装置区内、外的管廊工程、地下管网工程等，可作为单位工程进行验收，以利于工程质量管理。

二、工业安装工程施工质量验收的工程划分

1. 土建工程

（1）检验批可根据施工质量控制和专业验收需要，按设备基础、楼层、施工段或变形缝进行划分。

（2）分项工程可由一个或若干个检验批组成，分项工程可按设备基础、施工工艺、主要工种、材料进行划分。较大型的设备基础可划分为分部或子分部工程。

设备基础是指单独一台设备的基础，每个分项工程中含有若干个检验批。

（3）分部工程的划分应按设备基础类别、建（构）筑物部位或专业确定。

工业安装工程中的设备基础工程可划分为该单位工程中的分部工程，建（构）筑物的分部工程划分可按现行国家标准《建筑工程施工质量验收统一标准》GB 50300—2013 的要求进行划分。当分部工程量较大时，可将相同部分的工程或独立成体系的工程划分成若干个子分部工程。

（4）具有独立施工条件并能形成独立使用功能的建（构）筑物可划分为一个单位工程（或子单位工程）。

土建工程是工业安装工程中不可缺少的一个组成部分，工业装置中的建（构）筑物可划分为该单位工程的子单位工程。对于具有独立使用功能的工业建筑如办公楼、综合楼等可划分为单位工程。

2. 钢结构工程

（1）按工序或部位划分检验批，便于质量验收，及时控制安装质量。

钢结构安装工程可按变形缝、施工段或空间刚度单元等划分成一个或若干个检验批，多层及高层可按楼层或施工段等划分一个或若干个检验批，压型金属板的制作和安装可按变形缝、楼层、施工段或屋面、墙面、楼面划分为一个或若干个检验批。

（2）钢结构的分项工程应由若干个检验批组成，钢结构的分项应根据现场实际情况来定，设备的钢结构附件可按分项工程划分，以便于检查验收。

如分项工程可按施工工艺、钢结构制作、钢结构焊接、钢结构栓接、钢结构涂装或钢结构防火划分。

较大的且具有独立施工条件的分项工程可划分为分部或子分部工程。

（3）钢结构安装工程可划分为分部工程，大型钢结构安装工程可划分为若干个子分部工程。

工业装置中的钢结构可划分为该单位工程（或子单位工程）中的分部工程。如电站锅炉钢架。

对于大型钢结构工程，可根据施工特点、施工工序、专业类别、材料种类划分为若干个子分部工程，以便于检查与验收。

3. 设备工程

（1）设备工程分项工程按设备的台（套）或机组划分。

"台"是指独立的一台机器，"套"是指成组的机器。

"机组"指由原动机、传动装置、工作机、控制操纵机构及其他辅助机械组成的系统，能够共同完成一项工作，如汽轮机组、压缩机组、制冷机组、柴油发电机组等。规定体现了设备的完整性和独立性。

（2）同一个单位工程中的设备安装工程可划分为一个分部工程或若干个子分部工程。

当分部工程较大或较复杂时，为了方便验收和分清质量责任，可按设备种类、施工特点、施工程序、专业系统及类别等划分为若干个子分部工程。

（3）大型、特殊的设备安装工程可单独构成单位（子单位）工程或划分为若干个分部工程，其分项工程可按工序划分。

由于工业设备的种类、型号规格繁多，其质量、体积以及构造的复杂程度差异很大，故将同一分部工程中差异很大的设备等同划分为分项工程是不合理的。对于大型、特殊设备，可以根据施工周期、工程量、技术复杂程度等方面的特殊要求，按工序或部位分别进行质量验收，以便于及时控制安装质量。

4. 管道工程

（1）分项工程应按管道介质、级别或材质进行划分。

现行国家标准《工业金属管道工程施工质量验收规范》GB 50184—2011 和《工业金属管道工程施工规范》GB 50235—2010 的有关规定与特种设备安全技术规范《特种设备生产和充装单位许可规则》TSG 07—2019 对压力管道的分类是协调一致的。

（2）同一个单位工程中的管道工程可划分为一个分部工程或若干个子分部工程。

管道工程在各单位工程中一般作为一个分部工程进行质量验收。例如，通常一个车间内不同材质、不同压力等级、不同级别的管道应同属一个分部工程，并以自己的检验结果参加所在单位工程的质量验收。当分部工程较大时，可分为若干个子分部工程，例如，地下工程、管廊工程。

（3）当管道工程具有独立施工条件或使用功能时，可构成一个单位（子单位）工程。

以管道工程为主体，且工程量大、施工周期长的装置区内的管廊工程、地下管网工程等，能够具备独立施工条件或使用功能时，可确定为单位（子单位）工程进行验收。

5. 电气工程

（1）分项工程应按电气设备或电气线路进行划分。

电气装置安装工程的划分与现行行业标准《电气装置安装工程质量检验及评定规程第 1 部分：通则》DL/T 5161.1—2018 协调一致。

（2）同一个单位工程中的电气安装工程可划分为一个分部工程或若干子分部工程。

（3）当电气安装工程具有独立施工条件或使用功能时，可构成一个单位（子单位）工程。

较大的电气安装工程，如变电装置（大型变电所）可划分为单位（子单位）工程，便于施工验收。

6. 自动化仪表工程

（1）分项工程应按仪表类别和安装试验工序划分。

安装工作将仪表类别和安装工序内容结合起来划分，将试验工作按仪表和系统类别划分，以便于过程控制和检验。

仪表工程按仪表类别和安装工作内容可划分为取源部件安装、仪表盘柜箱安装、仪表设备安装、仪表单台试验、仪表线路安装、仪表管道安装、脱脂、接地、防护等分项工程。主控制室的仪表分部工程可划分为盘柜安装、电源设备安装、仪表线路安装、接地、系统硬件和软件试验等分项工程。

（2）同一个单位工程中的自动化仪表安装工程可划分为一个分部工程或若干个子分部工程。

7. 防腐蚀工程

（1）防腐蚀工程可按施工顺序、区段、部位或工程量划分为一个或若干个检验批。

（2）分项工程可由一个或若干个检验批组成，分项工程应按设备台（套）、管道、钢结构及建（构）筑物所采用防腐蚀材料或衬里的种类划分。

建（构）筑物防腐蚀是指与设备和管道相关联部分，如设备支撑、设备基础和围堰部分、管道支架等。

分项工程按照设备、管道、钢结构、建（构）筑物所采用的防腐蚀材料或耐腐蚀衬里的种类进行划分，防腐蚀材料或耐腐蚀衬里种类繁多，且施工技术要求也各不相同，可按砖板衬里、橡胶衬里、玻璃纤维增强塑料衬里、热塑性塑料衬里、树脂混凝土基础、树脂胶泥和砂浆基础面层、聚合物水泥砂浆面层、防腐蚀涂层等的防腐蚀工程，分别划分为不同的分项工程，对于采用同一种防腐蚀材料或耐腐蚀衬里、工程量较大的设备衬里，可按设备台（套）细分为几个分项工程。

（3）金属设备及管道的基层表面处理可单独构成分项工程。

金属设备、管道的基层表面处理工艺具有相同性，且也有成熟的表面处理质量验收标准，故也可单独按分项工程划分。

（4）同一个单位工程中的设备、管道、钢结构及建（构）筑物防腐蚀工程可划分为一个分部工程或若干个子分部工程。

同一单位工程中的设备及管道防腐蚀工程的分部工程划分。通常是指在一个厂房、车间或区域内的全部设备或管道的防腐蚀工程，即为一个分部工程或若干个子分部工程。

8. 绝热工程

（1）绝热工程检验批可根据工程特点按相同的工作介质、相同的工作压力等级、相同的绝热结构划分为同一批次。

（2）分项工程可由一个或若干个检验批组成，分项工程中设备、管道绝热工程应按系统、区段进行划分。

设备、管道绝热工程以相同的工作介质、工作压力等级和绝热结构进行划分。如化工系统罐区的绝热、电力系统电厂主蒸汽管道保温等，均可分别划分为一个或若干个分项工程。

（3）同一单位工程中的设备及管道绝热工程可划分为一个分部工程或若干个子分部工程。

分部工程通常是在同一单位工程中的设备及管道绝热工程。例如，在一个厂房、车间或区域内的全部设备或管道的绝热工程，即为一个分部工程或若干个子分部工程。

9. 炉窑砌筑工程

（1）检验批应按部位、层数、施工段或膨胀缝进行划分。

（2）分项工程应按炉窑结构组成或区段进行划分，分项工程可由一个或若干个检验批组成。

如高炉炉底、炉缸等，转化炉辐射段、过渡段和对流段等。当炉窑砌体工程量小于 $100m^3$ 时，可将一座（台）炉窑作为一个分项工程。

（3）分部工程应按炉窑的座（台）进行划分。

较大的分部工程可划分为若干个子分部工程。如一座高炉、一座热风炉、一座均热炉、数台铝电解槽、一座裂解炉等。

当一个分部工程较大，且可以分成两个或两个以上相互独立的工程项目时，则这两个或两个以上相互独立的工程项目也可各自成为一个分部工程（或子分部工程）。

（4）一个独立生产系统或大型的炉窑砌筑工程可划分为一个单位工程。较大的单位工程可划分为若干个子单位工程。

三、施工质量验收项目划分的应用

1. 工业工程种类多且复杂，在工程中依据施工技术标准规范，结合该工程的实际，施工单位、监理单位、建设单位应按审核批准的单位工程、分部工程、分项工程划分文件执行。

2. 已批准的单位工程、分部工程、分项工程划分文件应分别发送到各个专业施工队和各职能管理部门，以利于质量验收评定工作的开展。

3. 将所划分确定的单位工程、分部工程、分项工程进行统一的编码标识，使每一个编码在所有归档资料中具有唯一性，便于施工资料归档。

四、施工质量验收的程序

1. 工业安装工程施工质量验收应按分项工程、分部工程、单位工程依次进行。

2. 土建工程、钢结构工程、防腐蚀工程、绝热工程和炉窑砌筑工程，应按检验批、分项工程、分部工程、单位工程依次进行。

2H332012 工业安装工程施工质量验收的组织与合格规定

一、工业安装工程施工质量验收的基本规定

1. 工程项目相关方应有健全的质量管理体系。

施工现场项目管理中的质量管理体系是施工单位质量管理体系的组成部分。不同项目的规模、特点和组织虽然不同，但质量管理体系的总体要求是一致的。质量管理的基本依据是 GB/T 19000 族质量管理体系标准。

2. 工程施工质量应符合设计文件的要求。

设计文件是施工的依据，设计质量是保证工程质量的重要因素。

3. 施工相关方现场应有相应的施工技术标准。

施工技术标准规范是质量控制和质量检验等工作的依据，包括国家标准、行业标准和企业标准。对施工现场质量管理，要求有相应的施工技术标准。

4. 工业安装工程施工项目应有施工组织设计和施工技术方案，并应经审核批准。

施工现场应有按程序审批的施工组织设计和施工技术方案。对涉及结构安全和人身安全的内容，应有明确的规定和相应的措施。

5. 施工现场质量管理的检查可按《工业安装工程施工质量验收统一标准》GB/T 50252—2018 附录 A《施工现场质量管理检查记录》进行。

6. 工业安装工程施工质量的检验应符合下列规定：

（1）工程采用的设备、材料和半成品应按各专业工程设计要求及施工质量验收标准进行检验。

设备、材料的质量是保证工程质量的重要方面。现行国家标准《质量管理体系 要求》GB/T 19001—2016 对施工单位的物资采购提出了进行供方评定、选择以及对采购产品进行检验、验证的要求。设备和材料的现场检验包括施工单位采购的物资，也包括建设单位采购的物资，后者在原国家标准《质量管理体系 要求》GB/T 19001—2000 中称为（施工单位）顾客财产，施工单位按照设计要求和施工质量标准实施检验工作。

（2）各专业工程应根据相应的施工标准对施工过程进行质量控制，并应按工序进行质量检验。

（3）相关专业之间应进行施工工序交接检验，并应形成记录。

（4）各专业工程应根据相应的施工标准进行最终检验和试验。

7. 参加工程施工质量验收的各方人员均应具有相应的资格。

8. 工程施工质量的验收应在施工单位自行检验合格的基础上进行。

施工单位的自行检查记录是与建设单位（监理单位）共同验收的基础。

工程施工的整体质量靠每一道工序的质量来保证。对按工序进行质量控制和质量检验具体按各专业工程施工质量验收规范对工序检验规定。工程项目应采用设置质量控制点并对质量控制点重要程度分级的方法对工序质量进行控制和检验。

9. 隐蔽工程应在隐蔽前由施工单位通知有关单位进行验收，并应形成验收文件。未经检查验收或检验不合格的，不得进入下道工序。

考虑到隐蔽工程在隐蔽后难以检验，因此隐蔽工程在隐蔽前应进行验收，验收合格并签署验收记录后方可继续施工。

10. 为了突出过程控制和质量检查验收的重点内容，检验项目的质量应按主控项目和一般项目进行检验和验收。

11. 为便于现场实施，施工质量的检验方法、检验数量、检验结果记录应符合各专业工程施工质量验收标准的规定。

二、工业安装工程施工质量验收的程序及组织

1. 工业安装工程施工质量验收应按检验项目（检验批）、分项工程、分部工程、单位工程顺序逐级进行验收。

2. 检验项目（检验批）、分项工程应在施工单位自检合格的基础上，由施工单位（总承包单位）向建设单位（监理单位）提出报验申请，由建设单位专业工程师（监理工程师）组织施工单位（总承包单位）项目专业工程师进行验收，并应填写验收记录。

3. 分部工程应在各分项工程验收合格的基础上，由施工单位（总承包单位）向建设单位（监理单位）提出报验申请，由建设单位项目技术负责人（总监理工程师）组织监理、设计、施工等有关单位质量技术负责人进行验收，并应填写验收记录。

4. 单位（子单位）工程的验收应在各分部工程验收合格的基础上，由施工单位（总承包单位）向监理（建设）单位提出报验申请，由建设单位项目负责人组织监理、设计、施工单位等项目负责人及质量技术负责人进行验收，并应填写验收记录。

5. 当工程由分包单位施工时，其总承包单位应对工程质量全面负责，并由总承包单位报验。

三、施工质量的验收

1. 检验项目质量验收合格应符合下列规定：

（1）主控项目的施工质量应符合相应专业施工质量验收标准的规定。

（2）一般项目每项抽检处（抽样）的施工质量应符合相应专业施工质量验收标准的规定。

（3）应具有完整施工依据、施工记录及质量检查、检验和试验记录。

2. 检验批质量验收合格应符合下列规定：

（1）检验批应符合合格质量的规定。

（2）检验批的质量控制资料应齐全。

3. 分项工程质量验收合格应符合下列规定：

（1）分项工程所含的检验项目（检验批）均应符合合格质量的规定。

（2）分项工程的质量控制资料应齐全。

4. 分部（子分部）工程质量验收合格应符合下列规定：

（1）分部（子分部）工程所含分项工程的质量应全部合格。

（2）分部（子分部）工程的质量控制资料应齐全。

5. 单位（子单位）工程质量验收合格应符合下列规定：

（1）单位（子单位）工程所含分部工程的质量应全部合格。

（2）单位（子单位）工程的质量控制资料应齐全。

6. 分项工程、分部（子分部）工程、单位（子单位）工程质量验收应符合相关专业的要求，应满足《工业安装工程施工质量验收统一标准》GB/T 50252—2018附录B、附录C、附录D和附录E的要求。

7. 当检验项目（检验批）的质量不符合相应专业质量验收标准的规定时，应按下列规定进行处理：

（1）经返工或返修的检验项目（检验批），应重新进行验收。

（2）经有资质的检测机构检测鉴定能够达到设计要求的检验项目（检验批），应予以验收。

（3）经有资质的检测机构检测鉴定达不到设计要求，但经原设计单位核算认可能够满足安全和使用功能的检验项目（检验批），可予以验收。

（4）经返修或加固处理的分项、分部（子分部）工程，虽然改变了几何尺寸但仍能满足安全和使用要求，可按技术处理方案和协商文件的要求予以验收。

8. 当检验项目工程质量不符合相应专业工程质量验收规范规定时，本条规定了四种处理情况。

（1）一般情况下，不合格的检验项目应通过对工序质量的过程控制，及时发现和返工处理达到合格要求。

（2）对于难以返工又难以确定质量的部位，由有资质的检测单位检测鉴定，其结论可以作为质量验收的依据。

（3）不合格的项目返修，是一种补救措施。按技术处理方案和协商文件进行验收，是为了保证工程的安全使用性能，同时避免更大的损失。

（4）返工和返修的术语按现行国家标准《质量管理体系　基础和术语》GB/T 19000—2016 的规定。

四、工程质量管理检查记录

工业安装工程质量验收记录按下列标准进行，并符合规定。

1. 施工现场质量管理检查记录。

2. 分项工程质量验收记录。

3. 分部（子分部）工程质量验收记录。

4. 单位（子单位）工程质量验收记录。

5. 单位（子单位）工程质量控制资料检查记录。

2H332020　建筑安装工程施工质量验收统一要求

2H332021　建筑安装工程施工质量验收的项目划分和验收程序

一、建筑安装工程施工质量验收的项目划分

建筑安装工程施工质量验收可划分为单位工程、分部工程、分项工程和检验批。

1. 单位工程的划分

具备独立施工条件并能形成独立使用功能的建筑物及构筑物为一个单位工程。对于规模较大的单位工程，可将其中能形成独立使用功能的部分定为一个子单位工程。

在工程施工前，单位工程的划分应由建设单位、监理单位、施工单位商议确定，据此收集整理施工技术资料和验收。

2. 分部工程的划分

分部工程的划分应按专业性质确定。建筑安装工程按《建筑工程施工质量验收统一标准》GB 50300—2013 可划分为 6 个分部工程，分别是：建筑给水排水及供暖工程、通风与空调工程、建筑电气工程、智能建筑工程、建筑节能工程和电梯工程。

当分部工程较大或较复杂时，可按材料种类、施工特点、施工程序、专业系统及类别将分部工程划分为若干子分部工程，每个子分部工程又由多个分项工程组成。如建筑节能分部工程可划分为围护结构节能工程、供暖空调设备及管网节能工程、电气动力节能工程、监控系统节能工程和可再生能源工程 5 个子分部工程。

3. 分项工程、检验批的划分

（1）分项工程的划分应按主要工种、材料、施工工艺、用途、种类及设备类别进行划分。分项工程可由一个或若干个检验批组成，可按《建筑工程施工质量验收统一标准》GB 50300—2013 的附录 B 采用。

（2）检验批的划分可根据施工及质量控制和专业验收需要，按工程量、楼层、施工段或区域、设计系统或设备类别进行划分。

分项工程划分成检验批进行验收有助于及时纠正施工中出现的质量问题，确保工程质量，符合施工实际需要。多层或高层建筑安装工程中分项工程可按楼层或施工段、设计系统来划分检验批。对于工程量较少的分项工程可统一划为一个检验批。如高层公寓楼建筑给水排水分部工程给水管道及配件安装分项工程的检验批，可按公寓低区、公寓高区及裙房商业的设计系统进行划分；如建筑电气分部工程供电干线安装工程中分项工程的检验批，可按供电区段和电气竖井的编号划分；配电室、防雷及各种接地装置、备用及不间断电源等单独划分。电梯分部工程中分项工程的检验批可按每部电梯单独划分。

二、建筑安装工程施工质量验收的程序

1. 建筑安装工程施工质量验收程序

检验批验收→分项工程验收→分部（子分部）工程验收→单位（子单位）工程验收。

建筑安装工程质量验收是施工单位进行质量控制结果的反映，也是竣工验收确认工程质量的主要方法和手段。验收的基础工作在施工单位，即主要由施工单位来实施，并经第三方的工程质量监督部门或竣工验收单位来确认。监理（建设）单位在施工过程中负责监督检查，使质量验收准确、真实。建筑安装工程质量验收是在施工单位依据质量标准、设计图纸等组织有关人员进行自检，并对检查结果进行评定符合要求后，再由监理或建设单位进行验收。

2. 检验批和分项工程施工质量验收程序

检验批和分项工程是建筑工程项目质量的基础，施工单位自检合格后，提交监理专业工程师或建设单位项目专业技术负责人组织进行验收。

3. 分部（子分部）工程施工质量验收程序

分部（子分部）工程质量验收由施工单位项目负责人组织检验评定合格后，向总监理工程师或建设单位项目负责人提出分部（子分部）工程验收的报告。

4. 单位（子单位）工程施工质量验收的程序

（1）单位（子单位）工程完成后，施工单位应依据安装工程施工质量标准、合同文件和设计图纸等组织有关人员进行自检自评。施工单位在自检评定后，填写竣工验收报验单，由总监理工程师组织各专业监理工程师进行竣工预验收，预验收的方法、程序、要求等均与工程竣工验收相同。竣工预验收合格后，由施工单位向建设单位提交工程竣工报告，提请建设单位组织竣工验收。参加竣工验收单位的项目负责人应在单位（子单位）工程验收记录上签字并加盖单位公章。

（2）在一个单位工程中，对满足生产要求或具备使用条件，施工单位已预检，监理工程师已初验通过的子单位工程，建设单位可组织进行验收。由几个施工单位负责施工的单位工程，当其中的施工单位所负责的子单位工程已按设计完成，并经自行检验合格，也可按规定的程序组织正式验收，办理交工手续。在整个单位工程进行全部验收时，已验收的子单位工程验收资料应作为单位工程验收的附件。

（3）由于《建设工程承包合同》的双方主体是建设单位和总承包单位，总承包单位应按照承包合同的权利义务对建设单位负责；分包单位对总承包单位负责，也对建设单位负责。因此，分包单位对承建的项目进行检验时，总承包单位应参加，检验合格后，分包单位应将工程的有关资料移交总承包单位，待建设单位组织单位工程质量验收时，分包单位负责人应参加验收。

（4）当参加验收各方对工程质量验收意见不一致时，可请当地建设行政主管部门或工程质量监督机构协调处理。

（5）单位工程质量验收合格后，建设单位应在规定时间内将工程竣工验收报告和有关文件，报建设行政管理部门备案。

2H332022　建筑安装工程施工质量验收的组织与合格规定

一、建筑安装工程施工质量验收的组织

1. 检验批、分项工程质量验收由专业监理工程师或建设单位项目专业技术负责人组织施工单位专业质量检查员、专业工长或项目专业技术负责人等进行验收。

2. 分部（子分部）工程质量验收由总监理工程师或建设单位项目专业技术负责人组织施工单位项目负责人、项目技术及质量负责人、分包单位负责人等进行验收；设计单位项目负责人和施工单位技术、质量部门负责人，主要设备或材料供应商单位负责人应参加节能分部工程的验收。

3. 单位（子单位）工程施工质量验收应首先由总监理工程师组织各专业监理工程师进行竣工预验收，施工单位项目经理和项目技术负责人等参加，预验收的方法、程序、要求等均与工程竣工验收相同。

单位工程竣工验收由建设单位项目负责人组织，勘察、设计单位项目负责人，施工单位项目负责人、技术和质量负责人，总监理工程师等参加，重大工程或技术复杂工程可邀请有关专家参加。

二、检验批的施工质量验收合格的规定

检验批是工程验收的最小单元，是分项工程乃至整个建筑安装工程质量验收的基础。检验批是施工过程中条件相同并有一定数量的安装项目，由于质量基本均匀一致，因此可以作为检验的基础单位，按批验收。

1. 检验批质量验收合格规定

（1）主控项目和一般项目的质量经抽样检验合格。

（2）具有完整的施工操作依据、质量检查记录。

在检验批验收时，应进行实物检验和资料检查，核查和归纳各检验批的验收记录资料，查对其是否完整，具备的资料应准确完整才能验收。

检验批质量检验评定的抽样方案，可根据检验项目的特点进行选择，对于检验项目的计量、计数检验，可分为全数检验和抽样检验两大类。对于重要的检验项目，可采用简易快速的非破损检验方法时，宜选用全数检验。

2. 检验批的施工质量验收

（1）资料检查验收

质量控制资料反映了检验批从原材料到最终验收的各施工工序的操作依据、检查情况以及保证质量所必需的管理制度等。对其完整性的检查，实际是对过程控制的确认，是检验批合格的前提。

检查的资料主要有图纸会审、设计变更、洽商记录；材料、配件、设备的质量证明书及进场检验报告；隐蔽工程检查记录；施工记录；质量管理资料等。

（2）主控项目和一般项目的检验

检验批的合格质量主要取决于对主控项目和一般项目的检验结果。为了使检验批的质量符合安全和功能的基本要求，达到保证建筑工程质量的目的，各安装分部工程质量验收规范对各检验批的主控项目、一般项目的子项质量合格给予了明确的规定。

主控项目是保证工程安全和使用功能的重要检验项目，是对安全、卫生、环境保护和公共利益起决定性作用的检验项目，是确定该检验批主要性能的项目，因此必须全部符合有关专业工程验收规范的规定。一般项目是除主控项目以外的检验项目，可以允许有偏差的项目。例如，管道的压力试验、风管系统的严密性检验、电气的绝缘与接地测试等均是主控项目。

建筑安装工程质量验收评定依据由以下质量验收标准及规范组成：

1）《建筑给水排水及采暖工程施工质量验收规范》GB 50242—2002；

2）《建筑给水排水与节水通用规范》GB 55020—2021；

3）《通风与空调工程施工质量验收规范》GB 50243—2016；

4）《建筑电气工程施工质量验收规范》GB 50303—2015；

5）《智能建筑工程质量验收规范》GB 50339—2013；

6）《建筑电气与智能化通用规范》GB 55024—2022；

7）《建筑节能工程施工质量验收标准》GB 50411—2019；

8）《建筑节能与可再生能源利用通用规范》GB 55015—2021；

9）《电梯工程施工质量验收规范》GB 50310—2002。

以上规范中，对各分项工程的主控项目和一般项目的质量验收作了详细的规定。

三、分项工程质量验收合格的规定

1. 分项工程质量验收合格规定

（1）分项工程所含的检验批质量均应验收合格。

（2）分项工程所含检验批的质量验收记录应完整。

2. 分项工程的验收应在检验批的基础上进行，构成分项工程的各检验批验收合格，则分项工程验收合格。

3. 分项工程质量应由专业监理工程师（建设单位项目专业技术负责人）组织施工单位项目专业技术负责人等进行验收。

四、分部（子分部）工程质量验收合格的规定

1. 分部（子分部）工程质量验收合格规定

（1）分部（子分部）工程所含分项工程的质量均应验收合格。

（2）质量控制资料应完整。

（3）设备安装工程有关安全、节能、环境保护和主要使用功能的抽样检测结果应符合相应规定。

（4）观感质量验收应符合要求。

2. 分部工程的验收应在其所含各分项工程已验收的基础上进行。检查各分项工程质

量文件，检查涉及安全和使用功能的安装分项工程的试验和检测记录，检查各分部、子分部工程质量验收记录表的质量评价，检查各分部、子分部工程质量的综合评价、质量控制资料的评价，检查设备安装分部、子分部工程规定的有关安全及功能的检测和抽测的检测记录。例如，排水管道的通水试验记录，暖气管道、散热器压力试验记录，照明动力全负荷试验记录等。观感质量验收难以定量，只能以观察、触摸或简单量测的方式进行，并由个人的主观印象判断，检查结果并不给出"合格"或"不合格"的结论，而是综合给出质量评价。对于"差"的检查点应通过返修处理等措施。

3. 分部（子分部）工程质量应由总监理工程师（或建设单位项目专业技术负责人）组织施工项目经理、项目技术负责人和有关勘察、设计单位项目负责人进行验收。

五、单位（子单位）工程质量验收合格的规定

1. 单位（子单位）工程质量验收合格规定

（1）单位（子单位）工程所含分部（子分部）工程的质量均应验收合格。

（2）质量控制资料应完整。

（3）单位（子单位）工程所含分部工程的有关安全、节能、环境保护和主要使用功能的检测资料应完整。

（4）主要功能项目的抽查结果应符合相关专业质量验收规范的规定。

（5）观感质量验收应符合要求。

2. 单位工程质量验收也称工程质量竣工验收，是建筑安装工程投入使用前的最后一次验收，也是最重要的一次验收。验收合格的条件除构成单位工程的各分部工程应该合格，并且有关的资料文件应完整合格以外，还应进行以下三个方面的检查。

（1）涉及安全、节能、环境保护和使用功能的分部工程应进行检验资料的复查。不仅要全面检查其完整性（不得有漏项缺项），而且对分部工程验收时补充进行的见证抽样检验报告也要复核。

（2）对主要使用功能还须进行抽查。使用功能的检查是对建筑工程和设备安装工程最终质量的综合检验，也是用户最为关心的内容。因此，在分项、分部工程验收合格的基础上，竣工验收时再做全面检查。抽查项目是在检查资料文件的基础上由参加验收的各方人员商定，并用计量、计数的抽样方法确定检查部位。检查要求按有关专业工程施工质量验收标准的要求进行。

（3）由参加验收的各方人员共同进行观感质量检查，共同决定是否通过验收。

六、建筑安装工程质量验收评定不符合要求时的处理办法

1. 检验批验收时，其主控项目不能满足验收规范规定或一般项目超过偏差限值的子项不符合检验规定的要求时，应及时进行处理。其中，严重的缺陷应推倒重来；一般的缺陷通过翻修或更换器具、设备予以解决。经返工重做或更换器具、设备的检验批，应重新进行验收。如验收符合相应的专业工程质量验收规范，则应认为该检验批合格。

2. 经有资质的法定检测单位检测能够达到设计要求的检验批，仍应予以验收。

3. 通过返修或技术处理的分项、分部工程，虽然改变外形尺寸但仍能满足安全及使用功能要求，可按技术处理方案和协商文件的要求予以验收。

4. 通过返修和技术处理仍不能满足安全使用要求的分部工程、单位（子单位）工程，严禁验收。

2H333000 二级建造师（机电工程）注册执业管理规定及相关要求

2H333001 二级建造师（机电工程）注册执业工程规模标准

一、制定建造师注册执业工程规模标准的依据

原建设部发布的"关于印发《注册建造师执业工程规模标准（试行）》的通知（建市〔2007〕171号）"中，对各专业注册建造师执业工程规模标准设定了工程类别、工程项目以及大、中、小型工程规模标准的界定项目、单位和数量等量化标准。

二、机电工程项目的工程规模标准设置

1. 分别按机电安装工程、石油化工工程、冶炼工程、电力工程四个专业系列设置。

2. 机电工程大、中、小型工程规模标准的指标，针对不同的工程项目特点，具体设置有建筑面积、工程造价、工程量、投资额、年产量等不同的界定指标。

三、注册建造师担任施工项目负责人时，依照规定承担的项目规模

1. 一级注册建造师可承担大、中、小型工程施工项目，二级注册建造师可以承担中、小型工程施工项目。

2. 机电工程专业二级注册建造师执业时，应按照所承担的机电工程不同专业的工程项目，对照《注册建造师执业工程规模标准（试行）》（建市〔2007〕171号）中的机电安装工程、石油化工工程、冶炼工程、电力工程四个专业界定的各类中、小型工程规模标准去执行。

（1）机电安装工程注册建造师执业工程规模标准

1）机电安装工程的工程类别与工程项目划分

机电安装工程涉及的工程类别和工程项目非常多。《注册建造师执业工程规模标准》将机电安装工程分为12种不同的类别，包括：一般工业、民用、公用建设工程的机电安装工程，净化工程，动力站安装工程，起重设备安装工程，轻纺工业建设工程，工业炉窑安装工程，电子工程，环保工程，体育场馆工程，机械汽车制造工程，森林工业建设工程及其他相关专业机电安装工程。

2）机电安装工程规模标准的界定指标

《注册建造师执业工程规模标准（试行）》中详细规定了机电安装工程大、中、小型工程规模标准的界定指标。

3）机电工程注册建造师可担任机电安装工程中、小型工程规模项目负责人。

（2）石油化工工程注册建造师执业工程规模标准

1）石油化工工程的工程类别与工程项目划分

石油化工工程分为石油天然气建设（油田、气田地面建设工程）、海洋石油工程、石油天然气建设（原油、成品油储库工程，天然气储库、地下储气库工程）、石油天然气原油、成品油储库工程，天然气储库、地下储气库工程、石油炼制工程、石油深加工、有机化工、无机化工、化工医药工程、化纤工程等工程。

2）石油化工工程规模标准的界定指标

《注册建造师执业工程规模标准（试行）》中详细规定了石油化工专业大、中、小型工程规模标准的界定指标。

3）机电工程注册建造师可担任石油化工工程中、小型工程规模项目负责人。

（3）冶炼工程注册建造师执业工程规模标准

1）冶炼工程的工程类别与工程项目划分

冶炼工程分为烧结球团工程、焦化工程、冶金工程、制氧工程、煤气工程、建材工程6种类别专业工程。

2）冶炼工程规模标准的界定指标

《注册建造师执业工程规模标准（试行）》中详细规定了冶炼工程大、中、小型工程规模标准的界定指标。

3）机电工程注册建造师可担任冶炼工程中、小型工程规模项目负责人。

（4）电力工程注册建造师执业工程规模标准

1）电力工程的工程类别与工程项目划分

电力工程分为火电工程（含燃气发电机组）、送变电工程、核电工程、风电工程4种类别工程。

2）电力工程规模标准的界定指标

《注册建造师执业工程规模标准（试行）》中详细规定了电力工程大、中、小型工程规模标准的界定指标。

3）机电工程注册建造师可担任电力工程中、小型工程规模项目负责人。

2H333002　二级建造师（机电工程）注册执业工程范围

一、机电工程注册建造师执业工程范围的规定

《注册建造师执业管理办法（试行）》规定，机电工程专业建造师执业工程范围包括：机电、石油化工、电力、冶炼、钢结构、电梯安装、消防设施、防腐保温、起重设备安装、机电设备安装、建筑智能化、环保、电子、仪表安装、火电设备安装、送变电、核工业、炉窑、冶炼机电设备安装、化工石油设备、管道安装、管道、无损检测、海洋石油、体育场地设施、净化、旅游设施、特种专业。

二、机电工程中，机电安装、石油化工、电力、冶炼各专业工程范围

（一）机电安装工程

1. 机电安装工程范围

一般工业、民用、公用机电安装工程、净化工程、动力站安装工程、起重设备安装工程、消防工程、轻纺工业建设工程、工业炉窑安装工程、电子工程、环保工程、体育场馆工程、机械汽车制造工程、森林工业建设工程等。

2. 机电安装工程项目

（1）一般工业、民用、公用建设工程的机电安装工程又分为机电安装、管道、通风空调、智能化、消防、自动控制、防腐保温、动力照明、变配电、非标设备制作安装等工程项目。

（2）净化工程又分为电子、医院、制药、生物、食品光电、精密机械工程项目。

（3）动力安装工程又分为锅炉房、热水交换站、氧气站、煤气站、制冷站等工程项目。

（4）起重设备安装工程又分为起重机安装与拆卸、电梯及索道大型游乐设施的安装与维修等工程项目。

（5）电子工程又分为电子自动化、电子机房、电子设备工程项目。

（6）环保工程又分为噪声、有害气体、粉尘、工业污水、废料综合处理、禽、畜粪便沼气、厌氧生化处理池、烟气脱硫、医疗污水处理等工程项目。

（7）机械、汽车制造工业工程又分为机械设备安装、矿冶设备制造厂安装、工程机械制造厂安装、通用设备制造厂安装、汽车、拖拉机、柴油机生产线等安装工程项目。

（8）轻纺工业建设工程又分为烟草制造、酿造、医药、饮料、手表、缝纫机、医疗器械、塑料制品工业、化纤、棉、毛纺织设备安装，印染、造纸、制糖、啤酒等设备安装工程项目。

（二）石油化工工程

1. 石油化工工程范围

石油天然气建设（油田、气田地面建设工程）、海洋石油工程，石油天然气建设（原油、成品油储库工程，天然气储库、地下储气库工程）、石油天然气原油、成品油储库工程，天然气储库、地下储气库工程，石油炼制工程，石油深加工、有机化工、无机化工、化工医药工程，化纤工程。

2. 石油化工工程项目

石油天然气建设工程又分为：油田地面建设、气田地面建设、管道输油工程、管道输气工程、城镇燃气、原油、成品油储库工程、天然气储库工程、液化石油气及轻烃储库（常温）、液化石油气及轻烃储库（低温）、地下储气库工程、天然气处理加工工程、石油机械制造与修理工程、海洋石油工程、海洋石油导管制造与安装、海洋石油模块制造与安装、海底管线工程等工程项目。

（三）冶炼工程

1. 冶炼工程范围

烧结球团工程、焦化工程、冶金工程、制氧工程、煤气工程、建材工程。

2. 冶炼工程项目

冶金工程又分为：高炉工程、铁水预处理、转炉工程、电炉工程、冷轧工程，铜、铝、锌、镍工程、氧化铝工程、板带工程、无缝钢管工程、棒线材工程等工程项目。

（四）电力工程

1. 电力工程范围

火电工程（含燃气发电机组）、送变电工程、核电工程、风电工程。

2. 电力工程项目

火电工程又分为：主厂房建筑、烟囱、冷却塔、机组安装、锅炉安装、汽轮发电机安装、升压站、环保工程、附属工程等工程项目。

2H333003　二级建造师（机电工程）施工管理签章文件目录

一、机电工程注册建造师填写签章文件的工程类别

1. 机电工程的《注册建造师施工管理签章文件目录》

分别按机电安装工程、石油化工工程、冶炼工程、电力工程设置《签章文件目录》，

各专业包含了相关类别的工程。

2. 各专业工程类别

机电安装工程共 12 个工程类别；石油化工工程共 18 个工程类别；冶炼工程共 6 个工程类别；电力工程共 4 个工程类别，与《注册建造师执业工程规模标准》中的工程类别设置相同。

3. 签章文件类别

（1）机电安装工程、电力工程和冶炼工程的签章文件类别均分为 7 类管理文件，即：施工组织管理；合同管理；施工进度管理；质量管理；安全管理；现场环保文明施工管理；成本费用管理。

（2）石油化工工程是 6 类，其中安全管理和现场环保文明施工管理合并为一个类别。

二、各类的签章文件一般包含的文件

1. 施工组织管理文件

图纸会审、设计变更联系单；施工组织设计报审表；主要施工方案、吊装方案、临时用电方案的报审表；劳动力计划表；特殊或特种作业人员资格审查表；关键或特殊过程人员资格审查表；工程开工报告；工程延期报告；工程停工报告；工程复工报告；工程竣工报告；工程交工验收报告；建设监理政府监管单位外部协调单位联系单；工程一切保险委托书。

2. 合同管理文件

分包单位资质报审表；工程分包合同；劳务分包合同；材料采购总计划表；工程设备采购总计划表；工程设备、关键材料招标书和中标书；合同变更和索赔申请报告。

3. 施工进度管理文件

总进度计划报批表；分部工程进度计划报批表；单位工程进度计划报审表；分包工程进度计划批准表。

4. 质量管理文件

单位工程竣工验收报验表；单位（子单位）工程安全和功能检验资料核查及主要功能抽查记录；单位（子单位）工程观感质量检查记录表；主要隐蔽工程质量验收记录；单位和分部工程及隐蔽工程质量验收记录的签证与审核；单位工程质量预验（复验）收记录；单位工程质量验收记录；中间交工验收报告；质量事故调查处理报告；工程资料移交清单；工程质量保证书；工程试运行验收报告。

5. 安全管理文件

工程项目安全生产责任书；分包安全管理协议书；施工安全技术措施报审表；施工现场消防重点部位报审表；施工现场临时用电、用火申请书；大型施工机具检验、使用检查表；施工现场安全检查监督报告；安全事故应急预案、安全隐患通知书；施工现场安全事故上报、调查、处理报告。

6. 现场环保文明施工管理文件

施工环境保护措施及管理方案报审表；施工现场文明施工措施报批表。

石化工程安全与环境管理类的文件包括：HSE 作业计划书；HSE 作业指导书；重大风险作业方案审核；施工作业初始风险识别和评价报告；应急反应计划；人员伤亡事故记录表；一般（大）事故处理鉴定记录；固体废弃物处理许可或处理协议；污水／废液排放

许可或处理协议；林木砍伐许可协议；河流大开挖穿越施工许可协议；水压试验取水、排水许可协议。

7. 成本费用管理文件

工程款支付报告；工程变更费用报告；费用索赔申请表；费用变更申请表；月工程进度款报告；工程经济纠纷处理备案表；阶段经济分析的审核；债权债务总表；有关的工程经济纠纷处理；竣工结算申报表；工程保险（人身、设备、运输等）申报表；工程结算审计表。